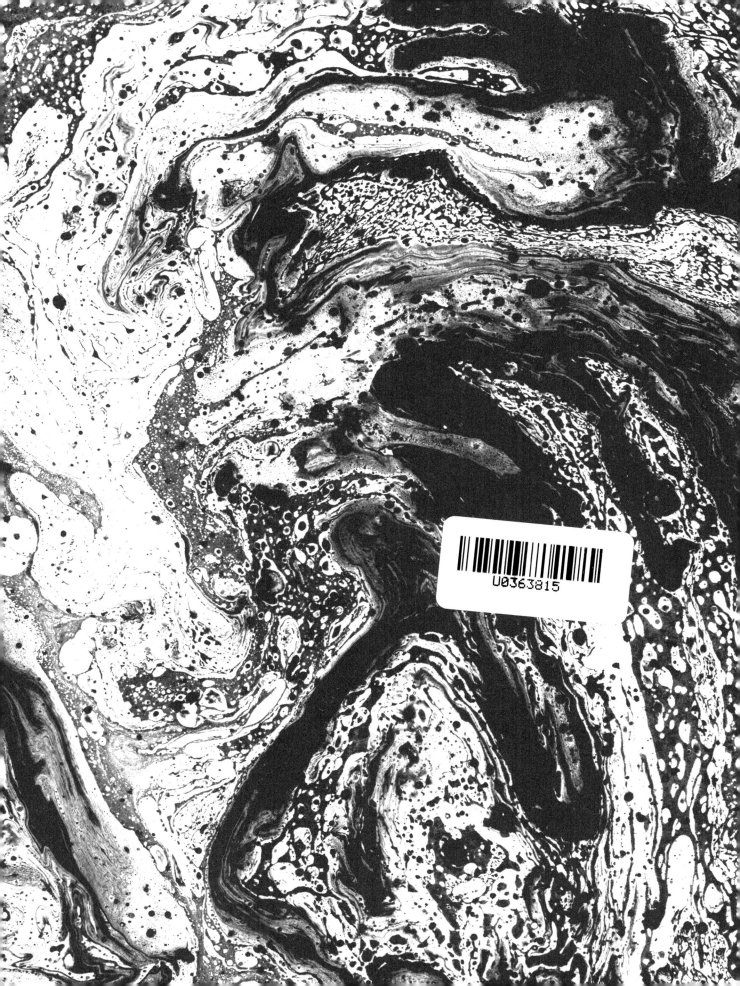

U0363815

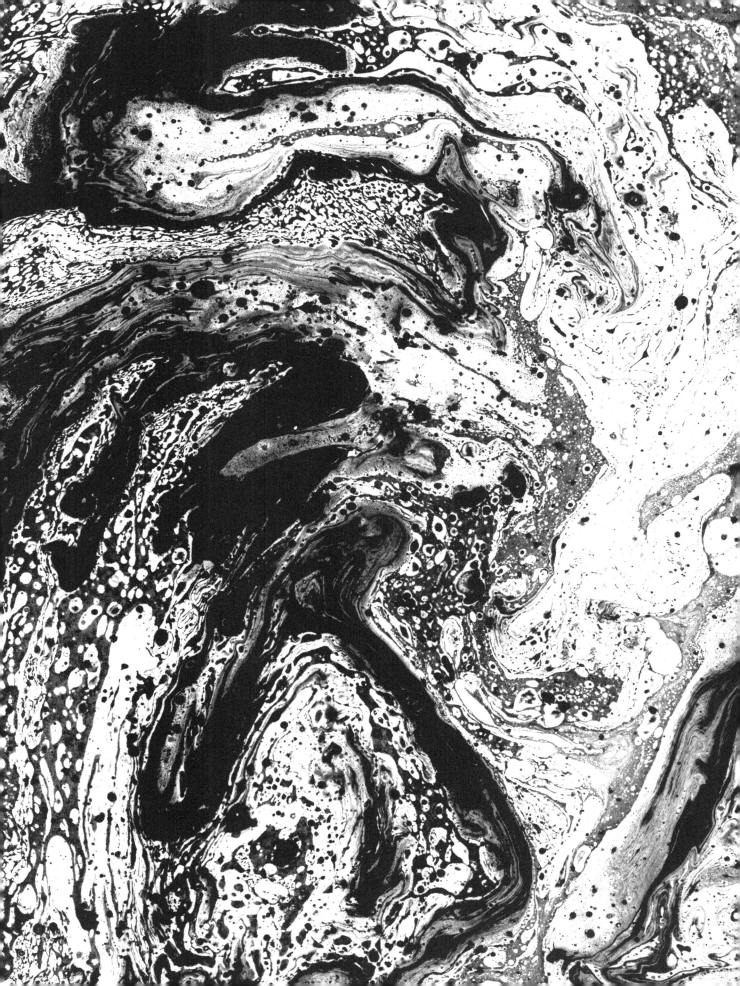

# SIGNATURE
# DISHES
# THAT
# MATTER

# 主厨的餐桌

## 影响烹饪历史的 237 道招牌菜

[英] 苏珊·荣格 (Susan Jung)

[英] 豪伊·卡恩 (Howie Kahn)

[德] 克里斯蒂娜·穆尔克 (Christine Muhlke)

[澳] 帕特·努斯 (Pat Nourse)

[法] 安德烈·佩特里尼 (Andrea Petrini)

[秘] 迭戈·萨拉扎 (Diego Salazar)

[英] 理查德·维恩斯 (Richard Vines) 编著

[德] 阿德里亚诺·兰帕佐 (Adriano Rampazzo) 绘

余溟烨 国万顷 李家玉 译

华中科技大学出版社
http://www.hustp.com

有书至美
BOOK & BEAUTY

中国·武汉

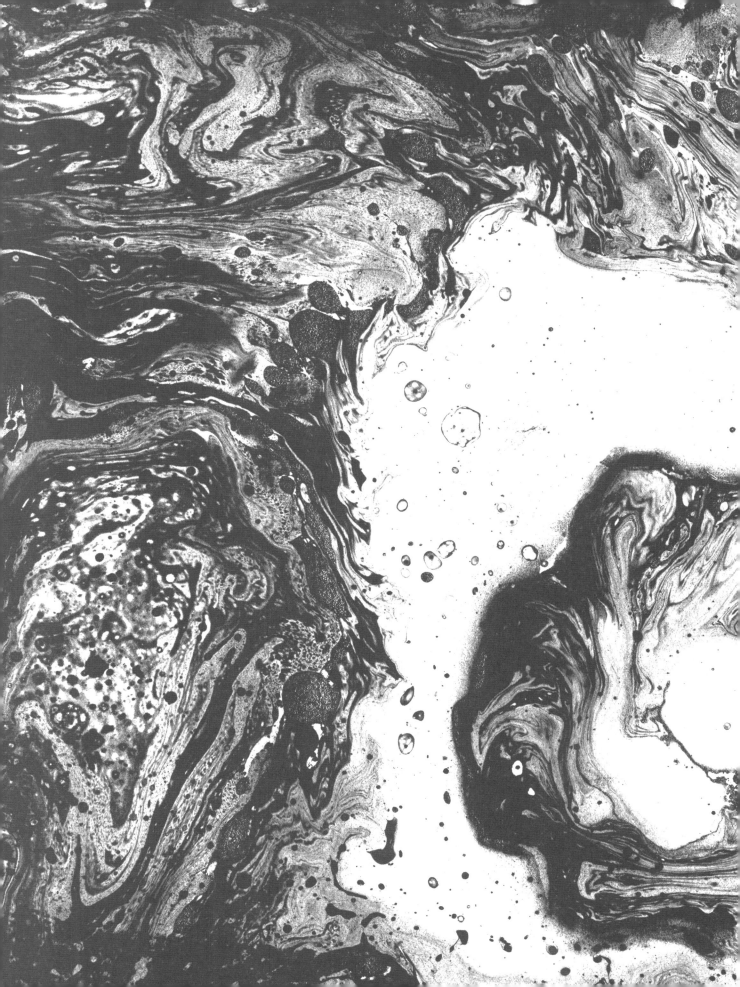

# 前言

## 米切尔·戴维斯

我在洛杉矶停车场排了2小时的队，然后开着一辆小型菲亚特朋多牌轿车在瑞士山区的公路上行驶5小时，为了赶最后一班飞往巴黎的通宵航班。这样赶路只是为了品尝一道招牌菜。

对一些人来说，他们可能觉得为了去品尝某道由几种食材搭配而成的菜肴，而不管食物是被盛在精致的瓷盘里还是被装在普通的纸袋里，也不管做菜的厨师是谁，就算路途再远也要去吃的这种做法很奇怪。但是招牌菜所提供的不只是味蕾上的一些新的感受，它们浓缩了历史的味道。引人注目的是，当你翻阅这本插图精美的书时，你会惊奇地发现一本招牌菜的菜单远远不只是一顿饭这么简单。这是一本关于烹饪的百科全书，一扇让我们通向烹饪的窗户。

这些招牌菜用多种方式来保持自身突出的地位。地域性可能是呈现某种美食最重要的因素，比如18世纪巴黎普蔻咖啡馆的"冰激凌"（见第18页），纽约拉格诺维尔餐厅的"柑曼怡舒芙蕾"（见第83页）。一位主厨可能发明了一些全新的菜肴，比如费朗·亚德里亚和阿尔伯特·亚德里亚在西班牙斗牛犬餐厅制作的"反向球化绿橄榄"（见第199页），或者主厨改良了一些非常传统的菜品，比如费格斯·亨德森在圣约翰餐厅制作的"埃尔克斯蛋糕和兰开夏郡奶酪"（见第160页）。招牌菜可能会诞生在某个特别的时刻，比如古尔蒂洛·马尔凯西餐厅的"烩饭、黄金和藏红花"（见第120页）、代表了20世纪80年代辉煌的绗缝长颈鹿餐厅的"乞丐包"中的鱼子酱（见第121页），招牌菜或者来源于一个很好的故事，比如"王子辣鸡"源于一个纳什维尔男人的不忠（见第64页），比如因为童年对意大利宽面的焦脆外皮的记忆，让马西莫·博图拉创作了他的名菜（见第165页）。当然，招牌菜也可以是美味无比、让你无法忘怀的食物，比如祖尼咖啡馆的"祖尼烤鸡配面包沙拉"（见第138页）。这些菜肴的起源和人们传颂的关于它们的故事赋予了菜肴超越其食材和口感的意义。

我们编纂这本美食宝典不仅是为了向那些经受住时间考验的菜肴致敬，也是为了纪念那些让这些美食扬名的厨师和餐馆。本书按照时间顺序收集了追溯到几个世纪前遍及各个大洲的各种美食。严格来说，本书是历史书、旅游指南和烹饪书的结合体，由获奖记者、编辑、评论家和作家组成的国际团队策划。巧合的是，我认识他们所有人，并与他们都共事过，他们每个人都曾是第一个告诉我该去品尝什么和去哪里品尝的人（可以说这就是我从大量菜单中挑出这120多道美味的原因）。

通常，一道招牌菜从它与某一家餐馆或厨师的联系转变成了当地的烹饪语言，简言之，它成为一种趋势，一种标志性的东西，你无法相信它从未存在过。想想"恺撒沙拉"（见第56页）、"鞑靼金枪鱼"（见第131页）、"整烤花椰菜"（见第202页）、"牛油果吐司"（见第158页）。最近在我飞往荷兰阿姆斯特丹的航班上，不知有多少人会因为他们在飞机上能享用布鲁克林弗兰尼餐厅（这家餐厅的食材都是从农场直接选取）供应的"羽衣甘蓝沙拉"而激动，至今航班还没有付清主厨乔舒亚·麦克法登的账单（见第204页）。

显然，并非所有的招牌菜都是完全原创的。有时，文化融合或新的社会环境会使一些不同寻常的东西成为焦点。我们知道，松久信幸的招牌菜"味噌黑鳕鱼"（见第136页）是一道常见的日本主食，而张大卫在福桃面吧的"猪肉包子"（见第197页）则是基于一种传统的台湾小吃创作的，但这并没有削弱这些菜肴的影响力，同时，这些菜肴将各种菜系带给了许多食客。已故的法国大厨乔尔·卢布松发明了土豆泥（见第119页），这是否值得称赞？但如果你尝了我妈妈做的土豆泥，你就不会说它好吃了。但没人能否认这些美味的菜肴已经成为主厨们的招牌。

在这个社会政治意识和敏感度不断提高的时代，人们无法回避文化挪用的问题，尤其是在谈到更加传统的菜肴时，这些菜肴就上升到非常值得关注的高度。不是每一个天才的厨师都有同等的机会去利用这种能把一道汤宣传成灵魂之作，餐厅里出现一只鼩鼠就能让这家餐厅被迫关门。为了付出应有的代价，我们必须承认创造者与被创造者、消费者与被消费者之间的角力。我们也不能否认这种地位提升可能带来的负面影响。在曼谷，早在米其林为痣姐的小摊颁发一颗宝贵的米其林星之前，她著名的"蟹肉煎蛋卷"（见第116页）就已经成为人们追捧的招牌菜。虽然人们的关注是对她一辈子辛勤工作的认可，但关注的影响还是很大的。同样，在东京小野二郎的传奇寿司店（见第88页），由于预订餐桌的人数太多，以至于他们不得不在可预见的未来暂停预订。

招牌菜本身的性质随着时间的推移而发生改变。埃斯科菲耶的"蜜桃梅尔芭"（见第40页）的创作和命名是为了纪念澳大利亚歌剧天后内莉·梅尔芭。"洛克菲勒牡蛎""法式罗西尼牛排""生牛肉片"（见第34、26、72页）和许多其他招牌菜都是以不从事厨师行业的人命名的。今天，主厨们通常都会因为自己的菜品成为招牌菜而感到荣幸。

因缘巧合，可颂甜甜圈®（见第237页）成为招牌菜发展轨迹上的另一个转折点。更显眼的是，它是本书收集的招牌菜中唯一具有注册商标的菜品。早在2013年初这道菜上架之前，糕点厨师多米尼克·安塞尔就已经为这道菜申请了法律保护。可颂甜甜圈®也是颇早引起全球社交媒体轰动的招牌菜之一，美食家以品尝到这道菜为荣。可颂甜甜圈®仅仅开售3周以后，人们每天早上就在安塞尔纽约糕点店外排着队抢购限量版的"可颂甜甜圈"套餐。有一次我坐飞机去东京，在百货商店的食品区就发现那里已经有了山寨版的可颂甜甜圈。2013年11月，在詹姆斯·比尔德基金会的年度募捐晚会上，我们拍卖了定制口味的可颂甜甜圈®，每份售价5000美元。

一个摇滚乐队的成名曲并不能反映出乐队全部的作品，同样，一道招牌菜也不能代表厨师全部的厨艺。一旦一道惊艳的新菜的新鲜感减弱，对一些主厨来说，招牌菜可能会成为扼杀其创造力的累赘，而且它永远不会从菜单上消失。最初，安塞尔试图摆脱可颂甜甜圈®的成功带来的压力，并证明他作为糕点厨师不仅擅长这一道招牌菜，他还会做很多种糕点。最终他成功地把别人对他的关注度转化成了一个国际平台，充分发挥了他的创作自由。因为招牌菜通常是独特而复杂的菜品，厨师需要反复试验才能创造出一道招牌菜。很难想象托马斯·凯勒的厨师团队在"锥形蛋卷筒"（见第159页）成为其招牌菜之前反复做了多少次。我本人很荣幸吃过几百个锥形蛋卷筒，或许不止。如果您把凯勒大厨这道精美的锥形蛋卷筒看作是一张美食名片，而不仅仅是一道开胃菜的话，您将会发现反复试菜的价值所在。

早在社交媒体出现之前，因为害怕错过这些美味的招牌菜，食客们就已经开始去餐厅里消费了。正如这本书里所提到的，即使餐厅没有三颗米其林星，同样也有人会不怕路途遥远，前去餐厅大快朵颐。例如，供应"短肋排塔可饼"（见第210页）的食品餐车，或者供应品质最好的"玛格丽特比萨"（见第35页）的比萨店。对那些追寻美食的铁杆老饕来说，这些招牌菜和博古斯用鹅肝和松露做的"爱丽舍宫黑松露汤"（见第103页）一样不可或缺。

但如今，几乎和亲自到店里品尝食物一样，和别人分享品尝经历也成为现在美食爱好者的一个使命。在成都发一张麻婆豆腐的照片（见第28页），或者在东京的大胜轩拉面店发一张蘸面的照片（见第81页），抑或在台北鼎泰丰吸溜"小笼包"的汤汁时来张自拍照（见第100页）。我们拍的照片和我们吃的食物一样多，并且和别人分享这些照片也成了分享美食的一部分。这样做就能够增加这道招牌菜的输入和影响力。

我有一份1992年在瑞士克里斯蒂尔的吉拉德餐厅吃午餐时的菜单复印件，那里的主厨弗雷迪·吉拉德是一位世界级名厨。那个时候，互联网还没有从计算机科学实验室里诞生，也没有手机，美食老饕们也不能在世界各地到处品尝美食。菜单背面印着50道令人垂涎欲滴的菜品清单，标题是"已经执行弗雷迪·吉拉德的预算，详细内容如下"，"以下是吉拉德厨房过去创造的一些特色菜"。令我到现在都还

惊讶的是，我们去的那天他们餐厅已经不再做这些菜了，也没有必要再出这些菜了（我问过他们）。相反，他们让我们看到了吉拉德的真诚，自己估清自己的特色菜，让我们确信我们即将吃到的午餐很快就会到烹饪梦想的领域去了。今天看到这份菜单，我还想知道这些菜吃起来会是什么味道，谁有这个口福。它们是原本的招牌菜，却故意不让公众消费。年轻人，事情已经改变了。

一旦食物被吃掉以后，能留下来的只有我们分享的故事。对我们自己而言，食物主要是由记忆调味的营养物质。当我们思考、谈论、分享品尝美食的经历时，食物就变成了烹饪。在这一转变中，招牌菜扮演着重要的角色。招牌菜是万能的，它们创造了美食巨头，把美食大众化，让我们把品尝到这些美食当成一种小目标。当你透过招牌菜的橱窗看食物的历史，你会看到塑造我们饮食文化的运动和疯狂。在风味和技术上，每道菜都有其时代的痕迹，从卡汉姆的"拿破仑"（见第22页）层叠而成的丰盛和高贵，到"巨无霸"的工程创业精神（见第90页），再到费朗·亚德里亚的"烟雾泡沫"（见第173页）充满了让人共鸣的技术情感创造力，以及马格努斯·尼尔森的"帝王蟹配焦化奶油"（见第226页）中自然主义的朴素，每一道菜都反映了它的创造者和它的时代。正因为如此，这本书不仅仅是一本食谱或故事集，而且是一份令人向往的餐点清单，更是一本最权威的烹饪指南。

## 苏珊·荣格（Susan Jung）

苏珊·荣格曾在旧金山、纽约和香港的酒店、餐厅和面包店担任过糕点厨师，后来成为香港《南华早报》的美食编辑。同时她也是"世界50最佳餐厅"和"亚洲50最佳餐厅"中国港澳台地区的学术主席。

## 作者声明

想为这本书列出一份招牌菜清单是非常困难的。这和当人们问我"你最喜欢哪家餐馆"的情景相似。我喜欢的招牌菜太多了，所以不可能只列举几个。为了得到灵感，我开始看我自己的Instagram，我看到即使我经常去各地的新餐馆，甚至我多次去某些餐厅吃同一道菜，但对我来说，提到一道招牌菜，我马上就能想起的是那家餐馆或厨师。

家全七福酒家等同于烤乳猪；大班楼餐厅等同于花雕鸡油蒸花蟹；谭国锋，无论他在哪家餐厅工作，那家餐厅等同于糯米酿乳猪。我只要去这些餐厅就肯定会吃这些招牌菜。

问题是，当你开始想到招牌菜时，很难停下来。即使是现在，我也能想到更多我希望能够提名的招牌菜。我相信其他一些编辑也能说出他们希望列入招牌菜名单的菜肴。说这些题外话是为了庆祝那些创造了历史，改变了我们的饮食方式，或者只是给人们带来快乐的菜肴，这是本书的奇妙之处。

# 豪伊·卡恩（Howie Kahn）

豪伊·卡恩是《纽约时报》(*New York Times*) 畅销书《运动鞋》(*Sneakers*)、《成为一名私家侦探》(*Becoming a Private Investigator*) 的作者，也是"王子街"广播的创始主持人，这个食品和文化播客节目在200多个国家都可以收听。他也是"詹姆斯·比尔德奖"的得主，《华尔街日报杂志》(*Wall Street Journal Magazine*) 的特约编辑。他的作品也曾刊登在《智族》(*GQ*)、《连线》(*Wired*)、《漫旅》(*Travel + Leisure*) 等几十个世界性刊物上。

"为什么某些菜很重要？"这是我几乎每天都在思考的问题，也是我作为一名美食作家需要考虑的一个基本问题。到底是什么能让人对一个盘子产生共鸣？是惊人的创新吗？或是因为它独特的创新让它能与艺术作品背后的思想匹敌？一道菜的重要性是否归功于厨师的智慧和研究？厨师们可以从他们所学的知识中汲取经验吗？以及他们身边的人能将厨房和文化话语提升到新的高度吗？这些和影响力有关吗？如果某道菜不受社交媒体的影响，那么，随着时间的推移，它能够引发行业、地区甚至全球性的变化吗？或者，一盘美食是如何以惊人、尖锐的方式诠释他人生活的？

当要写这本书的念头出现的时候，为了能够更深刻地思考上述的一系列问题，我马上就付诸实施。本书主要以餐厅为设定背景。当然，世界上有很多种重要的菜肴，例如我祖母做的，或者你的祖母做的菜，也可能是你为你的爱人做得不太完美的菜，也有可能是维持你日常体力的菜。

但是对像我这样的美食作家和美食爱好者来说，这里的菜肴是一种具有重要的、带有基础的批判性和历史性思维的烹饪。我们在报纸上看到的很多关于食物的描写都是关于味觉和感受的：我们喜欢什么菜，不喜欢什么菜，我们觉得这道菜怎么样，或者是由一口食物引发的珍贵记忆。

把"什么样的招牌菜是重要的"当成一门学问，甚至当作是一项我们自己的发明进行研究，在当前这种更加广泛的优胜劣汰的全球大环境下，这个项目看起来十分值得努力。我从上面的问题中筛选出我的一系列招牌菜，同时也是在自己提问。我的努力是否能够帮助扩大关于餐厅和主厨的探讨以及是否能让我们对这类招牌菜更加着迷？我希望答案是肯定的。

当然，像本书这样的汇编都力求做到权威性。如果说这本招牌菜汇总是最好的，那将会引起更多的争论，但如果被认为是不完美的话，这才是最有用的。这样就能留出读者体验的空间。从书本开始，然后有意识地进行更深入、更彻底、更富有同情心的对话。评估这些菜很重要，可以帮助我们朝着那一刻前进。

克里斯蒂娜·穆尔克（Christine Muhlke）

克里斯蒂娜·穆尔克是《好胃口》（Bon Appétit）杂志的总编辑，也是美食咨询公司"X Bureau"的创始人。她曾任《纽约时报》杂志的美食编辑，曾与埃里克·瑞珀特和伯纳丁餐厅的阿尔多·索姆，以及曼雷萨餐厅的大卫·金奇和哈特伍德餐厅的埃里克·沃纳一起出过书。

帕特·努斯（Pat Nourse）

澳大利亚记者兼评论家帕特·努斯是墨尔本美食美酒节的创意总监。他是一名有约20年经验的旅游作家和餐厅评论员，他在澳大利亚《美食旅行家》（Gourmet Traveller）杂志做了14年的编辑，曾在《美味》（Saveur）、《漫旅》、《傻瓜》（Fool）、《远方》（Afar）、《福桃》和《美食家》（Gourmet）等杂志上发表文章。自2006年以来，他还一直担任大洋洲"世界50最佳餐厅"的投票主席。

在当今的餐饮界，我们一般会认为，每一道菜如果不是完全原创，那么至少是一个相对新的发明。但是，如果你像我一样，几十年来一直在世界各地品尝美食，并采访杰出的厨师，你就会知道有一些厨师忍不住也要致敬的试金石菜肴，无论是1978年米歇尔·布拉的"加古鲁沙拉"（第113页），还是2010年克里斯蒂安·普格利西的"牛肉鞑靼配豆瓣菜和黑麦面包"（第224页），这些菜其实都可以说是受到了埃斯科菲耶和卡汉姆的启发。

当我考虑要在这本书中列入哪些菜时，我想到了那些不仅改变了烹饪、装盘和上菜方式的菜品，还有那些在世界各地经历无数次迭代但留存至今的菜品。在过去的10年里，图片在互联网上的即时传播无疑改变了游戏规则。

直到我开始研究和写这本书的时候，我才真正理解它的重要性。就像每代人都会认为美食能够引起人们的食欲，但我们却不会把这归功于数百年前创造这道菜的人。

如今，社会上的美食媒体都比较关注主厨，通过那些经受住时间检验的美食视角回顾过去的几个世纪，我们真的可以发现很多真正经久不衰的东西。虽然我不能说天底下的确没有什么新东西，但有趣的是，我们会发现很多我们认为的新的想法有着深刻的历史根源。这个引人入胜的项目让我们反思美食的发展，修正我们对饮食文化的先入为主的观念。

我从最初的一长串菜品中挑选招牌菜的过程，在一定程度上就是让大脑在地图上搜罗，考虑哪些菜肴在世界各地都具有代表性，然后再考虑这些菜肴在各个时代是否具有代表性。其中哪一道菜可以说是真正的独特？哪一道菜能够代表烹饪进程的一次重大进步？哪一道菜50年以后还不会消失？

主厨不会选择他们自己的招牌菜，是时间的检验和食客的忠诚赋予了招牌菜这个荣誉。关于招牌菜还有一些更加迷人的东西，有一些我希望说是能够超越时尚的品质。"你应该通过他们的招牌菜认识这些主厨"。在《主厨的餐桌》这本书里，有很多东西值得我们去发现。

# 安德烈·佩特里尼 (Andrea Petrini)

安德烈·佩特里尼是一位长居法国的作家、记者、美食策划和文化活动家。他曾评论过许多书，包括《生食烹饪》(*Cook it raw*)，然后与马克·韦拉特 (Marc Veyrat)、卢卡·范廷 (Luca Fantin)、鲁道夫·古兹曼 (Rodolfo Guzman)、安娜·罗斯 (Ana Ros) 和特里·贾科梅罗 (Terry Giacomello) 合著著作，以及与各种出版物的合作。他巡回管理先锋派"格里纳兹"厨师团，或者经常与艺术理论家尼古拉斯·布里亚德在首尔或洛杉矶策划新的烹饪书展，除此之外他还是"世界餐厅奖"评审团的主席。

"一个幽灵出没于食物界，它是鬼魂学的幽灵。"这个概念最早由哲学家雅克·德里达 (Jacques Derrida) 提出，被马克·费舍尔 (Mark Fisher) 和西蒙·雷诺兹 (Simon Reynolds) 等当代批评家用来描述社会对过去美学和结构的依赖，尤其是在艺术方面，它是对专注怀旧所定义的艺术。要是有人问我这样一个问题："您最想与谁分享本书的内容？"我会毫不犹豫地回答：英国记者兼音乐学家西蒙·雷诺兹。他写了过去10年里最惊人的一本书《怀旧狂》(*Retromania*)。该书讲述了我们都被困在对身后事物的崇拜中。我们本可以戏谑那些所有固执地坚信自己要进步，并因此"前进"的厨师，因为他们甚至都没有意识到自己深深处在怀旧的束缚之中。

儿子注定要重蹈父辈的覆辙吗？例如，米歇尔·盖拉尔和米歇尔·布拉在40年前创造第一个奶油水果小馅饼或"加古鲁沙拉"（见第113页）时，是否曾想象过，他们将来会成为一代忠实的素食主义者的先驱，他们的菜会被一直重复。一道菜真正具有标志性，是因为它确实改变了我们所熟知的世界，

还是仅仅因为它在我们每次走上街头时都萦绕在我们心头？在一道菜被无限地演绎、复制、山寨、批量化制作，直到它变成了另一种东西，失去了它原来的意义之后，这道菜还能存在多久？

我们总是忘不掉过去，是的，我们应该始终牢记"亡者不死"。如果雷诺兹和我一直在切面包，我们可能一直试图弄清楚简单的菜肴或脆弱的概念（如夸张的"可持续性"）。

一道招牌菜就像是一门艺术。男人要做男人该做的事，比如每天切牛排，而不只是空喊口号。上帝把我们从可持续发展中拯救了出来。让我们打开这本书去探索一道菜接一道菜、一份食材接一份食材、一道工艺接一道工艺、一个想法接一个想法，以及什么才是真正的"可持续思维"。这便是我整理出这份个人最爱的招牌菜清单的单纯目的，从萦绕在我们心头的菜品中找出那些能够大胆说出它们名字的菜品。

## 迭戈·萨拉扎（Diego Salazar）

迭戈·萨拉扎是一名常驻秘鲁利马市和墨西哥城的获奖记者。他著有《我们一无所知》（*No hemos entendido nada*），这是一本关于社交媒体时代传媒业现状的书。他曾在拉丁美洲、欧洲和美国的媒体上发表文章，他也为《纽约时报》定期撰稿。他还是"世界50最佳餐厅"的研究会主席。

在决定将哪些菜品纳入本美食宝典时，首先要考虑的当然是如何定义"什么是招牌菜"。在我看来，当我们谈到一道招牌菜时，最主要的问题是这道菜到底有多大影响力。当然，这道菜首先必须有名，它们不仅在主厨或者餐厅所在的城镇或者国家流传，而且最重要的是这道菜必须能够影响到其他地区的厨师：要么制作自己的版本，要么以一种在创造这道菜之前没有想到的新的方式发现某种特定的配料或烹调方法。

在寻找符合这些标准的菜式时，让我特别惊讶的是，有很多菜达不到要求，因为它们不是在餐厅的厨房里做出来的，而是在家里做的。我不得不把许多菜撇开，因为我意识到，至少从起源上讲，它们是一个国家或地区的文化和饮食传统的一部分，它们不能被追溯或归功于专业厨师，而有可能归功于一个家庭厨师。在这一过程中，我还发现了男女厨师在认可度上的严重不平衡。在大多数情况下，当一道菜被认为是一名专业厨师的作品时，人们几乎可以断定那位厨师是个男人。当一道菜被归为传统菜或归功于家庭厨师时，人们几乎可以肯定那位厨师是名女性。当然，这也能够证明如今在世界各地的专业厨房中性别不平等的现象依然存在。

餐饮界一直存在一个问题，特别是在我们可以通过社交媒体看到任何厨师在厨房里做什么的时候，世界各地餐厅里的许多厨师喜欢接受别人对他们的菜谱或想法的赞美（事实上这些菜谱并不是他们自己研发的），但他们不会说出来是谁启发了他们的灵感。这本书之所以重要，是因为它能够将伟大菜肴的创意、概念和食谱追溯到最初的创造者，这不仅是向那些厨师致敬，也能帮助我们了解当今世界上创造力是如何相互影响的。

## 理查德·维恩斯（Richard Vines）

来自伦敦的理查德·维恩斯是"彭博"（Bloomberg）的首席美食评论家。他已经写了15年关于餐厅评论的文章，是前"英国和爱尔兰世界50最佳餐厅奖"的主席。他毕业于伦敦经济学院，做了四十多年的记者，曾经在伦敦《泰晤士报》、（The Times）任职，后来他在亚洲工作了13年，在《中国日报》（China Daily）、《亚洲华尔街日报》（Asian Wall Street Journal）和《南华早报》（South China Morning Post）担任外国编辑。他于1995年加入了彭博。

对我来说，一道招牌菜应该是一道由于某种特殊的原因而与众不同、令人难忘的菜，仅仅是有创意、好看或者让人惊讶是不够的。20世纪70年代中期，我刚来伦敦读书，那时的招牌菜数量还很少。当时那些为数不多的招牌菜还是由大酒店里的欧洲厨师做的，但那种地方的消费对于学生、甚至普通工人来说都太昂贵了，而我常去品尝的餐馆主要是主打咖喱菜的餐馆或者是意大利餐馆。

20世纪90年代中期，我留学归来，情况已经开始发生转变，英国出现了像费格斯·亨德森这样的主厨。在过去的20年里，这种情况改变的速度越来越快，而且随着人民收入水平的提高和餐厅美食变得更加经济实惠，越来越多的老百姓也有了去餐厅消费的能力。

在考虑本书收集的菜品时，我关注的重点是英国菜。而困难之处在于不是要把哪些菜式保留下来，而是要把哪些菜品删掉。英国各地都有才华横溢的厨师，他们的烹调风格迥异，不过其中许多厨师都是在法国大师的指导下被培养出来的，这一点从他们做的菜里就能看出来。

我个人最喜欢的菜能够反映过去和现在。皮埃尔·科夫曼的"羊肚菌酿猪蹄"（见第106页）和赫斯顿·布鲁门塔尔的"肉果"（见第229页）都是传统烹饪和技术创新的产物。它们的共同点是味道绝佳。虽然烹饪工艺和摆盘都有了改进，但最终胜出的却是口感。

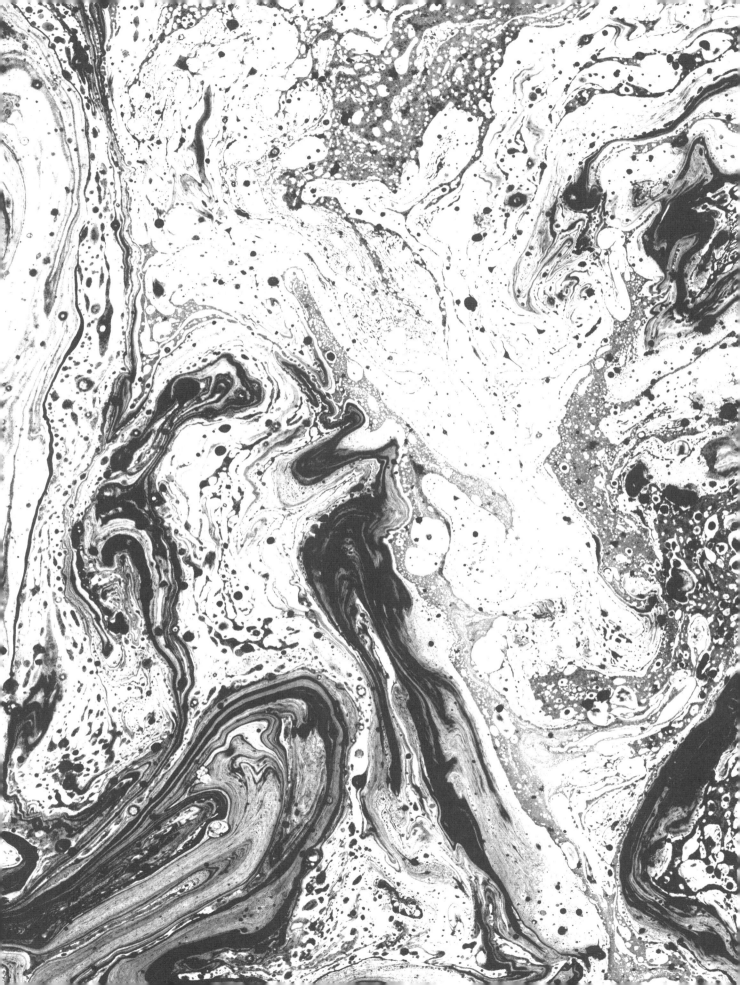

# 《主厨的餐桌》

# 普罗科皮奥·库托（Procopio Cutò）

## 普蔻咖啡馆（LE PROCOPE）

法国，1686年

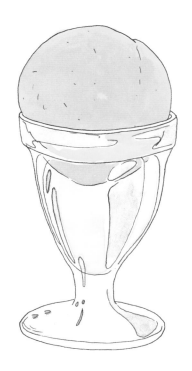

参见菜谱第258页

# 冰激凌

伏尔泰的戏剧《苏格兰》（L'Écossaise）中有一个人物角色这样说："冰激凌很精致。可惜吃冰激凌不违法。"这个故事发生在巴黎一家以普蔻咖啡馆（位于著名的弗朗西斯剧院对面）为原型的咖啡馆里。普蔻咖啡馆是由意大利裔法国人普罗科皮奥·库托（或者叫作弗朗西斯科·普罗科皮奥·代·科特利）于1686年创建的。他是从西西里岛移民过来的，西西里岛有着悠久的享用冰激凌的历史。人们可以在夏季的几个月内一直享用这些甜蜜的水果味冰激凌，这要归功于从埃特纳火山上取下的雪。据说，库托的祖父是一个渔夫，他发明了雪糕机，国王给他的雪糕机赐予了专利，后来它传到了库托手里。在此之前，由于准备过程中所需食材的成本高昂，只有富人才能享用到冰激凌。

1559年，在凯瑟琳·德梅迪奇与亨利二世的婚礼上，雪芭和冰激凌首次被带到法国。但最终是库托在他的咖啡厅（在巴黎最早的一家咖啡厅）里将其更广泛地提供给大众（在此之前，咖啡主要由小贩在街头或集市上出售）。除了咖啡，普蔻咖啡馆还出售各种冷饮、利口酒和冰激凌。据说库托用蜂蜜代替了糖，并在冰上加了盐，以加速冷冻过程，他用蛋形杯装冰激凌。他申请到了专门销售冰激凌的皇家专利，这宣告了他的成功。因为装饰华丽的普蔻咖啡馆离剧院很近，所以它自然而然地成了巴尔扎克、维克托·雨果、罗伯斯庇尔和本杰明·富兰克林等名人的最爱。库托在如此美丽、独特的环境中供应冰激凌，他与普蔻咖啡馆之间有着不可磨灭的联系。如今，普蔻咖啡馆还在营业。

由克里斯蒂娜·穆尔克挑选

## 鲁勒斯餐厅（RULES）

英国，1798年

参见菜谱第258页

# 红松鸡

1798年，托马斯·鲁勒创立了伦敦最古老的餐厅——鲁勒斯餐厅。这家餐厅以其经典的野味烹饪而著称，特别值得一提的一道菜是"红松鸡"，这是英国唯一的本土野鸡，产自该餐厅的户外庄园——拉廷顿霍尔。红松鸡以其草本矿物风味而闻名，这在许多方面都归因于它的饮食，因此红松鸡的营养价值更高。除此以外，红松鸡奔跑速度快，神出鬼没，所以要捕捉它们需要下一番功夫。一本附有菜单的小册子详细介绍了这家餐厅的烹饪理念，即向客人提供最好的、天然绿色的食材。宣传册上提到松鸡尝起来像石楠、泥沼里的鹬，或是"甜美腐烂的野蘑菇"。

几个世纪以来，这家餐厅一直是举办庆祝活动、吃牡蛎、品尝野味、喝红酒、抽雪茄的绝佳去处。在第二次世界大战期间，在餐馆严格执行口粮配给制的情况下，鲁勒斯餐厅仍然能够以传统的但当时被认为是另类的民族菜肴的形式，为食客提供不限量的食物，因为松鸡、兔子和野鸡这些食材不受战时口粮配给制的约束。尽管鲁勒斯餐厅已经不再像昔日那样辉煌，但它对全球美食的发展仍然至关重要。侍者们仍然会在纸上写好客人点好的菜单，塞进旧猎枪弹壳里，然后通过铜管传送到厨房。在鲁勒斯餐厅，食客与其所吃的食物以及食物的来源都息息相关，并且由于餐厅远离外界的尘嚣而保持了它在高档餐厅的地位。

由理查德·维恩斯挑选

## 玛丽-安托万·卡汉姆（Marie-Antoine Carême）

### 和平街饼屋（PÂTISSERIE DE LA RUE DE LA PAIX）

法国，19世纪早期

参见菜谱第259页

# 法式奶油酥盒

这道美味的开胃小吃，原名译为"女王的一口食"或"女王的小吃"，最早是厨师为法国国王路易十五的王后玛丽·莱辛斯卡创作的新菜。今天我们称之为"法式奶油酥盒"，它既是短暂的享受，也是玛丽-安托万·卡汉姆的烹饪象征，他在几年后改进了这道菜，并把菜谱写了下来。酥盒的顶部被切掉备用，厨师在盒子里面装满由鸡汤、奶油、黄油、面粉和蛋黄混合而成的丰富的白色酱汁，还有水煮鸡脯、在白葡萄酒中煨过的黑松露和用黄油轻轻煎过的小蘑菇，最后加柠檬汁，也可以用牛胰脏和小牛脑填满，将备用的糕点"帽子"盖好，趁热端上餐桌，客人一口就能把它吃掉。后来，卡汉姆做了更大的"皇后一口酥"，可供几人分享食用。

卡汉姆是西方历史上第一个具有国际化视野的名厨，也是史上第一个走"奢华"路线以取悦统治阶级的厨师。正是由于他，今天的厨师不仅要把高级烹饪、高技术含量的酱汁和华丽场面的氛围归功于他，而且还要感谢他对烹饪的分门别类。尽管在一百多年后，埃斯科菲耶完成了法国烹饪的系统化，但卡汉姆是第一个将烹饪分解为多个环节的人。从肉汤开始，然后是四种基础酱汁等，以此编写出可以组合起来创造梦幻宴会的食谱。他利用作为富人厨师的声誉，为俄罗斯和英国的国王烹饪，并以低廉的价格大量生产和推广他的烹饪书。卡汉姆的食谱传遍了全世界，并把法国菜确立成为世界烹饪的标杆，因此他的声誉又延续了200年。

由苏珊·荣格、帕特·努斯和安德烈·佩特里尼挑选

20

# 郑春发（Zheng Chunfa）

## 聚春园菜馆（JU CHUN YUAN）

中国，19世纪初

# 佛跳墙

关于"佛跳墙"这道菜起源的传说和它所使用的食材一样丰富，共同之处在于它香味扑鼻、沁人心脾。它甚至能引诱僧侣们宁愿破戒，也要从寺庙里跳墙出去吃上一碗。这道菜又称为"福寿全"或"祈福长寿"，是清朝光绪年间福建布政使周莲的家厨郑春发的作品。一天，周莲回到家中，要求郑春发复制一种用猪肉、鸭肉、鸡肉、海鲜和蔬菜做成的汤，这种汤是他在福州布政使举行的宴会上尝到的。郑春发在菜谱中加入了更多的海鲜和美味佳肴，如鱼翅、鲍鱼、人参、海参、干贝、鸽子蛋等，直到食材清单超过20种，再加上十几种调味品和调味料（今天，配料单上最多可包含30种），然后用煨汤瓦罐熬制几天，这种瓦罐最初是窄口的绍兴酒坛。这道菜大获成功，郑春发也得以在福州开了自己的餐馆。

佛跳墙是清代最具标志性的菜肴，如今因更现代的原因而声名远扬。这道菜价格不菲，而且经久不衰。2005年吉尼斯世界纪录将伦敦梅菲尔区的"Kai"中餐厅的佛跳墙列为世界上最昂贵的汤：每碗108英镑（约合人民币980元），且必须提前5天预订。2000年，美国通过了"割鳍弃鲨"的禁令，之后2013年欧盟也颁布了类似的法律。2013年，中国宣布在政府机关单位内禁止食用这道菜。

由苏珊·荣格和帕特·努斯挑选

21

# 玛丽-安托万·卡汉姆

## 和平街饼屋

法国，1815年

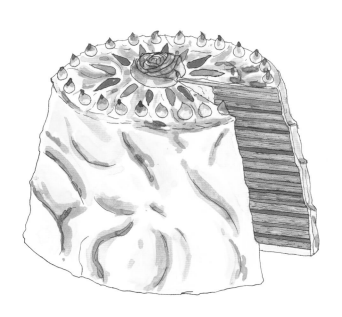

参见菜谱第262页

# 拿破仑

　　"拿破仑"由高级料理之父——御厨玛丽·安托万·卡汉姆在19世纪初所创。拿破仑是一种经典的甜点，由多层像纸片一样薄的酥皮和淡奶油、糕点奶油或果酱制成。拿破仑顶部通常带有糖衣或淋面，香甜可口。拿破仑与卡汉姆有着紧密的关系，拿破仑首次出现在文森特·拉沙佩尔1733年所著的《现代烹饪》一书中。但是，后人认为是卡汉姆创造了最早的"拿破仑"，实则不然。他只是完善了我们今天所知道的酥皮糕点工艺和配方。与大多数经典的法国糕点一样，尽管法国宣称自己是拿破仑的原创国，但事实上，在世界许多国家都有类似的甜品。

　　卡汉姆被誉为"烹饪之王"和"厨神"，不仅仅是因为他创造了一道招牌菜，还因为他发明了法式烹饪的体系。他从分类学的角度来研究烹饪艺术，这与19世纪科学启蒙时期理性经验主义的发展趋势一致。通过创造一个独立的烹饪体系，他将烹饪从一门手艺打造成了一门艺术。他从糕点店的建筑展示中得到启发，并以他命名菜肴的方式创建了类似的"结构性"名称，通常先按其主要食材命名，然后再将其与食材的主产区联系起来。这实际上是为了吸引当地的民族主义者，把一些不知名的食谱法国化。

由**克里斯蒂娜·穆尔克**挑选

参见菜谱第263页

# 北京烤鸭

随便找一个北京人，你问他哪家的北京烤鸭最地道？他们会翻翻白眼（因为他们总是会被人问这个问题），然后很不情愿地告诉你一家店的名字。问题是，他们的答案并不一致。你喜欢瘦的还是肥的？是用明火烤还是用传统的圆柱形烤鸭炉烤？最好的烤鸭店还是得从便宜坊说起，从19世纪开始，便宜坊的烤鸭都是宫廷宴会上的一道大菜。虽然现在的烤箱看起来可能不一样，但烤制工艺并没有变：厨师在烤箱内壁堆满高粱秆，以将鸭皮烤得发亮，一旦火焰熄灭之后，厨师就会把鸭子放进烤炉里。烤制好以后，鸭子色泽红艳，肉质细嫩，味道醇厚，肥而不腻。根据传统的吃法，烤鸭在上桌的时候一般会一鸭三吃：将又酥又脆的鸭皮配着加了白糖和蒜泥的蘸酱；将烤鸭片成120片，用荷叶饼卷上鸭肉片、黄瓜条和葱丝，抹上甜面酱，剩余的鸭架做成鸭汤。

或许比烤鸭的口感更令人印象深刻的是对烤鸭制作过程的关注。制作北京烤鸭要选取北京当地的填鸭，在鸭子生长65天的时候宰杀。从鸭脖处给鸭子充气，使之皮肉分离，以达到鸭皮酥脆的效果。在长达3天的加工过程中，需要进行多个步骤，包括用麦芽糖给未煮熟的鸭皮上色，然后用适量五香粉腌制。有些人更喜欢吃便宜坊的竞争对手——全聚德的烤鸭。全聚德厨师用果木烤鸭子，他们觉得这样能够使鸭子流出多余的脂肪，鸭皮会更加酥脆，但北京人认为烤鸭这道菜不需要再改进了。

由苏珊·荣格挑选

## 亚历克西斯·索耶（Alexis Soyer）
### 改革俱乐部（REFORM CLUB）
英国，19世纪30年代

参见菜谱第263页

# 改良羊排

法国名厨亚历克西斯·索耶11岁开始在凡尔赛宫做厨师学徒，1830年"七月革命"发生以后，他逃离法国去到英国。在英国，他不仅给富人做饭，也给穷人做饭。像在伦敦改革俱乐部里做饭，在维多利亚女王加冕礼上为两千多位尊贵的客人准备早餐。他还发明了第一种带桌面的烹饪器皿——魔法炉。1840年的大饥荒期间，他还在爱尔兰设立了多处施粥所，并且自己出资，为克里米亚战争前线的士兵提供食物，在那里他和弗洛伦斯·南丁格尔整顿了医院的供应。就这样，亚历克西斯·索耶成了英格兰第一位名人厨师。

他最著名的一道菜是改良羊排，据说是一天后半夜，他应一位客人的要求做的菜。做这道菜首先要准备羊肉，但是随着索耶对羔羊肉口味的要求越来越高，他更偏爱南部丘陵地区养的羊，而不是威尔士羊。他把羊肉切成小块，并把一块骨头露出来，即现在的羊排［在他1849年出版的一本记载了2000道菜谱的木刻烹饪宝典——《美食家重生》（*The Gastronomic Regenerator*）里记录了这种做法］。将小羊排裹上面包糠和碎火腿焗烤，然后摆在一层土豆泥上。最引人注目的是辛辣的酱汁，这是一种由高汤、清汤、复合酱汁、香草、醋和腌制番茄制作的复合酱汁，需要手工熬煮，通过滤布或薄纱过滤，然后融合成甜酸完美的稠度。这道改良羊排今天还保留在伦敦改革俱乐部的菜单上。有的厨师会使用简化酱汁，比如伦敦大厨马克·希克斯使用牛肉汤、龙蒿醋和红醋栗冻做酱汁。

由**帕特·努斯**挑选

24

## 让-路易-弗朗索瓦·科里内（Jean-Louis-François Collinet）

### 巴维农亨利四世酒店（LE PAVILLON HENRI IV）

法国，1837年

# 土豆舒芙蕾

　　第二次法国大革命后，厨师让-路易-弗朗索瓦·科里内在他位于巴黎郊外的酒店餐厅发明了贝纳斯蛋黄酱，这完全是有意为之。然而，他发明的土豆舒芙蕾却是个意外。当时玛丽-阿米丽女王和她的社会名流朋友要纪念联通巴黎和圣-日耳曼的新型客运蒸汽火车的首航，科里内负责为他们准备晚宴。他正在油炸切成薄片的土豆的时候，有人通知他女王的晚宴要晚些时候才能开始，因此科里内把土豆片从油里捞出来放在一边备着。后来当他重新将这些土豆片在更热的油里过油时，这些土豆片膨胀成了酥脆金黄的充满空气的椭圆形枕头的形状。科里内发现，在较低温度下炸土豆片时，土豆片四周会形成一层防水的表皮。当把土豆片放凉以后，再用更热的油炸制时，土豆片内部的空气排不出去，所以它就会膨胀起来。这道令人震惊的美味薯片（油炸土豆片）是成功的，并由此代表了土豆高级烹饪的艰辛历程（可以说，土豆完美膨化的成功率并不是100%）。1840年，科里内·普罗特·安托万·阿尔恰托雷在美国新奥尔良开了安托万餐厅，这才把这种烹饪工艺带到了美国。直到今天，奥尔良市内到处都还在售卖这道菜，仍然配着小干酪蛋糕和贝纳斯蛋黄酱。这道招牌菜至今仍然是一个科学上的奇迹。"土豆蛋奶酥"是内森·梅尔沃德（Nathan Myhrvold）代表作《现代主义烹调》（*Modernist Cuisine*）中最传统的一道菜。

由克里斯蒂娜·穆尔克挑选

# 卡西米尔·莫森（Casimir Moisson）

## 黄金屋餐厅（MAISON DORÉE）

法国，1859年

参见菜谱第264页

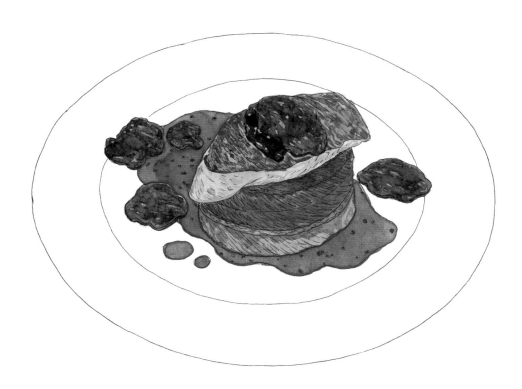

# 法式罗西尼牛排

意大利作曲家乔阿基诺·罗西尼40岁之前就写了40部歌剧（最著名的是《塞维利亚的理发师》），因此声名大噪。他同样也因好吃而闻名。这位业余厨师，成年以后的大部分时间长居法国，他有很多像厨神玛丽-安托万·卡汉姆那样的大厨好友，他们也用罗西尼的名字命名了很多菜肴，大部分菜里都用了松露。但是让世人深深记住这位作曲家的却是黄金屋餐厅大厨卡西米尔·莫森研发的一道招牌菜——法式罗西尼牛排，这是一道奢华的主菜——垫在烤面包丁上的黄油煎菲力牛排。罗西尼牛排搭配了榛子黄油（棕色黄油）煎鹅肝片，再佐以马德拉酱汁，四周撒上佩里戈尔德黑松露薄片。如此精致的一道菜堪称是一部歌剧。

因为卡汉姆和罗西尼关系密切，所以这道菜通常归功于卡汉姆。但是人们普遍认为，是知名的黄金屋餐厅的大厨卡西米尔·莫森为了纪念罗西尼做的这道菜。这家餐厅有两个入口，一个是为普通大众准备的，另一个是为富人和名人准备的。至于"tournedos"（这道菜的英文菜名是"Tournedos Rossini"）这个术语，有故事说罗西尼在厨房里一直缠着莫森，莫森不堪其扰，就用法语告诉他"tournez le dos"，即"转身。"另一个说法是，上菜的服务员必须转过身去做上菜前的最后准备，这样才能保守这道菜的秘密。20世纪70年代，以清淡和现代为标志的新式法餐崛起，长期代表着高级烹饪的"罗西尼牛排"随之跌落神坛。然而，它依旧很经典。大厨丹尼尔·布卢德称"罗西尼牛排"是他创造"DB汉堡"（见第184页）的灵感来源。

由克里斯蒂娜·穆尔克挑选

# 卢西恩·奥利维尔（Lucien Olivier）

## 莫斯科冬宫酒店（THE HERMITAGE）

俄罗斯，19世纪60年代

参见菜谱第264页

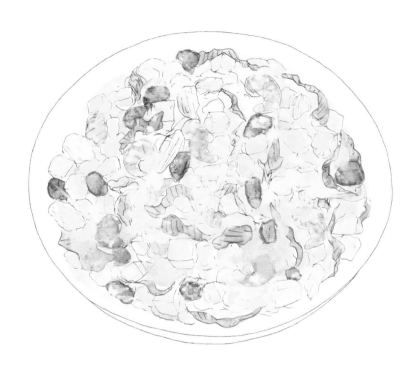

# 俄式沙拉

"俄式沙拉"这道招牌菜最初是由法国厨师为了迎合俄国贵族对法国文化的爱好而设计的一道奢华菜肴，后来逐渐成为典型的俄式菜肴。卢西恩·奥利维尔第一次在莫斯科优雅的冬宫酒店餐厅里呈上最昂贵的食材：鱼子酱、松鸡、雉鸡、龙虾、鹿肉、小牛肉舌、小龙虾和其他时令性的、只有富人才能享用的肉类和海鲜。餐厅中央陈列的菜品是土豆和煮鸡蛋。令奥利维尔恐惧的是，俄国人习惯在盘子里把所有的食材混在一起。但是，他没有反对这种吃法，而是把这些食材重新加工成沙拉，然后用一种秘制的普罗旺斯酱汁调味（他不让任何人看他是如何做这道酱汁的）。

随着贵族统治的垮台和共产主义的到来，这道奢侈的沙拉显然是反国家的。因此，1930年，莫斯科饭店的厨师伊万诺夫同志（奥利维尔以前的学徒）更新了这道菜，他把松鸡换成了更适合无产阶级消费的鸡肉，用胡萝卜替换了小龙虾，用罐装的豌豆和土豆进一步降低了它的价格，以满足人民大众的消费需求。随着时间的推移，这道沙拉成了一种变化无穷的混合沙拉，里面有鸡丁、土豆、鸡蛋、泡菜和罐装豌豆，再搭配上用植物油做的甜味普罗旺斯蛋黄酱调味。当年逃离俄国的那些俄罗斯贵族带着这道沙拉流亡国外，因此这道菜在世界各地流传开来。如今，自卢西恩·奥利维尔研发出最早的俄式沙拉以来，已经有了数百年时间。俄式沙拉是镀金时代的一道灵魂之作。

由**帕特·努斯**挑选

# 陈麻婆（Mrs. Chen）

## 陈兴盛饭铺（CHEN XINGSHENG）

中国，1862年

参见菜谱第265页

# 麻婆豆腐

没有一道菜比川菜麻婆豆腐更具有国际象征意义，因为它有着鲜明的风味和舒适的口感。1862年，在成都北门万福桥边，有一家原名"陈兴盛饭铺"的店面。店主陈春富早殁，小饭店便由老板娘经营。女老板是麻脸，人称"陈麻婆"。当年的万福桥横跨府河，常有苦力在此歇脚、打尖。光顾饭铺的主要是挑油的脚夫。据说一天有个挑夫给了她一些油，让她用豆腐给他做点吃的，于是她炒了豆腐块，因为她知道当地人喜欢麻辣口味（酥麻和辛辣的混合口味，是该地区23种独特的风味组合之一），她在上菜之前在豆腐上淋了一勺用四川花椒粉调味的红油，其他的调味品还包括牛肉末（现在有些地方用的是猪肉）、豆豉、豆瓣酱和当地的蒜苗。这道菜就是"麻婆豆腐"，意思是"麻子脸老太做的豆腐"，麻子指的是指陈太太脸上的麻子，又或者是因为碎肉在一起翻炒的时候会在豆腐上留下微小的凹痕。板豆腐丝滑的质地加上豆豉和肉碎的轻微嚼劲对红油的麻辣形成了一种舒适的缓冲，食客唇齿间激荡着食物的香气。2012年，旧金山龙山小馆中餐厅的丹尼·鲍文和安东尼·米因在推出麻婆豆腐后大获好评，随后美国各地的餐馆也都推出了各自版本的麻婆豆腐。但对美国人来说，要想让他们接受四川花椒还是比较困难的。

由帕特·努斯挑选

# 阿道夫·杜格莱（Adolphe Dugléré）
## 英国咖啡馆（CAFÉ ANGLAIS）
法国，1867年前后

参见菜谱第265页

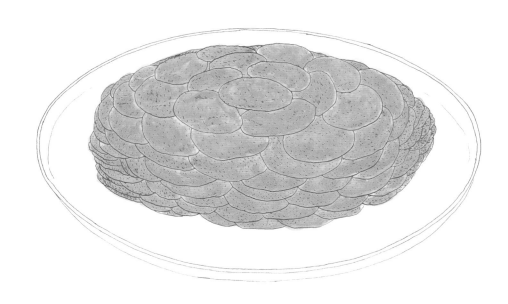

# 法式安娜土豆

这道招牌菜仅仅使用了三种食材——土豆、澄清黄油和盐。厨师既需要将土豆片很有序的摆在煎锅里，也要能够玩得转这两口土豆煎锅（专门为做这道菜定制的），才能做出这道有着美丽的叠瓦状外形和非常清脆细腻质感的安娜土豆。

阿道夫·杜格莱是厨神玛丽-安托万·卡汉姆的徒弟。19世纪中期许多出色的厨师去餐厅工作之前大多在有钱人家里做家厨，阿道夫也不例外，他原来在罗斯柴尔德男爵家里做家厨。1866年，阿道夫来到巴黎的英国咖啡馆做厨师，他的出菜标准很严格。后来英国咖啡馆也参加了国际博览会，是阿道夫让它变得全球知名。英国咖啡馆是19世纪最有名的餐厅，这里聚集着政客和有权势的商人，他们

还带来了烟花女，这些与第二帝国某种力量联系在一起。巴尔扎克、福楼拜、普鲁斯特和亨利·詹姆斯小说中的人物也在那里用餐。杜格莱喜欢用他的著名客人的名字为自己的菜命名，甚至也用自己的名字为某道菜命名。据说，他是用法国烟花女安娜·戴斯利翁的名字为这道土豆配菜（看起来像某道精致的反转蛋糕）命名的，因为安娜经常光顾这家靠近喜剧歌剧院的餐厅。

这些脆嫩的扇形土豆菜品可以在保罗·博古斯的"土豆鳞红鲻鱼"（见第95页）等菜肴中看到，丹尼尔·布卢德也受这道菜的影响，他在自己位于纽约的餐厅推出了一种用土豆片包裹的海鲈鱼。

由**帕特·努斯**挑选

## 伊斯肯德·埃芬迪（Iskender Efendli）

### 伊斯肯德烤肉餐厅（KEBAPCI ISKENDER）

土耳其，1867年

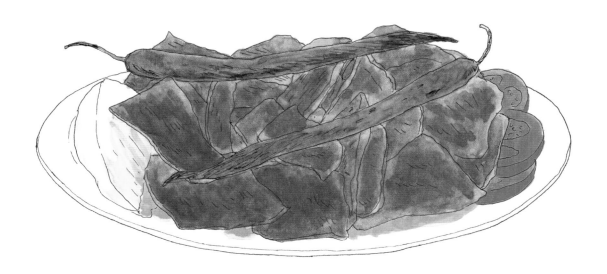

参见菜谱第265页

# 伊斯肯德烤肉串

20世纪60年代抵达德国的土耳其移民让土耳其烤肉串成为欧洲各地的下酒菜和夜宵的主食（柏林哈西尔餐厅的大厨马穆特·艾根声称是他在1971年发明的这道招牌菜）。但是人们必须回到一个世纪前的土耳其奥斯曼帝国，才能找到它真正的根源。就在那里，在布尔萨的主大街上，伊斯肯德·埃芬迪在童年的夏天曾帮助叔叔在一家餐厅烤肉，而他却摒弃了传统的在木柴火上水平烤整只羊的方法。他在他父亲的餐馆里把烤肉叉垂直地翻过来，并研制出一种新型的炭烤架，将烤架放在肉的后面，他把所有的肉骨头和边角料都去掉，然后把肉块堆成金字塔形状。这样烤制有助于防止滴落的动物油在烧焦的木炭上产生火花，从而消除了肉的浓烈的烹饪气味，而这种新型的烤肉模式能使不断旋转的肉串均匀地暴露在热量中。加了香料腌制过的羊肉串烤好以后，用皮塔饼夹着香嫩多汁的薄切烤羊肉，再配上酸奶和番茄酱，再把炸好的羊奶黄油倒在盘子里，使味道更加丰富。最初，烤肉串是一道配着刀叉吃的菜，而不是用锡纸包好以后，用一只手拿着吃，另一只手拿着一罐啤酒喝。埃芬迪的家族——伊斯肯德一家，至今仍然经营着布尔萨的这家餐厅。

由帕特·努斯挑选

# 查尔斯·兰霍夫（Charles Ranhofer）

## 德尔莫尼科餐厅（DELMONICO'S）

美国，1867年

# 烈火阿拉斯加蛋糕

19世纪30年代，"烈火冰激凌"作为"惊喜煎蛋卷"或"挪威煎蛋卷"首次出现在法国。在一层层的蛋糕和冰激凌上面抹上蛋白霜，然后烤成金黄色，而神奇的是里面的冰激凌竟然没有融化。这种煎蛋卷要归功于出生于美国的科学家本杰明·汤普森（又名伦福德伯爵）在19世纪初的研究，他除了发明双层锅炉和厨房炉灶，还发现蛋白霜中的气泡能使自身成为隔热材料。

到了1867年，纽约最早的一家法国高级餐厅——德尔莫尼科餐厅，一位名叫查尔斯·兰霍夫的法国糕点厨师声名远扬。大厨兰霍夫也因使用名人的名字作为餐厅的菜品名而出名，例如"狄更斯小牛派"和"克里夫兰桃子布丁"（以纪念格罗弗·克里夫兰总统）。为了纪念签署《阿拉斯加采购协定》，12岁就开始做糕点学徒的大厨兰霍夫，首次推出了一种名为"佛罗里达阿拉斯加"的甜点，在其中分层抹上用果酱、香蕉和香草冰激凌做成的美味香草口味的蛋糕酱，然后涂上蛋白霜，在烤箱中迅速烤制，将其烤成金黄色。即使在镀金时代，这道烈火阿拉斯加蛋糕的售价相当于如今的40美元（约合人民币257元），这在当时引起了不小的轰动。

这道菜谱出现在兰霍夫1894年的著作《享乐主义者》（*The Epicurean*）中，该书汇集了上千道菜谱，与埃斯科菲耶的杰作可以相提并论。埃斯科菲耶则在1903年将挪威煎蛋卷录入他的食谱《现代烹饪艺术完全指南》（*The Complete Guide to the Art of Modern Cookery*）中。

由克里斯蒂娜·穆尔克挑选

31

# 安妮特·普拉德（Annette Poulard）

## 普拉德大妈餐厅（LA MÈRE POULARD）

法国，1888年

参见菜谱第266页

# 煎蛋卷

"圣女贞德用长矛把英国人赶出了法国，然而普拉德夫人做得更棒，她用煎蛋卷把英国人吸引回来了。"1908年，一位美国人曾在普拉德大妈餐厅的食客留言簿里这样写道。

20年前，安妮特·普拉德开始在圣米歇尔山具有历史意义的神圣小镇供应著名的煎蛋卷。很多虔诚的朝拜者会来小岛上朝拜圣山，每当傍晚潮水退去的时候，普拉德夫人就开始利用手头上的食材（也就是手工有盐、黄油和鸡蛋）为他们准备晚饭。普拉德夫人会把所有的食材配料放进一个厚重的铜碗里，搅拌至少5分钟，有人说她多放了蛋清，或者是鲜奶油。然后她把它们倒进一个滑过黄油的长柄煎锅（这种煎锅是她在附近镇子上专门定制的）里。

她在一个大壁炉的明火上烹饪这些混合了配料的蛋液，直到它变成了蓬松的、底部金黄，类似于溏心蛋奶酥的煎蛋卷。煎蛋卷可以做成原味的，也可以加上各种各样的配料，但煎蛋卷不会在两层之间夹其他食料，以免影响蛋卷的酥松口感，只会在旁边摆上可供选择的配餐，比如蔬菜杂烩、培根、龙虾等。如今，普拉德大妈餐厅的煎蛋卷价格是每份35欧元（约合人民币273元），客人非常愿意品尝这种代表了法国传统和工艺的招牌菜。1908年曾有人写文章赞美这道煎蛋卷，普拉德夫人让她的客人们觉得他们看到的不仅是一位厨娘，而是一位真正的艺术家。普拉德夫人把烹饪当作一门精美的艺术，为食客献上值得他们喝彩的美馔。

由苏珊·荣格挑选

## 卡茨熟食店（KATZ'S DELICATESSEN）

美国，1888年

# 熏牛肉三明治

比起贝果和比萨，熏牛肉黑麦面包三明治更能让某个年龄段的纽约人怀旧。如今，"卡茨熟食店"是纽约市历史悠久的熟食店之一，1888年在下东区开业，1910年扩建，当时这个社区居住着200万从东欧移民到纽约的说意第绪语的犹太人。那时，这座城市已经被从1840年开始到此地的几波德国人所改变，他们带来了很多东西，包括黑麦面包和熟食店。

第一家犹太熟食店开业是为了庆祝牛肉的丰盛，因为在美国牛肉比他们之前在自己的国家更容易买到。犹太人卖的熟食经济实惠，如被腌制成咸牛肉的胸肉，已经成为美国的经典。19世纪80年代，新来的犹太人改进了一种来自土耳其统治时期的东南欧腌肉类食谱，先用辣椒粉、肉桂粉、生姜、红辣椒片、丁香、大蒜、芫荽和胡椒粉等调味料将牛肉腌制6小时左右，再将其熏制，然后先煮后蒸。用这种方法做出来的"五香熏牛肉"被切成薄片，与谷物一起放在面包上，肥瘦相间。"卡茨熟食店"的五香熏牛肉配方现在由第三代人掌握着，当然这是个秘密。当世界各地的厨师来访纽约时，他们总是会在这里驻足。如今，五香熏牛肉在美国重新流行起来，新一代的犹太熟食店也开到了遥远的伦敦和巴黎，这让熏牛肉三明治得以成为世界上最具标志性的一种三明治。

由克里斯蒂娜·穆尔克挑选

## 朱尔斯·阿尔西亚托（Jules Alciatore）

### 安托万餐厅（ANTOINE'S）

美国，1889年

参见菜谱第267页

# 洛克菲勒牡蛎

在这种开创性的新奥尔良开胃菜问世120多年后，除了餐馆老板和他的一个或两个家庭成员知道它的真正配方，这道菜的做法一直对外保密。据说朱尔斯·阿尔西亚托在1840年父母创办的高级法国餐厅的厨房里工作时，因为进口蜗牛很难买到，所以他想出了这道菜。他试图用蒜香黄油蜗牛的精华来搭配来自墨西哥湾沿岸的烤牡蛎。这道菜黄油味十足，他用当时美国首富约翰·D.洛克菲勒的名字为这道菜命名。

当时，人们并不认为随处可见的牡蛎是一种美味。没有人知道阿尔西亚托和他的家人为什么严密地守护着这道菜的配方。《纽约先驱论坛报》（*New York Herald Tribune*）美食作家克莱门汀·佩德福德在1948年的一篇报道中，猜测了安托万餐厅做这道菜最可能用到的十大食材，包括菠菜、芹菜、熟生菜和洋葱以及面包屑、凤尾鱼和伍斯特郡酱汁。差不多40年后，安托万餐厅的老板在他的烹饪书中提到菠菜绝对不是"洛克菲勒牡蛎"配方的一部分。时至今日，没有人能完全确定这道菜的配方。

人们所知的是，这种日渐衰退的菜，加上丰富的绿色酱汁，使一种廉价的壳类动物演变成了一个美国的成功故事。一张1938年的卡片，上面写着用餐者的菜号，这和巴黎银塔餐厅为那些点了传说中的"法式血鸭"的客人被赠送标记了菜的编号的卡片一样（见第38页），卡片上的标题是："这个食谱是一个神圣的家族秘密。"有时候，神秘的气氛也许才是最好的食材。

由豪伊·卡恩、帕特·努斯挑选

34

## 拉斐尔·埃斯波西托（Raffaele Esposito）

### 皮特罗·巴斯塔比萨店（PIZZERIA DI PIETRO E BASTA COSÌ）

意大利，1889年

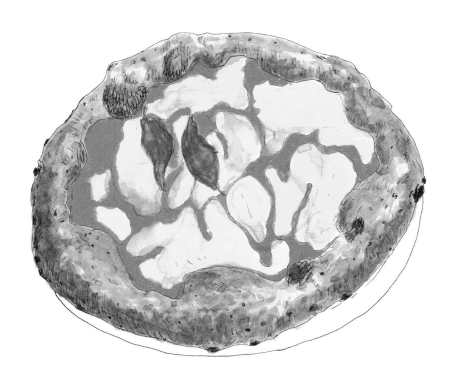

# 玛格丽特比萨

早在997年就有意大利人提到了比萨饼。这种外焦里嫩的面饼，在用维苏威火山的保温熔岩石制成的烤箱里烘烤，上面撒上番茄、香草、大蒜或凤尾鱼，通常被裹在一个菜单纸里，然后用手拿着吃。但现在最常与这道菜联系在一起的是那不勒斯风格的比萨。没有比玛格丽特比萨更具标志性的比萨饼了。做这种比萨需要的食材是简单的番茄酱、新鲜的马苏里拉奶酪和罗勒叶，这些食材在意大利坎帕尼亚周边地区到处都是。自从拉斐尔·埃斯波西托在皮特罗·巴斯塔比萨店为1889年访问那不勒斯的意大利王后玛格丽特创作了这道久负盛名的招牌菜以来，这个配方就一直存在。据说番茄红、奶白、嫩草绿三种颜色代表了意大利国旗的三种颜色。

在接下来的几十年里，玛格丽特比萨被意大利移民传播到世界各地。1905年，根纳罗·隆巴尔迪比萨店在纽约市开业了。和皮特罗比萨店一样，这家店至今仍在营业。

随着比萨饼风靡美国各地，美国出现了很多加了一些廉价的辅料的比萨饼，因此削弱了正宗玛格丽特比萨饼的权威性。但是在过去的10年里，真正的那不勒斯风格的比萨已经在世界各地生根发芽，厨师们也都会就地取材。所有这些21世纪的玛格丽特比萨是否都符合"那不勒斯正宗比萨协会"为比萨制定的严格标准吗？（该标准规定了烤比萨时应注意的诸多因素，比如烤箱温度和比萨铲的标准）不得不说，比萨没有最好，只有更好。

由帕特·努斯挑选

参见菜谱第267页

# 葡萄干布丁

1889年，斯威廷斯餐厅在伦敦市开业了，主要经营鱼类和海鲜，这家餐厅至今仍然没有太大变化。一百多年来，这家餐厅几乎用的还是一模一样的菜单。2001年这家餐厅才开始接受客人使用信用卡，直到2018年还一直只出午餐，同年开始举办每月一次的晚餐俱乐部活动。对一家拥有如此简单、悠久的英国风味的餐厅来说，其最著名的甜点是"葡萄干布丁"。

1849年，英国就出现了这样的传统英国菜谱，名字令人很惊艳。当时著名的维多利亚厨师亚历克西斯·索耶在伦敦改革俱乐部做了一道用葡萄干做的羊油布丁，这道菜被他收录在了1854年的食谱《面向大众的一先令烹饪》（*A Shilling Cookery for the People*）中。葡萄干布丁是中世纪肉类布丁的衍生品，将牛油、牛奶、小苏打、面粉、柠檬皮、葡萄干混合在一起，看起来像"斑点"。将面团放入布兜中蒸或煮，然后将圆顶的布丁放入卡仕达酱中。

就像圣约翰餐厅的老式埃克尔斯蛋糕（见第160页）一样，斯威廷斯餐厅推出的这道不起眼的、正儿八经的英式葡萄干布丁激发了新一代厨师的灵感。实际上，圣约翰餐厅的创始人费格斯·亨德森就是在斯威廷斯餐厅向他的妻子玛格求的婚，但是遗憾的是带动客人情绪的并不是这道菜，而是餐厅的黑天鹅绒餐布和银杯装盛的黑啤和香槟。

由理查德·维恩斯挑选

参见菜谱第268页

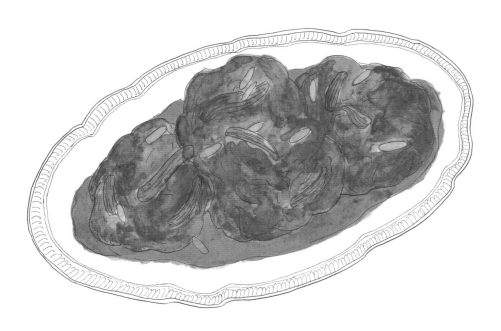

# 烩牛尾

作为罗马"下水料理"中最具代表性的一道菜，这道"意式烩牛尾"虽然食材简单，但味道却很丰富。19世纪末，在特斯塔乔街区附近的屠宰场里，包括屠夫在内的最底层工人，他们的部分工资由屠宰场的部分内脏替代，也就是屠宰场的肉分为五个等级，前四等级的肉被分给更高等级的人（最好的肉卖给贵族，二等肉卖给神职人员，三等肉卖给资产阶级，四等肉卖给士兵）。由于当时没有冰箱，内脏很难保鲜，所以工人们会把这些动物内脏、蹄子、脑髓、尾巴等带到附近的餐馆，比如就在屠宰场对面广场上的切奇诺餐厅，让厨师给他们做熟。切奇诺餐厅的厨师会先用猪油煎牛尾，然后加洋葱、大蒜、白葡萄酒、番茄和水，炖上6小时，然后加入芹菜、松子和葡萄干。今天，

仍然是同一个家族经营着这家餐厅。位于镇子另一端的阿曼多万神殿餐厅在做烩牛尾的酱汁时加上了巧克力粉或可可粉等特殊场合中才用的食材。

这种以"廉价料理"（cucina povera）著称的罗马式穷人烹饪风格，即使在一个以简朴为傲的城市里也显得很特别（切奇诺餐厅里另一道受欢迎的菜是粗通心面配用番茄、乳羔羊肠和羊乳干酪做成的酱汁）。这种烹饪风格很快就与城市的菜肴紧密结合在一起，比如"罗马牛肚"。近年来，"下水料理"在意大利重新崛起，这是一种与过去保持联系的方式。在米兰的特里帕餐厅，这些菜肴是"从头吃到尾运动"的最好佐证。

由帕特·努斯挑选

# 弗雷德里克·德莱尔（Frédéric Delair）

## 银塔餐厅（LA TOUR D'ARGENT）

法国，1890年

参见菜谱第269页

# 法式血鸭

早在1890年，巴黎的银塔餐厅就推出了这款血腥的招牌菜。服务员出身的餐厅老板弗雷德里克·德莱尔也知道这道菜将是标志性的。他给那些前来品尝这道法式血鸭的客人一个标上编号的标签，以纪念那只被端上桌的鸭子。在2016年银塔餐厅的新主厨把这道菜下架之前，这个数字已经超过了100万。

人们将会怀念这道菜的。侍者把一个盛着烤鸭的铜盘放在一辆白布盖着的餐车上，然后将餐车推到餐厅中央一个类似于舞台的明档里。侍者首先将鸭皮剥下，然后把鸭胸、鸭腿和鸭肝取出备用（侍者用一个搅拌机把鸭肝打成泥，然后在一个小火炉上收汁）。随后侍者把剩余的鸭身放进一个银质压鸭器里（最早的压鸭器是19世纪中期在鲁昂设计的），然后开始转动压鸭器的转柄，这时富含鸭髓和鸭肠的鸭血就会从压鸭器里汩汩地流出来。侍者将收集好的鸭血倒进一个银盘子里，放在火上烤，往里面加入鸭肝泥、干邑白兰地、马德拉酒和鸭清汤，收汁至四分之一后过滤，在欣赏完这道招牌菜的准备过程后，就进入进食前的最后一道工序了。在散发着浓浓香味的鸭胸薄片上淋上用干邑调味的鸭血酱汁，鸭腿被送回厨房再加工，之后再作为第二道菜呈上餐桌。

这是一场有点儿血腥的精致终极秀。餐厅的一台原装银制克里斯托夫压鸭机在拍卖会上以4万欧元（约合人民币311844元）的价格售出。纽约的丹尼尔餐厅现在仍然供应血鸭，但不提供带编号的标签。

由**克里斯蒂娜·穆尔克**和**帕特·努斯**挑选

38

# 奥斯卡·切尔基（Oscar Tschirky）

## 华尔道夫酒店（WALDORF HOTEL）

美国，1893年

参见菜谱第269页

# 华尔道夫沙拉

19世纪末，因为酒店的餐厅和餐厅主管都在迎合伦敦、巴黎和纽约富人的口味，满足他们的味蕾，所以这些人在餐饮界的影响力都很大。当时在华尔道夫酒店（现在叫华尔道夫·阿斯托里亚酒店），瑞士人奥斯卡·切尔基被公认为是纽约人待客的典范。正如《华尔道夫的奥斯卡烹饪之书》(*The Cook Book by "Oscar" of the Waldorf*)里所说，人们认为是奥斯卡引进了诸如纽堡式龙虾或者班尼迪克蛋（见第42页）这些菜品。但是，真正让人们记住他的招牌菜是华尔道夫沙拉。

1893年华尔道夫酒店开业时，一位作家宣称它"给大众带来了专属感"。同样这也适用于切尔基在开幕之夜的"社交晚餐"上为1500名客人准备的沙拉——冷菜沙拉和水果沙拉。午餐一直持续到下午很晚，天快擦黑的时候，这两种沙拉还都很受欢迎。最原始的华尔道夫沙拉只用了苹果和芹菜，再配上优质的蛋黄酱。很快，华尔道夫沙拉就有了新的版本，比如在埃斯科菲耶的菜谱里，华尔道夫沙拉就撒上了核桃仁，或者在蛋黄酱中加一点儿核桃油。正如《纽约客》(*The New Yorker*)的美食评论家希拉·希本所感叹的那样，华尔道夫沙拉的出现也带来了一些令人失望的甜味沙拉。随着沙拉在美国家庭中逐渐普及，这种趋势有增无减，曾经优雅朴素的味道演变成了罐装蜜橘片、椰丝和微型棉花糖等不同类型的战后风味。

由迭戈·萨拉扎挑选

参见菜谱第269页

# 蜜桃梅尔芭

传奇的法国厨师奥古斯特·埃斯科菲耶为澳大利亚女高音歌唱家内莉·梅尔芭（Nellie Melba）发明了这种简单的水果圣代冰激凌。当她在伦敦考文特花园的皇家歌剧院演出时，她经常到埃斯科菲耶的餐厅去吃饭。专为这位女高音歌唱家创作的甜品首次亮相，它比后来的顾客吃到的蜜桃冰激凌更具戏剧色彩。

1892年，梅尔巴在伦敦演出瓦格纳的《洛亨格林》（又称《天鹅骑士》），她送给埃斯科菲耶一张门票。第二天晚上，梅尔芭坐在天鹅形的船上唱歌，埃斯科菲耶深深地被这部戏剧作品所感动，第二天晚上，他便为梅尔芭准备了"天鹅桃"这道甜点。这道甜品看起来很有特色：银色的盘子里放着一只用冰块雕刻而成的天鹅，天鹅器皿中盛着香草冰激凌，冰激凌上面装饰着一些微甜、去皮的桃片。几年后，埃斯科菲耶和他的老板塞萨尔丽兹在伦敦开了丽思卡尔顿酒店，在那里，埃斯科菲耶添加了一种覆盆子酱用以区分这道甜品，故改名叫作"蜜桃梅尔芭"。

2011年，在西班牙米其林三星"斗牛犬"餐厅的最后一次晚宴上，主厨费朗·亚德里亚为纪念埃斯科菲耶做了一份蜜桃冰激凌，有人想知道如果换作埃斯科菲耶本人来做这道菜，他会怎么做呢？有趣的是，亚德里亚在"斗牛犬"餐厅做的蜜桃冰激凌都有编号，从第一份"1"到第1846份，"1846"恰好是埃斯科菲耶出生的年份。

由帕特·努斯挑选

参见菜谱第270页

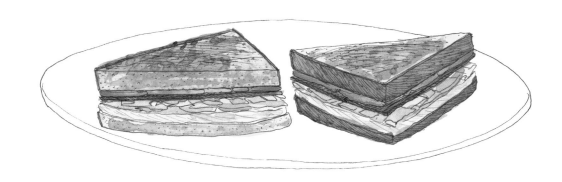

# 俱乐部三明治

　　"俱乐部三明治"是美国极具代表性的三明治之一。它起源不明，但配方清晰一致。有人猜测它是在曼哈顿的联合俱乐部被研发出来的，而另一些人则认为它类似于1895年开始在美国运营的宾夕法尼亚铁路双层床车厢，并因此得名（美国美食作家詹姆斯·比尔德也认为原版三明治只有两片面包）。然而，最易被人接受的说法是俱乐部三明治起源于19世纪末纽约北部萨拉托加泉的一家绅士俱乐部和赌场里，那时三明治最常与女士午餐联系在一起。俱乐部三明治的配方从来没有改变过（除了对三明治到底用几片面包有争议）：在烤白面包片上放上培根、冷鸡肉片或者火鸡片、生菜、番茄片和蛋黄酱。事实证明，这道招牌菜的冷热搭配、爽脆的蔬菜与蛋黄酱的结合是无与伦比的美味。

　　如今，俱乐部三明治不仅是美国人的晚餐和乡村俱乐部成员的最爱，在国际五星级酒店的客房餐饮服务中也经常有它的影子。季萨瓦在他拉斯维加斯的餐厅里供应鹅肝版的俱乐部三明治。比弗利山庄酒店的俱乐部三明治配的是牛油果酱而不是蛋黄酱，据说这道三明治占据了该酒店内湖边卡巴纳咖啡厅四分之一的订单，在那里这道招牌菜已经卖了一个多世纪。但事实上，就像培根、生菜和番茄做的三明治一样，俱乐部三明治最好保持原来的风格。1907年《纽约时报》上刊登的一个早期广告确实很诱人："去俱乐部吧！喝六杯，吃一片肉，再喝六杯。"

由**迭戈·萨拉扎**挑选

# 奥斯卡·切尔基（Oscar Tschirky）

## 华尔道夫酒店

美国，1894年

参见菜谱第270页

# 班尼迪克蛋

　　这道令人上瘾的菜肴让美国人对这种融合了一点法国烹饪技术的奢华早餐饶有兴致，最终这道招牌菜也成为早午餐产生的基础。周末餐厅里提供早午餐已经成为一种世界性的现象，餐厅推出早午餐的目的是让那些即将宿醉的人不用担心次日早上吃不上早餐，这样他们在晚餐的时候就可以多消费些酒水。

　　关于这道菜的起源传说，有一个版本是这样描述的：1894年的一天早上，一位名叫勒缪尔·班尼迪克的华尔街醉汉在他最爱去的华尔道夫酒店的餐厅里，让餐厅主管奥斯卡·切尔基给他端上黄油煎吐司、培根、两个水煮蛋和一罐荷兰酱（一种由蛋黄、黄油、醋或柠檬汁和香料制成的酱汁），他把这些食材都码在了吐司面包上一起食用。被

称为"华尔道夫的奥斯卡"的切尔基对班尼迪克的创意印象深刻，随后他将这道菜添加到了餐厅的菜单里，代替了英式松饼和加拿大熏肉。另一个故事版本发生在同一个时代，罗格朗·班尼迪克夫人在德尔莫尼科餐厅的早餐菜单上找不到她想吃的菜品，于是请餐厅的著名厨师查尔斯·兰霍弗为她创造一道菜。

　　无论班尼迪克蛋真实的起源故事到底是怎样的，这道菜大受欢迎的原因在很大程度上不仅在于其对精致的追求，还在于其强大的适应能力。在美国，华盛顿特区的食客们会用蟹肉蛋糕代替加拿大熏肉；而在新奥尔良，人们会往其中加入洋蓟心、奶油和菠菜。

由克里斯蒂娜·穆尔克挑选

参见菜谱第270页

# 橙香火焰可丽饼

关于这道"橙香火焰可丽饼"的起源有几种说法，其中有一个是这样的：有一个14岁的学徒侍应生叫亨利·查彭蒂埃，他正在蒙特卡罗酒店为爱德华七世亲王准备可丽饼。他在用各种利口酒制作这道可丽饼的甜黄油橘子酱时，不小心把甜酒点着了，慌乱之余他决定无论如何都要用这种酱汁。令他大吃一惊的是，由此产生的焦糖化将这些口味完美地结合在了一起。爱德华七世亲王和他的用餐伙伴，一位名叫苏泽特的年轻小伙子都非常喜欢这种甜点。第二种说法把这道菜和纽约华尔道夫·阿斯托利亚酒店的奥斯卡·切尔基联系在了一起，他在1896年出版了一份类似的未点可丽饼的食谱；第三种说法是巴黎法国喜剧院旁的马里伏餐厅的约瑟夫先生，他于1897年为著名女演员苏泽特在舞台上制作了可丽饼，让可丽饼燃烧起来以具有戏剧性的氛围；第四种说法是埃斯科菲耶于1903年出版了该食谱。

根据美食历史学家保罗·弗雷德曼的说法，"现场烹调"可以追溯到欧洲中世纪的宴会，而现代家庭烹饪中的点火的菜肴则始于19世纪，包括查尔斯·狄更斯1843年的中篇小说《圣诞颂歌》（*A Christmas Carol*）中著名的燃烧的圣诞布丁，以及菜谱中记载的19世纪60年代用朗姆酒和19世纪80年代用樱桃酒点燃的煎蛋饼。在餐厅里，餐桌旁的烟火烹饪是一种表演。20世纪末，这道神奇的甜点在巴黎的餐厅里重新流行起来，又比如纽约麦迪逊公园十一号餐厅的"烈火阿拉斯加蛋糕"。

由克里斯蒂娜·穆尔克挑选

# 卡罗琳·塔廷和斯蒂芬妮·塔廷（Caroline and Stéphanie Tatin）

## 塔廷酒店（HÔTEL TATIN）

法国，1898年前后

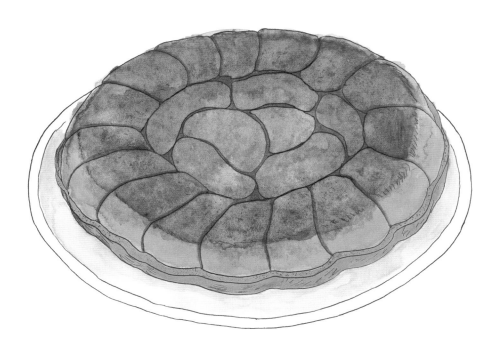

参见菜谱第271页

# 反转苹果挞

　　传说，在19世纪90年代末，斯蒂芬妮·塔廷和她的姐姐卡罗琳·塔廷在法国卢瓦尔河谷地区经营着一家小饭店，斯蒂芬妮是这家饭店的女主厨，有一天她在厨房里做菜的时候不小心出了个疏忽，她没有先将酥皮放进有盖的铸铁盘子中，然后铺上苹果片、黄油和糖，相反，她把做菜的程序搞反了，先把苹果片铺在了盘子底部。虽然她意识到了这个错误，但是没有办法，她只好将错就错，把酥皮摆在了苹果片上面，结果歪打正着，盘子底部的苹果片变成了颜色金黄、香甜黏稠的焦糖苹果。那天晚上，斯蒂芬妮没有让顾客失望，她像往常一样端上了热乎乎的苹果挞，这与当时传统的室温苹果挞大不一样。这道阴差阳错发现的新菜立即成了当时的大热门，人们亲切地把这道苹果挞叫作"塔廷姑娘挞"。

　　由于这道"反转苹果挞"最初的菜谱没有被记录下来，所以在20世纪初法国民族主义蓬勃发展的过程中销声匿迹了。后来上层和下层社会都能买到糖了，反转苹果挞开始成为一种人人都能享受的奢侈品象征。

　　尽管这道反转苹果挞早在1903年就刊登在了法国《地理学会公报》（*Bulletin de la Société Géographique du Cher*）上，但直到20世纪30年代巴黎的马克西姆餐厅将它列入菜单以后，才算真正意义上普及开来。这种反转的甜点在法国民族文化中仍然具有象征意义。

由苏珊·荣格、帕特·努斯和迭戈·萨拉扎挑选

参见菜谱第271页

# 炸猪排

明治维新时期，之前一直实行闭关锁国政策的日本急需快速转变成为一个现代化的国家。当然这就意味着日本也要尝试其他国家的菜系。东京新开业的炼瓦亭餐厅的厨师吉田元次郎擅长做西餐，他按照一本1872年问世的西餐菜谱尝试着做了一道新菜——法式小牛肉，或者叫炸小牛排。首先给牛柳条裹上面包糠，然后用黄油在煎锅里煎至上色，再放进烤箱里烤。但是吉田认为对日本人来说这道菜口感太软，还很油腻。因此他选择使用日本传统的天妇罗工艺来做这道菜，首先他给牛肉片裹上面粉、蛋液和日式面包糠，在较为清淡的植物油里炸制。因为小牛肉价格高昂，吉田就选取了大众能消费起的猪肉。在上菜的时候，他给这种外酥里嫩的炸肉排配上刀叉，这在当时还是十分博人眼球的。炸肉排最初被称为"katsuretsu"，是英语单词"cutlets"一词的日语音译，后来被简称为"katsu"，这成为裹上面包糠油炸食物的术语。在20世纪30年代，这种外焦里嫩的猪肉排的名字改成了"炸豚排"，"豚"就是"猪"的意思。

随着时间的推移，炼瓦亭餐厅的菜谱也进行了更新：为了解决厨房人手不足的问题，炼瓦亭餐厅用切丝的卷心菜代替了原来的手工切胡萝卜和土豆。为了搭配肥腻的猪肉，吉田使用两种从英国进口的伍斯特郡辣酱油调制出一种甜味浓郁的酱汁。炼瓦亭餐厅将炸猪排和白米饭、味噌汤设计成一种经典套餐，这种套餐流行了上百年，后来很多菜品都是在炸猪排的基础上发展而来的。

# 陈平顺（Chin Heijun）

## 四海楼（SHIKAIRO）

日本，1899年

参见菜谱第272页

# 长崎什锦面

由于日本在古代是一个长期封闭的国家，所以日本的融合菜相对较少。但是在明治末年，20世纪初的对外开放时期，当时长崎是日本唯一一个对外开放的港口，一位来自中国福建省的移民在长崎开了一家餐馆。店主陈平顺希望能给出岛游学的中国贫困青年学生提供一些便宜好吃、又能填饱肚子的食物，于是他做了一道在家乡人们最喜欢喝的汤。他用猪油炒猪肉、卷心菜、豆芽、蘑菇和当地海鲜（如鱿鱼、虾和鱼糕），然后加入高汤熬制。和猪骨拉面一样，这款高汤是用猪骨、整鸡和一些鸡骨头一起炖 3～4小时制成的。在营养丰富的高汤中煮熟的面条有嚼劲，味道更加丰富。这道汤最初叫作"中华炖"或者叫作"中华乌冬面"，后来陈平顺把它改成了"什锦面"。这道汤面在长崎唐人街很快就流行了起来。如今，据说在重建后的长崎市有一百多家中餐馆，但是有一千多家餐馆在卖长崎什锦面。拉面可能是日本食品与世界联系最紧密的食物，林格小屋连锁店（日本一家主打什锦面和乌冬面的快餐店）在亚洲和美国都开设有分店。

由帕特·努斯挑选

# 巴黎布雷斯特车轮泡芙

巴黎郊外的一家面包店老板为了庆祝在巴黎市和布雷斯特市之间举行的自行车大赛——1891年环法自行车赛的前身——将糕点做成了车轮形状。顶部撒了杏仁片的糕点泡芙一旦烤好以后，从中间片开，在里面填满了一种用黄油搅打的榛子酥皮奶油（也叫作"慕斯林奶油"）。这种慕斯林奶油装在一个有裱花嘴的袋子里，能够挤出模仿车轮的辐条的条纹。

尽管这个食谱被杜兰德家族当作秘密保持了100多年，但法国各地的糕点屋和餐厅菜单上还是会出现不同版本的车轮泡芙，无论是皮埃尔·艾尔梅的限量版伊斯法罕马卡龙，还是塞德里克·格罗莱提供的巧克力和胡桃版本。21世纪初在美国，法国厨师卢多·勒费弗尔在Trois Mecs餐厅让这道经典甜点引起了洛杉矶居民的关注。丹尼尔·罗斯在纽约颇具影响力的杜鹃餐厅，将糕点厨师丹尼尔·斯库尼克制作的车轮泡芙列在了菜单上，但他用慕斯林奶油替代了黄油。在休斯敦的西奥多·雷克斯餐厅，厨师贾斯汀·俞改变了车轮泡芙的口味，他用瑞士奶酪给馅料调味，并用蜂蜜焦糖分层。即使在今天，巴黎布列斯特车轮泡芙也是一种有耐力的自行车运动员才能毫无顾虑享用的甜点。

由苏珊·荣格和帕特·努斯挑选

参见菜谱第272页

## 阿尔弗雷多·迪莱里奥（Alfredo di Lelio）

### 阿尔弗雷多·阿拉·斯克洛法餐厅（ALFREDO ALLA SCROFA）

意大利，1914年

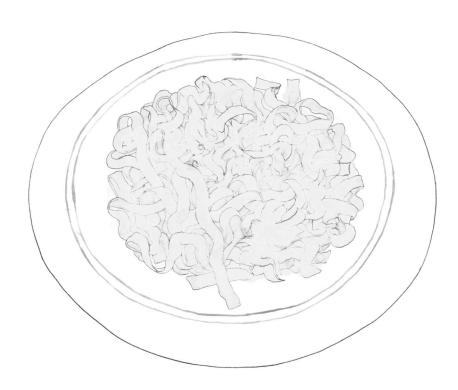

参见菜谱第272页

# 阿尔弗雷多白脱奶油面

20世纪20年代末，名人和美食作家把这种意大利面从罗马带到了美国。像许多进口到美国的商品一样，它被改良得更大、口感更丰富、制作更复杂。今天，美国人认为"阿尔弗雷多白脱奶油面"是最好吃的意大利面，但意大利人并不承认这一点。

当时，罗马的一位餐厅老板阿尔弗雷多·迪莱里奥的妻子伊内斯在生下他们的儿子后吃不下东西。为了让她能够进食，迪莱里奥在宽面中加了大量的帕尔马干酪和黄油。这道意面确实让伊内斯胃口大开，所以他把这道菜列入了餐厅的菜单，并且他在客人的餐桌旁边，在一个热盘子上现场烹饪。1927年，美国电影明星道格拉斯·费尔班克斯和玛丽·皮克福德在罗马度假时，曾经来这家餐厅吃

了几次这道阿尔弗雷多白脱奶油面。他们非常中意这道菜。回到好莱坞以后，他们把这道菜介绍给了朋友。《星期六晚报》专栏作家乔治·雷克托进一步提高了这道菜的声誉，他写道："阿尔弗雷多不是在做意大利宽面，而是升华了意大利宽面。"

1943年迪莱里奥卖掉了原来的餐厅后退休，但在1950年，他决定在另一个地方开一家新的餐厅，餐厅名为阿尔弗雷多·迪罗玛。1966年，宾夕法尼亚荷兰意面公司开始销售意大利宽鸡蛋面，包装上印有"阿尔弗雷多酱汁"的配方。到了20世纪70年代，阿尔弗雷多酱汁变得更加黏稠，甚至含有面粉和奶油奶酪。

由**克里斯蒂娜·穆尔克**挑选

## 约瑟夫·凯勒（Josef Keller）

### 阿兰德咖啡馆（CAFÉ AHREND）

德国，1915年

# 黑森林蛋糕

今天这款德国经典蛋糕已经不再像以前那样正宗了，有些人用奶油乳酪代替了淡奶油，用巧克力碎代替了黑巧克力刨花，由于黑森林地区有成千上万家酿酒厂，所以人们常用樱桃白兰地酒浸泡的新鲜酸樱桃，但为了图方便，现在人们做黑森林蛋糕时用的是黏稠的糖渍樱桃（罐装樱桃）。还有就是，据说这款黑森林蛋糕本身并不是起源于传说中的日耳曼地区，而是起源于凯勒当时工作的波恩附近的一家名叫阿兰德的咖啡店，1915年凯勒在这家咖啡馆制作了第一个黑森林蛋糕。

据说，凯勒用樱桃酒煮樱桃和淡奶油制作甜点，开始时用巧克力馅饼皮做底，然后用巧克力海绵蛋糕、酸樱桃、淡奶油、大量的樱桃层叠制成，最后撒上巧克力碎。有人认为这款蛋糕让人联想起了黑森林地区的传统女装——一件黑色的围裙套在一件白色的泡泡袖衬衫上，帽子上有一个像大樱桃的红色绒球。也有人说这款蛋糕上的巧克力碎像该地区茂密的树木。如今，凯勒徒弟的儿子克劳斯·施费尔掌握了最初的黑森林蛋糕食谱，他在自己位于黑森林深处的特里堡咖啡馆里做了这款著名的蛋糕。

直到1951年，德国知名食品科学家和发明家奥古斯特·奥特克博士在他的烹饪书《巴克恩·马赫特·弗洛伊德》（*Backen Macht Freude*）中加入了这道食谱，这才让这道黑森林蛋糕进入了寻常百姓家。它在20世纪后半叶传遍了全世界。今天，"黑森林"这个词已经成为巧克力和樱桃简单搭配的蛋糕的代名词。

由帕特·努斯挑选

49

# 路易·迪亚特（Louis Diat）

## 丽思卡尔顿酒店（RITZ-CARLTON HOTEL）

美国，1917年

参见菜谱第273页

# 维希冷汤

　　路易·迪亚特将法国传统的土豆韭葱汤（帕门蒂埃浓汤）提升到了优雅的高度。1917年夏天，这位主厨正在回忆他童年最喜欢的菜肴，包括他在维希温泉小镇附近长大时，母亲和祖母常做的土豆韭葱汤。他和他哥哥会往其中倒牛奶降温。迪亚特决定用这道浓汤凸显丽思卡尔顿这个高端酒店品牌。首先他将土豆韭葱汤过滤2次，再加入一半牛奶、淡奶油和高脂浓奶油。他在这道汤上撒了香葱碎，为浓稠的汤增添了色彩，同时也突出了韭葱的味道。他把它命名为"维希冷汤"，或者叫"冰维希奶油"——这是一个令法国人困惑的名字，因为"维希菜"是指典型的用黄油和白糖做的胡萝卜。第二次世界大战发生后，"维希"这个名字变得更加不合时宜，因为从1940年到1944年间，维希是第二次世界大战期间被纳粹德国扶植的法国政权的实际首都。1941年，一群厨师试图把这个名字改成"高卢奶汤"。

　　这道维希冷汤推出的第一个晚上，美国金融家查尔斯·M. 施瓦布点了一碗，然后马上续了第二份。那年夏天的每个晚上，以及此后的每个夏天，它都会出现在晚餐菜单上，人们越来越追捧这道汤，后来它也被列入午餐菜单，一年四季都不下架。迪亚特在他的职业生涯中创造了数百种菜肴，其中包括格洛丽亚·斯旺森鸡肉和林肯龙利鱼片。出乎他意料的是，竟然是这道汤成了他的传世之作。

由帕特·努斯挑选

# 菲利普·马修（Philippe Mathieu）

## 菲利普三明治店（PHILIPPE'S）

美国，1918年

# 法式蘸汁三明治

传说法式三明治是偶然发明出来的。1908年在洛杉矶开了生平中第一家三明治店的法国移民菲利普·马修无意中把一个法式面包卷丢进了一盘美味的牛肉汁里，这道主食三明治就这样诞生了。一个急匆匆的消防员吃下了它，第二天消防员带着朋友们一起又光顾了这家店。洛杉矶人爱吃的蘸汁三明治很快就传到了其他地方。然而，关于这道菜的真正起源的争论由来已久，到底起源于菲利普三明治店还是科尔的太平洋电力自助餐厅（三明治与肉汁分开）不得而知。现在菲利普三明治店的蘸汁三明治每天大概可以卖3000份，热乎乎、湿漉漉的三明治在美国的其他城市也很受欢迎，比如芝加哥的意大利热牛肉三明治和纽约布法罗的威克牛肉三明治。

传统的法式蘸汁三明治是用新鲜出炉的7英寸法式餐包（比法棍面包更软更厚，外表焦脆）卷上薄薄的烤牛肉片，通常还加上瑞士奶酪。卷好之后，在三明治上浇上肉汁。肉汁来自烤肉的时候从肉中滴下来的油。这家餐馆在浓缩的肉汁中加水，然后在肉汁中加入一半鸡汤，用文火熬一夜。根据客人喜好，这种蘸汁三明治通常有四种蘸汁方式：干三明治、单浸、双浸和湿三明治（整个三明治都浸没在肉汁中）。菲利普三明治店还通常为这道蘸汁三明治搭配上辣芥末酱。

近年来，这种标志性的三明治在美国各地的餐厅里再次流行起来。在纽约，4号查尔斯优质排骨餐厅和米妮塔酒馆对法式蘸汁三明治的形状做了改良。

由帕特·努斯挑选

# 玛丽·布尔乔亚 (Marie Bourgeois)

## 布尔乔亚酒店 (HÔTEL BOURGEOIS)

法国，1920年

参见菜谱第274页

# 热肉酱馅饼

通常，人们认为布拉泽大妈餐厅和费永妈妈餐厅是20世纪30年代里昂菜的代表。玛丽·布尔乔亚在位于里昂郊外一个小村庄的餐馆里为该地区的烹饪做出了重大贡献。1933年米其林指南首次亮相时，她也是首批获得米其林三星的女性之一，同时也是第一位被命名为神秘餐饮协会"百人俱乐部"中的女性。她因自创的许多食谱而闻名，包括羊肚菌布雷斯鸡、粉红帕林内浮岛蛋糕和焗小龙虾尾。但却是热肉酱馅饼吸引了戴高乐、约瑟芬·贝克和阿加汗等人来到了餐厅所在的小村庄。

自中世纪以来，为了在没有冷藏的情况下保存油腻可口的肉馅，欧洲人就一直把做好的肉酱放在陶罐里。但是，是里昂人来声称自己掌握了这种技术，但没有人比布尔乔亚大妈更有说服力。她制作的热肉酱馅饼精美、丰富、贴心、奢华，其独特之处在于，她用马德拉白葡萄酒和黑松露制作的酱汁调味。猪油馅饼皮里塞满了层层叠叠的肉馅（用炒过的鹅肝屑和布雷斯鸡肝做成）和在马德拉酒及鸡汤里腌制24小时的鸡肉条、猪肉条。在这些肉馅的中央是一堆鹅肝酱和黑松露泥。难怪有人说，布尔乔亚大妈在星期一就得开始准备她周六要用的鹅肝酱了。由于保罗·博古斯、乔治·布兰克和伯纳德·洛伊索等人的推荐，这种热肉酱馅饼时至今日依旧深受人们的喜爱。

由豪伊·卡恩挑选

## 欧仁妮·布拉泽（Eugénie Brazier）

### "布拉泽大妈"餐厅（LA MÈRE BRAZIER）

法国，1921年

参见菜谱第274页

# 法式布雷斯炖鸡

欧仁妮·布拉泽制作的质朴而精致的里昂美食使她成为第一位同时拥有六颗米其林星的女厨师，她在里昂的布拉泽大妈餐厅获得了三颗米其林星，第二次世界大战后她在阿尔卑斯山脚下的另一个餐厅——卢埃尔山口餐厅也获得了米其林三星。在这两家餐厅，她都用同一份菜单：鹅肝洋蓟心沙拉、布雷斯小母鸡（把鸡肉放在黑松露片上文火慢炖），配上腌李子和浓缩的肉汤。鸡肉非常嫩，上桌以后在客人面前用餐刀把鸡片成薄片。美食作家伊丽莎白·大卫在《一份煎蛋饼和一杯葡萄酒》中这样描述："这道布雷斯炖鸡是这家非凡的餐厅中唯一华丽的音符，餐厅的一切都可以被描述为一种不刻意的富丽堂皇的朴素。"

布拉泽的菜单不变的灵感来自她在费永妈妈餐厅做洗衣工的短暂时光。费永妈妈是19世纪里昂著名的"妈妈厨师"之一，她发明了费永妈妈拿手烤鸡。1921年，布拉泽大妈26岁的时候盘下了一家旧杂货店，开了布拉泽大妈餐厅，这家餐厅立刻受到大众的欢迎。博古斯1946年从军队退役以后，骑着自行车来到卢埃尔山口餐厅做学徒。就在布拉泽大妈靠着费永妈妈的食谱成名之时，博古斯靠着一道"爱丽舍宫黑松露汤"一举成名，在烹饪鸡时不是把鸡肉放进纱布里，而是把鸡肉放进猪膀胱里用文火煨炖。这是布拉泽大妈的同行费尔南德·波伊特在金字塔餐厅（见第61页）创新的另一道招牌菜。

由豪伊·卡恩挑选

# 菲利普·罗默（Philip Roemer）

## 皇宫酒店（PALACE HOTEL）

美国，1923年

参见菜谱第275页

# 绿色女神沙拉酱

提起恺撒沙拉和科布沙拉，我们只需知道它们是两道沙拉，但是对于最初的绿色女神沙拉，谁知道除了充满活力的香草调料，还有什么别的呢？好吧，除了用酸奶油、蛋黄酱、许多凤尾鱼、小葱和大量龙蒿、欧芹和白葡萄酒醋混合而成的沙拉酱，菲利普·罗默为当时正在旧金山的皇宫酒店表演《绿色女神》的演员乔治·阿利斯制作了沙拉。把蟹肉块舀进一个朝鲜蓟罐头里，当时被认为是一种奢侈品。据说，这种沙拉酱是从路易十三统治时期配熏鳗鱼或烤鳗鱼的绿色的酱汁演变而来的。虽然这种沙拉酱已经出现了一百多年，但如今皇宫酒店还向客人提供这种沙拉酱，尽管旁边还有更精致的沙拉。现在绿色女神沙拉酱用橄榄油调得更加清淡，并加入了更多的香草。

甚至在20世纪60年代至70年代，绿色女神沙拉酱还是一种流行的瓶装沙拉酱（20世纪80年代意大利香醋走红，绿色女神沙拉酱黯然下架）。绿色女神沙拉酱与加州也有关系，这要归功于加在酱里的香草的新鲜度和其代表健康的光环，哪怕只是因为它的颜色。20世纪90年代末，洛杉矶的大厨，如卢卡斯餐厅的苏珊娜·戈恩将西洋菜掺进自制的蛋黄酱中。2015年，莫扎酒馆厨师南希·西尔弗顿为丹·巴伯的wastED晚餐做出了贡献。她在一碗绿色女神沙拉酱的碗上摆放了炸沙丁鱼。其他厨师则做成了加州风格，在食谱里加入了用搅拌机打好的牛油果酱汁。在美国南部，绿色女神沙拉酱仍然很受欢迎，人们用这道酱汁搭配煎炒牡蛎和其他贝类。

由帕特·努斯挑选

## 奎西萨纳大酒店（GRAND HOTEL QUISISANA）

意大利，1924年前后

参见菜谱第275页

# 卡布里沙拉

据说这道标志性的意大利开胃菜是为纪念未来派诗人和作家菲利波·托马索·马里内蒂而发明的。革命性艺术宣言《未来主义食谱》的作者肯定不会对传统食物感到满意，并且他明显觉得意大利面太老套了。因此，位于卡布里岛上的奎西萨纳大酒店的厨师把岛上生长得很好的番茄切片，和到处都能找到的罗勒叶搭配在一起。再配上凉爽的马苏里拉干酪片，最后淋上橄榄油，这样做出来的沙拉远比夏季其他所有的沙拉好吃。值得一提的是，番茄的红色、马苏里拉奶酪的白色、罗勒叶的绿色三种颜色搭配在一起

与意大利国旗很相似。几十年后，当埃及国王法鲁克在酒店快打烊时提出要吃顿快餐时，厨师给他做了一份用卡布里沙拉做的三明治。他向他的王公贵胄赞美了这道菜，并且在世界各地旅行时他们都带着这个配方（厨师也给法鲁克做了另外一道沙拉，用乌贼墨代替罗勒，以模仿埃及国旗，但法鲁克并不喜欢那道菜）。卡布里沙拉现在已成为意大利菜和夏季餐饮的代名词，由于这道招牌菜的制作简单快捷，所以它几乎成了厨师替代其他蔬菜、水果和香草沙拉的不二选择。

由克里斯蒂娜·穆尔克挑选

# 恺撒·卡迪尼（Caesar Cardini）

## 恺撒广场（CAESAR'S PLACE）

墨西哥，1924年

参见菜谱第275页

# 恺撒沙拉

常言道，需求是创造的源泉。据说在1924年的7月4日，这道简单却经久不衰的恺撒沙拉诞生了。当时意大利籍厨师恺撒·卡迪尼前往距离加州很近的墨西哥旅游城市蒂华纳开了一家圣地亚哥餐厅，以期望避开禁酒令做生意。做法国菜出身的卡迪尼把厨房里剩下的生菜、生鸡蛋、面包块、伍斯特郡辣酱油、帕尔马干酪、柠檬汁和橄榄油放在一个大木碗里混合。蘸着鲜味丰富酱汁的生菜叶变得颇受欢迎，餐厅因此火了起来。到了1948年，卡迪尼为他的调味汁配方申请了专利，他和女儿罗莎开始在洛杉矶销售瓶装酱汁。1953年，一群法国厨师推选"恺撒沙拉"为美国近50年最重要的招牌菜。

事实上，卡迪尼的兄弟亚历克斯声称虽然是他的哥哥研发了这道调味汁，但他才是第一个在圣地亚哥附近的空军基地做这道沙拉的人（也叫作"飞行员沙拉"，调味汁里加了酸橙汁和大蒜，用鳀鱼柳代替辣酱油）。餐厅的另一名厨师也声称是他改动了自己母亲的菜谱之后做出的这道恺撒沙拉。

恺撒沙拉背后的故事版本太多了。最新的恺撒沙拉版本是2007年乔舒亚·麦克法登（纽约布鲁克林的弗兰妮餐厅的厨师）制作的，他打破传统，用羽衣甘蓝代替了罗马生菜（见第204页）。

由**帕特·努斯和迭戈·萨拉扎**挑选

参见菜谱第276页

# 萨尔萨高尔夫酱

萨尔萨高尔夫酱是一种很受欢迎的调味品，不过却是由一个十来岁的孩子因为无聊做出来的，而不是厨师专门研制的。1925年，路易斯·费德里科·莱洛尔和他的朋友们在阿根廷马德普拉塔的乡村俱乐部吃饭。莱洛尔厌倦了常见的伴随着生虾鸡尾酒上来的普通蛋黄酱调味品，他要求厨师送一盘特别的酱汁。最后端上来的酱汁是用蛋黄酱和番茄酱混在一起，加了几滴白兰地和伍斯特郡辣酱油（有人说是辣酱），他给这道酱汁命名为"萨尔萨高尔夫酱"。

《爱国者之家》一书的作者维克托·艾戈杜克罗特说，这道酱汁之所以如此引人注目，是因为这道酱汁和它的发明者在20世纪的阿根廷扮演了重要角色。随后几十年里这

种酱汁的表现一直都不太惊艳，直到像法纳科这样的大品牌在20世纪60年代开始量产这种酱汁，而赫尔曼公司也于20世纪70年代开始在南美生产地域性的萨尔萨高尔夫酱汁。1980年，每一个鸡尾酒会都是以棕榈心和虾仁鸡尾酒拉开帷幕。今天，萨尔萨高尔夫酱在整个阿根廷仍然广受欢迎。从沙拉、烤肉到比萨以及其他一些快餐，蛋黄酱配番茄酱在哥伦比亚和波多黎各等国是必不可少的。

莱洛尔在1970年获得了诺贝尔化学奖，他和他的同事们停下手头的研究用吸管喝着香槟庆祝。后来，他说："如果当初我为萨尔萨高尔夫酱汁申请了专利，现在我们就有更多的研究经费了。"

由**帕特·努斯**挑选

# 哈里·贝克（Harry Baker）

## 布朗德比餐厅（THE BROWN DERBY）

美国，1927年

参见菜谱第276页

# 戚风蛋糕

在好莱坞的黄金时代，布朗德比餐厅大咖云集、群英荟萃，人们聚集在这里喝马丁尼酒，谈生意。同时，布朗德比餐厅也是明星诞生的地方。其中有类明星就是戚风蛋糕（以及第65页的科布沙拉）。哈里·贝克原来是一名保险推销员，后来转行做了厨师，他开始把他的蛋糕卖给布朗德比餐厅，在这里他的蛋糕受到了热烈的欢迎。这种蛋糕类似于天使蛋糕，做这道招牌蛋糕需要使用多达12个鸡蛋的蛋清，但它不含脂肪，轻如空气，味型更丰富，外观更漂亮。哈里对戚风蛋糕的配方严格保密，因此他总是亲自去处理厨房垃圾，这样就能保证没有人能偷学到他的蛋糕配方。

20年后，他把这个配方卖给了通用磨坊公司，通用磨坊把它作为一百年来出品的第一款蛋糕推向市场。1948年，全美国各地的家庭主妇打开《美好家园》（*Better Homes & Gardens*）杂志，发现了贝蒂·克罗克的"橙色戚风蛋糕"，该蛋糕因使用植物油而不是通常的起酥油或黄油而显得质地松软、口感滋润。对那些有节食意识的小明星来说，还有比戚风蛋糕更好的选择吗？在过去的几十年里，美国出现了冰激凌风味、鲜奶油风味和各种风味的戚风蛋糕，有的是装在精致的包装盒里，还有的是在家里自己动手做的。戚风蛋糕将永远是那个改变许多美国人烘焙方式的美式经典蛋糕。

由帕特·努斯挑选

## 让·巴蒂斯特·维洛杰克斯（Jean Baptiste Virlogeux）
### 伦敦萨沃伊酒店（SAVOY HOTEL）
英国，1929年

# 阿诺德贝内特煎蛋饼

这是伦敦萨沃伊酒店的又一个经典之作，出自一位挑剔的酒店常客之手。1929年，英国作家阿诺德·贝内特就住在萨沃伊酒店里，研究他的第二本书集《帝国宫殿》（Imperial Palace，1930）。尽管这道菜是由一位法国厨师研发的，但它有一种独特的英国风味，这让人们长期以来都对它情有独钟，像马库斯·沃林和休·费恩利·惠廷斯托尔这样的名厨都曾对这道菜进行了改良。直到今天，它仍然保留在萨沃伊酒店（现在称为萨沃伊烤肉店）的菜单上。美食作家戴安娜·亨利宣称："阿诺德贝内特煎蛋饼"是到英国必尝的十大菜品之一，其他的菜有烤牛肉和约克郡布丁。伦敦沃尔斯利酒店的阿诺德贝内特煎蛋饼尤其受客人欢迎。

在蓬松的煎蛋饼上撒上在牛奶和奶油中煮熟的烟熏黑线鳕，剩下的奶油汁被用来做成奶油酱汁，再加入荷兰酱和奶油，用来搭配切开的蛋饼享用。一旦鸡蛋快成形了，将煎锅离火，加上鱼和沙司，同时撒上一些帕尔玛干酪粉。表皮金黄的煎蛋饼直接就用平底锅端上餐桌。它通常算是一道营养丰富的早餐菜肴，但有时也作为午餐或晚餐的开胃菜。贝内特在这道以他的名字命名的煎蛋饼研发出来两年后，在巴黎的一家餐厅里用餐时，因为不顾服务员的劝告喝了水龙头里的生水，结果感染伤寒不幸离世。

由帕特·努斯、理查德·维恩斯挑选

参见菜谱第277页

# 龙虾卷

这道美国经典龙虾卷的版本很多，起源故事也一样多。传说中，康涅狄格州式龙虾卷（将大块热腾腾、新鲜剥好的龙虾肉蘸上黄油，放在烤好的分体式热狗面包里）首次在康涅狄格州米尔福德的佩里餐厅供应。一个推销员开车从新建的高速公路上下来，停在当时还是鱼贩子的哈里·佩里刚刚开张的海鲜小屋前，他想买一些与众不同的菜品。佩里给他上了热黄油龙虾卷。佩里从当地一家面包店采购了长黄油面包卷，之后就把这道龙虾卷列入了餐厅的菜单里了。他亲自剥好龙虾肉，一次做四个面包卷，把面包放在小烤架上烤，在上菜前淋上黄油。不久之后，佩里做了一个霓虹灯招牌，上面写着"著名的龙虾卷之乡"几个大字。

1937年，《纽约时报》第一次提到了龙虾卷，尽管是指在马萨诸塞州安角供应的一种"速食美味"龙虾卷——在热狗卷上加上蛋黄酱和调味料，这种风格在缅因州的海鲜棚屋里也很流行（这两种风格的龙虾卷和佩里餐厅的热龙虾卷相反，都是冷食的）。20世纪80年代末，名厨贾斯珀·怀特曾在其波士顿的贾斯珀汽车旅馆及餐厅推出了升级版的龙虾卷，但1997年成为头条新闻的是曾居住在缅因州的纽约大厨丽贝卡·查尔斯在她的餐厅珍珠牡蛎酒吧供应的龙虾卷。她的龙虾卷是简单地将罐装的蛋黄酱和柠檬汁抹在从商店买的小面包上（她试过手工制作所有的配料，后来她觉得从商店买的面包是最正宗的）。很快，龙虾卷从一个海岸传播到另一个海岸，遍及康涅狄格州以外的每个角落。

由苏珊·荣格挑选

参见菜谱第278页

# 法式布雷斯膀胱鸡

费尔南德·波伊特在他去世后出版的烹饪书《我的美食》（*Ma Gastronomie*）中写道："如果神圣的造物主努力给我们提供美味可口的食物，至少我们能做的就是把它们准备好，隆重地招待客人。"这道布雷斯膀胱鸡也不例外。法国东部有名的布雷斯鸡被装进一个充气的猪膀胱里。用鸡汤、马德拉酒和白兰地酒产生的蒸汽入味，再加入鹅肝和黑松露。这种原始的低温烹调技术可以让鸡肉变得鲜嫩，猪膀胱一旦被刺穿，黑松露的香味就飘到了餐桌上，奢华到了极致。

这个食谱可以追溯到里昂的"妈妈厨师们"，她们在开自己的餐厅之前都在大户人家里做过厨娘。大约在20世纪初，费永妈妈第一次普及了这道菜，35年以后，波伊特才在里昂南部的维也纳开了他的金字塔餐厅。波伊特致力于使用当地时令食材，加上他希望推动超越埃斯科菲耶的法国烹饪，使法国料理变得更清淡、更现代化，这种理念在当时简直石破天惊。还有一个新的想法是，波伊特不只是待在厨房里，也到前厅里去和客人沟通交流，询问客人的意见。这样他既可以为客人提供大量的菜肴，又能确保他们满意。

如今，巴黎布里斯托尔酒店的主厨埃里克·弗雷雄做的膀胱鸡很正宗，而在纽约，麦迪逊公园十一号餐厅的主厨丹尼尔·赫姆做这道膀胱鸡的时候在猪膀胱里加上了块根芹。

由克里斯蒂娜·穆尔克挑选

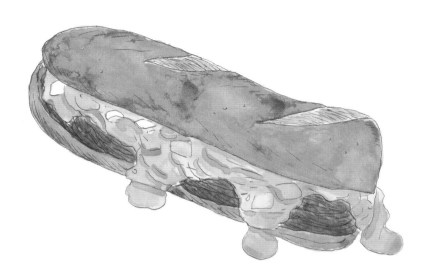

参见菜谱第278页

# 费城牛肉奶酪三明治

这种街头餐车三明治代表了一个城市。一天，一个意大利移民的小儿子帕特·奥利维里在费城南部的一个角落里卖热狗和鱼饼，他厌倦了自己卖的东西，于是让他的哥哥哈里跑到肉店去买些牛肉边角料，哈利回来时拿着切成薄片的牛肉，帕特将牛肉片和一些洋葱在煎锅里煎熟，然后放在一个热狗面包上。这道费城牛肉奶酪三明治就这样诞生了。传说，一个经常光顾他们餐车的出租车司机喜欢吃他们的食物，于是让奥利维里给他做一道菜单上没有的三明治。他把这个消息告诉了他的出租车朋友，并劝奥利维里不要做热狗了，他应该主打售卖这道新菜。一个"街头明星"就这样诞生了。

据说，在奥利维里位于同一个地方的实体餐厅的经理偶然在三明治里放了融化了波萝伏洛干酪，10年后这道三明治里才加了奶酪（虽然那时有竞争的是牛排三明治店，但帕特是第一家提供奶酪的，因此发明了奶酪牛排。当喷雾式奶酪产品卡夫奶酪酱在1952年被发明出来时，这种鲜橙色的液体奶酪很快就进入了奶酪牛排领域）。1976年，西尔维斯特·史泰龙在电影《洛奇》（Rocky）中吃了一块牛肉奶酪三明治。此外，"奶酪专家"是一种加王牌奶酪和炸洋葱的牛肉奶酪三明治，而"波萝伏洛"则是一份加波萝伏洛干酪但没有炸洋葱的三明治。如果这是你第一次来到这座充满兄弟情谊的城市，最好每一种都点一份。

由**苏珊·荣格**、**迭戈·萨拉扎**挑选

# 郭朝华、张田政（Guo Zhaohua and Zhang Tianzheng）

## 夫妻肺片（FUQI FEIPIAN）

中国，1933年

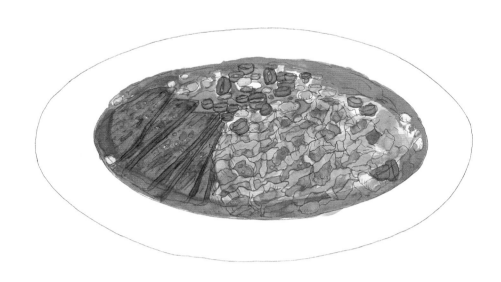

# 夫妻肺片

夫妻肺片这道菜的名字可能不是最吸引人的地方。1933年，郭朝华和张田政这对成都夫妇在他们的小摊上创制出了这道无出其右的招牌菜：通常以牛头皮、牛心、牛舌、牛肚、牛肉为主料，进行卤制，而后切片，再配以辣椒油、花椒面、芝麻酱、五香粉、大葱、红油等辅料制成的调味汁浇在上面。其制作精细，色泽美观，质嫩味鲜，麻辣浓香，非常适口。厨师在夫妻肺片上菜之前会在上面撒上一把酥脆的花椒、新鲜的芹菜丁和芫荽、油炸的花生米，与光滑、柔软、有嚼劲的肉片相得益彰。

夫妻肺片源于清朝街头的一道街头美食，制作过程中用牛肉配上牛杂切成薄片，以降低这道菜的成本，因为这道菜经济实惠，所以深受学生和人力车夫的喜爱。郭朝华和张田政夫妇的这道创新菜在当时引起了轰动，时至今日，这道菜已经有了很多种衍生菜品，包括流行的冷吃兔。2017年，《智族》（*GQ*）杂志美食评论员布雷特·马丁在霍斯顿的双椒川菜馆品尝过地道重庆人做的这道凉菜以后，夫妻肺片在美国如获新生，而且它还有了一个脑洞大开的"洋名"——"史密斯夫妇"，和安吉丽娜·朱莉与布拉德·皮特主演的好莱坞电影同名。马丁这样描述他对这道菜的体验："直到这道菜的味道击中了我的味蕾，我才发现自己就像在梦游一样。夫妻肺片麻辣鲜嫩，是一道能够开创一个新美食帝国的菜肴。"如今，美国人能够更加彻底地接受四川风味（见第235页），并且不介意食用动物的内脏了，因此，希望有更多的夫妇来尝试这道招牌菜。

# 桑顿王子三世 (Thornton Prince III)

## 王子辣鸡店 (PRINCE'S HOT CHICKEN SHACK)

美国，1936年

参见菜谱第279页

# 王子辣鸡

　　"王子辣鸡"是一道辣到骨子里的炸鸡。对那些住在或者前往田纳西州纳什维尔的人来说，吃这道菜是一项很重要的仪式。并且，那些曾经尝过这道菜的人会同意这种说法（吃这道菜的时候用白面包片蘸着鲜红的辣椒油，用搭配在面包片上面的甜莳萝泡菜来中和这道菜的火辣口感）。王子辣鸡不仅仅是一道普通的菜，它还是一道令人上瘾的菜。

　　自20世纪30年代以来，除了桑顿王子家族的人，没有人知道"王子辣鸡"这道菜到底是什么样子的。根据王子家族的传说，有一天晚上桑顿王子三世回家很晚，他的女朋友为了惩罚他，用红辣椒和其他香料给他做了超辣的炸鸡。不料桑顿王子很喜欢这道菜，并且开始在外面贩卖这道菜。后来他开了一家烧烤鸡肉店，并且这家店挪到了奥普里大剧院附近（当时，美国南部的企业实行种族隔离政策。在王子辣鸡店，黑人坐在前面，而白人则从后门进来，坐在后面）。现在，王子辣鸡店位于破败的购物中心附近的一家美甲沙龙旁，对那些寻求这种超辣香料带来刺激的人来说，这是一个必去打卡的地方（在王子辣鸡店的菜单上，如果你要点一些比较辣的菜，通常有辣到出汗、辣到尖叫、辣到疯狂、辣到胃痉挛几种级别的选择）。众所周知，食客们经常半夜想吃定制的王子辣鸡，所以王子辣鸡店通常会营业到凌晨4点。

　　"纳什维尔王子辣鸡"这道菜现在自成一派。但在美国南部，以及纽约、芝加哥，甚至墨尔本的餐厅也都推出了各自风格的王子辣鸡。

由克里斯蒂娜·穆尔克和帕特·努斯挑选

## 罗伯特·科布（Robert Cobb）

### 布朗德比餐厅（The Brown Derby）

美国，1937年

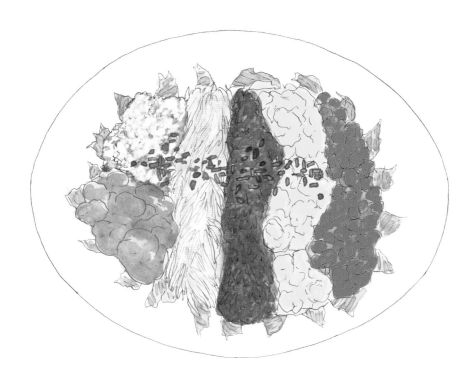

# 科布沙拉

这道最初的切碎沙拉是因缺乏烹饪食材而诞生的餐馆创新菜，它有无数种即兴创作版本。据说，当时这家洛杉矶名人餐厅的老板在厨房里翻箱倒柜、搜罗食材为格劳曼中国剧院的老板准备一道夜宵。他从冰箱里拿出所有能找到的食材，把莴苣、生菜、西洋菜和菊苣切碎，放上切碎的鸡胸肉、煮熟的鸡蛋、培根、番茄、羊乳干酪和很多加州土特产牛油果。据说他用油、醋、糖、伍斯特郡辣酱油和芥末粉做成一份法式油醋汁浇在沙拉里面，味道美极了。第二天，格劳曼中国剧院的老板又光顾了这家餐厅，点的还是这道"科布沙拉"。电影大亨们会定期派司机去布朗德比餐厅买成箱的科布沙拉，由于光顾餐厅的客人名气很大，所以也为科布沙拉这道菜增光添彩。多年来，布朗德比餐厅在各地的分店（包括迪士尼乐园在内），已经售出了超过400万份科布沙拉。

或许正因为罗伯特·科布不是一名厨师，这种富含蛋白质的沙拉才这么吸引美国人。因为他们知道，无论他们在哪里吃这道沙拉，无论是在简陋的小餐馆里，还是在世界各地投宿的酒店房间里，它的外观和味道都几乎完全相同。（科布沙拉就是沙拉界的"俱乐部三明治"，大多数男性都会把它当作午餐主菜）。当然，厨师们也能用各种肉类和奶酪即兴创作这道沙拉。

由**帕特·努斯**挑选

参见菜谱第279页

# 劳瑞斯牛排餐厅（LAWRY'S）

美国，1938年

参见菜谱第280页

# 牛主肋牛排

当然，劳瑞斯餐厅并不是第一家供应优质牛主肋牛排（Prime Rib）的餐厅，但它与这道奢侈的菜肴联系最为密切。1938年这家餐厅开业时，这顿仅需1.25美元的晚餐包括一大块鲜嫩牛肉，还会配上热气腾腾的约克郡布丁、肉汁土豆泥和奶油玉米或菠菜（餐厅开业时有一份完整的菜单，但开业6个月的时间里，除了这道牛主肋牛排，所有的主菜都下架了）。劳瑞斯餐厅的独特之处在于，他们使用联合创始人劳伦斯·弗兰克设计的定制手推车，在客人餐桌边将牛肋排改刀成片。银色不锈钢材质的手推车长5英尺（1.5米），满载时载重达近九百磅（408千克），部分靠底部的木炭盘推动，整个晚上都在豪华餐厅内到处移动，这吸引了渴望一睹表演的顾客的眼球。在原来的餐厅里，地板必须加固，以免在重压下塌陷。当时，一辆手推车的价格是3200美元（约人民币21963元），如今，它们可以在拍卖会上以超过30000美元（约人民币206016元）的价格出售。切肉厨师必须经过6个月的培训，才能在脖子上佩戴高级切肉师勋章。餐桌边提供的优质肋排服务从未过时，渐渐地也有其他厨师开始模仿这种桌边服务。如今，龙山小馆中餐厅、烤肉餐厅和纽约餐厅老板托马斯·凯勒的"塔克屋餐厅"都有这种桌边烤肋排即席分切服务。洛杉矶人罗伊·崔从小就在劳瑞斯餐厅旁边长大，2010年他在休闲餐厅切戈餐厅的菜单上列入了一道"烤肋排盖饭"。

由**苏珊·荣格、克里斯蒂娜·穆尔克**挑选

参见菜谱第280页

# 军舰寿司

自从寿司在一部4世纪的汉语词典中首次被记载以来，寿司已经演变成多种形式。寿司这个词来源于一个古老的词，意思是"酸味"。该字典还详细描述了一个过程，即把咸鱼放在煮熟的米饭上，让其发酵数月，以延缓鱼体内细菌的生长（并产生酸味）。到了1824年，江户（现在的东京）一个寿司摊主加速了这一过程，他在米饭中加入了米醋和盐，让米饭静置几分钟，然后把米饭捏成一个个一口大小的小饭团，并在饭团上面放一块生鱼。这种手工制作的刺身寿司和卷寿司一起成了西方人眼中寿司的标准。

1941年，东京寿司大厨今田久治在久兵卫研发了一种新的手握寿司，他的店距离筑地鱼市只有10分钟的步行路程。这种名为军舰寿司，又称军舰卷或者战舰卷的制作方法是在寿司米饭周围包裹一条烤海苔或海藻，形成一个椭圆形，海苔高于米饭，形成一堵"墙"，并在米饭上方留下一个可以填料的空间。今田军舰卷的这种形状让它能够在普通的寿司和卷寿司的基础上添加超级柔软或精细的食材，比如海胆、鱼子酱（鲑鱼卵）、牡蛎、鹌鹑蛋和与大葱一起剁碎的油脂丰富的金枪鱼腹肉，从而将寿司扩展到一个新的质地领域。今田在1985年去世前一直掌管着银座久兵卫餐厅。他的儿子今田洋介随后接手了这家店，后来洋介又传给了他的儿子今田景久，他在扩大家族餐饮帝国的同时仍然保持着这家店的寿司品质。

由帕特·努斯挑选

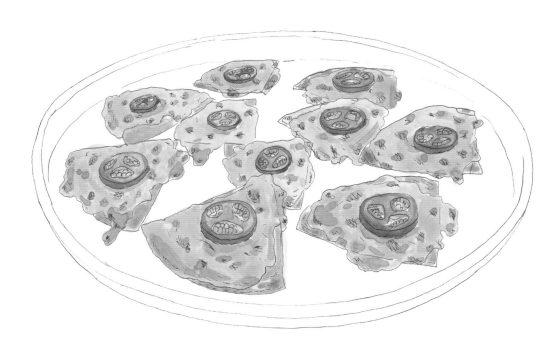

参见菜谱第280页

# 烤干酪辣味玉米片

## 纳乔的招牌菜

和"恺撒沙拉"（见第56页）一样，墨西哥玉米片的诞生可以追溯到住在墨西哥边境小镇一群饥饿的美国人、厨房里耗尽的食品储藏室和一位非常机智的厨师。当时，十来个驻扎在得克萨斯州邓肯堡附近基地的美国军人的妻子们在墨西哥的皮德拉斯·内格拉斯购物一天后饥肠辘辘，但她们发现附近的大多数餐馆都在那个时候关门了。胜利俱乐部的前厅领班伊格纳西奥·阿纳亚（也有人说他是厨师）走进厨房，用剩下的食材给她们做了些夜宵。阿纳亚将一些玉米饼切成片，炸制，撒上奶酪丝和墨西哥青椒片，放入烤箱烤几分钟，让奶酪融化起泡。他给女士们端上了这道夜宵，并以自己的名字为这道菜命名，或者更确切地说，是他的绰号纳乔。于是，纳乔的招牌菜由此诞生了。

得克萨斯州伊格尔帕斯附近的一本教会食谱后来收录了阿纳亚的食谱，这道食谱最终成了墨西哥（和美国）的一道主食。实际上，这道菜指出了一个早期边境菜的例子，即生活在南加州、得克萨斯州、新墨西哥州和亚利桑那州的美国人将墨西哥经典玉米饼、玉米煎饼、牛油果酱、玉米卷饼和红辣椒肉饼等墨西哥经典菜肴融入他们自己的地方菜系中。1960年，伊格纳西奥·阿纳亚和他的儿子试着在得克萨斯州圣安东尼奥市为他的食谱申请专利，但却遗憾地被告知这道食谱距研发出来已经过了17年，现在它属于人民。多年来，烤干酪辣味玉米片已经有了很多衍生的版本，但是这道最早的玉米片像炼金术般仍然无法被超越。

由帕特·努斯挑选

参见菜谱第281页

# 夏威夷波奇饭（鱼生饭）

"波奇饭"（"Poke"在夏威夷方言里发音波奇，意思是"切割"或"切块"）在夏威夷群岛上已有数百年的烹饪历史。20世纪70年代波奇饭首次在夏威夷推广，随后传遍全世界。这道菜最初与居住在夏威夷岛上的波利尼西亚人密切相关，它用切碎的生礁鱼做成，用海藻和海盐调味，并与烤过的、磨碎的石栗拌在一起。后来越来越多的移民到了夏威夷岛，做这道菜所用的食材也随之发生了变化。19世纪末，来到夏威夷岛的日本移民开始用酱油和芝麻油腌制生鱼，并加入青葱和绿芥末；韩国移民则加入了泡菜。大多数历史学家都认为这道菜在20世纪70年代之后才叫"波奇饭"。因为大约与此同时渔民开始捕捞更多的长鳍金枪鱼，这种金枪鱼产量丰富，供应家庭厨师和超市绰绰有余。

如果您在夏威夷，恰好想尝尝正宗的波奇饭，去"海伦娜的夏威夷菜"餐厅绝对不会有错。那里所用的食谱还是那么传统、从未改变。鉴于这个原因，海伦娜在2000年被詹姆斯·比尔德基金会授予了"地区经典奖"。20世纪90年代初，波奇饭得到了人们进一步的认可，当时参与发起夏威夷地区烹饪运动的厨师山姆·蔡搞了一项针对夏威夷厨师的年度波奇饭大赛。后来，澳大利亚厨师比尔·格兰杰（见第158页）在他檀香山的餐厅里往波奇饭里加了牛油果，然后把这道加了牛油果的波奇饭推广到了他在澳大利亚、伦敦和日本开的著名餐厅里。如今，在世界很多个城市的快餐厅里都能找到波奇饭。

由豪伊·卡恩挑选

## 猪蹄餐厅（AU PIED DE COCHON）

法国，1947年

参见菜谱第281页

# 法式洋葱汤

早在1649年，法国一份名为"马扎林最后的洋葱汤"的政治小册子中提到了洋葱汤。两年后出版的一本标志着烹饪从中世纪发展起来的烹饪书——《真正的法国厨师》（*Le vrai cuisinier françois*）中也提到了这道菜。经过四个世纪的演变（用黄油炒洋葱丝，洋葱颜色慢慢地从金色变成金黄色，加上烤面包和奶酪）才成为我们现在所知道的法式洋葱汤：一瓦罐的焦糖洋葱牛肉汤，上面放上几片法棍面包，再撒上格里尔干酪或者爱蒙塔尔干酪碎，或焗或烤。在法国以外的地区，人们把这种浓郁的、起泡的、令人神往的汤叫作"法国洋葱汤"。但在法国，这只是洋葱汤，一道无论是加班的人还是狂欢的人都会点的夜宵。

大约从20世纪初开始，巴黎的中央市场周围的地方会营业到很晚，附近的小摊为刚刚下班或准备上夜班的人提供经济实惠的焗烤洋葱汤，那些仍然在市区里逛荡的夜猫子们也会来一份洋葱汤洗下胃，这样他们就可以继续酩酊大醉了。从1947年开始，法式洋葱汤与市场附近一家24小时营业的餐馆——猪蹄特色餐厅联系在一起了。这家餐厅做洋葱汤用的是来自塞文岛的白洋葱，在黄油中将洋葱轻轻地炒上色，然后在加了百里香和月桂叶的牛肉汤中文火慢煨。汤罐里盛上¾的焦糖洋葱牛肉汤，放上黄油烤面包，然后再撒上磨碎的奶酪，或焗或烤。尽管中央市场早已搬到了市郊，但洋葱汤仍然是巴黎夜猫子的首选醒酒汤。

由克里斯蒂娜·穆尔克挑选

参见菜谱第281页

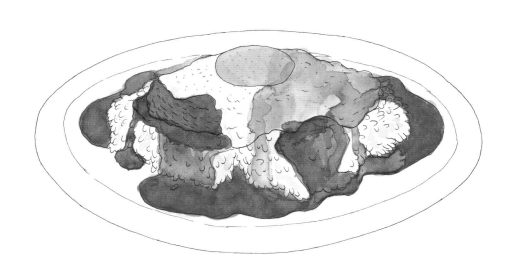

# 夏威夷米饭汉堡

夏威夷的食物不可能不是融合菜，几个世纪以来，太平洋岛民、波多黎各人、来自葡萄牙和美国的高加索人、来自日本、中国、韩国、菲律宾等国的亚洲人络绎不绝地来到夏威夷岛上定居。20世纪20年代至30年代这里开始出现了"本地菜"——通过午餐车、夫妻店传播开来，比如，学校孩子和种植园工人交换的自制午餐——将所有地方的食物混合在一个堆满的盘子里，比如肉酱意大利面、午餐肉和热狗混合在一起。黏糊糊、重口味的食物是孩子们从未见过的。在当地青少年吃美式三明治吃腻了时，他们希望希洛镇的林肯烧烤店的老板们能做一种他们能买得起的能替代三明治的食物，而且当早餐吃能比亚洲饭菜更省时间。于是林肯烧烤店的老板在盘子里盛上2勺白米饭，加上1个汉堡包，浇上棕色蘑菇肉汁（后来加上了煎蛋）。据说是这道名叫"Loco Moco"的食物是以其中一个青少年的绰号"Loco"命名的。这是一道夏威夷本地快餐，被认为是"本地造"。与岛上高档度假村和旅游饭店提供的自助餐不同，这道米饭汉堡是夏威夷快餐与舒适食品的最早融合，早餐、午餐和晚餐都可以吃，使用筷子或刀叉都可以。

今天，为了做出能够反映夏威夷传统的食物，夏威夷高档环太平洋餐厅的厨师们正以不同的形式演绎着这道米饭汉堡。夏威夷厨师山姆·蔡在毛伊岛洋葱炒饭上加了蟹饼，而阿兰·王在做这道米饭汉堡的时候将海苔米饭与猪肉虾饼搭配在了一起，还加了一个鹌鹑蛋。

由**帕特·努斯**挑选

# 朱塞佩·西普里亚尼（Giuseppe Cipriani）

## 哈里酒吧（HARRY'S BAR）

意大利，1950年

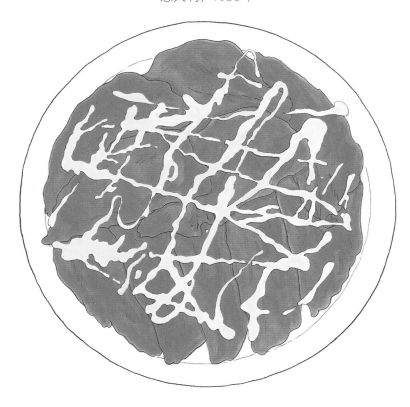

参见菜谱第282页

# 生牛肉片

富人的饮食要求确实能够导致经典名菜的诞生。1950年，成功的威尼斯餐厅老板朱塞佩·西普里亚尼需要取悦一位病重的伯爵夫人，她的医生要求她严格控制饮食，不要吃任何熟肉。所以她只能吃生肉。西普里亚尼在他1978年的回忆录中写道："为了让她开心，我把牛肉片尽可能切得很薄。但是牛肉本身平淡无味，于是我在生牛肉上淋上一点酱汁，并用一名当时正在威尼斯举办画展的画家的名字为这道菜命名。更重要的是，我发现呈献给伯爵夫人的牛肉的颜色与这位画家作品中的红色很相似。在薄如蝉翼的牛肉片上搭配的酱汁很快就风靡，酱汁主要是用了蒜泥蛋黄酱（用辣椒油和芥末粉调味），然后加上鸡肉或者牛肉高汤。"这道菜在当时引起了轰动，从世界各地来到意大利游玩的富人游客都会点这道菜，生牛肉片也通过他们传播到世界各地。1985年朱塞佩的儿子阿瑞吉（哈里）在纽约开了一家餐厅（店名叫"西普里亚尼"），另外，从纽约的马戏团餐厅到圣保罗餐厅，他们的菜单上都有生牛肉片这道菜。1986年，一位年轻的法国厨师吉尔伯特·勒科兹在纽约的勒伯纳丁餐厅如法炮制，用几块生金枪鱼（见第133页）和亚洲风味的蒜泥蛋黄酱做成了调味刺身。在他的法国同名餐厅里，大厨米歇尔·盖拉尔曾做过生鸭片，后来又做了生海鲜片（成排的像珠宝一样的半透明龙虾片）。

由帕特·努斯、迭戈·萨拉扎挑选

参见菜谱第282页

# 墨西哥炸卷饼

"墨西哥炸卷饼"是一个伟大的创造，它似乎是一道美国化的墨西哥菜的缩影：油炸玉米煎饼。一个大的玉米面饼（直径46厘米）里面塞满了肉、炸豆泥、洋葱、奶酪碎、米饭等，用牙签把卷好的卷饼固定成形，放到锅里油炸，直到酥脆变黄后捞出，搭配莎莎酱、酸奶油、生菜丝、奶酪和牛油果酱食用，但这道美食不适合心脏或脾胃虚弱的人食用。"炸卷饼"是亚利桑那州南部索诺兰墨西哥风味食品的重要组成部分，该地区曾是墨西哥的一部分，与墨西哥索诺拉州接壤。

它的起源故事版本不同。有人说墨西哥有类似名字的炸玉米煎饼，然而弗龙特拉烧烤餐厅的大厨里克·贝利斯认为这种炸卷饼是在墨西哥巴哈发明的，在那里人们称这种饼为"奇夫昌加斯"。但亚利桑那州的图森市却声称自己是这种炸玉米卷的发源地。很多人认为是埃尔查罗咖啡馆的店主莫妮卡·弗林不小心把一个"burro"（墨西哥玉米煎饼的当地叫法）掉进了一大桶滚油里。因为当时她旁边有小孩，所以她没有用一个以"ch"开头的墨西哥脏话，而是说出了"chimichanga"这个词。现在，这家餐厅的两个分店每周能售出10000多份墨西哥炸卷饼。为了让炸卷饼吃起来更健康，埃尔查罗咖啡馆现在用菜籽油而不是猪油来做这道菜。弗洛雷斯表示她们试着在菜单上把每一份炸卷饼的热量数标在菜单上，但客人们并不喜欢这种做法。

由迭戈·萨拉扎挑选

# 镭啤酒馆（RADIUM BEER HALL）

南非，20世纪50年代

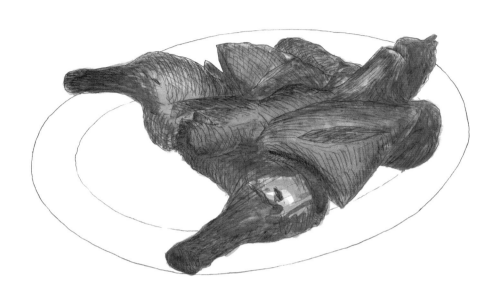

参见菜谱第283页

# 霹雳烤鸡

深受南非人喜爱的辣味皮里酱（又称霹雳烤鸡酱）可以追溯到15世纪。当时葡萄牙定居者发现了一种原产于非洲大陆南部的辣椒，又名非洲鸟眼辣椒，他们同时用一些欧洲食材，例如红酒醋、橄榄油、大蒜、辣椒粉和月桂叶等混合在一起做了一种腌料。尽管葡萄牙-莫桑比克人和葡萄牙-安哥拉人都声称创造了这种神奇的腌料，而且是莫桑比克厨师将这种腌料带到了约翰内斯堡，但如今，人们经常将它与南多烤鸡店相关联。1987年，南非首都出现了霹雳烤鸡，现在这道招牌菜在全球都享有崇高的地位。

虽然像大卫·贝克汉姆、维多利亚·贝克汉姆和哈里王子这样的名人可能会更青睐英国的南多烤鸡店，但他们该到约翰内斯堡的镭啤酒馆去看看。这座城市现存最古老的啤酒馆和烤肉店于1929年开业，最初因不顾种族禁令为黑人服务而闻名。在20世纪50年代，它也因其霹雳烤鸡而闻名，这道菜最终成了南非的招牌菜。将鸡腌制一整夜，然后用木炭烤，再加上霹雳烤鸡酱（实际上是烤鸡腌料的浓浆版）。这种多汁辛辣的辣椒在史高维尔辣度表上的评分为175,000个单位，仅次于超辣的泰国辣椒。吃霹雳烤鸡的时候最好搭配上新鲜的沙拉，多准备点餐巾纸，当然了，别忘了再来杯啤酒。

由帕特·努斯挑选

# 莉亚·蔡斯（Leah Chase）

## 杜基·蔡斯餐厅（DOOKY CHASE'S）

美国，20世纪50年代

# 绿色秋葵浓汤

在新奥尔良，周四确实是一个神圣的日子。当地人在周日复活节斋戒前会去杜基·蔡斯的餐厅吃秋葵甘草。直到她2019年去世，蔡斯还是每年只做一次超过50加仑的炖肉，就像她在这个家族餐厅过去六十多年每天做的炖肉一样。与菜单上的其他秋葵不同，蔡斯在这道菜里放了7～11种蔬菜，根据克里奥尔人的迷信，这些蔬菜的种类都是奇数，包括绿芥菜、羽衣甘蓝、芜菁叶、豆瓣菜、胡萝卜、甜菜、甘蓝、卷心菜和菠菜。它们被炖熟后再捣成泥或切碎，然后撒上面粉。有人说这是"叶汁酱"的后代，这道菜产于西非，不属于素食，它的目标是提供一天所需的能量。因此，肉类不少于五种，包括鸡肉、火腿、胸肉、牛肉炖肉、烟熏辣香肠，文火炖至软嫩，然后用百里香和

榉树叶粉调味。把这些辅料浇在白米饭上再上桌，每一口绿油油的秋葵都会带有一种新的味道和质感。当莎拉·罗汉问她为什么一年只做一次时，蔡斯说："这样会让这道菜显得格外隆重。"

在新奥尔良，特别的不仅仅是莉亚·蔡斯的炖肉还有她本人。从1945年开始，当她嫁入这个家庭后，她为非裔美国人打造了一家白色桌布餐厅，这家餐厅的食物可与她工作过的白人餐厅相媲美。尽管新奥尔良有"禁止不同人种结婚"的政策，综合团体有时也在这家私人餐厅聚会。马丁·路德·金博士的许多抗议活动就是在这里策划出来的。

由豪伊·卡恩挑选

参见菜谱第284页

# 皇家野兔

　　一位作家塑造了一道菜的命运，这听起来多么奇妙啊！更妙的是，这里所说的作家应该是科莱特，她来自波尔多，平生极爱奢靡，晚年生活在皇宫里，也就是著名的巴黎大维福餐厅的所在地。当大维福餐厅的主厨兼老板雷蒙德·奥利弗为她做一顿午宴庆生时，科莱特要求奥利弗在午宴上做一道皇家野兔。结果就因为这道菜引发了他们两人的分歧。奥利弗来自加斯康，他想用佩里戈德的传统风格制作一道丰盛的秋季菜肴，将野兔去骨，在野兔体内塞满用鹅肝、松露及野兔内脏做的肉馅，卷成肉卷，在红酒中煨煮至嫩如豆腐的口感，再用野兔的血液、鹅肝和蛋黄做的酱汁搭配上嫩兔肉片。但是科莱特想要的是参议员阿里斯蒂德·库托在1898年推崇的波图风格，这种野味由

2瓶勃艮第酒和多达60瓣大蒜和30个干葱头烹制而成。她对奥利弗咆哮："把兔子涂上鹅肝酱算怎么回事？"于是他按照科莱特想要的方式重新做了一份野兔，用猪肉、猪油、蘑菇、鸡蛋、香料、阿马尼亚克酒、大蒜、干葱头、兔子肺、肝和心脏做成肉馅塞进兔子体内，在香贝坦红葡萄酒里煮了4小时，然后搭配上富含兔子血液的酱汁。

　　尽管添加如此多的香料被认为是异端，而且这道菜的酱汁几乎是黑色的，但是科莱特在谈到奥利弗的皇家野兔时写道："读者们，你们当中有谁品尝过正宗的皇家野兔？热乎乎的兔子肉入口即化，你会质疑60瓣大蒜是否完美地融合在了一起？"这道皇家野兔在菜单上已经有几十年了。20世纪70年代，保罗·博古斯改良了这款皇家野兔。

由苏珊·荣格、克里斯蒂娜·穆尔克、帕特·努斯挑选

# 埃拉·布伦南（Ella Brennan）

## 布伦南餐厅（BRENNAN'S）

美国，1951年

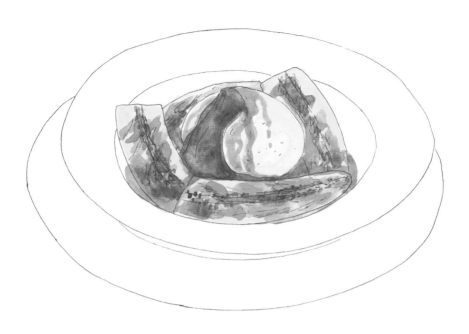

参见菜谱第285页

# 香蕉福斯特

有一天，新奥尔良市犯罪管理专员理查德·福斯特来到布伦南餐厅里吃晚饭，当时，埃拉·布伦南在她叔叔开的这家餐厅里做经理，福斯特让她做一份甜点，布伦南伸手去拿最近的香蕉。首先她把香蕉剥皮，用黄油、红糖和肉桂炒制，然后加入朗姆酒和香蕉利口酒点燃，最后加上冰激凌就把这道甜点端上桌了。这道甜点的灵感来自童年的焦糖香蕉早餐和烈火阿拉斯加蛋糕（见第31页），以及一道在竞争对手安托万餐厅很受欢迎的烤蛋白酥皮甜点。

这种新诞生的甜点很快就火了起来。幸运的是，布伦南餐厅很容易就能买到香蕉。20世纪中叶，新奥尔良市靠近中美洲和南美洲的香蕉生产城市，是一个大型水果贸易港。据说，从19世纪70年代开始，人们经常可以看到满载香蕉的货轮阻塞在密西西比河上。埃拉的父亲约翰·布伦南拥有自己的农产品公司（该公司经常有多余的水果），他妻子的家族与香蕉产业也有联系。

20世纪50年代，劳工危机开始影响香蕉行业，这直接导致新奥尔良水果贸易的衰落。因为这道甜点可以追溯到新奥尔良是美国的香蕉之都的时代，所以"香蕉福斯特"后来成了新奥尔良的一道标志性菜肴。直到今天，这一地区怀旧的象征还是这道布伦南餐厅最畅销的甜点——香蕉福斯特，这家餐厅每年需要消耗大约18吨香蕉。

由苏珊·荣格、克里斯蒂娜·穆尔克挑选

## 彭长贵（Peng Chuang-kuei）

### 彭园湖南菜馆（PENG'S GARDEN HUNAN RESTAURANT）

中国，1955年

# 左宗棠鸡

左宗棠鸡是一道在美国颇受欢迎的湖南菜，它讲述了革命和移民的故事，也反映了文化挪用的现象。彭长贵是一名政府的宴会厨师，领导让他在4天内做出一些创新的菜肴招待宾客。为了避免菜品重复，他绞尽脑汁。于是他用酱油和蛋黄腌制鸡肉，用炒锅将鸡肉炸至酥脆，再放入酱汁佐料（加入大量红辣椒，再加入用米醋、鸡汤和番茄酱熬成浓稠的酱汁），热炒做成一道新菜。他用清末镇压过太平军的湘军将领左宗棠将军的名字为这道菜命名。彭长贵告诉《中国食谱革命》的作者扶霞·邓洛普："这道菜的口味正是湖南人喜欢的重口味，又酸又辣又咸。"

左宗棠鸡跟随他来到了他在台北开的彭园餐厅，1971年，恰好有一名在纽约开餐厅的中国餐馆老板来了这家餐厅。为了寻找新的地方菜系和厨师，竞争对手大卫·肯尼和T. T. 王碰巧都曾在彭园餐厅用餐，并注意到了这道相对不知名的菜肴。后来他们在美国新开的湖南餐厅里，在复制左宗棠鸡这道菜时多放了糖，以迎合美国人的口味。菜品获得《纽约时报》的四星级评论。等到彭长贵去纽约开餐厅时，纽约人已经熟悉这道菜了，并且他们认为彭园餐厅的这道菜太辣太酸了，反而认为其他餐厅做的左宗棠鸡是正宗的湖南菜。虽然彭园餐厅关门了，但彭大厨培训出了许多厨师，并把他的菜传播到了美国各地。不过，湖南籍的食品评论家已经承认了彭长贵研发的这道传统菜肴才是正统的湘菜。

由克里斯蒂娜·穆尔克挑选

78

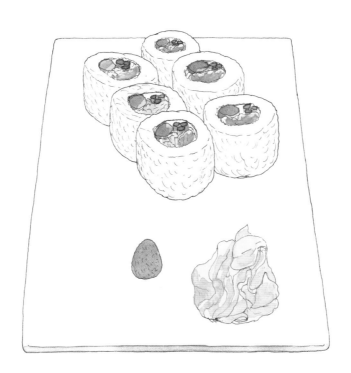

参见菜谱第286页

# 加州寿司卷

想象一下20世纪60年代在加州做寿司厨师。对那个时代的美国人来说，金枪鱼是罐头里装着的灰粉色的成品。食用海苔真的就像科幻小说才有的。因此，那些声称发明了加州卷的厨师们，比如真下一郎和他的助手特罗，不得不考虑柜台另一边的食客到底想要什么。当真下一郎离开日本时，他的寿司师傅告诉他："美国人不会喜欢吃寿司。我建议你把寿司做成烤串。"除此之外，他用19世纪在南加州产量就很丰富的与金枪鱼质地相似的牛油果代替了脂肪丰富的金枪鱼（有人也认为当时想买金枪鱼并不容易）。同时，他在寿司里添加了蟹肉和黄瓜，把海苔卷在里面，这与普通的寿司卷恰好相反，因为普通的寿司卷都是海苔在外面。这种加州卷很快就被其他新奇的寿司卷所取代，比如费城卷用的是熏鲑鱼和奶油奶酪，夏威夷卷用的是牛油果、金枪鱼和菠萝。

《纽约时报》餐厅评论家米米·喜来登在1981年把"加州卷"称为"错误的发明"，它最终流传到了日本。但不像左宗棠鸡在纽约普及几十年后，中国人把它视为正宗湖南菜一样，日本的寿司师傅拒绝供应kashu maki（"加州卷"的罗马音）。在美国，它被证明是通往正宗寿司和刺身的理想之门，与1987年松久信幸做的半熟的新式刺身（见第141页）没什么不同。1988年至1998年，美国寿司店的数量增加了2倍，而且超市里也开始销售加州卷了。

由迭戈·萨拉扎挑选

## 佩德罗·索拉里 (Pedro Solari)

### 塞维切里亚佩德罗索拉里餐厅 (CEVICHERIA PEDRO SOLARI)

秘鲁，20世纪60年代

参见菜谱第286页

# 酸橘汁腌鱼

我从来没有听说过烹饪和小孩子有关系，但是，对12岁的佩德罗·索拉里来说，他贡献了秘鲁菜中最重要的一个发明。当他母亲在后厨为60位客人准备午餐时，他主动提出要做一道酸橘汁腌鱼。当时，制作传统的酸橘汁腌鱼很费时间，鱼块要放在苦橙汁或青柠汁中腌制数小时或数天，还要以复杂的比例添加牛奶等配料（酸橘汁腌鱼在秘鲁就很受欢迎，在西班牙人到来之前，这种鱼浸泡在奇卡或玉米啤酒中，直到西班牙人来到这里种植柑橘园），但是客人已经到了，所以佩德罗把鱼、青柠汁、新鲜辣椒、洋葱和盐放在一起，在不到5分钟的时间里就端上了桌，无意中这种方法使酸橘汁腌鱼变得现代化。

80多年来，在秘鲁首都利马，索拉里一直坐在自己开

的这家精心装修的、有20个座位的露天餐厅的一张小桌旁，在他的长期助手特蕾莎的帮助下，自己亲手制作每一碗酸橘汁腌鱼。当时他选择鱼贩子丢掉的龙利鱼（当时人们认为龙利鱼是垃圾鱼），而有钱人都吃海鲈鱼。索拉里坚持说，每一份食物都要现吃现做，并且只含有这五种简单的食材。他说："厨师的感觉很重要，不是任何人都能将这些口味按正确的比例搭配在一起。"他对酸橘汁腌鱼的改良激发了哈维尔·王和加斯顿·阿库里奥等人的灵感，加斯顿曾说："我该如何评价那个在5分钟内给我上了一堂烹饪课，解决了我苦苦思索多年未果的难题的人？"索拉里有许多崇拜者，但他没有徒弟。他说他以后要有一个墓志铭："没吃过我做的菜的人都是混蛋。"

由迭戈·萨拉扎挑选

# 山岸一雄（Kazuo Yamagishi）

## 大胜轩拉面店（TAISHOKEN）

日本，1961年

# 蘸面

日本"拉面之神"山岸一雄从17岁开始就在东京中野区的一家拉面店当学徒。后来他创办了东池袋大胜轩拉面店，并称"特殊制作的森喜巴"蘸面的灵感来源于他的同事把面条泡在一杯汤里吃（第二次世界大战后，由于大米产量低，人们越来越依赖面包和面条等小麦制品）。这种面条后来演变成了蘸面。端到食客面前的是一大碗凉的、爽口、嚼劲十足的小麦面，这种蘸面的拉面比普通拉面略粗，旁边还有一碗加了鸡蛋、腌笋片、葱、海苔等配料的热腾腾的肉汤，里面有几片叉烧肉。虽然面条的质地（用甘遂制成一种碱水，将碱水加入面中，让面条富有弹性）很重要，但山岸在数十年的时间里却让数百名学徒学会做这道肉汤。做肉汤需要准备半天的时间，食材包括鸡骨头、猪脚、滤布——里面装满干鲭鱼和沙丁鱼、姜、韭菜等。然后用鸡皮、碎蛋壳和猪肉末澄清。蘸面味道丰富、辛辣甜鲜，是一道不起眼却是史诗般的美食。蘸面激发了美国厨师张大卫和伊万·奥金等名厨的灵感。近年来，日本掀起了一股蘸面热潮，新开的拉面店都纷纷效仿。

由帕特·努斯挑选

# 江孙芸（Cecilia Chiang）

## 福寿禄餐厅（THE MANDARIN）

美国，1961年

# 茶熏鸭

　　如果问是谁把正宗的中国菜引入美国，那个人非江孙芸莫属。1961年，她在旧金山唐人街开的福寿禄餐厅开业时，餐厅里没有供应黏糊糊的粤菜杂烩和芙蓉蛋，而是她家乡上海的精致菜肴。其中最吸引人的菜是"茶熏鸭"。这道招牌菜传统的做法是用五香粉和四川花椒粉在鸭子身上搓匀，腌制一整晚，然后蒸熟后放入一个装满了大米、红茶、红糖、橘皮和八角混合物的熏鸭箱。直到鸭子被浓郁的烟香熏得色泽金红，肉质细嫩。

　　江孙芸决心通过她的菜来保护自己祖国的文化遗产。起初这家餐厅并没有吸引到那些重视中国传统烹饪的中国客人，或者有兴趣体验独特的中国饮食文化的美国人。头两年福寿禄餐厅基本上没什么生意。后来《旧金山纪事报》（San Francisco Chronicle）的专栏作家赫伯·卡恩对这家中餐厅进行了大肆褒扬，称其为一块隐藏的宝石，这里有用不可思议的、具有中国特色的蔬菜做的最正宗的中国菜，并且使用像中餐炒锅这样稀罕的烹饪器皿。随着时间的推移，提起江孙芸，美国人就想到了中餐。她曾向美国名厨朱莉娅·查尔德、詹姆斯·比尔德、爱丽丝·沃特斯、耶利米·托尔和玛丽恩·坎宁安等大师传授烹饪技巧，并指导过贝努餐厅（米其林二星餐厅）的科里·李大厨。

由**豪伊·卡恩**挑选

# 查尔斯·马森（Charles Masson）

## 拉格诺维尔餐厅（LA GRENOUILLE）

美国，1962年

# 柑曼怡舒芙蕾

1962年，查尔斯·马森在曼哈顿市中心创立了拉格诺维尔餐厅，它是曼哈顿市最后一个法国高级烹饪大本营。1939年的世界博览会开创了高级法国料理的时代。正是在那里，马森和他的导师——传奇厨师亨利·苏尔自来到美国之后，得到了在美国的第一份工作。拉格诺维尔餐厅最出名的菜是"柑曼怡舒芙蕾"，一道精致的甜点，加入柑曼怡利口酒之后更是让人神往。马森很可能是为妻子吉泽尔创作的这道经典舒芙蕾，因为她偷偷地买下了这家餐厅，然后把餐厅的钥匙交给他，让他好好工作。除此之外还有另外一种说法，就是有一位挺着大肚子的马森女士，非常想吃柑曼怡舒芙蕾，于是她在华尔道夫阿斯托里亚酒店点了这道甜点，但酒店厨师告诉她他们不会做这道菜，马森

女士愤怒地在餐巾纸上潦草地写下食谱递给服务员，厨师照着食谱做了出来。第二天早上，她的儿子查尔斯·马森出生了。

撇开食物不谈，人们最难忘的是马森致力于在餐厅营造一种和谐的美学氛围，从每天都会精心布置的花卉，到他批量购买的现在已经停产的桃色灯泡，一次订购一万个，以避免破坏他努力打造的餐厅特殊氛围。今天，拉格诺维尔餐厅已经存在足够长的时间，并重新变得有影响力。它的优雅和审美的和谐可以追溯到与布谷鸟餐厅、法国餐厅、曼哈塔餐厅和纽约的烤肉餐厅在内的餐厅一起发起的新派法餐烹饪运动。

由**豪伊·卡恩**挑选

## 萨姆·帕诺普洛斯（Sam Panopoulos）
### 卫星餐厅（SATELLITE RESTAURANT）
加拿大，1962年

参见菜谱第288页

# 夏威夷比萨

夏威夷比萨的诞生纯粹源于"仅仅是为了好玩"的试验，这种口味引起了很多"比萨粉丝"的不满。夏威夷比萨是在距离波利尼西亚7200多千米的地方发明的，这个名字来自加拿大安大略省查塔姆市的一种罐装菠萝品牌，当时卫星餐厅老板萨姆·帕诺普洛斯在一个标准的番茄奶酪比萨饼上放了这种品牌的罐装菠萝和一些碎火腿。

萨姆·帕诺普洛斯和他的兄弟是从希腊移民到加拿大的，他们开的休闲餐厅供应早餐、汉堡包以及中餐。但是，正如帕诺普洛斯所指出的，20世纪60年代中期北美的味觉充其量是平淡的，他回忆道："那时候没人把酸甜口味的食材混一起，北美人吃的食物口味平淡无奇。"当时，帕诺普洛斯曾在附近的美国城市底特律吃过比萨，与底特律有所不同，查塔姆当时还没有比萨这种外来食物。刚开始的时候，他不得不用他在一家家具店买来的纸板切成圆形，自己做比萨盒。因为比萨在加拿大很新奇，人们对在比萨上应该加什么辅料也没有先入为主的观念。第二次世界大战后，菠萝罐头风靡加拿大。不知怎么的，这种加了菠萝的甜咸味的比萨很受欢迎。

2017年，冰岛总统在对小学生演讲时说，如果可以的话，他将禁止销售菠萝比萨，后来他收回了这一声明，称自己没有权力。他写道："我也不想住在一个总统拥有无限权力的国家。对于比萨，我推荐海鲜比萨。"加拿大总理贾斯汀·特鲁多怎么回应的呢？他在社交媒体上回应道："我支持这种美味的菠萝比萨。"

由帕特·努斯挑选

# 皮埃尔·三胖（Pierre Troisgros）

## 三胖之家餐厅（LA MAISON TROISGROS）

法国，1962年

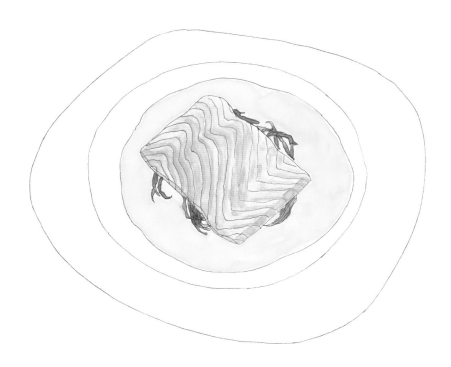

# 三文鱼排配酢浆草

这道定义了新派法餐的菜系在今天看来似乎没有那么具有革命性，但它与埃斯科菲耶经典烹饪法的决裂在当时是激进的。激进的不是鱼和酢浆草的搭配，而是1956年大厨让·德拉维恩研发的一道新菜的组合。鱼肉的烹调和上菜方式标志着这样一个转折点。在此之前，三文鱼通常被切成厚块而不是鱼片。先用热水将三文鱼煮过之后，再盛在热盘子里，淋上酱汁然后上菜。但三胖兄弟在他们的新菜上花了多年的心思。首先，受到前卫厨师亚历克斯·亨伯特把三文鱼切成鱼片的启发，他们把三文鱼切成扇贝那么厚，然后把鱼片压平、水平切成两半，做成又大又薄的鱼片。在巴斯克郡度假时，渔民们在余烬上烤三文鱼，三成熟即可，这给他们留下了深刻的印象。三胖兄弟用特法尔新发明的不粘锅试着做这种鱼排，他们不用油就能快速煎鱼，每面仅需煎上15～25秒。他们用一种由鱼原汤、干葱头、淡奶油、桑塞尔酒和味美思酒制成的可口酱汁垫底，再放上鱼排。在上菜之前，他们在盘子里加上几片很快就会融在酱汁里的酢浆草，再挤上一点柠檬汁。这有什么激进的？好吧，以前没有人在鱼下面放过酱汁，这能让鱼肉更加鲜嫩，当然也没有这样的清淡酱汁。这种酱汁也带来了一个难题：因为他们兄弟俩在餐桌上并不提供面包，酢浆草酱汁太稀了，客人不能用鱼刀食用，于是三胖兄弟在里昂银匠那里定制了一种既能切鱼肉又能舀酱汁的扁平勺子。后来，在吃高级料理时，人们更喜欢用这种汤勺而不是用鱼刀。

由克里斯蒂娜·穆尔克挑选

## 阿尔巴·坎佩尔和罗伯托·林加诺托（Alba Campeol and Roberto Linguanotto）

### 贝克里餐厅（LE BECCHERIE）

意大利，1962年

参见菜谱第288页

# 提拉米苏

　　1985年，玛丽安·伯罗斯在《纽约时报》上问道："一种三年前在纽约还鲜为人知的甜点怎么就突然火了起来？"这是因为1981年在伊斯特拉半岛长大的厨师丽迪娅·巴斯蒂亚尼奇的餐厅在纽约刚开张的时候，餐厅推出了提拉米苏，当时也正是马斯卡彭奶酪等意大利食材刚刚在美国问世的时候。即便在当时，这道美味的甜点也才出现了10年。提拉米苏来自威尼托地区，在那里，萨巴雍（蛋黄加糖搅打）经常与鲜奶油和威尼斯传统的手指饼干一起食用。把萨巴雍和马斯卡彭奶酪混在一起，这道甜点也能为孩子和老年人补充体力。

　　贝克里餐厅的一位合伙老板阿尔巴·坎佩尔说，在她刚生完儿子后，她的婆婆就给她吃这种混合甜品，让她尽快恢复身体。有一天，她感到特别虚弱，于是在这道甜点里加了一点儿意大利浓咖啡提神，在威尼斯方言里提神就叫"提拉米苏"。这道加了浓咖啡的甜品味道真的妙不可言，她一到餐厅就告诉了贝克里餐厅的甜点厨师罗伯托·林加诺托。罗伯托想出了一个主意，把脆饼干浸在浓咖啡里，然后在几层饼干中间和最上面放一层萨巴雍奶油，最后撒上可可粉。这个配方迅速传开了。

　　提拉米苏这道甜点有上百种版本，有的还加了利口酒，所以有些厨师认为这是不正宗的。但提拉米苏的起源故事也有很多个版本，所以正宗不正宗倒在其次。可以肯定的是，提拉米苏像冰激凌一样在全球引起了轰动。正如纽约主厨皮诺·罗恩戈所说："这是一款能与法国甜点匹敌的意大利甜点。"

由迭戈·萨拉扎挑选

## 特蕾莎·贝利西莫（Teressa Bellissimo）

### 船锚酒吧（ANCHOR BAR）

美国，1964年

# 布法罗鸡翅

一天深夜，在纽约州西北部布法罗市的一家酒吧里，这道由手边的零碎食物拼凑而成即兴研发出来的酒吧小吃，成了不仅仅是一道标志性的美国菜。布法罗鸡翅自成一格，人们不管是在喝酒还是吃薯条的时候都会搭配它。关于厨师和酒吧合伙人特蕾莎·贝利西莫的故事各不相同：一个星期五，她的儿子多米尼克在打理酒吧，多米尼克请她给他喝醉了的朋友们随便做点东西吃，于是她想出了这道菜。还有一种说法是，当每周送货一次的供货商送来的食材只有鸡翅而没有牛脊肉时，她在为意面准备酱汁时即兴做出来的。事实上，她首先把翅膀分成两部分，一部分是鸡翅中，一部分是鸡翅根。然后，将鸡翅油炸，拌上用醋调味的辣酱和黄油，再配上从厨房沙拉区拿来的胡萝卜、芹菜条和蓝纹奶酪酱。几周的时间里，这种炸鸡翅在布法罗市就引起了巨大的轰动。而且很快就有了三种版本：微辣、中辣、特辣（据《纽约客》的卡尔文·特里林说，关于炸鸡翅其实存在这样一个相互竞争的故事：来自布法罗市的非裔美国人约翰·杨——鸡翅餐厅的老板说，他才是布法罗鸡翅的创造者，他给鸡翅裹上面包屑油炸，再裹上辛辣的曼波酱，他告诉特里林，在13世纪的西班牙，非洲裔美国人早就开始吃这种鸡翅了）。长期以来，厨师们最不想用的食材就是鸡翅，要么扔掉，要么用来吊汤，但现在据说每年"超级碗"期间鸡翅都供不应求。这道菜也让布法罗市重新回到了人们的视野里。

由苏珊·荣格、迭戈·萨拉扎挑选

# 小野二郎（Jiro Ono）

## 数寄屋桥次郎寿司店（SUKIYABASHI JIRO）

日本，1965年

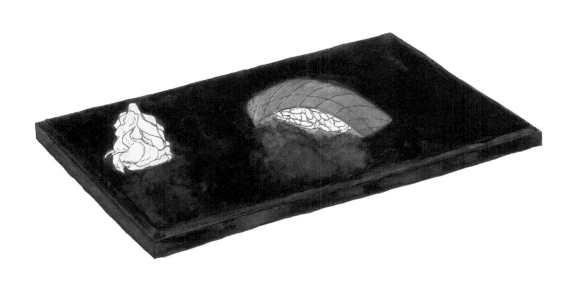

参见菜谱第289页

# 寿司

　　小野二郎并不是寿司的发明者，在他之前寿司已经出现了大约12个世纪。他创办的寿司店名叫"数寄屋桥次郎"，是一座位于东京银座的地下店铺，只有10个座位。他做了几十年的寿司，现在开始被人们称作"寿司之神"。对小野来说，做好寿司的关键不是鱼，而在于用最好的寿司米。在数寄屋桥次郎寿司店里，煮好的米饭上面要淋上米醋。为了保持米饭的口感和弹性，寿司要在接近体温的温度端上餐桌。晚餐开始之前，价值271美元（约人民币1900元）的22道寿司，有鱼肉和海鲜，依次在室温下被端到客人面前的扁柏木餐桌上。事实上，小野做寿司用的米饭都是按照食客预定的时间来做的。为了追求最佳的刺身寿司口感，每一份寿司在端上餐桌之前，小野二郎都会考虑到它的温度变化和老化作用的影响。因此，食客既要跟上师傅的步伐，又要尊重师傅的规矩，包括如何拿起寿司，如何正确地蘸酱油，以及为什么食客不应该把寿司翻过来。

　　小野从七岁开始在厨房里干活，到90多岁仍在厨房里工作。一生的经验和严谨的奉献精神使他能够对每顿饭的细节都了如指掌。正如安东尼·布尔丹在他的米其林三星寿司店里告诉Vice的那样："在他做寿司的时候，他会仔细观察你，打量你的口型和你的用手习惯（如果你惯用左手，寿司就会摆在盘子的左边，反之亦然）。"小野二郎并没有发明寿司。他只是把寿司做到了极致。

由**苏珊·荣格**挑选

## 佩德罗·阿雷吉（Pedro Arregi）

### 埃尔卡诺餐厅（ELKANO）

西班牙，1967年

参见菜谱第289页

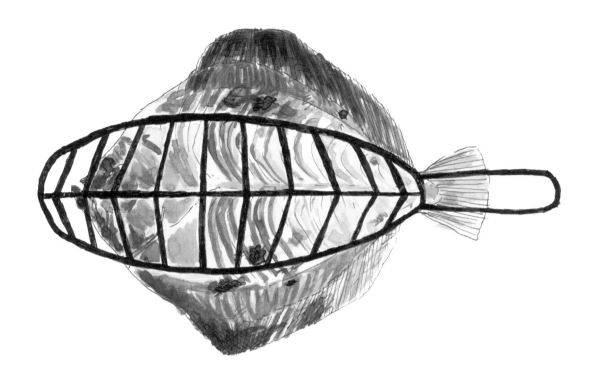

# 铁扒比目鱼

几十年前，当地的、时令的、从头吃到尾的饮食方式是时尚的，更不用说极简菜肴的趋势，佩德罗·阿雷吉在圣塞巴斯蒂安郊外的盖塔利亚的海边餐厅里率先提倡这种做法。在这家餐厅，铁扒比目鱼不加作料、不加酱汁或者过多调味。什么都不需要。

自1964年这家餐厅开业以来，渔民就会将刚捕获的鱼送到餐厅下面的码头（埃尔卡诺餐厅的灵感来自渔民们在船上用搭建的木炭烤架来制作新鲜捕获的鱼）。佩德罗和他现在经营餐馆的儿子艾特一样，与渔民们密切合作，不仅要了解鱼从哪里来，什么时候被捕获，鱼以什么为食，而且要知道它们是否当季（即产卵之前或之后），因为他始终认为鱼的质量是第一位的，而不能通过厨师的烹饪工艺来改善食物的品质。

据说，阿雷吉设计了一种金属架子，他就用这种架子烤当季的比目鱼，在燃烧了至少2小时的木炭上烤比目鱼鳍，使鱼的头部和脸颊内的明胶融化。在扒制过程中，厨师在比目鱼身上淋一种被称为"圣水"的秘制酱汁，这种酱汁是用橄榄油、柠檬汁和盐制作的。自餐厅开业以来，只有三个人会制作这道秘制酱汁，他们都是在餐厅打烊之后，没有其他人在场的情况下才做这道酱汁。

整条铁扒比目鱼上桌以后，比目鱼周围的针骨变黄、变脆，鱼肉胶原蛋白丰富而嫩滑。厨师为客人去掉比目鱼的鱼骨，然后告诉他们如何去品尝鱼头、脊椎、尾部和珍贵的鱼颊等各个部位的口味和质地。

这是一道极简又让人侧目的菜肴。

由苏珊·荣格挑选

89

# 吉姆·德利加蒂（Jim Delligatti）

## 麦当劳（McDONALD'S）

美国，1967年

参见菜谱第290页

# 巨无霸

在麦当劳彻底改革汉堡生意近30年后，宾夕法尼亚州匹兹堡附近的几家麦当劳专营店的老板，加大了之前的汉堡。在麦当劳一再拒绝提供两块牛肉饼汉堡的要求后，吉姆·德利加蒂就一直寻找一种能够增加利润并吸引新顾客的汉堡。他在3个芝麻面包之间夹了2块牛肉饼，还加入了奶酪、生菜、泡菜、洋葱和一种"特殊酱汁"（人们一直都认为是千岛酱，2007年秘方揭露以后人们才知道这款酱汁是用蛋黄酱、甜味料、黄芥末、苹果醋、大蒜粉、洋葱粉和辣椒粉做成的）。这样做出来的汉堡，最初叫作"贵族汉堡"或"蓝丝带汉堡"。它让美国人对汉堡包的胃口越来越大，而且希望麦当劳推出量更大、料更足、更特别的汉堡。

后来德利加蒂承认这个想法并不是全新的，他告诉《洛杉矶时报》的记者："这不像是发明灯泡。灯泡已经在那儿了。我所做的就是把它拧进插座。"麦当劳在1968年开始销售汉堡包，在一次广告宣传活动之后，巨无霸在全美范围内的地位得到了巩固，广告中的广告语很快就列出了汉堡的食材成分。到了1980年，《经济学家》（*Economist*）创建了巨无霸指数，该指数根据各国巨无霸的价格来比较全球货币的估值，这一标准后来被称为"汉堡经济学"。

进入21世纪以后，随着人们对健康和食材质量越来越关注，麦当劳在餐饮界的统治地位开始下降，创造最好吃、最健康的汉堡的竞赛也席卷了美国各地的餐厅，比如丹尼尔·布卢德的"DB汉堡"（见第184页）和纽约米内塔酒馆的"黑标汉堡"。

由迭戈·萨拉扎挑选

参见菜谱第290页

# 美味沙拉

在20世纪60年代的法国，复合沙拉（或称合成沙拉）是小酒馆的常备小菜，因为其无序而保持低调、神秘。1965年，年轻的厨师米歇尔·盖拉尔打破了这一混乱局面，他将沙拉的地位推向了前所未有的高度。他把沙拉列入了高级料理的菜单上。他的沙拉不是简简单单的蔬菜沙拉，而是精致的美味沙拉，食材选用了菜豆、白芦笋尖、黑松露和鹅肝薄片——这在当时是一个革命性的做法。这道沙拉颠覆了法国人当时对沙拉的所有认知，并改变了盖拉尔的职业生涯。

盖拉尔是一个屠夫的儿子，他最初在巴黎克利翁酒店做糕点厨师，之后在布吉瓦尔（巴黎郊外）的卡梅利亚餐厅与桀骜不驯和有影响力的厨师让·德拉维恩共事。德拉维恩是第一位将三文鱼和酢浆草搭配在一起的厨师，除了其他创新，他还自创了一种类似的沙拉美食。名厨保罗·博古斯、阿兰·沙佩尔、罗杰·维格、雷蒙德·奥利维尔、皮埃尔·三胖都很支持他。1970年，这些人被称为"新派烹饪"的创始人。"新派烹饪"是一个具有开创性的运动，发起这项运动的厨师们试图从埃斯科菲耶时代的法国美食规则束缚中脱离出来，从而朝着更轻、更自然的烹饪方向前进，比如，不再过度依赖鹅肝。事实上，在过去的几十年里，盖拉尔一直在改进自己的烹饪理念，他开始关注健康，并创立了"瘦身烹饪"（la Cuision minceur）。到2019年，他是唯一一位在世的新烹饪之父，并仍在自己的餐厅中工作。

由克里斯蒂娜·穆尔克、安德烈·佩特里尼挑选

## 乔氏石蟹餐厅（JOE'S STONE CRAB）

美国，1968年

参见菜谱第291页

# 酸橙派

这种甜的、奶油状的、令人兴奋的黄桃色馅饼有多种来源，有人说它是19世纪佛罗里达群岛的一名渔夫做的海绵蛋糕，采用西班牙人引进的一种酸的、高尔夫球大小的柑橘制作；有人说是基韦斯特的某个白手起家的百万富翁的家庭厨师"萨利阿姨"做的。佛罗里达人就这款酸橙派的发源地在哪儿，到底使用格雷厄姆饼干皮或糕点外壳做蛋糕底，最后是在馅料上面放蛋白糖霜烘烤还是放上鲜奶油烘烤这些问题发生了激烈的争论。

不过佛州人一致认同，正是这家迈阿密的乔氏石蟹餐厅让酸橙派红遍了美国，因为几十年来，游客们蜂拥光顾这间家族餐厅。这家餐厅里的精致而厚重、量很大却又不怎么够吃的酸橙派，就像新鲜捕获的石蟹一样，是当地一顿饭的必备品，这使得酸橙派成为全球公认的标志性地区甜点。至于酸橙本身，源于一种马来西亚的品种。这些酸橙树在珊瑚丰富的佛罗里达群岛的土壤中茁壮成长。1926年，一场飓风摧毁了南佛罗里达州的柑橘种植园，那些种植园主重新种植了比佛罗里达州酸橙更容易采摘和运输、口味更加温和的波斯酸橙。即使在今天，美国人常常把佛州酸橙种在后院里，这使得酸橙更受追捧。

由迭戈·萨拉扎挑选

## 阿兰·沙佩尔（Alain Chapel）

### 阿兰·沙佩尔餐厅（ALAIN CHAPEL）

法国，1970年前后

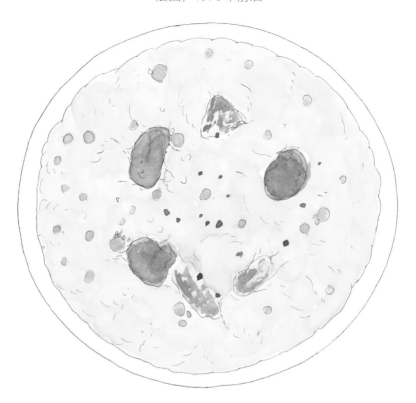

# 卡布奇诺蘑菇汤

为了发扬传统法式白汁，阿兰·沙佩尔向意大利人学习，把奶油蘑菇汤的顶部打成泡沫，盛在咖啡杯里。这是一种符合"新派烹饪"的实践者（包括沙佩尔、保罗·博古斯、米歇尔·盖拉尔、皮埃尔·三胖在内的厨师群体）希望突破界限的跨界行为。"与时俱进"促使厨师引进异国食材和烹饪技术，虽然跨界行为鼓励使用普通或公认的烹饪技术和食材，但这种方式尚未被视为正统。沙佩尔是一个餐馆老板的儿子，他很小就接管了父亲在里昂郊外的厨房，他曾在费尔南德·波伊特的金字塔酒店工作，费尔南德·波伊特对法式烹饪现代化的追求使他简化了传统菜肴，并接受了当地最优质的时令农产品。

汤底本身并不是革命性的，做这道卡布奇诺蘑菇汤的时候用了野生蘑菇、纽扣蘑菇、鱼汤、黄油、小龙虾尾、奶油和雪维莱。20世纪90年代和21世纪初，正是这种烹饪技巧和吸睛的表现方式引发了各种版本的卡布奇诺蘑菇汤，从伯纳丁餐厅的埃里克·里佩特到布里昂城堡酒店的伊纳基·艾兹皮塔特，从法国洗衣店餐厅的托马斯·凯勒到在沙佩尔厨房工作并深受他影响的阿兰·杜卡斯。这个空灵的泡沫的概念——即表面面积增加，因此能够强化汤汁的风味——促使了斗牛犬餐厅的主厨费朗·亚德里亚用搅拌罐、卵磷脂或明胶来达到起泡的效果。

由克里斯蒂娜·穆尔克、安德烈·佩特里尼挑选

# 阿兰·沙佩尔

## 阿兰·沙佩尔餐厅

法国，1970年

参见菜谱第292页

# 炖鸡冠鸡肾

　　尽管阿兰·沙佩尔与厨神保罗·博古斯、名厨米歇尔·盖拉尔、皮埃尔·三胖等人一样都是法国新派烹饪的发起人，35岁就获得了三颗米其林星，成为获得这个荣誉最年轻的法国厨师，但他从未掩盖自己与里昂的渊源。他在里昂父亲开的小酒馆里长大，和保罗·梅西尔一起跟着金字塔酒店的大厨费尔南德·波伊特学习厨艺。他认真对待季节性食材，并超越了名厨埃斯科菲耶的思考。所以他在吃了里昂的经典菜肴小龙虾炖鸡——马伦戈炖鸡的一种版本，拿破仑时代的海陆双拼（在这里是鸡肉和小龙虾）后，他不仅用了鸡肉，也用了该地区使用较少的布雷斯鸡的鸡

肾、鸡冠等鸡杂，他把这些带到米其林餐厅中，再加入羊肚菌、鸡汤和雪维菜。这样做出来的蔬菜炖肉是一种丰富而精致的菜肴，它可以追溯到更简单的时代。

　　这道菜对沙佩尔的一位得意门生——阿兰·杜卡斯产生了深远的影响，后者把这道菜列入了他的《烹饪宝典》（*Grand Livre de Cuisine*）中。杜卡斯认识到，沙佩尔是最早强调农产品重要性的厨师，他指出当季食材才最新鲜。正如他自己所说："只有农产品才是真理。烹饪中的明星是农产品，而不是厨师。"

由**安德烈·佩特里尼**挑选

## 保罗·博古斯（Paul Bocuse）

### 保罗博古斯餐厅（L'AUBERGE DU PONT DE COLLONGES）

法国，20世纪70年代

参见菜谱第293页

# 土豆鳞红鲻鱼

这道菜有趣的外观赢得了世界各地厨师的敬意。保罗·博古斯是20世纪60年代至70年代法国"新派烹饪"之父。他在一片细长的红鲻鱼鱼片上摆上一圈完美的焯过水并用清黄油浸泡过的土豆圆片。当在煎锅里烹饪时（这本身就是一种高超的烹调技艺），土豆圆片就变成了金黄色的鳞片。按照他的清淡酱汁的理念——法国新派法餐风格，将酱汁铺在盘底，而不是淋在鱼肉上面（见"三文鱼排配酢浆草"，第85页）。博古斯巧妙地将一种用橙汁、迷迭香、味美思酒和淡奶油做的烧汁做成了橄榄叶的拉花形状。

博古斯出生于里昂的一个厨师世家，他们家族做厨师的历史可以追溯到17世纪。他解释说在一次食品展上他看到一条用黄瓜片装饰的冷三文鱼后，就想出了这道菜。他回忆道："我记得我是用阿司匹林注射针管处理的土豆圆片。"（今天，他厨房里的厨师们还在做这道菜，他们现在用苹果取芯器切土豆圆片）20世纪80年代末，当时纽约市马戏团餐厅的一名年轻厨师丹尼尔·布卢德做他的版本时，用土豆厚片搭配海鲈鱼做了这道菜。他的餐厅不像博古斯的餐厅那样，每天都有学徒做这道菜。布卢德还说瑞士厨师弗雷迪·吉拉德特不久前做了一道西葫芦鳞片红鲻鱼。洛杉矶的法国厨师米歇尔·理查德融合了博古斯和吉拉德特的做法，用薯片和扇贝做了这道菜。在21世纪，纽约麦迪逊公园十一号餐厅做这道菜用的是蛤蜊和茴香，哥本哈根诺玛餐厅用的是野生牡蛎和花椰菜茎，玻利维亚拉巴斯的古斯图餐厅用的则是亚马孙河鱼和当地土豆。

由克里斯蒂娜·穆尔克挑选

参见菜谱第293页

# 印度咖喱烤鸡（马萨拉烤鸡）

英国最受欢迎的一道菜就是熔炉料理的典型代表菜：一种据说是印度旁遮普厨师为了取悦苏格兰格拉斯哥的顾客而自创的一道菜，这道菜在印度也颇受欢迎。据说，阿里·艾哈迈德·阿斯拉姆给一位顾客端上了无骨的唐杜里鸡片，顾客说这鸡太干了，有肉汁吗？当时正在吃番茄汤的阿斯拉姆想出了一个主意，用酸奶、番茄和口味温和的调味品做一种快速酱汁，他觉得这道酱汁将吸引苏格兰人的味蕾。

2001年，格拉斯哥的一位立法者向欧盟提案给予马萨拉烤鸡"受保护的原产地"地位，从而将这道菜视为地区特色菜。"马萨拉烤鸡"现在是真正的英国国菜，不仅因为它最受欢迎，而且因为它是英国吸收和适应外来影响的完美例证。英国外交大臣罗宾·库克在2001年的一次关于英国身份的演讲中说，马萨拉烤鸡是众所周知的英国多元文化的证明。但最终这项提案未获通过。

这番讲话引起了印度厨师们的强烈抗议，一些印度厨师声称，这种菜肴从几个世纪前的莫卧儿王朝就已经存在了；另一些厨师指出，1965年，巴尔比辛格夫人的印度烹饪书中也有类似的菜肴。1998年，据《正宗咖喱餐厅指南》（*The Real Curry Restaurant Guide*）的一项调查发现，这道菜共有48种食谱，唯一常见的配料是鸡肉。它是印度厨师的骄傲。

由**理查德·维恩斯**挑选

**96**

## 弗朗西斯·库尔森（Francis Coulson）

### 沙罗湾乡村别墅酒店（SHARROW BAY COUNTRY HOUSE HOTEL）

英国，20世纪70年代

参见菜谱第294页

# 太妃糖布丁

对于像英国这样一个对传统布丁（甜点）痴迷的国家来说，一想到英国最著名的两种布丁直到20世纪70年代才被发明出来就很有意思。也许是因为在那些年的早期，一股餐馆乐于参与并改进英国怀旧甜食的风潮席卷全英国。但事实证明，这些新兴的甜食可能起源于20世纪中叶的北美。香蕉太妃派（见第101页）于1971年首次出现在苏塞克斯郡，是对一款美国甜点咖啡太妃糖派的改良。20世纪70年代，著名的沙罗湾湖滨酒店的菜单上出现了这种超甜的、黏黏的太妃糖布丁，很多人说它起源于加拿大。不得不提的是，所有的版本都超甜，甜到令人陶醉。

沙罗湾酒店的湿润的海绵蛋糕最初是一个磅蛋糕，后来演变成了单个品种，上面点缀着有嚼劲的碎枣，并淋上了浓郁的奶油硬糖汁，在上桌之前再淋上剩下的糖汁。尽管沙罗湾酒店声称发明了这道甜品，并要求员工发誓永远保密，但老板弗朗西斯·库尔森本人则向美食作家西蒙·霍普金森承认，他是从兰开夏郡老教区酒店的马丁太太那里学的这个食谱，马丁太太在她1971年的烹饪书里记录了这道菜谱（反过来，马丁太太说她是从入住老教区酒店的两名加拿大空军飞行员那里学来的配方，这就可以解释这款海绵蛋糕为什么有松饼般的质地了）。像香蕉太妃派一样，黏糊糊的太妃糖布丁仍然是一道绝世经典。

由克里斯蒂娜·穆尔克挑选

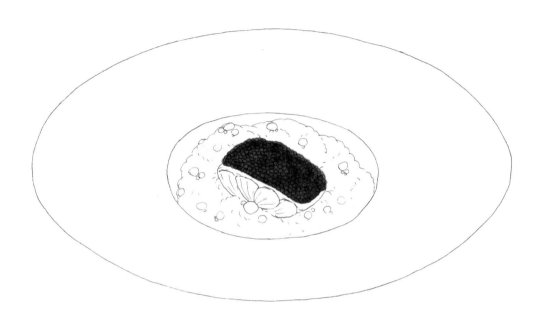

参见菜谱第294页

# 海鲈鱼配鱼子酱

"雅克·皮克在我们的厨师行业中备受尊敬和喜爱。他具有独特的风格和创造力，他的名字是卓越的代名词。他成名的菜肴中就有海鲈鱼排配鱼子酱。这是一道美味的菜，但更重要的是这道菜所传递出来的精神。对雅克·皮克来说，他最大的优点是谦虚和慷慨。"1992年，雷蒙德·布兰克在《独立报》（*Independent*）上为皮克写的讣告中这样写道。

雅克·皮克烹饪的谦逊和慷慨在他的海鲈鱼配鱼子酱中得到了充分的体现，一小块地中海鲈鱼完全隐藏在野生鱼子酱的条纹下，周围是香槟奶油酱。这道菜的食材相对较少，鱼子酱里的碘质催化了鱼的天然甜味和盐分。这道菜既有日本料理的简洁也有经典的法式烹调风格，皮克的这道菜象征着他的新式烹调，同时也是对他们家族始创于1889年位于里昂附近的餐厅的传承，他的父亲于1934年获得了三颗米其林星。这道菜也很独特，因为这是有史以来厨师第一次把鱼子酱用在热菜上（皮克的另一个首次尝试是他推出了一个名为"拉伯雷"的八道式菜单，这和传统的三道主菜相比是一个很大的跳跃）。皮克的女儿安妮·索菲在皮克猝死在厨房里5年后接管了这家餐厅。她试图从菜单上删除这道推出才两周的标志性的主菜，但顾客告诉她，他们来这里就是为了品尝这道"海鲈鱼配鱼子酱"。今天，她做的这道菜的特色是充气酱汁——比她父亲做的用黄油面酱增稠的酱汁要稀一点。2007年，安妮·索菲·皮克成为自布拉泽大妈以来第一位获得米其林三星的女主厨。

由苏珊·荣格、克里斯蒂娜·穆尔克挑选

# 胡安·玛丽·阿扎克（Juan Mari Arzak）

## 阿扎克餐厅（RESTAURANTE ARZAK）

西班牙，1971年

参见菜谱第295页

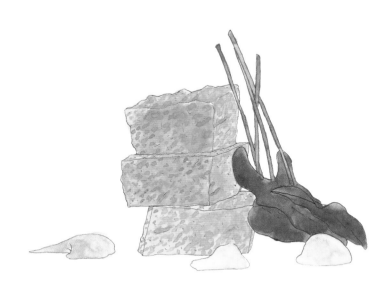

# 蝎子鱼蛋糕

这道菜捧红了这位西班牙高级料理的有趣天才。这位年轻的巴斯克厨师自1966年起就在位于西班牙圣塞巴斯蒂安拥有120年历史的家族餐厅里跟着母亲做菜了，他希望将当地菜提升到国际美食水平——一种可以与最近出现的挑战法国传统的新派法餐相媲美的巴斯克美食。受到保罗·博古斯等大厨的启发，阿扎克考察了使巴斯克烹饪与众不同的朴素配料、质朴的技巧和朴素的表现手法，然后着手将其转化为自己的风格。他在餐厅里留出了五张桌子，创建了自己的迷你餐厅，展示他独创的菜肴，但是没有人愿意来。

后来他用蝎子鱼（一种在坎塔布里海常见的可怕的鱼）做汤底，然后把汤底搅打成奶油基底，再将其做成好看的肉冻。这是巴斯克和法国料理的一次轻松而优雅的融合，很快阿扎克的新烹饪风格被推到了聚光灯下。这道蝎子鱼蛋糕演变成了一口大小的分量，上面覆盖着类似叶状的面包屑，可以用叉子将蛋糕叉起来，做成前卫的棒棒糖。这道新菜就这样诞生了。阿扎克的烹饪方式启发了像费朗·亚德里亚、胡安、乔迪·罗卡以及何塞·安德列斯这样的名厨，他们也用各种有趣和具有前瞻性的烹饪工艺来处理当地的西班牙食材。

四十多年后，蝎子鱼蛋糕据说是西班牙餐馆和塔帕斯酒吧中被仿制最多的菜肴。人们在超市里也能买到成罐的面团。阿扎克的女儿埃琳娜——这个家族的第四代厨师——一直保持着阿扎克餐厅的米其林星级。

由豪伊·卡恩、迭戈·萨拉扎挑选

99

# 鼎泰丰（DIN TAI FUNG）

中国,1972年

参见菜谱第295页

# 小笼包

只见一双筷子把一粒精致的小笼包从蒸笼里夹到一个汤勺里，漏勺里放上些许镇江黑醋和几根姜丝。鼎泰丰的小笼包一共有18个褶子，只需嘬上一小口，食客就能把汤汁吸到口中，剩下的就是一个嫩嫩的猪肉丸子和美味的薄皮。在鼎泰丰吃小笼包是一口一个、像过山车般的体验，这也是为什么每天有成千上万的食客乐于去全世界（亚洲、欧洲、澳大利亚和美国）各家鼎泰丰小笼包店大快朵颐的原因。

其实并不是台北鼎泰丰的店主发明了小笼包，这种汤包是以他们使用的蒸笼命名的。不过，据说他们的发明源于19世纪70年代上海南翔的一家餐馆，当时这家餐馆的老板在饺子里的猪肉糜中加入了肉冻。一旦蒸笼上屉之后，胶状的肉冻就化成了丝滑的汤。鼎泰丰创办人杨秉彝先生，出生于中国山西省，他和妻子在1972年创办了鼎泰丰。为了维持他们拥有的食用油商店，杨氏夫妇开始出售自制小吃。杨先生很容易地就从他送油的一家餐厅聘请到了一名优秀厨师。不到十年，杨秉彝的妻子和厨房学徒们逐渐地学会了这种做小笼包的技术，他们夫妻俩还将他们购买的楼房改造成了餐厅。鼎泰丰小笼包的成功源于其执行着严格的标准，但与许多全球连锁店不同，它魅力无穷。

由**苏珊·荣格、豪伊·卡恩**挑选

## 奈杰尔·麦肯齐和伊恩·道丁（Nigel Mackenzie and Ian Dowding）

### "饥饿的僧人"咖啡厅（THE HUNGRY MONK）

英国，1972年

# 香蕉太妃派

这种黏牙又好吃的香蕉太妃派经常被人们误认为是美式的甜品。这让发明这道香蕉太妃派的英国餐馆的老板很不高兴，谁要是能证明它不是起源于英格兰南部的东苏塞克斯郡，他愿意出1万英镑（约人民币90547元）作为奖励。是的，焦糖甜炼乳（又名太妃糖或炼奶焦糖酱）、香蕉、鲜奶油和现磨的速溶咖啡是由著名的旧金山布鲁姆面包店制作的咖啡太妃糖派改编而来的，"饥饿的僧人"餐厅的年轻厨师伊恩·道丁之前在这家面包店工作，他带来了这个配方，但做出来的效果并不理想。在姐姐的建议下，道丁开始修改配方，他尝试用罐装慢煮的甜炼乳做太妃糖的底料。奈杰尔·麦肯齐想增加另一种口味，所以道丁尝试着用不同的水果来做这个配方。用苹果效果怎么样？还行。蜜橘

呢？令人恶心。后来麦肯齐建议道丁用香蕉来做这道甜品，他们成功了，创造出了一种比所有香蕉类甜品都要美味的搭配。说到这里，"banoffee"这个名字是香蕉和太妃糖两个英文单词的组合。麦肯齐后来把拼写改为"banoffi"（香蕉太妃派原名"banoffi pie"），这样看起来更具异国情调。这道香蕉太妃派的名字让两人得以成功，因为它从英国传到了美国、澳大利亚，甚至更远的地方，逐渐演变出多种形式、各种口味。2002年，牛津英语词典收录了"banoffi"这个单词。道丁说他并不介意自己从来没有从中赚到一分钱，或者他甚至很少因为这道菜而获得赞誉。他只是希望从现在开始，"某些人在某个地方会做这道香蕉太妃派"。

由帕特·努斯挑选

参见菜谱第296页

# 花雕芙蓉蛋蒸蟹

在中国的清朝（1616—1912年）时期，宫廷和官府的厨师很会挑选昂贵的食材（见"阿一鲍鱼"，第127页）。最初，徐福全也是在一户有钱人家做家厨。当时福临门创始人崔福全在香港创办了自己的餐饮公司，为高端客户提供美食餐饮服务。20年后他在香港的湾仔开设了第一家供应高级粤菜的餐厅——福临门，寓意"好运来敲门"。福临门的招牌菜有炒鸡、鹅掌炆鲍鱼，还有烤乳猪——这道菜被他的儿子徐维均带到了他的"家全七福酒家"（见第241页）。

要做好"花雕芙蓉蛋蒸蟹"这道经典粤菜，必须保证食材的优质与美味相统一。最初，这道蒸蟹是按照传统的方式整只蒸制和上桌的。2010年福临门酒家的大厨陈刘良

研发了现在我们见到的这道招牌菜——花雕芙蓉蛋蒸蟹。用姜片蒸一只石蟹钳，然后将其汁与鸡汤、蛋清和半干绍兴花雕酒混合在一起。然后，将含有鸡蛋液的各种辅料淋到蒸笼中，直到它慢慢凝固，就像简化版的"日式茶碗蒸"一样。这样做出来的螃蟹清爽鲜嫩，酒和蛋清带出了螃蟹的新鲜甜美风味。如今，香港许多高档餐馆的菜单上都有这道菜。美国的科里·李主厨在米其林三星餐厅（旧金山In Situ餐厅）里也精心制作这一道菜。对李来说，它代表了香港烹饪的最高水准。

由**豪伊·卡恩**挑选

# 保罗·博古斯

## 保罗博古斯餐厅（L'AUBERGE DU PONT DE COLLONGES）

### 法国，1975年

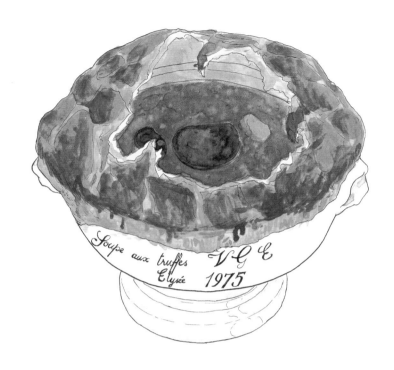

参见菜谱第297页

# 爱丽舍宫黑松露汤

如今，保罗博古斯餐厅里用来盛这道爱丽舍宫黑松露汤的汤碗上记载着这道汤起源的传说："保罗·博古斯—爱丽舍宫松露汤，VGE 1975年。"在那一天，厨神保罗·博古斯被授予了"国家荣誉勋章"。即使在50年后，散发着松露香味的金色酥皮仍然是法国美食的代名词。这道爱丽舍宫松露汤的配方并不一定能让人联想到新派法餐，博古斯在20世纪60年代创造了这种比传统法餐更清淡的烹饪方式。在澄清了两次的牛肉清汤和鸡肉高汤的原料中添加鹅肝丁、切丝的佩里戈尔黑松露、炒蘑菇和诺利普拉特味美思酒，然后用一张黄油酥皮盖在汤上。它不再传统也不再奢华了。

在一场宴会上，包括米歇尔·盖拉尔、罗杰·韦尔格、皮埃尔·三胖以及莫里斯·伯纳洪在内的名厨都在场。博古斯向总统讲述了这道菜的起源：阿代什地区的农民为他做过这道汤，用的是牛肉汤、鸡汤和松露片，还有一块松露藏在酥皮下面，就像他在阿尔萨斯狩猎时喜欢吃的英国鸡肉派。可以说，这也是博古斯在著名的费尔南德的金字塔餐厅的学徒生涯的印记和他在"布拉泽大妈"餐厅烹饪的料理传承。这道菜不但在国际上很有名，有很多厨师追捧，而且它还成为家庭厨师喜欢的一道流行菜。伯纳丁餐厅的主厨埃里克·里佩特也在他的回忆录《32个蛋黄》中写道："烹饪学校也教这道菜。"在丹尼尔·亨姆的"游牧民族"餐厅里，这道菜也被列入了菜单，而且用的是最初的名字。

由克里斯蒂娜·穆尔克、帕特·努斯、迭戈·萨拉扎、理查德·维恩斯挑选

参见菜谱第297页

# 奥尔洛夫王子小牛肉

"我们保留了奥古斯特·埃斯科菲耶大约在1880年设计的菜单风格。"在伦敦康诺特酒店,我们在主厨米歇尔·鲍丁菜单的底部看见了这句话。1890年,埃斯科菲耶和瑞士酒店经理恺撒·丽兹一起开了萨沃伊酒店,他为伦敦带去了奢华的法国大餐。在鲍丁看来,那是烹饪的黄金时代。虽然它可能已经过时,但仍然保持着卓越的高度:"它很经典,像香奈儿、莫奈或莫扎特。再也没有多少人这样做了。即使在法国,也找不到一家能让他们满意的法国餐厅,所以他们来到英国寻找。"

他们在康诺特酒店发现了诸如奥尔洛夫王子小牛肉这样的菜,这是一道精心制作的技术菜肴。它起源于19世纪中期的俄罗斯,它需要烤一块小牛肉鞍,然后小心地把小牛肉鞍切成两块腰肉,再切成1英寸厚的肉片,然后重新组装成类似原来的烤肉形状。然后在每片肉之间抹上蘑菇酱、洋葱苏比斯调味汁和夹上一片黑松露,整片涂上浓郁的奶油蛋黄酱,撒上帕尔玛干酪,再次烘烤。

1975年,鲍丁接手了康诺特酒店,在之后25年多的时间里他的菜一直是英国烹饪界的标杆。他的厨房也是众多主厨的训练场。鲍丁鼓励年轻人参加厨房实操,他与鲁克斯兄弟和彼得·克隆伯格一起组建了"新俱乐部",以培养新一代厨师。他曾对一位记者说,假如给他一群16岁的学徒,在他们对烹饪还一无所知,而且缺乏学习的耐心之前,他需要用15年的时间才能把他们培养成真正的厨师。

由理查德·维恩斯挑选

# 黄玉堂（Nelson Wang）

## 印度板球俱乐部（THE CRICKET CLUB OF INDIA）

印度，1975年

# 满族鸡

黄玉堂对美食作家维格·桑格维说："每当我在麦当劳的菜单上看到满族鸡这道菜时，我都感到非常自豪。"当时，板球俱乐部的会员要求厨师给他们做一些特色菜，没想到大厨黄玉堂即兴创作的"满族鸡"，竟成为印度人山寨最多的一道菜，从街边餐馆一直到街头小吃车都在做这道菜，由此印度中式烹饪诞生了。和黄玉堂一样，这道菜是印度和美国的完美结合：焦脆的炸鸡块配上浓浓的由大蒜、青椒、生姜和芫荽制成的孟加拉风味酱汁。但是黄玉堂没有在酱汁里加番茄酱，而是加的酱油、鸡汤和白糖。

黄玉堂出生于印度加尔各答，他的父母是中国侨民。他曾经做过很多工作，后来才去厨房做了厨师。他刚开始做厨师的时候，中餐馆里出品的菜都是一些清淡寡味的杂烩菜和糖醋猪肉，所有的香料都不太好吃，直到后来有一家餐厅招了香港厨师，从那以后突然间几乎做所有的菜都要用到四川花椒。所以，当俱乐部会员向黄玉堂提出这个决定他以后命运的要求时，他决定把印度人喜欢的所有东西融合在一起。客人问他这道菜叫什么名字，黄玉堂回答说："满族鸡。"他说，现在只有我的这道菜——"满族鸡"，才是唯一保留下来和中国有关的东西。

由帕特·努斯挑选

**105**

## 皮埃尔·科夫曼（Pierre Koffmann）

### 克莱尔阿姨餐厅（LA TANTE CLAIRE）

英国，1977年

参见菜谱第298页

# 羊肚菌酿猪蹄

一位法国厨师是如何改变英国烹饪的？一道酿猪蹄足矣。皮埃尔·科夫曼用极其复杂的烹饪工艺制作的是他童年时吃过的加斯科涅美食——酿猪蹄。令人惊讶的是，他的伦敦餐厅的高端顾客喜欢吃这道菜。正如他的徒弟马可·皮埃尔·怀特在《地狱厨房》里所说："这是一道适合国王吃的菜，既时尚又赏心悦目。"

做这道羊肚菌酿猪蹄需要花费9小时的时间，首先需要费力地去掉猪蹄的骨头，然后在锅里用小牛肉汤文火慢炖，用羊肚菌和牛胸腺搭配鸡肉慕斯做成馅料，然后把猪蹄放进烤箱里烤，并将肉汁收成半透明的啫喱冻。高档食材和低档食材在一个精致菜肴里互相搭配，甚至在伦敦，它仍然意味着高级烹饪的时代。这家餐厅开业不到六年，

科夫曼就获得了三颗米其林星。

科夫曼把他的菜品里蕴含的简单和真诚，以及他对完美的追求，传递给了包括戈登·拉姆齐、米歇尔·鲁克斯和马库斯·沃林在内的一代又一代后来改变了英国烹饪的厨师。马可·皮埃尔·怀特在回答哪道菜是烹饪史上的经典这个问题时，他写下了"皮埃尔·科夫曼的'羊肚菌酿猪蹄'"这道菜。当然，名厨费格斯·亨德森的"从头吃到尾"精神和不张扬的摆盘都是因为他或多或少受到了科夫曼的影响。到了2009年，在科夫曼关闭餐厅5年后，他在塞尔弗里奇百货公司的为期一周的快闪店活动延长至8天，8天的时间里他卖出了3200多只猪蹄。

由克里斯蒂娜·穆尔克、帕特·努斯、理查德·维恩斯挑选

**106**

参见菜谱第298页

# 烤大菱鲆段配荷兰酱

当克里斯托弗·理查德·斯坦在英格兰最南端海岸康沃尔的帕德斯托开了一家海鲜餐厅时，他开创了一个远离伦敦（拥有像斯科特、斯威汀和J.希基这种有百年历史的海鲜餐厅）的新美食领域，餐厅离英国最好的海鲜产地如此之近。事实上，正是由于斯坦越来越出名（他为英国广播公司拍摄的电视连续剧一获得成功，就将自己的名字简称为媒体友好型的"里克"），让该地区逐渐成为一个餐饮胜地。在随后的几十年里，那里吸引了像保罗·安斯沃思、内森·奥特洛、杰米·奥利弗和爱普多·布鲁姆菲尔德这样的大厨前来。这道烤大菱鲆段配荷兰酱体现了斯坦烹饪方法的简单朴素。为了更好地展示来自该地区的美味——质地坚实的大菱鲆，他把大菱鲆切成类似牛排的厚段，以突出

其鱼肉的质感和多汁。他用简洁的方式烹饪这道菜，割裂了与埃斯科菲耶式的精致法国大餐之间的联系。斯坦认为这种"英式的烹饪方法"可能是比任何其他工艺复杂的方法更好的一种食用的方式。然后，他在烤大菱鲆段上加上一勺荷兰酱和精致的香草酱——用鱼汤和柠檬汁打底，再用雪维菜、欧芹、龙蒿和小葱调味。这让人们想起在20世纪70年代，英式的烹饪工艺的核心仍然是法式烹饪。更有趣的是，这道菜在上桌时可以不加配菜或装饰，这种风格后来被很多大厨效仿，比如伦敦圣约翰餐厅的费格斯·亨德森。

由理查德·维恩斯挑选

# 皮埃尔·科夫曼（Pierre Koffmann）

## 克莱尔阿姨餐厅（LA TANTE CLAIRE）

英国，1977年

参见菜谱第299页

# 开心果舒芙蕾

　　就像皮埃尔·科夫曼的"羊肚菌酿猪蹄"（见第106页）一样，20世纪70年代，这道由他发明的开心果蛋奶酥在克莱尔阿姨餐厅一经推出，就火了起来。这道菜一直在菜单上保留了26年。和他的酿猪蹄一样，这道开心果蛋奶酥展示了加斯科涅厨师是如何从最简单的配料中提取出令人惊艳的味道的。做这道开心果舒芙蕾用的都是一些普通的食材：鸡蛋、牛奶、糖、黄油、面粉、开心果酱和巧克力，但这道甜品的成功都要归功于科夫曼精湛的法国烹饪手艺。发明这道完美精致的舒芙蕾的灵感来源于他幼年时期最爱的冰激凌口味，当时这道甜品给伦敦人留下了深刻的印象有以下原因：烤盘的底部和边缘没有按照传统的做法抹上黄油和糖，而是抹上了黄油和巧克力碎，在单个的舒

芙蕾烤制过程中，黄油和巧克力碎融化成了苦甜参半的酱汁。侍者把这道甜点放在客人面前后，他巧妙地将一个美味的开心果冰激凌球放进高高的舒芙蕾中间，当冰激凌开始融化并滑落在金边、淡绿色的甜点中时，又增添了一点戏剧性的风采。多亏了开心果微妙的坚果味，这道舒芙蕾并没有太甜，这在当时不是一种常见的味道。科夫曼的舒芙蕾大获成功后，其他餐厅纷纷仿效他的做法，开始推出他们自己的桌边小吃，他们在舒芙蕾里加入冰激凌、英国奶油、鲜奶油或其他甜食。2014年前后，伦敦的布朗餐厅、巴尔萨扎餐厅和莱德伯里等餐厅重新掀起了模仿开心果舒芙蕾的潮流，德劳奈餐厅甚至在早餐时供应燕麦舒芙蕾。

由理查德·维恩斯挑选

参见菜谱第300页

# 松露节瓜花

在法国尼斯的内格莱斯科酒店的餐厅里，厨师雅克·马克西曼用一只手扶起了节瓜花。虽然用精致、引人注目的橘黄色花朵酿馅是几个世纪前的传统，但他却呈现了一些新奇的东西。他以擅长当地农家菜和用新派法餐烹饪工艺改良农家菜而闻名。他花了一个月的时间研究这个食谱，直到他掌握了以下技术。在把这些蔬菜稍微焯水之后，用南瓜皮、白吐司、鸡蛋、新鲜奶油、大蒜和罗勒做成一种微妙的、像慕斯一样的传统普罗旺斯馅，把馅填入节瓜花中，然后把节瓜花放在蔬菜汁上，再加上掺了松露的黄油，与鲜奶油拌在一起，最后放上最贵的松露片。两年后，在摩纳哥附近的路易十五餐厅，雅克的朋友阿兰·杜卡斯在一个小砂锅里展示了该地区的季节性小节瓜，并配上黑松露（见第140页）。

为了确保节瓜花的大小和质地是正好的，马克西曼和当地的一个农业组织研究了品种，最后在洛杉矶找到了种子，他把种子交给了市场供应商代他种植。马克西曼对生物多样性和地区风味特征的关注早在21世纪初的"从农场到餐桌"运动之前。他最早认识到最好的味道来自优质的食材，而不仅仅是靠烹调入味，这是纽约附近丹·巴伯的"石谷仓的蓝山"餐厅和巴黎郊外阿兰·帕萨德农场等餐厅的创立宗旨。

由帕特·努斯挑选

109

# 保罗·普鲁德霍姆（Paul Prudhomme）

## K-保罗的路易斯安那厨房（K-PAUL'S LOUISIANA KITCHEN）

美国，1979年

参见菜谱第301页

# 熏黑鲑鱼

保罗·普鲁德霍姆是新奥尔良美食的标志性人物，他当时在一家葡萄酒奶酪店和当地一家电视台做临时工作，其间他遇到了特里·弗莱特里奇。虽然他们合办一所烹饪学校的计划没有成功，但弗莱特里奇还是把他介绍给了"指挥官宫殿"餐厅的老板埃拉·布伦南，她碰巧在寻找一位新的行政总厨，并说服普鲁德霍姆成为第一位担任这一职务的美国人。他以擅长做法国和阿卡迪亚式风味的菜而闻名，并做出了很多布伦南称为"新派克里奥尔菜"的菜肴。一天，一个服务员感慨地说他想吃一条刚出水的活鱼。普鲁德霍姆突发奇想把一条鲑鱼涂上黄油，并用甜椒粉、红辣椒、洋葱、大蒜粉、干百里香和牛至调味之后，放在炉子上烤黑，就像"印第安风格"牛排。他很喜欢这道菜，但布伦南太太并没有动心，她只同意把这道菜放在他们另一家餐厅的菜单上。在布伦南先生开的餐厅里，布伦南先生坚持要"铁扒"而不是"烤黑"。于是，普鲁德霍姆从这家餐厅离职，开了他自己的餐厅——K-保罗的路易斯安那厨房。他的位置由一位年轻的厨师埃米尔·拉加斯接替。保罗带来了铁扒鲑鱼的配方，他用一个铸铁煎锅，预热近10分钟，再把鱼煎得非常黑。他从1980年开始推出这道菜，消息一传开，食客们就慕名而来。他不得不规定一张桌子仅限于一个预订，但最终这道菜在全美国流行起来。用美食编辑迈克尔·巴特伯里的话说，"进入K-保罗的路易斯安那厨房比进入东德都难。"用拉加斯的话说，"这道烤黑鲑鱼是如此不朽"。

由**帕特·努斯**挑选

# 爱丽丝·沃特斯（Alice Waters）

## 帕尼斯之家（CHEZ PANISSE）

美国，1980年

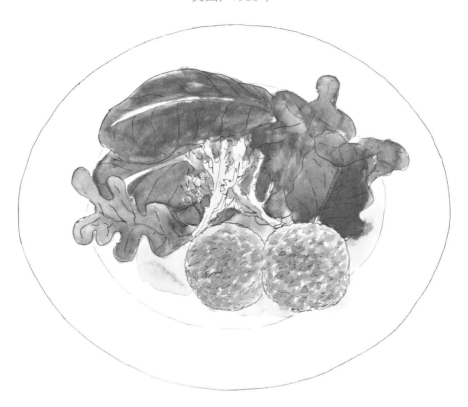

# 烤山羊奶酪配花园生菜

1981年，克雷格·克莱伯恩首次在《纽约时报》上写了一篇关于帕尼斯之家餐厅的文章，并公布了这道沙拉的菜谱，随后这道沙拉引发了一场美食革命。层出不穷的、热乎乎的、配面包片的腌鲜山羊奶酪出现了。

当时，美国几乎没有手工制作的山羊奶酪。1980年，加州奶酪制造商劳拉·切内尔带着她一年前创业的新鲜山羊奶酪出现在帕尼斯之家餐厅。爱丽丝·沃特斯制定了一个常备菜单，并把这道沙拉保留在了菜单上，并且允许切内尔辞去了女服务员的工作（到2006年她卖掉自己的公司时，她每年卖出的山羊奶酪已经超过了200万磅）。沃特斯受她在法国时吃到的混合生菜的启发，鼓励朋友和邻居在家旁边种植生菜，这让她的餐厅直到今天都有足够的新鲜生菜供应。这道沙拉以简单的红酒醋汁调味，并搭配蒜蓉烤法棍面包片。

热乎乎的奶酪、酥脆的面包屑和凉爽的季节性蔬菜的相互融合受到了人们的追捧，但这并不是这家不起眼的伯克利餐厅唯一有影响力的菜肴。正如克莱伯恩在他的文章的导言中所写的："就美国料理而言，有一种存在比当地种植的黑松露或自制鹅肝酱更稀有，那就是这位出生在美国的国际名厨爱丽丝·沃特斯，更难得的是她是一位声名斐然的女厨师。"

由克里斯蒂娜·穆尔克、迭戈·萨拉扎挑选

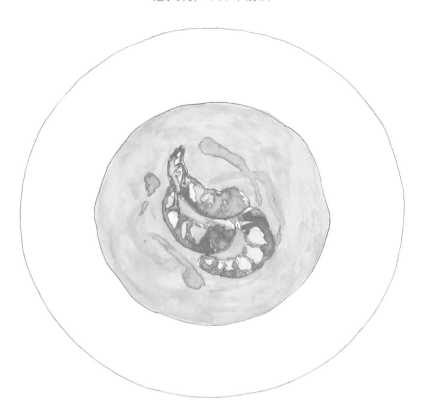

参见菜谱第302页

# 红虾配鹰嘴豆泥

2008年托斯卡纳海岸圣文森佐小渔村的富尔维奥·皮耶兰吉利尼的海滨餐厅关门之前，很多在那里用过餐的客人都会想起一道令人难以忘怀的简单的菜肴。流动的鹰嘴豆泥与乔尔·卢布松的土豆泥（见第119页）一样令人垂涎，但做这道菜仅仅用了干鹰嘴豆、一瓣大蒜和一小撮迷迭香。鹰嘴豆泥过筛之后，用手持搅拌机和适量橄榄油搅打，在鹰嘴豆泥上放一些甜味的虾。这让人想起一道渔夫菜——海陆双汇，尽管这是一道需要更多创新和技巧的菜。大厨富尔维奥·皮耶兰吉利尼说过："你必须完美地学会这些烹饪工艺，然后再把它们忘掉。"

皮耶兰吉利尼提过，他第一次做这道菜是在他邀请著名酿酒师皮耶罗·安蒂诺里和尼科尔·因西萨·德拉·罗切塔到他家吃饭的时候。在过去的30年里，这种看似简单的鹰嘴豆泥或多或少地影响了无数的厨师，包括福桃面吧的张大卫，他用发酵鹰嘴豆泥作为制作意大利面的基础。

但是皮耶兰吉利尼做的菜从来都不是现代性的或临时起意的，所以影响深远。就像这道"红虾配鹰嘴豆泥"，做这道菜的时候要用最简单的工艺去发挥食材的风味。2014年，他参加了北欧厨神勒内·雷哲皮发起的"厨师年度MAD研讨会"，他在发言的时候提到："大道至简"。

由**安德烈·佩特里尼**挑选

# 米歇尔·布拉（Michel Bras）

## 布拉餐厅（BRAS）

法国，1980年

# 加古鲁沙拉

这道沙拉可能是你能吃到的最美的沙拉。从它的微季节性到它对各个阶段的植物的融合（根、叶、芽、花、果实、种子、"土壤"），更不用说它自然主义的摆盘。米歇尔·布拉对法国奥布拉克地区农产品的演绎让无数厨师开始用自然的食材烹饪。阿尔佩吉餐厅的阿兰·帕萨德、曼雷萨餐厅的大卫·金奇、穆加里茨餐厅的安多尼·阿杜里兹、克雷恩工作室的多米尼克·克林、单线程餐厅的凯尔·康诺顿。他们所有的灵感都来自这种诗意的表达方式。

布拉在山间漫步时受到启发，于是创作了这道沙拉，并以一种传统的用土豆、水和火腿做成的奥布拉克炖菜为之命名。这道菜被重新想象成一道绘画沙拉，每一种蔬菜都有不同的制作方法，根据其成熟度和味道，轻炒或生吃，然后加入野生香草、鲜花、采摘的蘑菇和上等的欧芹油（火腿薄得像一张纸，用黄油炒过，或者是将一种浸泡过的乳液涂在蔬菜上）。生的和熟的，野生的和农场种植的，质朴的和高级的，传统的和现代的，本地的和国际的，这道菜在20世纪70年代末完全颠覆了法国菜。

从那以后，就像威利·杜弗雷斯在《美食挑剔者》博客上说的，"世界上每一位厨师都在模仿布拉风格"。不仅仅是摆盘风格，布拉对他周围自然环境的探索和改良也影响了后世的厨师。

由苏珊·荣格、豪伊·卡恩、克里斯蒂娜·穆尔克、帕特·努斯、迭戈·萨拉扎挑选

# 盖伊·萨沃伊（Guy Savoy）

## 盖伊萨沃伊餐厅（GUY SAVOY）

法国，1980年

参见菜谱第306页

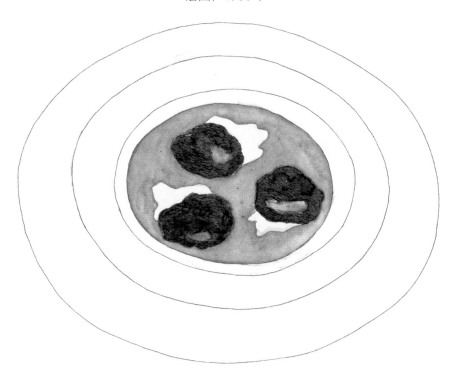

# 黑松露洋蓟汤

勃艮第主厨盖伊·萨沃伊最初在她母亲的餐厅里帮忙，后来跟着当地的一位糕点师傅做学徒，再随后在罗阿纳的"三胖之家"餐厅里又做了三年学徒，那个时候"新派法餐"在法国仍处于主导地位。当这位年轻的厨师离开"三胖之家"餐厅时，他确实深刻理解了团队合作和精确性的意义。颇具影响力的餐厅评论家克里斯蒂安·米洛在当时的一篇关于这家餐厅的文章中提到了他，他写道，"10年后，我们将会谈论这个前程似锦的厨师助理"。萨沃伊最终于1980年在巴黎开了自己的餐厅，他强调情感：一口美味的食物能唤起深刻的感情。

事实的确如此，自从萨沃伊的招牌菜首次出现在萨沃伊餐厅的菜单上以来，几十年来，它让许多食客喜极而泣。这道经典的奶油洋蓟汤，在加了帕玛森干酪片和黑松露片之后味道更加浓郁。萨沃伊进一步满足了人们的口味，在黑松露洋蓟汤旁边配上千层布里欧修，上面有许多带有大理石花纹的蘑菇泥。布里欧修被切成两半，以展示其完美的横截面。为了让它口味更加丰富，在布里欧修上涂上了松露黄油。这种汤非常受欢迎，以至于全年都保留在菜单上。在萨沃伊位于拉斯维加斯恺撒宫的餐厅里，这道汤也非常受客人的喜爱。萨沃伊在厨房里用红色霓虹灯打出了一句话："烹饪是一门艺术，它能将充满历史的食材瞬间转化为欢乐。"

由理查德·维恩斯挑选

# 内斯特（Néstor）

## 内斯特酒吧（BAR NÉSTOR）

西班牙，1980年

参见菜谱第306页

# 西班牙煎蛋饼

圣塞巴斯蒂安一直是西班牙巴斯克地区的美食中心，当地人均拥有米其林星级酒店的数量超过世界上任何一个城市。但这座城市最著名的一道菜就是内斯特酒吧的煎蛋饼。不要将它与墨西哥玉米饼相混淆，西班牙煎蛋饼是用平底锅（煎锅）做的煎蛋饼，只使用橄榄油、土豆、焦糖洋葱，当然还有很多鸡蛋。几个世纪以来，这道菜在伊比利亚半岛一直是农民的主食。它的制作是一种实用且经济的方法，可以将西班牙大多数家庭厨师手头上的基本食材做成一些馅料或者美味的食物。如果烹饪技术到位，选取的食材质量上乘，煎蛋饼顶部会轻微酥脆，但中心将有一点溏心，煎蛋饼的成熟度介于全熟和流状之间。

留着胡子的内斯特和他的妻子每天在他自己的酒吧里做两次新鲜的煎蛋饼——一次是下午1点，另一次是晚上8点。大致将蛋饼切成十六七块，只供应给在餐厅开门营业之前来的顾客。他们的创造如此完美，不仅在圣塞巴斯蒂安，而且在全世界都引起了轰动，美食家们可以在这里品尝传说中的煎蛋饼以及内斯特的T骨牛排和番茄沙拉。

通过完善一个基本的烹饪传统，内斯特激发了当地各家餐厅对经典的重新想象，可以说是导致了一些革新，比如附近罗塞斯的费朗·亚德里亚的斗牛犬餐厅的土豆脆蛋饼。从本质上讲，内斯特的极简主义帮助很多厨师将创新与本地传统的理念融合在一起。

由**克里斯蒂娜·穆尔克**挑选

参见菜谱第306页

# 蟹肉煎蛋卷

"痣姐"素平雅·君素塔在她的家乡曼谷做了40多年的小吃店。因此，君素塔（被称为"痣姐"）不理解为什么《米其林指南》中的调查员现在才授予她的小吃店一颗星，它也是唯一一家获此殊荣的街头小吃店。事实上，这位正站在一口架在熊熊燃烧的炭火上的油锅前，戴着护目镜，穿着黑色针织帽的七旬老人，更愿意退还这颗米其林星。自从她的小摊获得了米其林星，每天客人们都要在她的小摊前排几个小时的队来吃《米其林指南》推荐的招牌菜，她都没有时间去做其他的菜品了。每位食客来到这里都必点的一道菜是：蟹肉煎蛋卷。痣姐将这道传统的泰国美食的地位推到了风口浪尖上。尽管这只是一道普通的街头小吃，人们还是乐意花费30美元（约人民币193元）来她的

店里抢购一份蟹肉煎蛋饼。痣姐做蟹肉煎蛋卷的时候，一次只做一个，在制作煎蛋卷的过程中精心塑造面糊的形状，并逐渐将面糊滚动成比前臂更丰满的圆筒，并随时根据情况加入更多的鸡蛋，力求完美。尽管蛋卷表面金黄，看似全熟，但神奇的是它入口即化。

"痣姐"的菜大受热捧证明了泰国街头食品在全球范围内越来越受欢迎（她在勒内·雷哲皮的MAD美食研讨会上展示了这一点，并赢得了热烈的掌声）。具有讽刺意味的是，就在当地政府以曼谷小吃店阻碍交通为由宣布禁止街头食品摊贩进入曼谷市区之际，米其林为痣姐的小吃店授予了一颗星。尽管她的小吃店不受政府发改部门的影响，但它所代表的街头美食却有潜在消失的风险。

由苏珊·荣格挑选

116

## 乔尔·卢布松（Joël Robuchon）

### 雅明餐厅（JAMIN）

法国，1981年

# 鱼子酱啫喱配奶油花椰菜

20年代80年代，在雅明厨房全盛时期工作过的厨师们仍然梦想着，在晚餐的高峰时期，他们的任务是为这道菜摆盘。经叶绿素染色的蛋黄酱被小心地从咖啡匙滴到花椰菜奶油上，每一点完美间隔，然后被送到餐桌。在此，没有犯错的余地，也没有时间犯错。这一效果甚至让还没有举起汤匙的食客们目瞪口呆，甚至包括那些认为巴黎三星级餐厅提供花椰菜（当时被认为是农民的食物）是有争议的食客。

圆点下面的食材包括花椰菜在内，都做得很精细。奶油花椰菜是一种像羽毛一样柔软光滑的酱汁，由浓缩鸡汤、玉米淀粉、蛋黄和高脂厚奶油制成。更基础的法式做法用的是澄清龙虾汤，其主要成分是传统的小牛蹄清汤。

小牛蹄的天然明胶使原料入口即化，所以天然明胶替代了商业明胶。即使没有藏在碗底的20克鱼子酱的盐分和微妙的酸度，这道菜仍然在质地和复杂度上堪称奇迹。虽然乔尔·卢布松支持新派法餐，对时令食材很重视，但这道菜更是将日本料理的元素和高级烹饪工艺的严谨整合到了一起。

乔尔·卢布松一直认为，厨师的职责是发挥出每种配料的核心风味。在这道菜中，每一种食材的风味都发挥到了极致。

由克里斯蒂娜·穆尔克、安德烈·佩特里尼挑选

117

# 米歇尔·布拉

## 布拉餐厅

法国，1981年

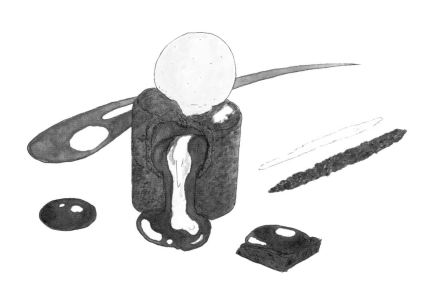

参见菜谱第308页

# 巧克力熔岩蛋糕

这道巧克力熔岩蛋糕演化出了上千种版本，以至于美国食品作家马克·比特曼将熔岩蛋糕称为"甜点中的巨无霸"。这道甜点最初的版本是一个技术奇迹：融化的甘那许巧克力酱从一个黑巧克力脆皮面团壳中渗出来。布拉发明这道甜点是为了纪念他们一家人在越野滑雪时度过的一个下午：他们在餐桌旁啜饮着热巧克力补充能量。布拉在一次采访中说，"把情感转化成一道甜点并不容易。"但接下来的两年里，他实现了自己的杰作，最终他将一个冰冻的甘纳许球插入一个高筒形模具的蛋糕面糊中。这种甜点一炮而红，并在法国各地的厨房里流传开来。1991年，阿兰·杜卡斯告诉一位记者，"这种甜点红到我们不得不把它列在菜单上。"

这款熔岩蛋糕在法国推出6年后，让-乔治·冯格里希滕在纽约拉斐特餐厅的菜单上列了一个类似的蛋糕。他在一次私人活动中准备的500份纸杯蛋糕在烤制的时候火候不足，中心没有完全烤熟。但歪打正着，他的这个错误为他赢得了客人的起立鼓掌。第二天，四种配料的法芙娜巧克力蛋糕上了菜单，直到1991年，他把法芙娜巧克力蛋糕加入乔乔餐厅的菜单中，这道熔岩蛋糕才下架。几个月的时间，它就在全美国各地流行开来，包括连锁餐厅、主题公园、连锁咖啡店等。

在布拉餐厅，熔岩蛋糕在过去的几十年里已经进行了一百多次改进。目前，布拉的儿子塞巴斯蒂安经营着这家餐厅，而这道巧克力熔岩蛋糕仍然保留在菜单上。

由克里斯蒂娜·穆尔克、帕特·努斯、迭戈·萨拉扎挑选

# 乔尔·卢布松

## 雅明餐厅

法国，1981年

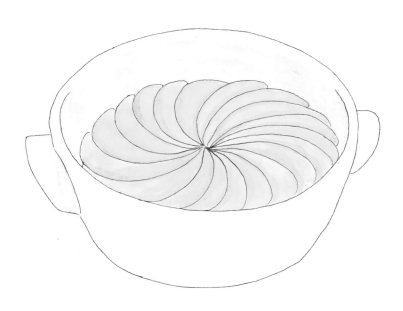

参见菜谱第310页

# 土豆泥

乔尔·卢布松曾经说过："我把我的一切归功于这些土豆泥。"令人奇怪的是，世界上最著名、最有创意的厨师，曾经同时创造了32颗米其林星的纪录，他最出名的菜竟然是土豆泥。但是任何吃过这道招牌菜的人都会理解他为什么这样说。做这道土豆泥需要用500克黄油和1千克小土豆（黄油和土豆比例1∶2），这样做出来的土豆泥倒在汤盘里更丝滑，口感更加醇厚浓郁。

卢布松首先在他的雅明餐厅中把土豆泥、鼠尾草和猪头搭配在一起，这与埃斯科菲耶在1912年制作的松露猪脚佐土豆泥菜单相同，他们使用的黄油和土豆的比例也大致相同。1981年，法国新派烹饪崛起，酱泥类和土豆类菜品在高端餐厅中已经过时了，但卢布松的土豆泥一经问世就引起了轰动。

这道招牌菜并不是什么新菜，也不是那种传统的法国烹饪工艺（即把煮熟的、未剥皮的土豆倒进碾磨器里磨成泥，然后熬出水分再加黄油、牛奶）。但是卢布松十分重视食材质量，遵守严格的烹饪工艺（更不用说黄金搭配比例），正因如此才让这道土豆泥成了他的招牌菜。

如今，在乔尔·卢布松世界各地的餐厅里，这道盛在铸铁锅里的土豆泥仍然继续让食客们大饱口福。这道菜也影响了托马斯·凯勒、埃里克·里佩特和戈登·拉姆齐等世界级名厨。20世纪80年代他们都曾在雅明餐厅做过厨师。事实也是如此，曾经有一位记者问里佩尔哪道菜他可以吃一辈子也不腻？那就是卢布松的炖猪头配土豆泥。

由苏珊·荣格、豪伊·卡恩、克里斯蒂娜·穆尔克、迭戈·萨拉扎、理查德·维恩斯挑选

# 古尔蒂洛·马尔凯西（Gualtiero Marchesi）

## 古尔蒂洛·马尔凯西餐厅（RISTORANTE GUALTIERO MARCHESI）

意大利，1981年

参见菜谱第310页

# 烩饭、黄金和藏红花

20世纪70年代可以说是自19世纪以来全球美食发展史上最关键的十年。随着从高级烹饪向新派法餐的转变，像保罗·博古斯这样的法国大厨被誉为新饮食文化的先驱者，他们摒弃了丰富的经典食谱，转而选择了更清淡的菜肴，以富有美感的呈现方式来呈现精心挑选的农产品。这一理念不仅仅局限在法国。"新意大利烹饪"运动的发起人是古尔蒂洛·马尔凯西，这场运动可以说是自从佩莱格里诺·阿图西在1891年首次撰写意大利地区食谱以来对意大利人口味的最大改变。对马尔凯西来说，20世纪70年代的意大利烹饪是缺乏专业烹饪工艺的田园浪漫主义的一种尴尬表现。他旨在使这种烹饪和法国菜一样合法化。

1977年，马尔凯西在米兰开了他的第一家餐厅，并在6个月内赢得了一颗米其林星，第二年赢得了第二颗。1985年，他因"烩饭、黄金和藏红花"这道菜而获得第三颗米其林星。作为他的杰作，这道菜概括了马尔凯西的烹饪原则：它不仅以创新的方式吸引了味觉，还引发了对历史背景和晚餐剧场的思考。这道菜改变了烹饪，因为它同时具有象征性、短暂性和戏剧性。自中世纪以来，藏红花被认为是美食界的黄金，将意大利烩饭与真黄金搭配，代表着美食是一种代代传承并随着时间的流逝而逐渐丰富的传统。

由**克里斯蒂娜·穆尔克**挑选

# 巴里·瓦恩（Barry Wine）

## 绗缝长颈鹿餐厅（QUILTED GIRAFFE）

美国，1981年

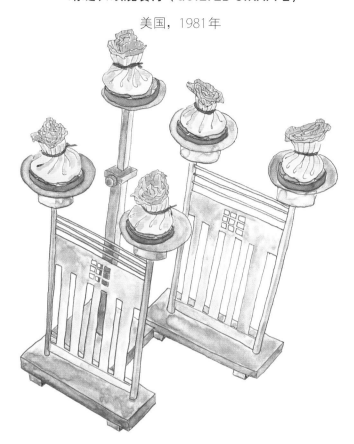

# 乞丐包

20世纪80年代美国奢华的终极象征是从法国学来的。纽约大厨巴里·瓦恩在巴黎郊外的老喷泉餐厅发现了这道用韭葱丝系着，里面装满了淡奶油和鱼子酱的可丽饼，上面用金箔装饰。做这道餐前小食的时候要求厨师必须十分仔细，既不能撕破薄薄的外皮也不能把细韭葱扯断，这道招牌菜是值得一试的凡尔赛餐前小食的奢华诠释。当时，高端的纽约食客对法国菜十分熟悉，自从20世纪60年代他们就一直在勒帕维永酒店和乐多美酒庄品尝精致的料理。但是在绗缝长颈鹿餐厅，巴里·瓦恩这位思想自由、自学成才的大厨推出的都是一些新美国菜，在他看来，新美国菜汲取了法国菜的烹饪理念，后来也汲取了日本料理的烹饪理念。这在当时犹如石破天惊，他也因此赢得了《纽约时报》的四星评价。

这些单个的乞丐包摆在一个银质的基座上，客人用手拿着吃。你只需稍稍把头往后仰，等着这道菜丰富的味道迸发出来。到1990年时，每一粒乞丐包卖到了50美元（约人民币322元）。据一位服务生所言："投资银行家会成打的点这道菜，仅将这作为一种烧钱的方式。"在厨房里，大厨汤姆·科利奇和后厨人员6秒钟就能做一个乞丐包。绗缝长颈鹿餐厅的学徒大卫·金奇后来在他加州的曼瑞萨餐厅推出了一款乞丐包，馅料用的是金枪鱼牛肉汁加稍微烟熏过的蔬菜。此外，名厨科里·李在他旧金山的贝努餐厅里又推出了一款用蛋黄泥、黑松露、伊比利亚火腿和帕玛森奶酪做馅料的乞丐包。

由克里斯蒂娜·穆尔克挑选

# 阿兰·森德伦斯（Alain Senderens）

## 阿切斯特亚图餐厅（L'ARCHESTRATE）

法国，1981年

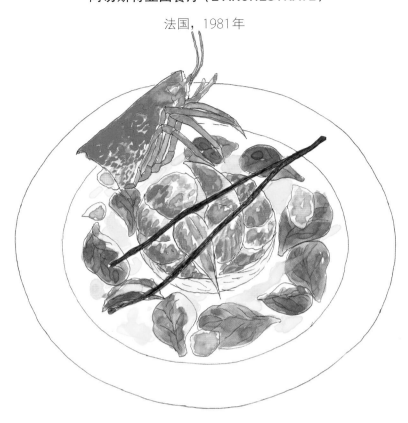

参见菜谱第311页

# 烤龙虾配香草黄油汁

《纽约时报》美食评论家克雷格·克莱伯恩评价新派烹饪之父——阿兰·森德伦斯的"烤龙虾配香草黄油汁"这一非正统的搭配："品位战胜了逻辑。"香草怎么能与龙虾、西洋菜和菠菜放在一起烹饪成一道美食？在森德伦斯看来，为不同的口味找到新的组合，并将其分类，是他的第二天性。所以他把香草籽刮到做好的白黄油酱汁里，并在上菜前将酱汁浇在烤龙虾上。香草的作用不是给这道菜带来甜味，相反，它突出了龙虾的风味，使龙虾的风味更加浓郁。

森德伦斯在给纽约市莫里斯餐厅做餐饮顾问的时候，在那里做了这道菜。这道菜对这家餐厅的主厨克里斯蒂安·德卢维耶影响很大，他后来开了莱斯皮纳斯餐厅。同时，这道菜也启发了美国厨师大卫·博利和沃夫冈·帕克推出了类似的菜品。法国大厨米歇尔·盖拉尔在荷兰酱里也加上了香草。当然，森德伦斯对他的门生阿兰·帕萨德的影响不可低估。帕萨德试图通过挑战或揭示法国菜的真实本质来寻找法国料理具有异国情调的一面。他在给一道牛油果舒芙蕾搭配的番茄沙拉里加了香草和柠檬马鞭草。

即使在2005年森德伦斯主动退还了米其林三星，并在他同名的巴黎餐厅撤掉了有米其林标志的桌布之后，这道菜仍然保留在菜单上。他告诉《泰晤士报》的记者："我已经上了年纪，不再需要那些虚名了。但我可以做一些不需要繁文缛节但非常漂亮的菜，并把金钱投入到怎么做好一道菜上。"

由**克里斯蒂娜·穆尔克**挑选

## 沃夫冈·帕克（Wolfgang Puck）

### 斯帕戈餐厅（SPAGO）

美国，1982年

参见菜谱第312页

# 烟熏三文鱼和鱼子酱比萨

学法餐出身、在奥地利出生的厨师沃夫冈·帕克在西好莱坞日落大道的名人餐厅推出这道比萨，其立马成为一道奢侈菜品，这是前所未闻的。他擅长做他认为的加州温泉料理——加州的食材、法式的烹饪，再融入一些亚洲烹饪的元素。但并不是所有的顾客都吃得清淡。传说琼·柯林斯点了这道菜以后，帕克才发现烟熏三文鱼拼盘要用的布里欧修面团已经用完了。惊慌之余，帕克用比萨面团代替了布里欧修面团，在上面撒上莳萝草、鲜奶油，还有烟熏三文鱼，就像为富人准备的百吉饼和奶油奶酪一样。为了让这款比萨更好吃，他在每片比萨中加入焦糖洋葱和一小块鱼子酱。就这样，他不仅做出了一道招牌菜，而且这道比萨的传播范围也远远超出了意大利，帕克因此成为美国第一个名人厨师。

烟熏三文鱼和鱼子酱比萨标志着重奶酪和肉类被更轻淡、更新鲜、更时令的食材所取代，这种风格后来被称为"加州比萨"。之后还出现了颇具噱头的比萨和高端融合比萨。就是凭着这道菜，帕克开了新的餐厅，并成立了一个餐饮集团，创办了沃夫冈·帕克全球公司，并推出了他的特许经营餐厅。

帕克曾去法国看望他的朋友——保罗·博古斯，在保罗博古斯餐厅里，他看到菜单上有加了烟熏三文鱼的比萨，当时帕克感到很震惊。"我说，保罗，怎么回事？"帕克在接受米其林采访时回忆说，"他给我看了看比萨的名字，上面写着'斯帕戈比萨'，那一刻我觉得很自豪。"

由豪伊·卡恩、克里斯蒂娜·穆尔克、迭戈·萨拉扎挑选

123

# 古尔蒂洛·马尔凯西（Gualtiero Marchesi）

## 古尔蒂洛·马尔凯西餐厅（RISTORANTE GUALTIERO MARCHESI）

意大利，1982年

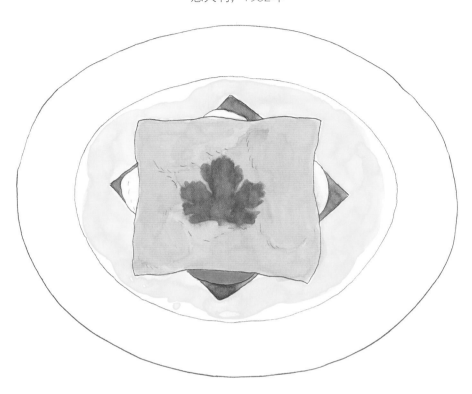

参见菜谱第313页

# 开放式意式饺子

在意大利菜中，传统的意大利面被视为一种有馅的、实惠的菜，且永远不会被列入高级烹饪。它只是介于开胃菜和主菜之间的食物。还有带馅的意大利面？它无非是一种利用剩菜做菜的方法罢了。20世纪80年代初，米兰厨师古尔蒂洛·马尔凯西用金箔为藏红花烩饭镀金而成名（见第120页），他试图从字面和隐喻上解构开放式意式饺子。有一次，他去一家餐厅吃开放式意式饺子，不过这家餐厅的菜做得太差劲了，饺子的皮和馅在盘子里都分开了。他因此受到启发，并由此创造了一道新菜。他的开放式意式饺子是一个彻底的解构，不仅是面食的物理形式，而且包括它的馅料。做这种"开放式意式饺子"需要两片饺子皮——一片是菠菜饺子皮，另一片是鸡蛋饺子皮，中间放上用黄油和白葡萄酒炒制，然后配上姜汁收汁的扇贝。生姜？扇贝？黄油？意大利？因为这道饺子朴素清淡，所以这一概念倾向新派烹饪。事实上，马尔凯西在巴黎的莱多恩餐厅和罗阿纳的三胖之家餐厅工作时都受到了新派法餐的影响。

这道菜体现了马尔凯西的箴言："美是必不可少的，形式很重要，烹饪最终追求的是简单，但简单不是出发点。"这在当时是激进的。马尔凯西成为第一位获得米其林三星的意大利厨师。可以说，马尔凯西以一种艺术的心态重新解构了意大利烹饪，并催生了像马西莫·博图拉这样的大厨。

由**安德烈·佩特里尼**挑选

## 阿兰·赛尔哈克（Alain Sailhac）

### 马戏团餐厅（LE CIRQUE）

美国，1982年

# 烤布蕾（法式焦糖布丁）

法国、英国和西班牙都对外宣称这种甜点起源于自己的国家。"烤布蕾"是一种用春天刚生产过的母牛的牛乳制成的甜布丁，上面撒上一层砂糖然后用喷枪炙烤而成，这种做法可以追溯到15世纪的英国，后来这道甜点与剑桥国王学院联系在一起，被称为剑桥奶油。在法国，这种叫作"烤布蕾"的甜品最初出现在1691年由凡尔赛厨师弗朗索瓦·马西亚洛撰写的《从王室到贵族的烹饪》中。这种甜点是用蛋黄和牛奶做成的布丁加上焦糖皮做成的，非常像今天的版本。还有西班牙的加泰罗尼亚的焦糖奶冻——一种可以追溯到14世纪的用玉米淀粉增稠的牛奶卡仕达。

事实上，这是1982年纽约马戏团餐厅老板西里奥·马克西奥尼在巴塞罗那度假时吃到的西班牙甜点。他立刻被这道甜点深深地打动了，当时马戏团的厨师阿兰·赛尔哈克正好去那里拜访马克西奥尼一家，所以他请赛尔哈克重做这道菜。赛尔哈克在用香草卡仕达做这道甜品的时候，没有白糖了，所以在上面撒上了红糖粉，然后焗烤。这样做出来的焦糖皮更薄，味道更佳。马戏团的糕点厨师迪特·肖纳后来告诉一位记者，当法国厨师保罗·博古斯尝到这道甜品时，他说这是他吃过的最好的甜点。烤布蕾很快就在法国流行开来，此时法国的咖啡、生姜、薰衣草，甚至包括鹅肝酱在内的食材在美国开始流行。

做"烤布蕾"需要高超的技术，才能避免在给糖加热的过程中奶油凝结。价格实惠的便携式喷枪的出现让这道菜更加普及。

由**克里斯蒂娜·穆尔克**挑选

# 奥利维尔·罗林格（Olivier Roellinger）

## 布里考特庄园餐厅（LES MAISONS DE BRICOURT）

法国，1983年

参见菜谱第315页

# 印度风味海鲂

从盘子里看，这道奠定了奥利维尔·罗林格的职业生涯的菜就是海鲂鱼配苹果酱、杜果、卷心菜和咖喱香料。除了异国情调，它的与众不同之处在于它讲述了一个故事。海鲂来自罗林格家附近的海湾。这位化学工程系学生出身的厨师，为了追求创造新口味，开了一家餐馆。卷心菜来自一块面朝大海的田野。而咖喱粉是罗林格在与一位法国东印度公司的人交谈后一起做出的混合调料，此人不仅告诉他18世纪在附近的圣马洛镇上有异国情调的丝绸和木材，而且还有当时进口的香料。

他被这一历史性的美食时刻所吸引，他用自己的想象力将包括小豆蔻、生姜、芫荽、茴香、香草、胡椒、可可等在内的十四种香料混合在一起，制成"印度风味海鲂"的调味料，这是一种令人陶醉的调味料，反映了全球化和海洋史诗的浪漫时代。

从那一刻起，罗林格的烹饪是一种通过香料讲述故事的菜肴，有时会以意想不到的方式将香料融入其中，正如他同时代的阿兰·森德伦斯（见第122页）、阿兰·帕萨德（见第134页和第169页）所反映的那样。虽然生于法国，但这些大厨们在寻找亚洲和其他地区的风味灵感时无所畏惧。2008年，罗林格因为想过平静的生活而退回了他曾获得的米其林星，他还通过采购和调制香料创办了一家公司，公司经营倒也颇为成功。

*由安德烈·佩特里尼挑选*

# 杨贯一（Yeung Koon Yat）

## 富临饭店（THE FORUM）

中国，1983年

参见菜谱第316页

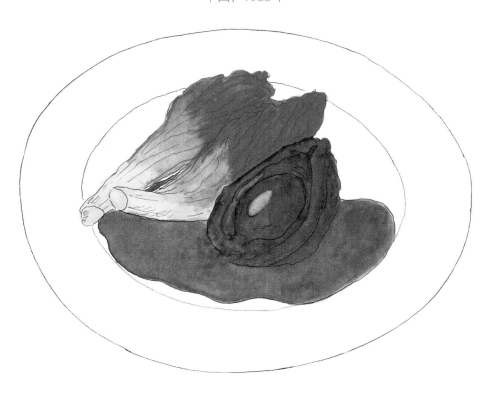

# 阿一鲍鱼

1983年，厨师兼餐厅老板杨贯一正在考虑关闭他在香港开了6年的餐厅。因为有钱人，即那些愿意花钱吃精致美食的人渐渐地搬走了，为了生存，他们家的餐厅当时面临着两个选择，要么降价，要么大幅度提高烹饪水平。与此同时，一股烹饪创意的浪潮开始了。杨贯一也想创造出一种能够引发狂热的菜品。

中国人认为干鲍是一种昂贵的吉祥食品。1千克可以卖到7000美元（约人民币45068元）。但杨贯一并不钟情有数百年历史的粤菜食谱，因为根据传统的粤菜菜谱，干鲍需要煮上几天才能煮软，但是同时它也就失去风味了。于是，他发明了一种方法，用竹片夹着鲍鱼，配上排骨和一只老母鸡在砂锅里慢慢煨炖。在烹饪的过程中，不时会加入一些营养丰富的高汤。烹煮2小时以后，把鲍鱼和收浓的鲍汁端上客人的餐桌。真正懂吃的食客知道，吃这种略黏的鲍鱼，要从外面一口一口地吃，最后再吃鲍鱼的"蜜心"部位。

杨贯一在接受《洛杉矶时报》记者采访的时候告诉记者："刚开始的时候，我的确很难熬。但是为厨师行业做贡献很重要。我是一名厨师，厨师也必须关注社会发展和文化更迭，作为厨师，必须与时俱进。"他也曾大胆地把他的"阿一鲍鱼"做给邓小平品尝。品尝过后，邓小平大赞："正是有了改革开放政策，才会有这么好吃的鲍鱼。"从此，杨贯一就被冠以"鲍鱼之王"的称号。

由**苏珊·荣格**挑选

# 土俗村参鸡汤餐厅（TOSOKCHON SAMGYETANG）

韩国，1983年

参见菜谱第317页

# 参鸡汤

韩国医学和传统中医都有以火克金的说法。因此，在一年中最闷热、最潮湿的三伏天，韩国人会选择吃大补的参鸡汤。不仅如此，这种参鸡汤还含有许多据说能在体内产生热量从而促进健康的食材。这道传统的汤里有糯米、整根新鲜的人参、大蒜、大葱、银杏、栗子、黄芪、红枣、南瓜、瓜子和芝麻，将这些食材在汤里炖几个小时。汤和食材的热量会导致身体出汗，从而排除更多毒素。

这就是为什么每年夏天，在首尔历史悠久的北村韩屋村的一座古庙宇式建筑内的餐厅外面人们大排长队的原因。据说这是首尔第一家专门做参鸡汤的餐厅，大家公认它是最好的参鸡汤餐厅，其一贯的高品质参鸡汤超越了它的旅游声誉。在这家有400个座位的餐厅里，几乎每个食客都会点一个石锅，里面装满滚烫的鸡汤和整只鸡，人们希望通过喝参鸡汤恢复能量和补充失去的营养。虽然乳白色的鸡汤本身是温和的，但49天大的童子鸡体内蕴含的珍贵食材却充满了令人惊讶的味道，尤其是将食材蘸盐品尝的时候。为了进一步增加热量，人们吃这道菜的时候经常与烈性的人参酒搭配。

由苏珊·荣格挑选

## 西蒙·霍普金森（Simon Hopkinson）

### 必比登餐厅（BIBENDUM）

英国，1983年

# 藏红花土豆泥

藏红花土豆泥，伦敦创意厨师西蒙·霍普金森更喜欢称之为"番红花土豆泥"。1983年，他去了马赛的米歇尔餐厅，这次行程对他影响很大，回去以后他就创制出了这道招牌菜。霍普金森在喝完一碗马赛鱼汤后，碗底肉汤朦胧的赤陶色给了他很大启发，他把碗里剩下的土豆在剩下的液体里碾碎，以吸收最后一点浓郁的味道，这时他想到了一个主意：藏红花土豆泥！他用橄榄油代替普通的黄油，用一些大蒜和辣椒酱来模仿马赛鱼汤大概的味道。藏红花不仅为土豆泥增加了一股矿物质风味，而且还为土豆泥增添了一种金黄色的色调，这极大改变了人们以往的认知。

霍普金森怀念20世纪60年代英国酒店里配着银勺子端上餐桌的口感丝滑、香气浓郁的奶油土豆，于是他开始纠正他身边的高级餐厅里出现的各种奇怪的土豆泥的做法。霍普金森在《经济学家1843》双月刊杂志上形容20世纪80年代的时尚是"那些一心想获得米其林星级的厨师把土豆泥做成了黄油兑奶油的垃圾泔水，能把人气得心脏骤停"。他只能将这些劣质土豆泥视为厨房魔鬼的作品。他创作的藏红花土豆泥引发了全球性轰动——首次把一度被认为是美食世界里的一味关键香料进行了著名的重组。这道菜在必比登餐厅的厨房里普及后，他就成了英国烹饪界"返璞归真"运动的领导者。霍普金森很快就成为伦敦美食界迅速崛起的超级明星，在他的启发下，大厨罗利·利和里克·斯坦很快就推出了他们的藏红花土豆泥。

由理查德·维恩斯挑选

129

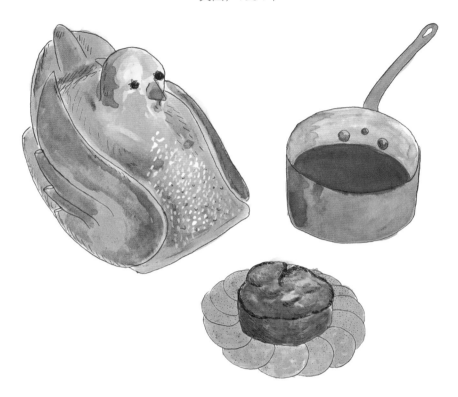

参见菜谱第317页

# 盐焗乳鸽

　　1984年，四季农庄酒店在英国乡村开业时，这家乡村酒店立即因其主厨雷蒙德·布兰克的经典法式烹饪而闻名。布兰克的菜单将卡汉姆的华丽展示和奢华食材与他祖国法国的乡村烹饪相结合，大多数食材都是在他的菜园（厨房花园）里种的。这在当时很少见，这一点沿袭了凡尔赛宫后厨的做菜传统。布兰克非常擅长烹饪这种精致的食物，他在盐酥皮中烘烤的招牌菜盐焗乳鸽，从头、眼睛、喙、两只翅膀再到其他所有部位完全入味。当这盘菜被端到餐桌上后，布兰克在2011年的烹饪书《厨房秘密》中的食谱介绍中写道："总有一段小小的沉默。"然后，高潮部分来了：侍者优雅地用老式的共和党方式把鸽子头从身体上剁下来，就像断头台！（对那些不习惯高级鸟禽美食的家庭厨

师来说，他不得不在评论中提到，"虽然这种乳鸽看起来像一只在伦敦特拉法加广场闲逛的鸽子，但实际上它是一种肉质最丰满、味道最精致的禽类。"）

　　在他的餐厅里，这种精致的感觉被乳鸽的搭配所突显：一种用马德拉酒和蘑菇做成的经典酱汁，再加上一份脆的扇形土豆玫瑰，里面有菠萝、蘑菇烩和鹅肝酱。后来的烹饪潮也没能削弱这道菜的受欢迎程度，这道菜至今仍保留在菜单上。正如布兰克自己在谈到招牌菜的性质时所说，"它代表了餐厅的价值和风格。它经久不衰，不追逐任何潮流。"

由理查德·维恩斯挑选

## 茂文立部（Shigefumi Tachibe）

### 查亚啤酒店（BRASSERIE CHAYA）

美国，1984年

# 鞑靼金枪鱼

20世纪80年代的比弗利山庄让寿司进入美国的家庭。尽管它的形式与日本的寿司不一样。就像松久信幸1987年开创性的新式刺身（见第141页）一样，茂文立部的鞑靼金枪鱼在美国这个偏爱海鲜、烟熏或者罐装鱼的国家里颇能迎合客人的口味。松久信幸创制新式刺身是因为一位客人接受不了鱼肉生吃。和他不同，茂文立部创制这道鞑靼金枪鱼是因为有位来这家优雅舒适的日式法餐厅里用餐的客人不能吃牛肉，所以他要求厨师为他做一道能替代牛肉鞑靼的菜。因此，曾在日本以及意大利的佛罗伦萨工作过的立部，他精通日料和法料，大胆借用了鞑靼牛肉的概念，将其应用到了厨房现有的食材上。鞑靼牛肉是一道20世纪20年代具有概念性的传统法国菜（见第224页）。

除了在切成丁的金枪鱼里混合了自制的第戎龙蒿蛋黄酱（用刺山柑、洋葱、泡菜和绿胡椒粉制作而成），立部做的鞑靼金枪鱼还增加了典型的加利福尼亚风味——牛油果薄片。这家餐厅的一个使命是通过融入日本元素，为注重健康的名人顾客减轻吃传统法国菜的顾虑（传统法餐热量高，日料热量低）。就像人们真的迷恋米歇尔·布拉发明的熔岩蛋糕一样，这道鞑靼金枪鱼在20世纪80年代一直被很多人模仿（直到今天）。如今，鞑靼金枪鱼这道菜被陈列在美国史密森尼国家自然历史博物馆里，旁边还有立部大厨的寿司刀。

由迭戈·萨拉扎挑选

## 安妮·罗森茨威格（Anne Rosenzweig）

### 阿卡迪亚餐厅（ARCADIA）

美国，1985年

参见菜谱第321页

# 龙虾俱乐部三明治

俱乐部三明治（见第41页）是美国的一道经典菜。关于这道菜的起源是不确定的：它最初是在火车的俱乐部车厢中制作的吗？还是在男士俱乐部创作的？我们都知道用两三片烤吐司夹上鸡胸肉、培根、生菜和番茄制作的俱乐部三明治简单却又经典，在世界各地的咖啡屋、咖啡厅和酒店的菜单上，俱乐部三明治已经成了一道安全且不需要任何灵感的招牌菜品。正如美国美食作家迈克尔斯特恩所说："俱乐部三明治有点儿像口袋里塞着的38口径的手枪。你很少用它，但知道它在那里，你就放心了。"

然后，在1985年，纽约大厨安妮·罗森茨威格决定推出一款新菜，在她位于上东区的餐厅里，她用时令性的菜单为新美国菜奠定了基础。1986年，她在接受《新闻日报》

采访的时候说："我想推出一款很有意义的招牌菜，同时也想做一些经典的菜，食材要优雅奢华。"因此她把刚蒸好的龙虾肉夹在三片自制的涂了柠檬第戎蛋黄酱的吐司片里。培根是用苹果木熏制的，番茄是自然熟的，各种时令绿色蔬菜，比如野苣或芝麻菜，都是自己种的。这道龙虾俱乐部三明治吃起来的感觉是"又冷、又热、又脆，此外还有调味料里的黄油味，可惜这么美味的东西是短暂的，你一会儿就能把这个三明治吃完。"她的三明治不仅引发了三明治热潮，三明治的名字还成了她的第二家餐厅"龙虾俱乐部"的名字，这家餐厅提供上档次但经济实惠的美食。

由克里斯蒂娜·穆尔克挑选

## 吉尔伯特·勒科兹（Gilbert Le Coze）

### 伯纳丁餐厅（LE BERNARDIN）

美国，1986年

# 生金枪鱼片配香葱碎和特级初榨橄榄油

从1994年开始，当洛杉矶的松久餐厅和查亚啤酒店的日本厨师开始改变美国人对生鱼的看法时，一个法国人也为纽约人做了同样的事情。1986年，当巴黎厨师吉尔伯特·勒科兹和他的妹妹马古伊在纽约开设了第二家餐厅时，他们并不知道自己在采购优质海鲜和新鲜香草等食材时会面临着重重困难。勒科兹的祖父是渔民，父亲是布列塔尼海岸的一个餐馆老板，在这种情况下，勒科兹立即和鱼市场的卖家商议，让他们给他提供所需的质量和品种上乘的鱼。当时，他能买到的品质最好的鱼是寿司级金枪鱼。勒柯兹让妹妹品尝了他的食谱。马古伊在伯纳丁餐厅的第一本食谱上写道，"试了几次菜后，我告诉吉尔伯特，金枪鱼质量太差了，最好还是用生的金枪鱼肉。"于是生金枪鱼片这道菜就诞生了。

当时纽约新开的哈里·西普里亚尼餐厅的生牛肉片（见第72页）非常受欢迎，勒科兹采取了日式的地中海做法，他用肉锤将每片金枪鱼肉拍成薄片，铺在盘子里，看上去就像一层透明的面纱，然后再用橄榄油、柠檬汁、小葱、白胡椒和盐进行适度的点缀。1994年，勒科兹去世一年后，露丝·雷淑尔在一篇评论中写道："勒科兹先生的烹饪改变了美国人的饮食。简单烹制并带着他风格的无可挑剔的新鲜鱼肉，很快被人广泛模仿，以至于大家忘记了这道菜是谁发明的，但勒科兹先生对此似乎并不介意。"对勒科兹来说，纽约的厨师们可以买到优质的海鲜才是最重要的。

由克里斯蒂娜·穆尔克挑选

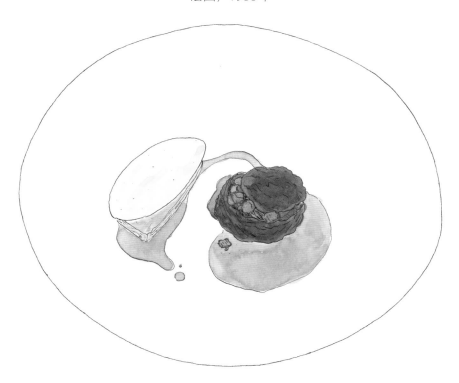

参见菜谱第322页

# 十二味油封番茄

在这位巴黎厨师改用全素菜单的十几年前，他已经在探索和扩大做素菜的可能性。1986年，他发出了一份关于番茄真正本质的提醒，并因此引起了食客的注意。正如亚当·戈普尼克在《纽约客》上所写的那样，先在番茄里面塞满水果、生姜、香料、橘子皮屑和各种碎坚果，再裹上焦糖，其富有远见的光辉在于"用一种固执、崇高的逻辑，展示了一种极其抽象的植物学观点：番茄不是蔬菜，是水果。"我们怎么会忘记呢？或许我们从来都没有真正理解过。

这道菜可以追溯到帕萨德为阿兰·森德伦斯的拱门餐厅工作时做的阿比修斯蜂蜜丁香烤鸭，这家餐厅是帕萨德1986年从导师那里买下来的。除了独特的风味和味觉上的

激发，同样也值得注意的是，它似乎结束了"法国大餐"的时代，在这个时代，菜肴是在餐桌上完成的。在送到餐桌前，这道菜需要鱼肉档口、肉类档口和豆类档口几个小时的操作，他们都共用厨房的一个炉子。

在餐厅成功之后，这家米其林三星餐厅开始提供蔬菜甜点，比如大维福餐厅的朝鲜蓟馅饼配蜜饯胡萝卜。到了21世纪初，这道甜点奇怪地出现在美国电视台上，作为约西亚·巴特勒总统的最爱，以"Tomato Saltambique"的形式出现在"西翼"（*The West Wing*）节目中。

由帕特·努斯、安德烈·佩特里尼挑选

参见菜谱第322页

# 三文鱼肉酱

尽管今天在纽约市玛吉·勒科兹和埃里克·里佩特开的海鲜餐厅——"伯纳丁"餐厅里的每道菜都令人难忘，但是自30多年前"三文鱼肉酱"首次出现在吉尔伯特·勒科兹最初的菜单上以后，它都一直深受客人喜爱，让客人一直心心念念。这是一款借鉴了法国经典小吃猪肉酱做法的以海鲜为主的菜，法式猪肉酱由焖猪肉丝和猪油混合而成，在开胃酒时间，将其涂在面包或烤面包上。勒科兹力求将三文鱼制成丝般柔滑的美味佳肴，以配得上餐厅的米其林星。自1986年开张以来，这家餐厅就没有任何瑕疵。勒科兹的祖父是一名渔夫，他十几岁的时候就开始在父母开的餐厅兼客栈的厨房里做饭了，勒科兹因把鱼肉当成红肉来烹饪而声名鹊起，他根据每一种鱼的质地来进行备料并灵活调整烹饪时间长短，他在烹饪界创造的这种全新的烹饪理念为他在巴黎开的餐厅，以及后来开在纽约的餐厅赢得了米其林星。

他把三文鱼放入白葡萄酒中与干葱头一起熬煮，然后切成大块，这些三文鱼就从更精致的苏格兰烟熏三文鱼丁和自制蛋黄酱中获得了更多的脂肪，再轻轻拌入柠檬汁、小葱和白胡椒粉之后，这种肉酱变得更加明亮。薄薄的法式面包片配上一碗三文鱼肉酱，即使是经验丰富的常客也忍不住要把这一份分量不算小的菜吃光。这么多年了，勒科兹小姐仍然每天中午12点制作第二天早上食用的小吃，然后偷偷溜进厨房的冻库，手里拿着一片还热着的烤面包。这就是招牌菜的持久魅力。

由豪伊·卡恩挑选

# 松久信幸（**Nobu Matsuhisa**）

## 松久餐厅（MATSUHISA）

美国，1987年前后

参见菜谱第323页

# 味噌黑鳕鱼

松久信幸是世界上最著名和最成功的一位厨师，这道菜帮助他建立了自己的餐饮帝国。在美国人还不习惯吃寿司的时候，这种加味噌的黑鳕鱼让松久的食客接触到了日本食物。就像十年后张大卫的猪肉包子（见第197页）一样，肉质细腻的鱼肉淋上甜料酒（味醂）和糖浆，这道美味的味噌黑鳕鱼把一道亚洲菜改成了适合西方人口味的菜肴。但这道菜也像福桃餐厅的包子一样，很容易被其他餐厅山寨复制，同时又让主厨声名远播。

虽然这种用清酒酒粕和味噌腌制鱼的传统方法在日本已经流传了几个世纪，但松久在腌料中加入了白糖、甜料酒和更温和的白色味噌，经过长达3天时间的腌制使它变得更甜。发酵的甜料酒和味噌给黑鳕鱼增添了强烈的鲜味。

在美国，把日本味噌当作一种主要食材是一种新颖的做法，那时，只有那些养生健身餐厅和健康食物商店里才能找到味噌的影子。

当时，黑鳕鱼价格便宜、随处可买，而且很容易按照食谱烹饪，即使是家庭厨师做这道菜也很容易。把腌好的黑鳕鱼放在焗炉（烤架）下面烤，白糖被烤成琥珀色的焦糖，同时鱼肉也不会烹饪过头。味噌黑鳕鱼外观朴素、装盘简洁，盘子里用香蕉叶垫底，配上味噌酱汁和日本寿司姜片。随着这家餐厅扩张到世界各地，这道菜无论是在迪拜还是在伦敦或吉隆坡，都是一模一样的味道。

由克里斯蒂娜·穆尔克和迭戈·萨拉扎挑选

参见菜谱第323页

# 朗姆巴巴

其实并不是大厨阿兰·杜卡斯发明了"朗姆巴巴"这种甜点，倒是他重新发掘了这道20世纪的紧实、香甜、用朗姆酒和糖浸过的甜点。他在制作过程中使面糊变轻，少放糖，并在糖浆中加入了柠檬和橘子皮，在酵母酥皮面团中加入了蜂蜜，并且，最令人难忘的是，这道甜点是在客人的餐桌旁现场烹饪的。用餐者可以选择五种不同的朗姆酒来涂抹蛋糕，上桌之前再加上香草奶油。

巴巴蛋糕（通常是这么个叫法）与法国的资产阶级糕点有关联，但它起源于波兰。据说，流亡的波兰国王斯坦尼斯劳斯一世很喜欢传统的阿尔萨斯咕咕霍夫葡萄干蛋糕，但发现它太干了，于是他把它浸泡在朗姆酒中，并以他最喜欢的阿拉伯神话《一千零一夜》中的角色阿里巴巴

命名。后来这个故事被法国人移花接木，出现在狄德罗、左拉和其他作家的作品中，并在19世纪文学作品中占据了一席之地。当时，糖价降了下来，更多的工薪阶级也能够享用到这种甜品，同时这种甜品依然保持着奢侈的姿态。到了19世纪中叶，一种没有葡萄干，配以淡奶油和水果的巴巴蛋糕以《好吃的哲学》一书的作者让·安瑟尔姆·布里拉特·萨瓦林的名字命名，被叫作为"布里拉特·萨瓦林"或"萨瓦林"。

杜卡斯把这道朗姆巴巴蛋糕列入餐厅菜单的时候，这道菜已经因为老套过时而沦为儿童甜点了，不再属于高端奢华的菜品。但他融入了自己的感受，为这道菜注入了一种怀旧的新奇感。

由**理查德·维恩斯**挑选

137

# 朱迪·罗杰斯（Judy Rodgers）

## 祖尼咖啡馆（ZUNI CAFÉ）

美国，1987年

参见菜谱第324页

# 祖尼烤鸡配面包沙拉

每个人都有自己的方法制作烤鸡，而且很可能每个人的方法都是正确的。但是朱迪·罗杰斯做烤鸡的方式则完全不同。从她执掌旧金山传奇的祖尼咖啡馆的第一晚到她2013年去世之前，擅长做意大利菜和法国南部菜肴的罗杰斯——名厨爱丽丝·沃特斯的徒弟——一直在做这道两人份的烤鸡配面包沙拉。这是一道很有乡村气息的菜，一点也不时髦浮夸，但这才是重点。

多年来，她一直在不断改进这道菜的配方，在祖尼咖啡馆2002年出版的《祖尼咖啡馆食谱》（*The Zuni Café Cookbook*）中，她用5页多的篇幅详细描述了这道菜的做法：首先，挑选一只肥瘦相间的小鸡；接下来，用245℃的高温烤制，这个温度接近果木烤炉的温度。最重要的是，

鸡肉在进烤炉前几天就要用足量的盐码味。祖尼咖啡馆采购回来的鸡肉都是先腌制后冷藏，罗杰斯一直都是用盐干腌鸡肉。从那时起，这种干腌鸡肉的方法已经成为家庭厨师和很多大厨的普遍做法，用这种方法做出来的鸡肉汁水丰富、肉质嫩滑、里里外外都完全入味。在祖尼咖啡馆，外焦里嫩的鸡块藏在温热的面包沙拉里，这种沙拉是用餐厅的剩面包做成的，每吃一口都是酸酸的，当然了，烤鸡要比沙拉更好吃一些。如果你在祖尼咖啡馆的菜单上看到两人份的烤鸡，或者一份干腌烤鸡或火鸡食谱，你知道罗杰斯已经用盐给这只鸡"按摩"了。

由苏珊·荣格、豪伊·卡恩、克里斯蒂娜·穆尔克、帕特·努斯挑选

138

# 符慧莲（Foo Kui Lian）

## 天天海南鸡饭小吃摊（TIAN TIAN HAINANESE KITCHEN）

新加坡，1987年

参见菜谱第326页

# 海南鸡饭

最初，从中国海南移民到新加坡的海南人一般以做厨师谋生。这些海南人为了做一道传统琼菜——煮鸡饭，也叫文昌鸡饭，这已经足够满足食客的味蕾了。后来这道菜叫作海南鸡饭并成了新加坡的国菜。这道菜味道微妙，制作巧妙。把整鸡焯水煮熟后，马上把它捞出浸在冰水里，这样它的皮就会收紧，锁住鸡汁。米饭是在加了香料和鸡油的鸡汤里煮熟的，上菜之前在鸡肉和米饭上淋上一点酱汁和蘸酱。

1971年，新加坡刚刚成立，为了改善人民生活质量，政府把所有街头推车集中在大排档。不显眼的海南鸡饭在众多菜肴中脱颖而出，食客们对他们推车档口的热爱近乎宗教式的忠诚。1987年，符慧莲在麦克威尔熟食中心创办了"天天海南鸡饭小吃摊"，他们家的海南鸡饭被认为是最好的，摊主符慧莲也经常参加电视客串，几乎每本旅游指南都有关于这家店的文章。厨师迷们让这道菜传播到世界各地，符慧莲的"天天海南鸡饭小吃摊"还赢得了"米其林必比登"推荐餐厅奖。现在老一辈的大排档从业人员都老了，他们的子女也都去做了白领，所以大排档前景堪忧。不过"天天海南鸡饭小吃摊"还是比较幸运的，因为符慧莲的女儿辞去了她的会计工作，接管了这个餐厅，并且开了多家分店。尽管如此，符慧莲还是每天早上6点就到厨房工作，以确保厨房能够正常运转。

由豪伊·卡恩挑选

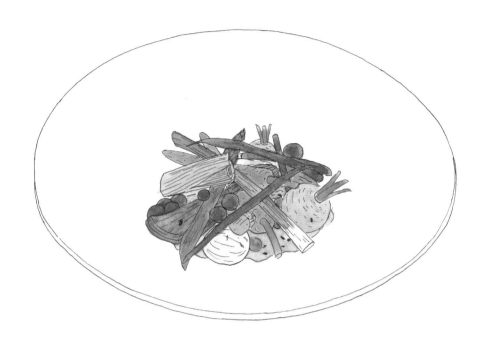

参见菜谱第327页

# 普罗旺斯黑松露片烩花园蔬菜

早在蔬菜成为许多餐厅的明星的几十年前，阿兰·杜卡斯就已经在他位于蒙特·卡罗的旗舰餐厅里推崇蔬菜了。这个概念对一家豪华的三星级餐厅来说是革命性的，因为在当时像龙虾和羊肉这样昂贵的蛋白质菜肴仍然是各大餐厅的主打菜。杜卡斯将这道菜的灵感归功于法国南部厨师米米·博里埃，他曾在《星期日泰晤士报》上形容她为"精心慢煮的女士"。

通常路易十五餐厅会从邻近普罗旺斯的农场采购小型的高产农产品，这突出了农业与厨房的联系。蔬菜本身含有水分，所以在加入了少量的蔬菜清汤或鸡肉高汤之后，烹调变得非常慢。五颜六色、随季节性变化的蔬菜中点缀着黑松露碎，无论是当季还是过季。它不仅美味而且美观，它也为一代厨师（和食客）展示了用蔬菜烹饪的无限可能性。

过去几十年里，杜卡斯的餐饮帝国逐渐扩张到多个国家，这道菜发展成后来被称为"Cookpot"，杜卡斯称其是一道全球本地化的菜。这意味着无论在世界的哪个地方，只要选取当地最好的食材，它都能成为当地菜。这道"cookpot"也预示着杜卡斯将朝着"更加健康、主打蔬菜"的方向发展。如今，杜卡斯的路易十五餐厅的厨师长多米尼克·洛里、伦敦的多切斯特酒店大厨让-菲利普·布朗特和巴黎雅典娜广场餐厅的大厨罗曼·梅德都会做类似于"普罗旺斯黑松露片烩花园蔬菜"这道菜肴。

由苏珊·荣格、豪伊·卡恩、克里斯蒂娜·穆尔克、帕特·努斯、安德烈·佩特里尼、迭戈·萨拉扎、理查德·维恩斯挑选

参见菜谱第327页

# 新式刺身

新式刺身并不是正宗的刺身，而是为非日本食客改良的刺身。寿司纯粹主义者可能会认为这道菜是对正宗刺身的一种歪曲，但更包容的人必须承认，给顾客想要的食物并不是一种罪过。松久信幸曾在比弗利山庄的拉辛尼伦吉大道上开了一家以自己名字"松久"命名的餐厅，当时有一位食客说她接受不了鱼肉生吃这种吃法，他端着一盘鲷鱼刺身回到厨房，不知道该怎么办。最后他的目光停留一盘热橄榄油上，之后他把这盘热油淋在了鱼肉上。后来他在《纽约时报》上写道："鱼不是真的被烫熟了，大约只有一成熟，但是这样做足够让顾客接受这道新式刺身。"

温度和质地的对比使鱼肉在口中感觉更丝滑。后来松久用芝麻油代替了橄榄油，在每片生鱼片上放上日本姜和大蒜（大蒜在日本料理中不常用），这些与点缀的香葱产生了复合的口感，最后搭配上柑橘酱油汁。他曾在南美洲秘鲁做过日本料理，在秘鲁他开创了独一无二的将南美食材融合到日本料理的烹饪风格，因此松久偏爱辣椒和大蒜等浓烈香辛料的口味，这让他从精致纯粹的日本料理店的厨师中脱颖而出。事实上，这些重口味和西式的烹饪方式使他成为世界上最受欢迎的日本厨师和餐馆老板。

这道因向食客妥协而诞生的融合菜，成了一个帮助他打开各个阶层口味的法宝，正如松久所写："让顾客满意是一场值得的赌博。厨师若不能向顾客妥协，会错过许多灵感。"

由苏珊·荣格和帕特·努斯挑选

## 露丝·罗杰斯和罗丝·格雷（Ruth Rogers and Rose Gray）
### 河畔咖啡馆（THE RIVER CAFÉ）
英国，1987年

参见菜谱第328页

# 烤鱿鱼配辣椒

自从自学成才的厨师露丝·罗杰斯和罗丝·格雷在泰晤士河为一家建筑公司开设食堂的第一天起，这道只有三种食材的烤辣椒鱿鱼就出现在了这家由石油仓库改建而成的餐厅菜单上。这也是他们的烹饪理念。当时，伦敦餐厅里的意大利菜意味着意大利肉酱面和提拉米苏，提拉米苏是一道最受欢迎的不分地域和时令的重量级甜点。这道菜是把整个鱿鱼烤熟，加上新鲜的红辣椒酱和橄榄油，再加上一角柠檬和堆得很高的芝麻菜。这些芝麻菜的种子是格雷的家人和罗杰斯的姻亲从意大利带到伦敦的，他们不仅改变了伦敦的意大利菜，还改变了餐厅的烹饪方式。

罗杰斯和格雷之所以能如此烹调，主要是因为他们让人们注意到了以前从未见过的意大利食材。新鲜度和季节性是关键，比如他们每年秋天都会采购的橄榄油。随着这家餐厅越来越红火，他们开始进口英国当时还没有的最优质的食材和低档食材，如红辣椒、羽衣甘蓝和新鲜意大利乳清干酪。最后，他们用在托斯卡纳乡村看到的做法——在果木烤箱里烤制来制作这些改好刀的鱿鱼。

他们俩的做法流传开来不仅仅是因为其他餐馆老板想效仿他们的成功，还因为他们把自己的烹饪理念传授给了后来成名的年轻厨师，比如杰米·奥利弗、爱普罗·布鲁姆菲尔德、休·费恩利·惠廷斯托尔、塞缪尔和萨曼莎·克拉克、杰西·肖伯特和克莱尔·德波尔等人。

由豪伊·卡恩、克里斯蒂娜·穆尔克挑选

## 罗西塔·伊村餐厅（Rosita Yimura）

### 沙龙·罗西塔（SALÓN ROSITA）

秘鲁，1987年

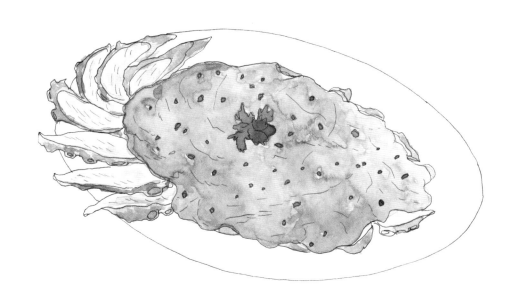

# 橄榄汁章鱼

尽管现在日裔秘鲁人口数量不到秘鲁总人口的1%，但日本料理对秘鲁美食的影响是巨大的，秘鲁美食也影响了日本料理。大厨罗西塔·伊村是日本移民的女儿，她是最早将日本料理和克里奥尔菜融合在一起的厨师。她最具代表性的菜是薄薄的、冰镇的煮章鱼片。这种章鱼片已经用醋或者柠檬汁腌过了，上面配上橄榄酱和柠檬蛋黄酱。20世纪中期，蛋黄酱已经成为秘鲁烹饪的主要调料。伊村在餐厅里为一位常客发明了这道菜，那位常客从家里跑出来告诉她，他吃到一种配了"黑色酱汁"的章鱼，不知道她有没有试过。她的创作被认为是第一道日系菜肴。

"nikkei"一词是日语中对移民及其子女的称呼，食品作家兼诗人鲁道夫·希诺斯特罗萨在20世纪80年代末用这个词来形容当时利马的厨师们做的食物。秘鲁菜肴大多用海鲜制作，采用日本烹饪工艺或风味。伊村的这道菜获得了巨大的成功，并很快传播到利马的酸橘汁腌鱼餐厅，或者叫海鲜餐厅。几十年后，你仍然可以在秘鲁全国各地的酸橘汁腌鱼餐厅找到这道菜。像加斯顿·阿库里奥、米查·筑村和迭戈·奥卡这样的厨师都会做这道菜，在巴塞罗那的帕克塔日式餐厅，阿尔伯特·亚德里亚也在做这道菜。

由迭戈·萨拉扎挑选

## 迈克尔·克利福德（Michael Clifford）

### 克利福德餐厅（CLIFFORD'S）

爱尔兰共和国，1988年

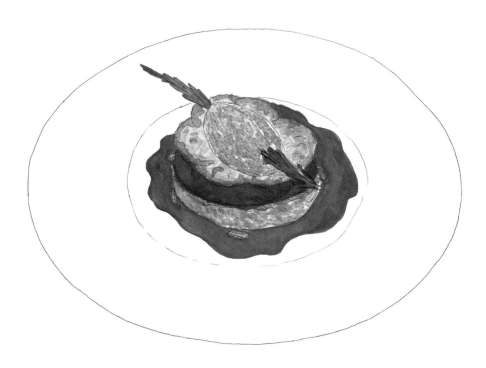

参见菜谱第329页

# 克洛纳基尔蒂黑布丁

1988年，黑布丁只是一种老式的早餐"香肠"，一种用猪肉或牛肉加上动物血液、燕麦片或大麦使其变黏稠的肉肠替代食品（"布丁"一词据说它来自法语中的"boudin"，意思是"血肠"）。据说它最早是在一千多年前制作的，血肠被认为是穷人家庭的食物。用煎培根的油煎一下可以使香肠更加舒展。正如主厨迈克尔·克利福德在他的烹饪书《与克利福德一起烹饪：新爱尔兰烹饪》（*Cooking with Clifford: New Irish Cooking*）中对这道菜的介绍中写道："这是新爱尔兰烹饪。"一千年后，这道菜肯定需要对外观进行改良！他在位于克洛纳基尔蒂镇的米其林星级的科克郡餐厅，用加了香料的牛肉血肠作为主料做出了一道优雅的开胃菜。克利福德总结了以前在伦敦和巴黎的烹饪经验，之前他受到"新派法餐"的影响，于是他在布丁中间夹上焦脆黑布丁，把黄油土豆切成风琴形，再涂上蘑菇苹果酱，然后用雪利酒醋和猪肉高汤加黄油做的浓缩酱汁浇在蛋糕周围。就像他写的，"我的布丁使用简单易得的原料，但这正是这道美味的正宗食物的不同之处。"

通过把这种可爱、朴素的早餐食品提升为餐桌上的美味佳肴，克利福德和当时推动爱尔兰美食发展的其他厨师，包括格瑞·高尔文和尤金·麦克斯威尼在内，将这道菜恢复到应有的地位。只用了几年的时间，从比萨到烤面包等每种菜肴里都在用这种黑布丁。那家生产克洛纳基尔蒂黑布丁的百年肉店为了满足市场需求，又开了第二家店。

由**安德烈·佩特里尼**挑选

参见菜谱第330页

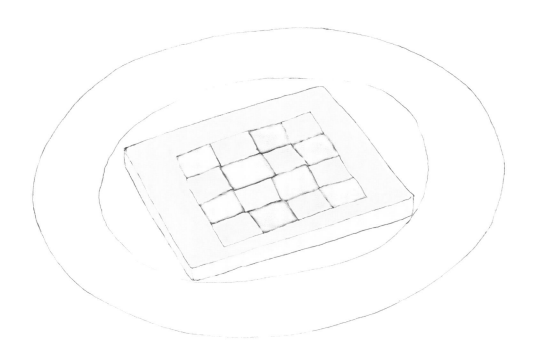

# 八角冰激凌、菠萝雪芭佐甘草糖

这道澳大利亚最传奇的甜点很少被模仿,但它的影响力深远持久。在悉尼的塞罗斯绿洲餐厅里,自学成才的厨师菲利普·瑟尔很早就在精致餐饮环境中以融合亚洲风味和质地的菜肴而闻名。这位固执的完美主义者创造了一个罕见组合的甜品,即把八角冰激凌、菠萝雪芭、甘草糖搭配在一起的棋盘形的甜品。每一种味道的冰品都被薄薄的黑色甘草糖包裹。这是一场味觉游戏。盘子里没有其他的调味汁或装饰物,也没有必要。正如英国厨师罗利·利在英国《金融时报》上对这道佳肴的描述:"这道菜的精湛技艺让我不敢确定有多少厨师尝试过复制这道菜。"

后来瑟尔搬到澳大利亚蓝山地区的布莱克希思开了一家餐馆兼面包房——"火神餐厅"。就像瑟尔训练有素的专注力一样,这道棋盘甜点持续让食客感到惊艳。他的影响力可以从他的徒弟克里斯汀·曼菲尔德做的甜点中看出。克里斯汀促成了风靡全爱尔兰的手工冰激凌运动,这种运动在墨西拿冰激凌餐厅和N2手工冰激凌等餐厅风靡,在那里,分层蛋糕和不寻常的口味是常态。他还影响了如崔李路和码头餐厅的彼得·吉尔摩,他告诉《美食旅行者》(*Gourmet Traveller*)的记者:"菲利普是最罕见的厨师,他是一个原创型思想家。"

由**帕特·努斯**挑选

# 露丝·罗杰斯和罗斯·格雷（Ruth Rogers and Rose Gray）

## 河畔咖啡馆（THE RIVER CAFÉ）

英国，1988年

参见菜谱第332页

# 巧克力复仇女神

当谈起她和另一位自学成才的厨师罗斯·格雷一起开的这家建筑师食堂和一直列入菜单的蛋糕时，露丝·罗杰斯告诉维特罗斯食品公司："我们发明了一种新蛋糕，我们给它起名为'巧克力复仇女神'。"法国拉吉奥尔的米歇尔·布拉和纽约拉斐特餐厅的让-乔治·冯格里希滕分别于1981年和1987年推出熔岩巧克力蛋糕。这种蛋糕，有多让人上瘾就有多神奇：做这道蛋糕只用了四种食材，没有面粉。配料表如下：10个鸡蛋，575克糖，675克70%的巧克力。这样做出来的蛋糕质地轻盈，但入口之后味道异常丰富。

"复仇女神"这个名字不仅暗示着它多么令人上瘾和美味，而且还暗示着它的制作方法为何让人神魂颠倒。《河畔咖啡馆食谱》中记载的这道菜一直是家庭厨师的噩梦，他们发现这种直观指导太模糊，他们无法做出来这道完美得像云彩一样的原始食谱。书里写的是："烘烤1.5小时至2小时，烤至成形，或者把你的手掌轻轻地放在蛋糕表面去感受它的硬度。"但它应该有多硬呢？更棘手的是脱模。

也许在伦敦以外做"巧克力复仇女神"最好的是位于纽约的King餐厅，河畔咖啡馆的前女厨师杰西·肖伯特和克莱尔·德波尔主厨，他们让那些喜欢这道菜的美国人觉得能吃到这道不含麸质的甜点简直是中了头彩。

由**克里斯蒂娜·穆尔克、理查德·维恩斯**挑选

**146**

参见菜谱第332页

# 椰子山核桃蛋糕

2018年，在为亚拉巴马州厨师弗兰克·斯蒂特的餐厅——包括高地酒吧和烧烤店、方方之家、博特加餐厅和博特加咖啡馆做了35年的甜品后，61岁的自学成材的多利斯特·迈尔斯获得了詹姆斯·比尔德的美国杰出糕点厨师奖。那天晚上唯一感到惊讶的是迈尔斯本人。一直以来，顾客们都知道她的椰子山核桃蛋糕是标志性的，因为她将家庭式的南方椰子蛋糕提升到了另一个高度。甚至有一个运动宣布它是亚拉巴马州的官方甜点。虽然椰子蛋糕传统上的目标是轻而蓬松，迈尔斯还是决定增加椰子蛋糕的丰富性，在既含有椰子奶，也含有椰子奶油的面糊中加入了美国南部常见的坚果——山核桃碎。用简单的糖浆把蛋糕的四层都刷匀，再涂上用蛋黄、黄油、甜炼乳和椰蓉做的馅料。最后再抹上尚蒂伊奶油霜，上面撒上更精细的烤椰丝碎，而不是传统的椰蓉（在餐厅里，这道蛋糕被放在丝滑的英式奶油里端上餐桌）。

美国南部饮食学者约翰·T. 埃奇告诉《纽约时报》的记者，作为亚拉巴马州一家高端餐厅的糕点厨师，迈尔斯的卓越成就取决于两个因素："她不仅要达到用餐者祖母的标准，还要满足高级食客的期望。普通厨师很难同时做到这两点。"多年来她在厨房的辛勤工作也是如此。基于以上多个原因，这道"椰子山核桃蛋糕"称得上是经典之作。

由**豪伊·卡恩**挑选

# 盖里·加尔文（Gerry Galvin）

## 德里姆孔之家餐厅（DRIMCONG HOUSE）

爱尔兰共和国，1989年

参见菜谱第334页

# 芥末酱炒黑布丁配牡蛎、苹果和洋葱

1974年，盖里和玛丽·加尔文在爱尔兰的金赛尔开了他们的第一家餐厅，玛丽回忆道："在爱尔兰，当时没有什么食物比牛排和土豆更让爱尔兰人感兴趣了。那是一个完全不同的时代。"但盖里改变了这一点，他用独特的方法来处理新鲜、有机和传统的食物，以原汁原味、颠覆传统的方式结合了爱尔兰经典食材，并经常使用现代法餐的烹饪方法，因为他受到法国同行保罗·博古斯、米歇尔·盖拉尔和罗杰·韦尔盖的启发。10年后，加尔文一家去了戈尔韦，在一座古老的庄园里开了一家餐馆。金赛尔被认为是爱尔兰的美食圣地，加尔文被认为是现代爱尔兰烹饪之父。

他的招牌菜最早是在20世纪80年代末在都柏林一场盛大的晚宴上供应的。第一道菜是用克洛纳基尔蒂黑布丁

（一种老式的血肠，当时被认为是农民的早餐食物）制作的。将黑布丁放在爱尔兰芥末酱中，配上令人惊讶的热牡蛎、洋葱和苹果，他这道即兴的海陆双拼成功了。这道菜源于皇室日常饮食的顿悟，并很快就列入了"德里姆孔之家"餐厅的菜单，同时使爱尔兰美食走向了世界。正如出席晚宴的食品作家约翰和莎莉麦肯纳所说："实际上，他是在对我们说，即使用最简单的食材也可以展现伟大的烹饪艺术，只要你有艺术性以及勇气并去创造和展现它。当我回忆起那天晚上的他时，他似乎一直飘浮在空中，现实中他也一样，迸发着创造力的火焰。"

由安德烈·佩特里尼挑选

148

## 阿兰·索利维耶斯 (Alain Solivérès)

### 普罗旺斯戈尔德山庄酒店 (LA BASTIDE DES GORDES)

法国，1989年

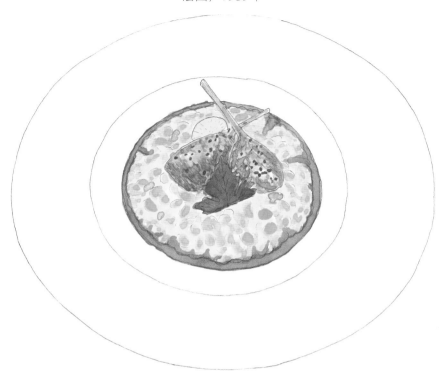

# 斯佩尔特小麦烩饭

很难想象"替代谷物"的时代被认为太另类了。至少，这是在普罗旺斯戈尔德山庄酒店26岁的厨师阿兰·索利维耶斯把用斯佩尔特小麦做的烩饭列在这家精致餐厅的菜单上时是这样，彼时，"法国美食教父"阿兰·杜卡斯当时正在那里做顾问。这位年轻的厨师曾跟着尼斯的内格雷斯科酒店的大厨雅克·马克西曼、巴黎的卢卡斯·卡尔顿餐厅的大厨阿兰·森德伦斯和蒙特·卡罗的路易十五餐厅的大厨杜卡斯学过厨艺，他被一种传统谷物的坚果味迷住了。这种谷物是一种古老的小麦品种，曾经被当作穷人的谷物。他是从他的松露供货商那里得到的，他把它做成一道烩饭并作为赠品送给了一位高级美食评论员。如果这种食材并不奢侈，谁会在乎它呢？这位评论员后来将这道斯佩尔特小麦烩饭描述为"当时略显前卫的烹调选择"，于是它就出现在了戈尔德山庄酒店的菜单上，之后年轻的阿兰·索利维耶斯带着这道菜去了巴黎。

这种用白葡萄酒和鸡汤做的滋味丰富的斯佩尔特小麦烩饭，可以搭配上各种各样的食材，包括青蛙腿、骨髓、羊肚、咖喱龙虾、鸡冠和肾脏，这是对阿兰·沙佩尔1970年创作的招牌菜——"炖鸡冠鸡肾"的致敬（见第94页）。当索利维耶斯第一次在卢贝隆的旺图山的山坡上发现斯佩尔特小麦时，它们每年的产量只有300千克。后来，当巴黎布里斯托尔酒店的大厨埃里克·弗雷雄和杜卡斯本人都开始做这道菜的时候，这种穷人吃的粮食引起了人们的极大重视。

由**安德烈·佩特里尼**挑选

参见菜谱第335页

# 冷猪蹄片

琼和约瑟普·罗卡在位于赫罗纳的酒吧旁边开了一家餐厅，有时店里会来几个和他们一起在店里玩桌上足球的客人。琼还处于创作阶段，在思考他想带给大家的食物是什么。他留意着法国餐饮界的动态，与西班牙Can Fabes餐厅的桑蒂·桑塔玛利亚、斗牛犬餐厅的费朗·亚德里亚共事了一段时间，两人都受到了胡安·玛丽·阿扎克和其他巴斯克开创性厨师的影响。罗卡回到家乡，准备用自己的行动诠释一部加泰罗尼亚经典菜肴。他决定在塔帕斯酒吧典型的菜肴——热炖猪蹄的基础上，融入当时流行的欧式菜肴如生牛肉片，并加以拓展，从而发明一种精致、梦幻的肉冻。这种半透明的拼合肉冻是由去骨的猪蹄、胡萝卜、洋葱和月桂叶做成的，将肉冻卷成圆筒状再冷却并切成0.3毫米厚的薄片。这些对称排列的薄片搭配着野生美味的牛肝菌，以及用一种浸泡油、炒牛肝菌和牛肝菌粉做成的焦糖，还有圣波豆和番茄丁。罗卡说，这是让他真正满意的第一道菜。这道菜也帮助埃尔·采莱尔餐厅扭转命运。虽然这道冷猪蹄片在餐厅已经演化了很多年，但是在加泰罗尼亚的不同价位的餐厅菜单上仍然可以看到这道菜的变化。就像胡安·玛丽·阿扎克的蝎子鱼蛋糕（见第99页）在杂货店的热卖，冷猪蹄片的流行也证明了前卫派烹饪成为主流。

由迭戈·萨拉扎挑选

150

# 埃德娜·刘易斯（Edna Lewis）

## 盖奇&托尔纳餐厅（GAGE & TOLLNER）

美国，1989年

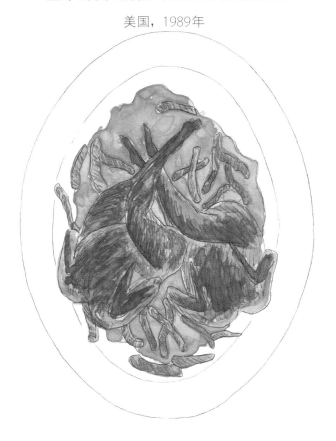

# 煎鹌鹑配乡村火腿

埃德娜·刘易斯在72岁的时候接手布鲁克林的盖奇&托尔纳餐厅后，用猪油、黄油炒的鸡肉和蟹糕以及她做的乡村火腿可能已经很出名，但煎鹌鹑配乡村火腿这道菜是最有影响力和预见性的。刘易斯是弗吉尼亚州农村一个奴隶的孙女，她不仅致力于纪念和保护传统的美国南部饮食方式，还致力于用接近产地的地道时令食材（在经济空前繁荣的情况下，在一家昂贵的餐厅用餐的人看来，这些食材看起来相当普通）做菜。作为詹姆斯·比尔德等人的同龄人和导师，刘易斯是正宗美国南部美食的最早的发起人。"潘尼斯之家"餐厅的老板爱丽丝·沃特斯和刘易斯关系特别亲密，她告诉《纽约时报》的记者："那时我们还没准备好迎接她，现在我们准备好了。"

为了做这道菜，她用百里香碎给鹌鹑入味，然后用大量黄油在平底锅里配着乡村火腿丝煎，然后在锅里加入鲜榨葡萄汁烩制。上菜的时候配上奶蛋布丁——一种用新鲜玉米和玉米粉做成的味道浓郁、令人舒适的布丁。从肖恩·布洛克、马沙玛·贝利、弗兰克·斯蒂特和其他受刘易斯启发的人的食物中，可以看出刘易斯的自豪感，他们将自己的传统食物与当地时令食材重新联系起来。正如一代美食教母M.F.K.费雪在介绍刘易斯1976年的著作《乡村烹饪的味道》时写道："刘易斯的食物是美式的，有着先天的尊严，没有偏见和仇恨，虽然我们可能已经失去了一些朴素的观念，但它仍然存在于这道菜里，这是令人欣慰的。"

由克里斯蒂娜·穆尔克挑选

# 马克·希克斯（Mark Hix）

## 常春藤餐厅（THE IVY）

英国，1990年前后

参见菜谱第336页

# 牧羊人派

　　位于伦敦的常春藤餐厅的历史可以追溯到1917年，但是这家餐厅最受欢迎的菜单则要追溯到20世纪90年代，当时的主厨马克·希克斯是卡普莱斯控股餐厅集团的厨师长，该集团旗下同时也拥有J.谢基和卡普莱斯两家餐厅。这道经典的英国菜从那以后就再也没有从菜单上下架。希克斯结合了用牛肉碎做的农家派和羊肉碎做的羊肉派的做法，用浓郁的深色肉汤、红酒、番茄酱改进了传统的配方，比传统的洋葱、西芹、胡萝卜组合味道更加丰富。为了获得甜味，他在土豆泥中加入了欧防风泥，用裱花袋将欧防风泥挤成精美的样式，然后烘烤至表面发亮。尽管这道派的装盘很难适合高端餐厅，但它却是最适口的食品。对长期

到常春藤餐厅用餐的名人来说，在优雅的环境中重新品尝到他们喜爱的童年菜肴的改良版本，有助于恢复英国烹饪的地位，因为当时伦敦的高级餐厅做的都是法餐。对英国公众来说，当他们读到关于特蕾西·艾敏正在吃牧羊人派，而麦当娜穿着锥形胸衣在她旁边吃饭这样的新闻时，这种影响力会长达10年之久，就像看到维多利亚·贝克汉姆和凯特·莫斯在一起时一样。也许克里茜·泰根在Instagram上发布的关于她在常春藤餐厅品尝牧羊人派的帖子，将会促使新一代人去吃牧羊人派。

由**理查德·维恩斯**挑选

参见菜谱第337页

# 鲜活皮皮蛤配XO酱

现代澳大利亚的食物很大程度上归功于移民的贡献，尤其是来自亚洲的移民。1989年，埃里克和王琳达从香港来到悉尼两周后，他们就买下了一家中国餐馆。他们带来了香港传统菜，并希望为食客提供鲜活的海鲜，但当时可供选择的食物有限，也就仅有金唐餐厅的主厨做菜用的蛤蜊。他自制了香港特色的XO酱。将鱼缸里捞出的鲜活皮皮蛤爆炒之后配上鲜美的XO酱，再盛进油炸粉丝里，就成了这家餐厅的招牌菜，这是厨师和流行歌星深夜的最爱。浓郁、辛辣的酱汁更突出了皮皮蛤的甜味，海鲜的汁水和酥脆的粉丝完美地搭配在了一起。

20世纪80年代，香港的顶级粤菜厨师发明了XO酱。虽然每个厨师都有自己的食谱，但它通常包含一种昂贵的组合，即把干贝和虾（对虾）加上大蒜、葱、干火腿、姜、凤尾鱼、鲜辣椒、糖和油一起煮成糊状。酱汁丰富，层次复杂，果味十足，扇贝有丝线般的嚼劲。XO酱已经进入了像邝凯丽、尼尔·佩里、乔克·宗弗里洛、安德鲁·麦康奈尔以及和久田哲也等金唐海鲜餐厅常客的必点菜里，然后通过福桃面吧的张大卫等巡回厨师传播到伦敦和美国，张大卫宣称金唐海鲜餐厅做的皮皮蛤是"世界上最好的菜"。

由帕特·努斯挑选

# 理查德·科里根（Richard Corrigan）

## 本特利家餐厅（BENTLEY'S）

英国，1992年

参见菜谱第337页

# 爱尔兰炖菜

在伦敦最繁华的一个地区，一道乡村爱尔兰炖菜被提升到了米其林级别？传奇的爱尔兰大厨理查德·科里根就做到了这一点。他告诉Vice杂志关于这道传统的羊肉炖法："法国人可能会叫它怀特炖菜，但这是你吃过的最美味、最健康、最华丽的食物。"这道炖菜原本是简陋的农家菜，它充分利用了大多数爱尔兰农民手头上的食材：土豆、水和绵羊肉（绵羊通常的作用是产奶和产毛，肉很少有人吃）。在科里根的手上，这道菜本身就是温暖和营养的，他以其在伦敦的第一家餐厅"林赛之家"烹调的食物而声名鹊起。

虽然食材配方基本上保持不变，但科里根深入挖掘食材特点和品种。他不喜欢羊颈肉，而是喜欢用羊肩的末端或是颈部菲力，骨头留下来吊汤。汤吊好了后，他去掉肉和骨头，加入肉汤、洋葱、百里香和两种土豆：一种多淀粉的，如爱德华国王土豆，它可溶解在炖肉中使汤汁变稠；另一种是蜡质的品种，如彭特兰·贾夫林，在最后添加，以保持土豆的形状。有时候，他会加入从爱尔兰蒂珀雷郡一家家族肉店买来的培根（他曾说过，他在英国还没有找到令他满意的培根）。虽然科里根的菜单上肯定有更复杂的菜式，但让食客深深印在脑海的却是这道爱尔兰炖菜。正如《独立报》（*Independent*）的一篇评论所说，科里根的才华和那种洒脱展现在了盘子上。他给你近乎完美的食物，还有很多。天啊！他的菜已经超越了完美。他的菜真令人兴奋。

由**理查德·维恩斯**挑选

154

## 和久田哲也（Tetsuya Wakuda）

### 哲也餐厅（TETSUYA'S）

澳大利亚，1992年

参见菜谱第338页

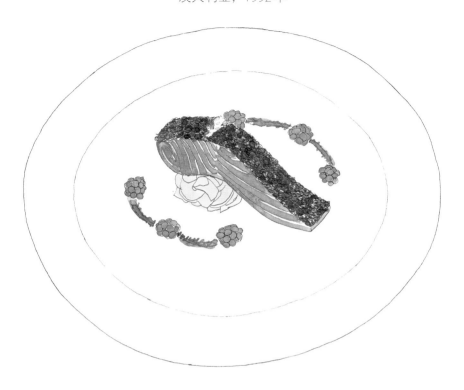

# 油封佩图纳海鳟配茴香沙拉

这道里程碑式的菜肴是日本料理和法式烹饪的融合。20世纪90年代初，在澳大利亚只能用本国的食材，当时澳大利亚的文化已经融合，并催生出一种新的菜系。在锅底铺上一层用洋葱、芹菜、胡萝卜切成的配料，将橘色肉质的海鳟鱼轻轻铺在上面，再用法式香草油进行油封，使鱼肉保留精致的质地和宝石般的色调，鱼肉看上去依然充满活力和生机。和久田哲也在这道菜里加入了可口的昆布皮和海鳟鱼子酱，为这道菜增加了微妙的结构复杂性。这道菜是向主厨的祖国日本致敬，而用柠檬香味的油拌的茴香沙拉则吸引了澳大利亚的意大利移民。这道菜在澳大利亚引起了轰动。直到今天，它仍然是澳大利亚被客人拍照最多的主菜。

20世纪80年代末，塔斯马尼亚人开始养殖大西洋鲑鱼，这样厨师们就不再需要从苏格兰或加拿大进口鲑鱼，这使得这道菜在餐馆里越来越受欢迎。1991年，10年前刚从日本移居澳大利亚的和久田哲也前往塔斯马尼亚寻找独特的食材。他找到了佩图纳公司，这家公司刚刚开始在沿海地区进行可持续的鱼类养殖。和久田哲也最初想用他们的鲑鱼，但供应量很低，所以他们向他推荐了海鳟鱼——一种澳大利亚在19世纪引进的鱼，这种鱼肉和鲑鱼的颜色相似，都是橘色的。

和久田将这种无名之鱼推广到了世界各地。他的慢烹方法很快出现在大洋另一端的餐厅中，比如让·乔治·冯格里希滕在纽约的乔乔餐厅。

由克里斯蒂娜·穆尔克、帕特·努斯挑选

# 正豪大大鸡排（WANG'S LARGE FRIED CHICKEN）

中国，1992年

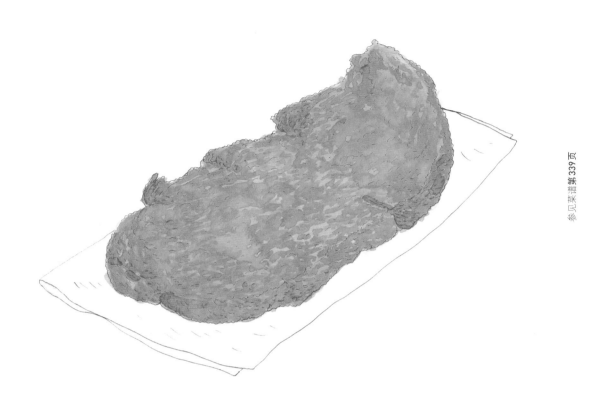

参见菜谱第339页

# 豪大大鸡排

　　一直以来，中国台湾都很流行炸鸡，那些香料风味浓郁的炸鸡几乎在台湾的每一个夜市、街边餐车和餐厅里都可以吃得到。不知何故，快餐摊并没有把鸡肉切成方便食用的小口的形状，但这道炸鸡排却成为中国最美味的炸鸡和最热门的出口小吃。正豪大大鸡排走的是一条不同的流行文化路线：鸡块切得超大，口味也很重。当然，正豪大大鸡排是一款典型的炸鸡——口感酥脆，香而不腻。1992年正豪大大鸡排在台中7-11便利店的骑楼前开卖，一天能卖3000份，1999年正豪大大鸡排进驻台北士林夜市，现在在世界各地已经开了一百多家分店。对任何一种适合出口的食物来说，一个好的噱头是必不可少的，正豪大大鸡排当然也有一个好的噱头：这种炸鸡排大得很夸张，公司宣传称这种鸡排比人脸还大。这种加大版炸鸡排固然也有其味道优势：鸡排店有专门的切片机器和切肉工艺，可以将鸡肉切成薄片，使肉与脆皮的比例几乎相等。这种鸡排炸好之后装进长纸袋中，价格不到20元，就像炸鸡套上了汉堡包的包装，大众完全抗拒不了鸡排的诱惑。

由帕特·努斯挑选

156

参见菜谱第339页

# 烟熏三文鱼清汤

这是一道技术精湛、食材无可挑剔，汤底像珠宝般澄澈，味道浓郁均衡，与藏红花奶油的凉爽相映成趣的清汤。年轻的厨师蒂姆·帕克·波伊在这道菜中结合了他在悉尼开的餐厅的经典法国风味，以及自己在阿德莱德市内迪家餐厅与刘昌一起对澳大利亚食材风味的最新探索的经验。的确，可以说刘昌用五种不同的鱼（有四种产自澳大利亚东海岸）做成的"海上的四支舞"（见第166页）结合了澳大利亚海鲜烹饪和移民菜的特点，对这道烟熏三文鱼清汤产生了很大影响。

将鲷鱼头、鲕鱼、蝎子鳕鱼和黄鳍棘鲷与用塔斯马尼亚养殖的鲑鱼制作的烟熏鲑鱼肉和胸鳍慢炖在一起，而鲑鱼是其油脂的主要来源（帕克·波伊在巴黎上过一个香水课程，他认为鲑鱼的油可以锁住烟熏的风味，所以他将这种风味渗入整道汤中）。清新的柠檬和霞多丽白葡萄酒释放出的自身的酸味和鲜味，和各种香味整合在一起，在澄清过程中这些风味又得到了增强（包括鱼的边角料、蛋清、洋葱、雪维菜和莳萝草在内的所有食材）。烟熏的、略带油脂的清汤带有淡淡的酸味，凸显了藏红花奶油的清凉，后味是藏红花特有的香气。将清汤盛在由大厨安德斯·奥斯巴克定制设计、只在边缘上釉的利摩日瓷杯中。甚至连喝这种汤的实际体验上都是经过校准的，感官体验超赞。多亏了尼尔·佩里、肖恩·莫兰、菲利普·塞尔等大厨，这道汤成为澳大利亚现代烹饪走向成熟的象征。

由**帕特·努斯**挑选

**157**

# 比尔·格兰杰（Bill Granger）

## 比尔斯咖啡馆（BILLS）

澳大利亚，1993年

# 牛油果吐司

1993年，没有正式学过厨艺的20岁的比尔·格兰杰把这道牛油果吐司列入了他开的小咖啡馆的菜单上，后来这道菜成了世界名菜。尽管有时候格兰杰会被人指责造成了千禧一代的困境，这些年轻人宁愿推迟学生贷款而去买和牛油果相关的食物，但如果不是因为一个不幸的房东需要租客，情况可能会大不一样了。

据说这个房东在悉尼的达林赫斯特地区开了一家咖啡馆，由于邻居的抱怨，他的咖啡馆只能从早上7:30到下午4:00营业。幸运的是，从艺术学校辍学的比尔·格兰杰正在寻找场所去开一家只卖午餐的咖啡馆。他把早餐列在菜单上，因为这意味着他可以早点开门，多挣点钱，这样也能减轻房租带来的压力。

他的厨房又小，员工又少，所以只能做一些任何厨师都能复制的简餐。因为本质上讲悉尼是一个海滩小城，在那里人们都很注意穿泳衣的时候身材要好看，所以食物必须是健康的。于是格兰杰把牛油果块放在烤过的酸面包片上，再加入酸橙汁、橄榄油、辣椒片和芫荽。这道牛油果吐司在他的咖啡馆很快变得非常受欢迎，后来他在悉尼、墨尔本、伦敦、东京、首尔和夏威夷的一些城市接连开设了分店。在接下来的几十年里，随着年轻的澳大利亚人开始到世界各地去工作，他们同时把澳大利亚的咖啡馆文化带到了世界各地，还带去了牛油果吐司。在短短的几年里，这道看似健康却又放纵的菜肴演化出了很多版本，成为健康饮食的象征。

由**克里斯蒂娜·穆尔克**挑选

# 托马斯·凯勒（Thomas Keller）

## 法国洗衣房餐厅（THE FRENCH LAUNDRY）

美国，1994年

# 锥形蛋卷筒

1994年法国洗衣房餐厅开业时，这道锥形蛋卷筒是该餐厅最早推出的一道菜，主厨说这些"开胃菜"不仅能满足食客的味蕾，而且还能让你在看到它们时就很愉快。二十多年后，法国洗衣房餐厅的凯勒在纽约的Per Se餐厅仍然在做这道菜。这种锥形冰激凌筒将20世纪90年代中期众所周知的两种元素结合在一起：三文鱼和鞑靼的做法。在这道菜中，三文鱼被切成精细的丁，而鲜奶油则盛在一种经典的瓦片饼里，这是一种给试吃菜单带来幽默又有趣的方式，将美式高级菜品融合在了一起，并帮助餐饮老板改进了在接下来的几十年里都红火的开胃菜。

1990年托马斯·凯勒在提出这个想法时并不是多开心，因为那时他并不在厨房里。相反，他对不得不离开纽约感到不安，金融危机让他的拉克尔餐厅倒闭了。他要搬回西海岸，在那里，他的新雇主希望他拿出一道令人印象深刻的旧式开胃菜，作为主菜和葡萄酒的赠品菜。在唐人街和朋友们吃了最后一顿晚餐后，他们去了常去的餐厅——芭斯罗缤冰激凌连锁店吃甜点。服务生把凯勒的订单放在标准的银托上对他说："请享用您的蛋筒。"他的脑子里就迸出了一个想法：可以将芝麻瓦片换成锥形筒，然后用金枪鱼鞑靼（最终变成了三文鱼）和甜红洋葱鲜奶油作为填充物。凯勒曾经说过："锥形蛋卷筒只是一种载体，你真的可以用任何食材替代。"一点法国风味，一点日本风味，最后是美国风味，这些蛋卷筒证明了食客第一口咬下去的食物的力量。

由克里斯蒂娜·穆尔克、迭戈·萨拉扎挑选

159

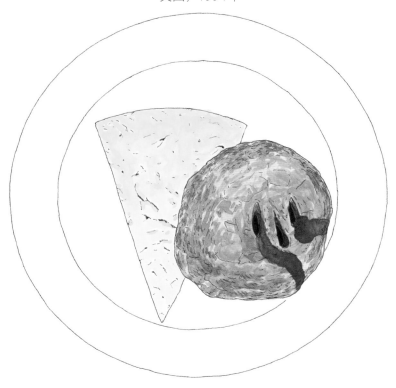

参见菜谱第342页

# 埃尔克斯蛋糕和兰开夏郡奶酪

伦敦圣约翰餐厅的美味佳肴结合了极简主义和极大张力的朴素饮食。比如猪头和土豆派、烤骨髓佐欧芹沙拉（见第163页）、油炸牛脑，当然也有甜品。尽管在圣约翰餐厅的菜谱里，蛋糕和小点心一直很出彩，但该餐厅最著名的甜点是他们的埃克尔斯蛋糕：一道简单却能体现费格斯·亨德森对美食态度的招牌菜。虽然"蛋糕"这个词让人联想起一些与有钱、结霜、湿润和庆祝相关的东西，但这种外形普通的甜品属于一种16世纪的派，意思是看起来像"美味的肉派"。然而，这种圆形的小酥皮糕点与传统放猪油馅料的做法不同，这是大厨费格斯·亨德森和他最初的面包师丹·莱帕德开的一个玩笑。蛋糕里面填满了用棕色黄油、红糖、葡萄干、多香果和肉豆蔻做的馅料。蛋糕上面划了三刀，以代表圣父、圣子、圣灵三位一体（据说这种蛋糕是在16世纪一个觉醒周的宗教节日期间开始销售的），蛋糕外面刷上蛋清，撒上细砂糖再放进烤箱烘焙。在这样一家地道的英式餐厅里，尤其是在享用一片味道不太强烈的兰开夏郡奶酪的时候，吃上几枚埃克尔斯蛋糕是一种恰当的方式（埃克尔斯蛋糕产自距兰开夏郡曼彻斯特不远的埃尔克斯小镇）。由于蛋糕外部的黑点看起来像是死苍蝇，所以这些蛋糕有时也被称为"死苍蝇派"，但它的美味足以让它经久不衰。敢于去做如此传统、土气、让人喜爱而又充满个性的菜，这种精神对厨师来说既是一种安慰，也是一种鼓舞。

由理查德·维恩斯挑选

160

# 费朗·亚德里亚（Ferran Adrià）

## 斗牛犬餐厅（ELBULLI）

西班牙，1994年

参见菜谱第343页

# 质感蔬菜汇总

费朗·亚德里亚曾经说过，在他研发的所有菜中，他想让人们记住的是1994年的质感蔬菜汇总，这道菜标志着他的餐厅开始向他所说的"技术情感美食"演变。亚德里亚研发这道菜是为了向米歇尔·布拉1978年研发的"加古鲁沙拉"致敬（见第113页），而不是改变烹饪理念或食材，来制作一道属于地中海风情的只可以抓拍打卡的菜式。亚德里亚试图通过多年来他在厨房里磨炼的技术和操作来指导食客，并为他们提供一种全新的体验。因此，客人面前摆着一盘五颜六色、无法辨认的创新蔬菜：一个咸杏仁雪芭放在一堆牛油果上，四周环绕着番茄泥、花椰菜慕斯、桃子格兰尼它雪芭、罗勒啫喱、玉米慕斯和甜菜泡沫，每一种食物间隙都填上一枚新鲜杏仁，这是盘子里唯一吃着能发出"嘎吱"声的食物。由于这些元素被如此彻底地分开，只能通过味道来识别，这标志着餐厅开启了解构时代，并开始向技术概念厨房迈进。亚德里亚认为，为了让斗牛犬餐厅继续发展，它需要扩展创造力的概念本身——不是寻找改变现有概念的新方法，而是发明全新的概念。这道标志性的菜肴正是这一理念的最具影响力的体现。

由迭戈·萨拉扎、理查德·维恩斯挑选

# 托马斯·凯勒（Thomas Keller）

## 法国洗衣房餐厅（THE FRENCH LAUNDRY）

美国，1994年

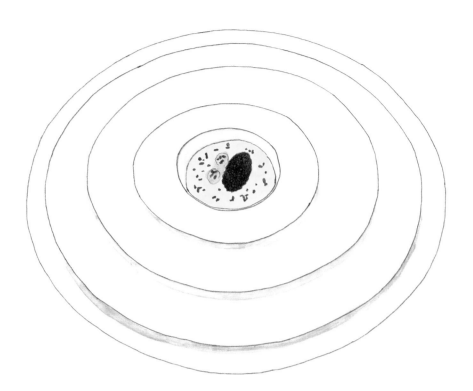

参见菜谱第345页

# 牡蛎珍珠

　　这道名菜的名字并不起眼，但它改变了十多年来菜肴的命名方式。托马斯·凯勒以其精准和完美主义而闻名，但这意味着他的最佳烹饪技巧和他的影响力往往会被忽视。事实上，凯勒做的菜一丝不苟，而且往往是完美无瑕的，优雅而且有趣。毕竟，凯勒把三文鱼鞑靼放在一个锥形蛋卷筒（见第159页）里，他在加州乡村葡萄酒之乡（扬特维尔）的一家前蒸汽洗衣店开了一家只有试吃菜单的餐厅，餐厅里有一道轻食——"咖啡和甜甜圈"。但他最有影响力和最著名的美食是这道菜，岛溪牡蛎和白鲟鱼鱼子酱一起放在珍珠木薯萨巴雍上，人们可以尽情咀嚼牡蛎。这道菜从他的视角讲述了一个关于自然世界和他与自然世界的关系的故事。自从这道菜首次出现在法国洗衣房餐厅的菜单

上之后，甚至在今天，菜肴故事已经成为几乎每个国家精致饮食的一个组成部分，所以凯勒仍然是菜肴故事之王。

　　这道特别的菜里，木薯被提升到了珍珠的地位，这启发了像张大卫等大厨的灵感，他们用海胆、木薯和豆腐即兴重做了这道菜。以格兰特·阿查茨为例，他在阿丽娜餐厅开业前曾在法国洗衣房餐厅工作，23岁时他品尝了这道菜，这影响了他的整个职业生涯。他告诉萨维尔："这道菜太令人兴奋了，它启发了我。年纪越大，能启发我的时刻越少。我更难兴奋起来。"虽然凯勒开创的现代美食时代对年轻一代来说可能并不那么令人兴奋，但我们都必须记住，多亏了像牡蛎珍珠这样的菜肴，餐饮才有了一种乐趣。

由苏珊·荣格、豪伊·卡恩、安德烈·佩特里尼、迭戈·萨拉扎挑选

## 费格斯·亨德森（Fergus Henderson）

### 伦敦圣约翰餐厅（ST. JOHN）

英国，1994年

# 烤骨髓佐欧芹沙拉

这道烤骨髓佐欧芹沙拉很朴素也很简单。烤焦的牛骨配上烤面包、一小撮海盐片和一小份用柠檬汁、橄榄油、刺山柑和洋葱做的正宗欧芹沙拉。它让世界各地的厨师都开始重新考虑在食物中融入视觉效果和复杂的技术。这道菜也让厨师们重新开始关注既简单又陌生的食材。这道食谱引发了一场从头吃到尾的烹饪浪潮。

圣约翰餐厅的这道招牌菜自从餐厅开业第一天就列在了菜单上。这道烤骨髓佐欧芹沙拉是曾经接受过建筑师培训的费格斯·亨德森在一位曾在"法国之家"做售后服务的朋友与他的妻子玛戈特开的家庭餐厅里做的。当时他家里除了牛骨髓、欧芹、刺山柑，没有其他的食材了，他觉得用这些食材也能打造一道完美的菜（自从亨德森看了

1973年的电影《饕餮大餐》后，他就开始用牛骨髓做菜了）。亨德森做这道菜的关键在于用勺子将融化的骨髓抹在面包上，撒上少许粗盐，再加上少许诱人食欲的香草沙拉。亨德森的食物和个性兼具愉悦感和艺术感。

在随后的25年中（并且还在继续），骨髓成为全世界餐厅菜单里的一道主菜，厨师们也开始用牛骨的其他部位做菜了，从而节约了成本并减少了厨房浪费。在这场烹饪运动中，这道烤骨髓欧芹沙拉功不可没。这些烤骨髓不仅重新定义了英国烹饪在英国国内的地位，而且还影响了世界烹饪。

由苏珊·荣格、豪伊·卡恩、克里斯蒂娜·穆尔克、帕特·努斯、安德烈·佩特里尼、迭戈·萨拉扎和理查德·维恩斯挑选

参见菜谱第347页

# 巧克力焦糖挞

20世纪90年代末和21世纪初，面点厨师克劳迪娅·弗莱明怀着对美式经典甜品和糖果的怀念之情，在纽约格拉梅西酒馆创作了一些具有开创性意义的糕点，这些糕点应季、纯粹、精致。她之前是跳现代舞的，但后来去了法国学习制作面点。弗莱明一回到美国，就把严谨的法国甜品技艺和她在巴黎馥颂（Fauchon）给皮埃尔·艾尔梅做学徒时学到的花哨组合与在其他地方学到的技术结合起来，形成了用最小份甜点展示最大风味的优雅风格。

1994年，弗莱明、大厨汤姆·科利基奥和餐厅老板丹尼·迈耶共同创办了格拉梅西酒馆——一家主打试吃应季美国食品的餐厅。在她诸多颇具影响力的食谱中，她的这道巧克力焦糖挞脱颖而出。她在巧克力挞底上倒上一层黄油焦糖馅料，再抹上一层巧克力甘纳许。克劳迪娅·弗莱明制作的糕点的特殊性在于其将童年的味道和长大后的感觉融合在了一起：在巧克力焦糖挞上撒上大片的盐之花，当盐之花在客人的口中融化的时候能够充分刺激客人的味蕾，激发出丰富的口感。那时，盐之花在美国还很新鲜。所以人们不会用它来做甜品。但弗莱明曾参加过当时在纽约市彼得罗西精品咖啡厅由菲利普·康蒂西尼举办的烹饪演示活动，在那里她品尝到一种撒了盐的黑巧克力。她告诉《纽约时报》："从那一刻起，我突然发现用盐作为装饰非常自然。"

这道甜品一上市，美国的甜点厨师都开始跟风在甜品中加盐了。

由**克里斯蒂娜·穆尔克**挑选

## 马西莫·博图拉（Massimo Bottura）

### 意大利摩德纳酒馆餐厅（OSTERIA FRANCESCANA）

意大利，1995年

# 松脆意式宽面

在马西莫·博图拉最令人难忘的这道菜里，记忆是最初创制这道菜的动力。这道改良的肉酱宽面源于他儿时的回忆：他偷偷溜进厨房，在妈妈还没有把刚刚烤好的肉酱宽面端出厨房之前偷吃肉酱宽面顶层的边缘——那些带有肉酱浓缩汁水的酥脆的面皮。于是，为了唤起这种有限的乐趣，他开始用三种脱水意大利面酱制作脆脆的"饼干"：一种是用意大利面加番茄酱做的，一种是用意大利面加帕尔玛干酪做的，还有一种是用新鲜的香草做成的，红色、白色和绿色自然地表现出了意大利国旗的颜色。

在油炸之后，意面皮会被烟熏并烧焦，带有必要的焦味。这样做出来的"宽面"被放在一盘手工剁碎的牛肉酱上，上面点缀贝夏梅尔酱。这道菜首次推出的时候是以一幅法拉利的画命名的，这幅画挂在摩德纳的酒馆餐厅里，就像博图拉的食物一样，这幅画在早期的评论中遭到了批评。也许，这位厨师认为，评论员并没有理解埃米利娅·罗曼尼亚地区周围的根本矛盾，即这是一片流行慢食文化并生产跑车的地方。博图拉能像恩佐·法拉利一样，将肉酱宽面发挥到最轻的极限吗？恩佐·法拉利设计了最早的装有四个尖锐三角形空气喷嘴的法拉利，就像这道菜中帕玛森干酪威化饼和煮熟并烘烤过的菠菜意大利面之间交替出现的饼干一样。博图拉正如《贵妇和她的骑士》画中的赛车手一样，他把这道菜看作是在高速冒险行驶。他很幸运，他的冒险得到了回报。

由理查德·维恩斯挑选

165

# 刘昌（Cheong Liew）

## 格兰奇餐厅（THE GRANGE）

澳大利亚，1995年

# 海上的四支舞

第一道有记录的东西方融合菜是由华裔美籍厨师谭荣辉和潘尼斯之家餐厅的耶利米·托尔于1980年在加利福尼亚州研发的。一年后，"融合"广泛应用于烹饪界。1975年，出生于马来西亚吉隆坡的刘昌开了他的第一家餐厅——内迪家，在澳大利亚阿德莱德这个不太知名的城市，他开始将亚洲烹饪技术应用于西方食材，并呈现出带有欧洲风味的东方烹饪技术。1995年，当他开办格兰奇餐厅时，他觉得自己需要推出一道高档菜，这道菜不仅要反映澳大利亚的文化和影响，而且还能用上从澳大利亚周边水域捕捞的海鲜。因此他研发了这道菜，盘子里呈现了含有四个概念性的"岛屿"的多元文化宣言，"四支舞"分别代表了日本料理、现代澳大利亚菜、地中海菜和马来菜。

首先，他将锯盖鱼浸泡在糖和盐中，然后用米酒和甜料酒（味醂）等原料腌制，再搭配芥末蛋黄酱和牛油果。接着是墨鱼刺身，将鱿鱼墨汁意大利扁面在蚝油、酱油、芝麻油和意大利香醋的混合物中搅拌。章鱼配上一点辣椒、芫荽、蒜泥蛋黄酱，以此来纪念厨师曾在一家希腊餐馆工作的日子。最后是代表刘昌的马来西亚菜：对虾用罗望子汁、棕榈糖和亚洲风味酱（一种用高良姜、姜黄粉、石栗、辣椒和丁香做成的香料酱）调味，将对虾放在用椰子奶油调味的寿司饭上，在寿司下垫上烟熏香蕉叶。这道开创性的菜体现了刘昌的烹饪理念：爱地球、爱人类、爱大地。

由帕特·努斯挑选

# 菲尔·霍华德（**Phil Howard**）

## 广场餐厅（THE SQUARE）

英国，1996年

参见菜谱第353页

# 蟹肉千层面配贝类卡布奇诺和香槟泡沫

　　菲尔·霍华德被公认为厨师中的翘楚，他对《食品与葡萄酒》（*Food and Wine*）杂志的记者说，他在做菜的时候讲究"味道是核心，烹调工艺次之"。但他在伦敦的上流住宅区梅菲尔区的餐厅招牌菜却巧妙地将味道与烹调工艺结合在了一起。这是一个进步的法国美食的奇迹，通过英式做法诠释了拥有精湛烹调工艺的奢华舒适的菜肴。他把大量的蟹肉片和一个精致的扇贝慕斯夹在薄薄的欧芹面皮之间，这些薄薄的欧芹面皮是蒸的而不是烤的。碗中是经典的海鲜浓汤和有明亮的酸度的香槟泡沫，汤中撒满芫荽籽。这种口味的简单和谐远远超过任何技术创新。

　　霍华德曾经放弃了微生物学学位，投身烹饪。最初他在鲁克斯兄弟的餐饮公司学徒，后来又去了伦敦的哈维斯餐厅和必比登餐厅（和西蒙·霍普金森一起，见第129页）。他24岁就创立了广场餐厅。他惊人的成熟体现在这道十年前发明的早期菜肴中，这道菜是连接流行以法餐为招牌菜的英国米其林三星餐厅的时代与重视季节性与本地食材的时代的桥梁。

　　在他的烹饪书《广场餐厅》（*The Square*）中，霍华德克服了他的谦卑，他写道："总的来说，虽然我使用的是经典的调味料组合，而且大多是传统的烹调技术，前人都做过，但我要说这道菜是我的独创。"

由**理查德·维恩斯**挑选

# 皮埃尔·加涅尔（Pierre Gagnaire）

## 皮埃尔加涅尔餐厅（PIERRE GAGNAIRE）

法国，1996年

参见菜谱第356页

# 挪威龙虾五吃

2009年，"先锋派"法国厨师皮埃尔·加涅尔在拉斯维加斯创立了Twist餐厅，同时他也带来了他在巴黎旗舰餐厅的招牌菜。生活在美食荒漠中的拉斯维加斯人在这家餐厅吃到了漂洋过海来到美国的大师级现代法餐。五个大小不一的盘子和碗摆在食客面前，每一个盘子和碗都是从法国、亚洲国家、西班牙甚至印度的角落里淘来的。在最初五个器皿中，分别是拌有碎草莓和小豆蔻黄油（有时也有咖喱葡萄）的慕斯；用棕色黄油、西班牙香肠、皮奎洛胡椒和朗古斯汀贝壳粉煎的龙虾尾；生的带壳挪威龙虾配脆青菜和用胡椒粉调味的葡萄柚糖浆；用毛茛科植物制成的龙虾冷汤和啫喱；还有烤龙虾配土豆、干培根片和柠檬黄油汁。就像加涅尔的菜一样，从风味组合和质感对比的角

度来看，这道菜虽然是尝试性的，但打破了传统，它让人意外、有趣。后来的版本演化成了在清酒中微煮的挪威龙虾搭配烤制的伊比利亚火腿。

这是一道可以被视为炫耀和做作的菜肴，但其实它是对一种微妙而短暂的成分的沉思，其丰富、甜美的本性有许多潜在的表达方式。它与1994年在斗牛犬餐厅推出的"质感蔬菜汇总"相同（见第161页），这是皮埃尔加涅尔餐厅的一道探索了蔬菜不同质地可能性的开山之作，或是皮埃尔·加涅尔的徒弟江振诚在新加坡安德烈餐厅出品的鸽子三吃的另一种诠释。

由迭戈·萨拉扎挑选

# 阿兰·帕萨德

## 阿尔佩吉餐厅（L'ARPÈGE）

法国，1996年

# 阿尔佩吉鸡蛋

自1996年这道阿尔佩吉鸡蛋面世以来，从大卫·金奇在曼雷萨餐厅的季节性开胃菜到迈克尔·莱斯科尼斯在伯纳丁餐厅的前甜品，厨师们会借鉴这道菜的做法。丹尼尔·伯林、张大卫、让-乔治·冯格里希滕、凯尔·康诺顿和其他许多厨师都借鉴了阿兰·帕萨德在一个蛋壳内制造的魔法。法国人一直被认为是烹饪鸡蛋的大师，阿兰·帕萨德的贡献无疑是在20世纪的经典菜肴中赢得了一席之地。

装在壳里的鸡蛋类似温泉蛋，热和冷，甜但可口，苦味和鲜味，所有这些混合在一起以获取两种理想口味的对比。嫩弹的蛋黄撒上香葱，然后再放上咸鲜奶油、陈年雪利酒醋、枫糖浆和盐。虽然做这道鸡蛋是一个技术活，但这道菜本身并不复杂。帕萨德对味道和平衡有着深刻的理解，更不用说他与美味佳肴所能激发的快乐联系在一起。正如大卫·金奇在他的烹饪书《曼瑞萨》中提到帕萨德时所写："任何人都可以给你做菜吃，但很少有人能让你有感觉。"

帕萨德对分子料理不感兴趣，他在2001年决定停止烹饪肉类，这导致他的受欢迎程度下降。但年轻一代的厨师开始欣赏他对蔬菜的依恋以及对烹饪最纯粹的热爱。阿尔佩吉餐厅造就了毛罗·科拉格雷科、马格努斯·尼尔森、贝特朗·格雷鲍特、塔蒂安娜·列夫哈、卢多·勒斐伏尔、福米科·科诺等名厨。

由豪伊·卡恩、克里斯蒂娜·穆尔克、帕特·努斯挑选

# 戴维·斯卡宾（Davide Scabin）

## 孔巴尔餐厅（COMBAL）

意大利，1997年

参见菜谱第359页

# 网膜蛋

以下是一位都灵厨师有一天在糕点厨房闲得无聊时产生的想法，正如斯卡宾在米兰的Identità Expo餐厅告诉保罗·马尔奇，"鸡蛋各方面都很完美，从蛋壳开始，蛋壳是一种奇妙的自然包装。大自然造就了万物，这对我来说是个挑战。我想知道怎样才能在完美的基础上再做改进。"斯卡宾开始在他提供套餐的餐厅为常客奉上秘密的实验菜单。他盯着一桶面粉时注意到了一箱鸡蛋。他决定重新思考蛋壳——不是发明一种新的菜肴，而是重新思考鸡蛋本身。他在作为容器的鸡蛋的一个凹洞里铺了双层保鲜膜，用勺子盛入鱼子酱、一个蛋黄、干葱丁和黑胡椒碎。然后拧上口系住，鸡蛋受热膨胀的时候，包裹的保鲜膜形成了一个新的蛋壳。食客们用一枚刀片划开一个口子，再把这个鸡

蛋吸进口中，然后他们就会猜测吃到的是什么东西。谜团揭开，客人们以为吃到的是鸡蛋，这是因为客人对鸡蛋的反应是基于鸡蛋的物理性特征，而不是依靠分析或预期。

最初，斯卡宾把这道菜放在一个医学样品容器里，他给了食客一枚刀片，让客人用来切鸡蛋。切开之后，膜破裂了，菜品旁边还配着一把手术刀，方便客人食用这道菜。这道仓促、充满颠覆性和煽动性的鸡蛋让人想起了未来主义诗人和创始人菲利波·托马索·马里内蒂的菜。它也成为21世纪食物设计的模型，像梁经纶在香港BO餐厅出品的"激情沙滩"——一个装满火腿和蜂蜜的可食用的安全套造型，这就是这道鸡蛋的衍生食谱。

由**安德烈·佩特里尼**挑选

## 皮埃尔·艾尔梅（Pierre Hermé）

### 拉杜雷餐厅（LADURÉE）

法国，1997年

# 伊斯法罕马卡龙

1976年，当时只有9岁的有抱负的糕点厨师皮埃尔·埃尔梅就开始学习制作马卡龙了。那时的马卡龙只有巧克力、香草、咖啡和覆盆子这几种口味。这种小小的甜品轻盈、酥脆，是在两块杏仁蛋白霜饼中间夹着一块奶油甘纳许——虽然看着平淡无奇，但却很美味。艾尔梅回忆道："马卡龙给了我很大的创造力空间。"他后来因为马卡龙而闻名。14岁时，他给传奇厨师加斯顿·雷诺特当学徒，之后又在巴黎的馥颂和拉杜雷餐厅执掌糕点部门，每个月他都会推出新口味的马卡龙。正是在拉杜雷餐厅，他推出了伊斯法罕马卡龙，一种用覆盆子蛋白霜饼夹着玫瑰水奶油、荔枝和新鲜覆盆子做成的加大版马卡龙。20世纪80年代中期，在保加利亚品尝过玫瑰后，艾尔梅开始为马卡龙的香味寻找合适的搭配，直到他尝到了果味成熟、酸度强烈的覆盆子。他在帕拉迪斯蛋糕上用了这个搭配。又过了10年，他才想到加入荔枝，荔枝的异国花香口味平衡了整体的口味（至于名字，伊斯法罕是古波斯帝国的首都名字）。1998年，艾尔梅在东京开了"艾尔梅烘焙店"，拉杜雷餐厅则保留了马卡龙的使用权和配方。但是艾尔梅很快就把这些马卡龙的口味换成了一款独特的口味，新口味的马卡龙在他于法国和亚洲开的餐厅里至今依然畅销。2013年，埃尔梅出版了《伊斯法罕》（*Ispahan*）的食谱，其中囊括了从华夫饼到小食在内的42种食谱。

"伊斯法罕马卡龙"不仅是一道经典甜品，还是一个革命性的新奢侈品牌，它使用季节性食材，并有针对性的营销。甜点始终在变化。

由苏珊·荣格、豪伊·卡恩、克里斯蒂娜·穆尔克挑选

## 马西米利亚诺·阿拉杰莫（Massimiliano Alajmo）

### 卡兰德尔餐厅（LE CALANDRE）

意大利，1997年

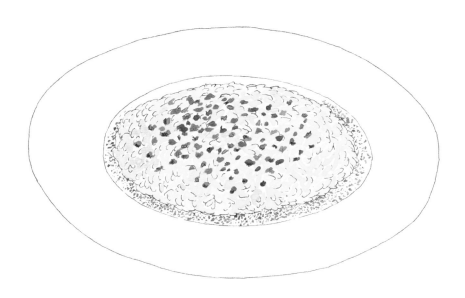

参见菜谱第361页

# 意大利白烩饭配咖啡粉和潘泰莱里亚刺山柑

马西米利亚诺·阿拉杰莫在接受《意大利官报》采访时说："我们必须始终研究食材，并寻找与口味对话的方式。"在这种情况下，这位来自餐厅老板世家，做法餐出身的意大利厨师，用意大利烩饭作为鲜活风味的"空白屏幕"，从而将烩饭从传统束缚的与海鲜、蔬菜或藏红花的联系中脱离出来。

马西米利亚诺·阿拉杰莫的灵感来自加布里奥·比尼在潘泰莱里亚岛上种植的甜咸适中的刺山柑。他正在寻找一种大胆的搭配，以某种方式让食材彼此协调。对他来说，这种刺山柑巧妙地激发了印度咖啡的味道。直到有人请他为他经营家庭餐厅的弟弟和一位来自维罗纳州的著名咖啡烘焙师准备午餐，才有了在夹杂着刺山柑的烩饭上撒上咖啡粉的想法。

就像1981年古尔蒂洛·马尔凯西开创性的烩饭（见第120页）一样，阿拉杰莫的这道菜通过为意大利烹饪体系添加新的口味，从而发扬了意大利料理。他利用这些不同但又熟悉的口味，把刺山柑和咖啡当作调味品，再把它们加到一道几百年来只与草药或藏红花联系在一起的菜肴中，如果成功的话，他就用令人愉悦的前卫风格做出了熟悉的味道（卡兰德尔餐厅的另一道著名的意大利烩饭将经典的藏红花烩饭撒上苦味甘草粉，以达到令人兴奋的效果）。接受这一理念的主厨包括尼科·罗米托、安东尼娅·克鲁格格曼和恩里科·克里帕。

由**安德烈·佩特里尼**挑选

# 费朗·亚德里亚

## 斗牛犬餐厅

西班牙，1997年

参见菜谱第361页

# 烟雾泡沫

费朗·亚德里亚1994年推出了他的第一道泡沫菜品，一道从海胆壳中升起的白豆烟雾。这种科技——通过在虹吸管中用一氧化二氮搅拌液体——实现了技术创新，最初这种技术是糕点厨师为了快速使奶油打发而开发的。什么样的大厨会给食客们提供有味道的空气？这到底和烹饪有什么关系呢？这一发现激发了餐厅实验室更大的创造力，进而帮助斗牛犬餐厅在1997年获得了第三颗米其林星。亚德里亚的反应当然是更具挑衅性的。在他的第四百份食谱中，他试图实现不可能的事情：他想出了一种方法让食客们吃烟雾。

把水放在绿色木柴和树叶制造的刺鼻的烟雾上，加入一点儿明胶，然后在厨房里随处可见的iSi虹吸管中搅拌它们，从而能够使水和烟变得可以食用。他把这种纯粹虚无的泡沫精华放在一个小玻璃杯的顶部，配上用橄榄油调味的烤面包块——一种经典的西班牙小吃。亚德里亚在《费朗：斗牛犬餐厅和发明食物的厨师背后的故事》这篇文章中告诉作家科尔曼·安德鲁斯："这是一道标志性的菜，用来唤起人们对食物的反应。"

即使是斗牛犬餐厅的忠实粉丝也认为辛辣的味道使其成为餐厅迄今为止最不美味的一道菜，但他们一致认为，亚德里亚将易逝的物质转化为可食用的固体状态的食物的能力至关重要。有人说，通过这道菜，亚德里亚向世人证明了"一切皆有可能"。

由**理查德·维恩斯**挑选

173

## 马克·韦拉特（Marc Veyrat）

### 埃里丹酒店（L'AUBERGE DE L'ÉRIDAN）

法国，1998年

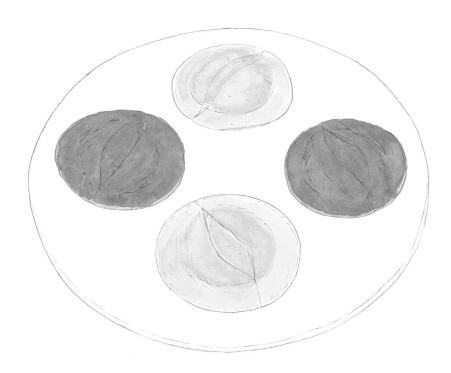

参见菜谱第362页

# 胡萝卜芹菜根意大利饺

萨沃伊高级厨师马克·韦拉特准确预言了即将到来的自然美食，他精心制作了意大利面食"意大利饺"，由胡萝卜、芹菜根、洋蓟和萝卜混合面粉制成薄薄的皮，这些蔬菜都是在附近种植或采摘的，饺子里面塞满富含香草的蔬菜酱。没有肉，没有调味汁，当然也没有黄油、鸡蛋、油或奶油。但这是一种奢侈的菜，将新鲜松露脱水以后磨成粉，把黑松露粉撒在这种饺子上。在米其林星级的餐厅里要花几千法郎才能吃到（他在1995年收到了他的第三颗米其林星）。

在一个以大量的奶油烤土豆、香肠、玉米粥和"团子"而闻名的地区，韦拉特朝着清淡食物的方向发展是革命性的，他致力于以山药、树根、豆科植物或被遗忘的蔬菜为基础来烹饪，从周围山坡上采摘食材在当时也很少见。但是，在法国美食评论家克里斯蒂安·米洛的指导下，马克·韦拉特在1979年开了第一家小酒馆，米洛建议他远离新派法餐，以当地食材为基础打造自己的风格，同时还有被马克·韦拉特视为"精神之父"的厨师们的支持，像乔尔·卢布松、阿兰·森德伦斯和米歇尔·盖拉尔。韦拉特继续远离重口味酱料，并坚持使用时令农产品。也可以说，韦拉特对他所处的偏远环境和传统的关注，预示着21世纪初开始在斯堪的纳维亚半岛和美国萌芽的"超当地化烹饪运动"。

由安德烈·佩特里尼挑选

# 加布里埃拉·卡马拉（Gabriela Cámara）

## 康塔玛餐厅（CONTRAMAR）

墨西哥，1998年

# 塔拉鲷鱼

如果你跟任何一个去过墨西哥城餐厅的人提到康塔玛餐厅，他们会立刻回答："那里的鱼！"诚然，年轻的厨师加布里埃拉·卡马拉在康德萨餐厅开张时所用的色彩斑斓的烤鲷鱼既吸睛又美味。事实上，这道菜的灵感来自她和朋友在太平洋海岸的芝华塔尼欧湾度假时在一家海滨餐厅吃的简单的烤鱼。她做的烤鲷鱼的特色是将鲷鱼切开摊平，去骨，切花刀，涂上红辣椒酱，还有一种不常见的用欧芹和大蒜做成的含有少许胡椒的酱汁，然后在炭火烤架上烤焦（炭烤风味在墨西哥菜中举足轻重）。这道看着像墨西哥国旗的绝味烤鲷鱼配着新鲜的玉米饼、青柠片、牛油果番茄酱和烤莎莎酱端上客人的餐桌。

卡马拉开了康塔玛餐厅，"康塔玛"的意思是"面朝大海"，他要在墨西哥城做出品质最好的鱼。墨西哥城虽然不缺乏新鲜的海鲜，但很少有餐馆能做出好吃的鱼。她的菜单很简单，但做得很完美，比如只用三种食材制作的金枪鱼炸玉米粉圆饼，和烤鱼一样，这道菜出现在了她在旧金山开的卡拉餐厅的菜单上。她曾经说过："说句老实话，这道菜太简单了，如果鱼的品质不好，烤出来就不好吃。"康塔玛餐厅还以出品传统的墨西哥菜和食材为傲，这家餐厅令人难以置信的、持久的受欢迎程度激发了墨西哥城的另一种饮食趋势。而且，必须说的是，随着Instagram的普及，这道烤鲷鱼的带有罗斯科式的视觉冲击力吸引了无数新食客来到这座城市。

由**豪伊·卡恩**挑选

# 卡罗琳·菲丹扎（Caroline Fidanza）

## DINER餐厅

美国，1998年

参见菜谱第363页

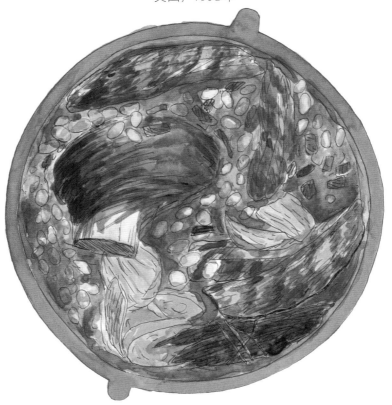

# 法国什锦砂锅

　　法国什锦砂锅是法国南部农家菜的典型代表，最基本的形式是用白豆炖肉、猪肉、番茄、洋葱、大蒜、香草和汤料慢慢炖熟。传说中，这道标志性的朗格多克菜最早发明于1355年卡斯特诺达尔的英法百年战争期间。随着防御能力的削弱，镇上的人们为了让士兵们吃上一顿饱饭，从而增强战斗力，抵御强敌，人们尽他们所能去搜集所有能找到的食材来给士兵们做一顿大餐。

　　快到1998年平安夜了。马克·弗斯和安德鲁·塔洛正在举办一个派对，感谢那些参与即将开业的DINER餐厅筹备的员工们。餐车位于布鲁克林威廉斯堡大桥阴影下的一个废弃的普尔曼餐车里。主厨卡罗琳·菲丹扎不得不使出浑身解数，因为餐车里不仅没有煤气，外面还下起了暴风雪，停电了，再加上弗斯和塔洛没有让她试菜就雇用了她。因此，她选择做一道令人舒适、经典、能唤起时间和技巧的菜：法国什锦砂锅。菲丹扎的食谱包括油封鸭腿肉、香肠和腌猪肩肉。她和塔洛用几辆车把食材抬到旧火车车厢里。塔洛在接受"味道"（Taste）网站采访时表示："这道菜很浪漫，那天晚上的晚餐让人感觉它来自另一个地方，不是我们居住的布鲁克林被炸毁的地方，而是法国南部。"法国什锦砂锅很受欢迎，四天后餐厅开业时，这道家常而深刻的菜肴体现了餐厅本身的精神和特色。菲丹扎的烹饪风格与弗斯和塔洛随意但注重细节的热情款待相匹配，给许多人带去了有机、平民化和贴心的就餐体验。

由**豪伊·卡恩**挑选

# 加布里埃尔·汉密尔顿（Gabrielle Hamilton）

## 梅子餐厅（PRUNE）

美国，1999年

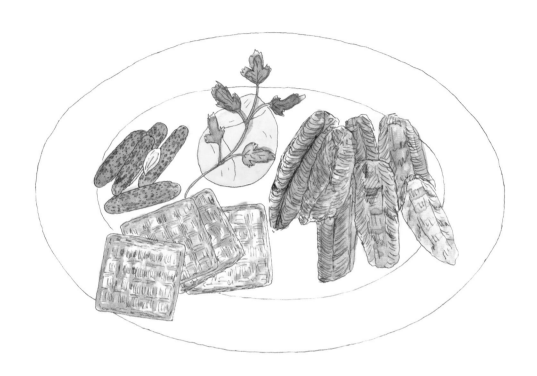

# 沙丁鱼罐头配薄脆饼干、第戎芥末和酸黄瓜

每个人都有那么一道能支撑着他们渡过难关的零食。对纽约梅子餐厅的主厨加布里埃尔·汉密尔顿来说，正是这样一道小吃在她餐厅的菜单上占据了一席之地。沙丁鱼罐头配薄脆饼干就是这样的小吃：油腻的罐装沙丁鱼配着从商店里买来的薄脆饼干、一勺第戎芥末、一些酸黄瓜和一枝欧芹。汉密尔顿曾经在接受美国国家公共电台采访时表示："我的餐厅里从不供应在不锈钢厨房学会制作的食物或是在梦中孕育的食物。"她更喜欢做平易近人的食物，或是以最原始的状态食用的食物，这道菜代表着生存：她16岁刚到纽约靠一罐零钱过活时，她就花了35美分在杂货店买了一罐沙丁鱼罐头果腹。

这个故事、现成的食材和低调的摆盘都表明了汉密尔顿不想拥有一家模板式餐厅的愿望，这显示出20世纪90年代后期餐饮业的一个可喜的变化。就连汉密尔顿自己也承认，人们不会为了一个罐头而去一家餐厅，但她对自己愿景的信念加上她的成功激发了新一代女性走进厨房。

由豪伊·卡恩、帕特·努斯挑选

# 加布里埃尔·汉密尔顿

## 梅子餐厅

美国，1999年

参见菜谱第365页

# 魔鬼蛋

治愈系食物在20世纪90年代的美国餐馆中占有一席之地。但是加布里埃尔·汉密尔顿在纽约东村开的小餐厅中菜单上的食物对她个人来说是一种安慰，在她看来这只是为了让她的朋友和邻居能看懂的私人速记（她曾写道，她想做一些能吸引"楼上卖锅的女人"的菜），因此，这间四座式酒吧的小吃菜单上就有"魔鬼蛋"——一道在聚餐时是看不到的尘土飞扬、过时的主妇菜，除了在南方家庭餐馆。但这道菜就在那里，它是对烹饪趋势和技术的打击。事实证明，它正是纽约人所需要的美食。

魔鬼蛋最早出现在14世纪安达卢西亚的一本烹饪书中，书中建议将煮熟的蛋黄与芫荽、芫荽籽、洋葱汁、辣椒和类似酱油的毛利酱混合在一起。18世纪，当"魔鬼"这个词出现的时候，这道菜已经传遍了整个欧洲。美国人在19世纪采用了这一配方，在芬妮·法默波士顿烹饪学校的菜谱里，"鸡蛋馅料"中加入了蛋黄酱。到20世纪20年代，随着匈牙利移民的增加，在"魔鬼蛋"里加红辣椒粉开始流行起来。

汉密尔顿的鸡蛋是用传统的方法制作的，将蛋黄与赫尔曼蛋黄酱和第戎芥末混合搅打，然后挤进蛋白里，并在上面撒上欧芹碎（没有用红辣椒粉）。魔鬼蛋后来演化出很多奢侈的版本，例如在鸡蛋上用松露、海胆、鸭肉丝做点缀，还有蒙特利尔的"乔尔卢布松工作坊"餐厅（l'Atélier de Joël Robuchon）的鱼子酱配蛋黄酱鸡蛋，但只有梅子餐厅的魔鬼蛋是没有修饰的版本，在家中也能成功制作。

由克里斯蒂娜·穆尔克、帕特·努斯挑选

## 维克多·阿尔古尼兹（Victor Arguinzoniz）

### 埃茨巴里烤肉店（ETXEBARRI）

西班牙，1999年

参见菜谱第366页

# 烤凤尾鱼

在费朗·亚德里亚和安多尼·阿杜里兹彻底改变西班牙烹饪的10年里，维克托·阿尔古尼兹只使用余烬，便将巴斯克食材发挥到了极致。这位自学成才的厨师是在附近一个没有暖气和电的村子里长大的，村子里所有的食物都是在壁炉里煮熟的，所以他童年的记忆里充满了烟熏的味道。因此，从1989年开始，他开始在毕尔巴鄂郊外阿克斯佩的乡村酒吧里围绕烤架设计厨房，研究哪种木材能将从该地区的山丘、森林、农场和水域中挑选出来的食材烤出最好的风味。

他的第一道开创性的菜是来自附近坎塔布里海的凤尾鱼，埃尔卡诺就是从那里采购到传说中的比目鱼的（见第89页）。他把凤尾鱼开膛摊开，然后放在一个架在余烬上

面的开口烤盘上烤2分钟，时不时地在鱼身上洒一些用橄榄油和巴斯克的查科丽白葡萄酒做的调味汁。粉红色的鱼肉很美味，像黄油一样，鱼皮烤后略带一点儿烟熏味。即使是来自其他国家的食客，他们本来可能不太能够接受凤尾鱼，但他们尝到的烤凤尾鱼是从没吃过的正宗美味。阿尔古尼兹的这道经过深思熟虑的烤凤尾鱼也向前来取经的厨师证明了一点，你可以在火上烤出最美味的鱼肉。在20年内，高档的餐厅厨房里都有像阿尔古尼兹设计的那种可移动烤架。木材销售人员开始教授厨师哪种木材能产生最具互补性的烟雾。但很少有餐馆能把凤尾鱼烤得这么新鲜，或是做得如此简单。

由豪伊·卡恩、迭戈·萨拉扎挑选

# 松久信幸

## 松久餐厅

美国，2000年前后

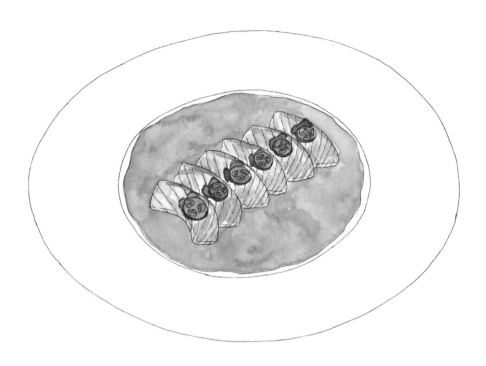

参见菜谱第366页

# 黄尾鱼刺身配青辣椒

松久信幸年轻的时候在东京学厨时就学会了制作寿司。当他在秘鲁做厨师的时候，他发现并不是只有日本人掌握了生鱼片和轻度烹饪鱼的技术。他对秘鲁的酸橘汁腌鱼、柠檬汁鱼条以及秘鲁鲜亮的柑橘和辣椒的探索，促进了寿司和日本料理在美国的发展。"亚洲融合"是赞美还是侮辱仅仅取决于谁在使用它。事实上，正是这样的融合让这道菜走得更远。

对洛杉矶的食客们来说，松久的这道美味的开胃菜黄尾鱼刺身配青辣椒让他们欲罢不能，他们对这座充满活力的、有着墨西哥饮食文化的城市非常熟悉。这种注重健康的组合，也吸引了像罗伯特·德尼罗这样的名人常客，他经常光顾松久在纽约市的第一家餐厅，最初是请自己的员工到这里聚餐。松久信幸在为一场慈善活动做完菜以后，想把剩下的黄尾鱼用完，于是他就做了一道柠檬汁鱼条。这是一道传统的秘鲁菜，由薄薄的生鱼片条加上蔬菜和芫荽叶，上菜前才加上辣椒和柑橘酱，这样鱼就不会在腌料里腌制太久。当时厨房里的辣椒酱用完了，他就用青辣椒代替，在鱼片周围浇上一种用柚子酱油。这道简单、优雅而又味道浓烈的黄尾鱼刺生配青辣椒成为日本以外的日式餐厅的主菜，但在日本，这道菜仍然被视为异端。随着这道菜在松久的六大洲的30多家餐馆里流行起来时，松久开始用脂肪含量较高的金枪鱼腩做这道菜，他把鱼肉轻微烤一下，蘸上磨碎的大蒜，然后在刺身上面摆上青辣椒片。

由豪伊·卡恩、帕特·努斯、迭戈·萨拉扎挑选

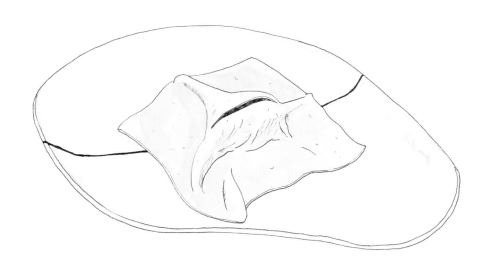

参见菜谱第366页

# 白牛奶黑松露

　　厨师都是艺术家，此言不虚。所以有时候，他们会在盘子里用食材让"画布"活起来。米歇尔·三胖是他们家族著名的餐厅"三胖之家"的第二代厨师，他在家乡罗阿纳的郊区学习了烹饪技能，并与罗杰·韦尔格、阿兰·沙佩尔、弗雷迪·吉拉德、米歇尔·盖拉尔和爱丽丝·沃特斯一起工作烹饪。同时，他也对艺术产生了热爱，尤其是绘画。因为三胖特别喜欢牛奶的味道，所以他和著名的奶酪制造商埃尔维·蒙斯合作，用牛奶研发了一种像皮肤一样薄的凝乳。最终他们做出了一种乳白色的凝乳皮，三胖用它盖在一种用时令黑松露制成的青酱上。它朴素、简约的外观下隐藏着一种人间至味。当用这样一盘凝乳试菜时，凝乳皮裂开了，露出一道黑色的口子。"我做了一个丰塔纳！"

三胖兴奋地说。"丰塔纳"指的是意大利画家卢西奥·丰塔纳，他在画布上划了几道口子，露出隐藏的空隙。一天晚上，三胖在晚餐时向四个朋友端上了完整的菜品，他意识到他需要添加一个桌边元素，以便使菜品在视觉与在舌头上一样有冲击力。所以他用刀当着食客的面把这张"画布"划开，从而放大了这道菜为客人带来的情感共鸣。三胖说，他对艺术的热爱完全是在潜意识中形成的。他告诉法国美食网站Atabula的记者："我从来没有说过，嘿，我要画一幅丰塔纳或罗斯科。但它就这样产生了，就像烹饪和艺术之间有一条天然通道。"

由安德烈·佩特里尼挑选

## 彼得·吉尔摩（Peter Gilmore）

### 码头餐厅（QUAY）

*澳大利亚，2001年*

参见菜谱第367页

# 油封脆皮猪五花、煎扇贝、香菇、海蜇、芝麻

这是经过近20年的发展演变而来的罕见的一道招牌菜，它还在继续探索和改进食材和工艺，其方式远远超出了简单地根据当下的农产品调整食谱。

20世纪90年代末，澳大利亚德比尔斯餐厅的主厨彼得·吉尔摩首次推出了这道菜。他正在尝试中国人的蛋白质搭配理念。一个世纪以来，中餐一直是澳大利亚融合菜式的基本组成部分。他在接受澳大利亚《美食》杂志采访时表示："对我来说，把油封猪五花和扇贝结合在一起，在质感上很有意义，事实上，能够把这两种食材按照几何学的方式摆盘算是一个额外的收获。"最初上菜的时候是用两条皮焦肉嫩的猪五花条垫底，两个扇贝对称摆在五花肉上，旁边配着海蜇香菇沙拉。吉尔摩表示："我想这是我做的第一道真正特别的菜。"2001年码头餐厅在悉尼开张时，他把它列入了这家餐厅的菜单。

这道菜在码头餐厅的第一次评论中被提到，这个时代（现代澳大利亚菜肴大繁荣的时代）的厨师因受这道菜的启发，更加注意菜肴中自然纹理的对比，纹理是吉尔摩风格的基础（这也在澳大利亚掀起了猪五花热）。这道主菜从此有了许多演绎版本，例如演变成以熏猪颈肉为基础的菜品。其他配料还包括嫩豆腐、青边鲍鱼片、墨鱼片、果酱黄油、轻微发酵的香菇、膨化的日本大米、脱水的菊芋、烤昆布、芝麻，所有这些都用自制鲜味粉提鲜。

由**帕特·努斯**挑选

## 安德鲁·费尔利（Andrew Fairlie）

### 安德鲁费尔利餐厅（RESTAURANT ANDREW FAIRLIE）

英国，2001年

参见菜谱第368页

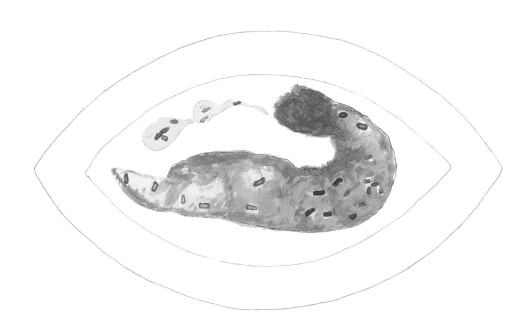

# 家庭熏苏格兰龙虾配酸橙和香草黄油

为了向家乡苏格兰的风味和食材致敬，安德鲁·费尔利的这道菜获得了极大的赞誉，他在位于豪华格伦伊格尔斯度假村的同名餐厅供应这道菜。费尔利是一位异常冷静、矜持的厨师，他与来自英国的名厨同行脾气不投，于2019年不幸去世了。他以将经典法餐烹饪应用于苏格兰季节性农产品而闻名，这些产品来自他周围的海洋、农场和山坡。20岁时，他是著名的勒伽弗洛什餐厅鲁克斯兄弟赞助的第一个奖学金获得者，这对兄弟把不列颠群岛的年轻厨师送到法国学习。在法国，费尔利在朗德省的欧金妮草原餐厅以及在巴黎的克里隆酒店跟着米歇尔·盖拉尔学习（很少被

提及的是费尔利在巴黎郊外的迪斯尼乐园酒店担任主厨，在那里他为加州烤肉店制作美味的比萨）。他后来成为苏格兰唯一的米其林二星厨师。米歇尔·鲁克斯宣称费尔利餐厅是"苏格兰美食的殿堂。"

在这座殿堂里，从苏格兰北端运来的空龙虾壳被放在制作奥肯托山威士忌桶的橡木片上熏12个小时，然后把龙虾肉放回芳香浓郁的劈成两半的龙虾壳里，最后用酸橙汁、香草和黄油稍微烤熟。

由**理查德·维恩斯**挑选

# 丹尼尔·布卢德（Daniel Boulud）

## 现代DB小酒馆（DB BISTRO MODERNE）

美国，2001年

参见菜谱第368页

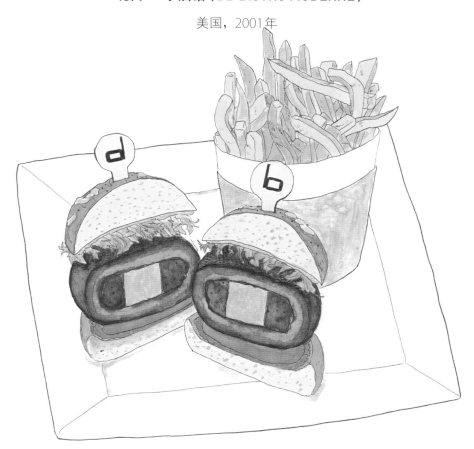

# DB汉堡

一个法国米其林三星级厨师在纽约是如何做汉堡的？2001年，当丹尼尔·布卢德在时代广场新开的小酒馆里推出DB汉堡时，这位顶级主厨随意的想法在当时还是有点前卫的，而且这种用定制混合牛肉做的美味汉堡还没有出现在美食地图上。当然，1950年，"21"俱乐部推出了第一款用鸭油和茴香籽制作的高级汉堡，引起了轩然大波。当时麦当劳的汉堡只卖15美分，一般的高级汉堡也只卖到2.75美元一份。但当布卢德的汉堡以32美元/个的价格列入菜单时，全美国的人都为之惊讶（很少有美国人知道这是布卢德对法国农民抵制麦当劳的回应）。

布卢德做这个汉堡花了将近三天的时间。DB汉堡包的馅料是从布卢德最受欢迎的"炖短肋排"演变出来的，

在这款汉堡里用的则是在用香料和松露末调味的红酒中炖制的切碎的牛尾和短肋排的混合物。这种馅料是用一片鹅肝卷起来再冷冻的。稍后，冷冻的鹅肝牛排卷将被塞进一个肉饼里，肉饼是由里脊肉、短肋排、牛肩和牛里脊肉混合，然后碾碎制成的。再放上涂有蛋黄酱和第戎芥末酱的自制烤帕玛森干酪面包，加入新鲜的芥末酱和一块油封番茄。最后，汉堡里加入番茄、洋葱和菊苣生菜，用电动刀将汉堡切成两半。

纽约米内塔酒馆用干式熟成肉眼制作的黑标汉堡（2009年）借鉴了布卢德的汉堡，甚至在拉斯维加斯（2011年），休伯特·凯勒制作的售价5000美元的鹅肝鸢尾汉堡佐柏图斯酒也借鉴了这款DB汉堡。

由克里斯蒂娜·穆尔克挑选

## 赫斯顿·布鲁门塔尔 (Heston Blumenthal)

### 肥鸭餐厅 (THE FAT DUCK)

英国，2001年

参见菜谱第370页

# 冻干绿茶和酸橙慕斯

从20世纪90年代末起，赫斯顿·布鲁门塔尔就开始在肥鸭餐厅的厨房里使用了液氮。他在十几岁时读过哈罗德·麦基的《食品与烹饪》一书后，就对食品科学产生了兴趣，并请布里斯托尔大学的物理学家彼得·巴纳姆博士帮助他找到一种方法，利用−196℃的温度在几秒钟内将液体（包括酒精）转化为固体。其效果纯粹是戏剧性的，会给食客留下了深刻的印象。

布鲁门塔尔用液氮做的最具开创性的菜其实是鸡尾酒。饭前，服务员推着一辆豪华的手推车进入餐厅，停在食客面前。推车上面放着一个装满液氮的大锅。一团浓泡沫从虹吸管注入银汤匙中，然后将银汤匙投入液氮里冷冻，用另一个勺子给它浇上液氮。然后把它从锅里拿出来，撒上绿茶粉，装在一个冷盘子里端给客人，盘子里不断散发出烟雾式的酸橙香气。一口脆脆的圆球里包含一杯柠檬汁、绿茶和伏特加的味道。当用餐者呼气时，一阵阵"烟"从他或她的鼻子里冒出来。这是一种不同于其他酸味伏特加的伏特加。

布鲁门塔尔已经改进了配方，以净化味觉。酸橙汁去除了任何碱性残留物，绿茶中的涩味多酚使唾液流动，伏特加中的酒精分散了脂肪分子。不过，最重要的是，这很有趣，以至于戏剧化的障眼法后来被费朗·亚德里亚和阿尔伯特·亚德里亚、多米尼克·克林、丹尼尔·洪姆、何塞·安德列斯以及其他厨师借鉴。

由豪伊·卡恩、克里斯蒂娜·穆尔克挑选

参见菜谱第371页

# 鹅肝肉汁薯条

21世纪初，北美的烹饪以肉食为主，出现一种极端的"从头吃到尾"的趋势。在蒙特利尔的猪蹄餐厅，加拿大最受尊敬的一位名厨马丁·皮卡德将这一趋势提升到了一个新的水平，他将他的米其林星级法餐背景和对奢华食材的热爱与加拿大乡村风味及魁北克小吃相结合，做出了一道非常惊艳的菜。

皮卡德发现很多菜都可以搭配鹅肝。这家餐厅的菜单里曾一度出现过12道用了鹅肝的菜，包括龙虾、比萨和汉堡。在这道菜中，鹅肝被放进了肉汁奶酪薯条里，这是一道平民化的加拿大菜，里面是用棕色肉汁浸泡过的薯条，上面撒上工厂生产的奶酪块。20世纪50年代末，魁北克的乡村地区开始引进肉汁奶酪薯条，它就像深夜烤肉串或比萨一样成为宿醉学生的最爱。在魁北克，罐装奶酪薯条和肉汁一起在超市里出售。不过，皮卡德的肉汁在经典的鸡肉白汁中加入了猪肉高汤和鹅肝。他还用鸭油炸薯条。新鲜的奶酪块是由当地一家奶酪商手工制作的。115克的鸭肝块来自皮卡德挑选出来的当地农民散养的鸭子（传统上都是用填鸭）。

2006年，这道菜让安东尼·布尔丹在电视节目《美味情缘》上崭露头角，之后，皮卡德的肉汁奶酪薯条在世界各地都被模仿。美国前总统奥巴马甚至在白宫用熏鸭乳酪吐司招待加拿大总理贾斯汀·特鲁多（当然，白宫的菜和皮卡德的相比更具外交性）。

由苏珊·荣格和克里斯蒂娜·穆尔克挑选

# 约坦·奥托伦吉和萨米·塔米米 (Yotam Ottolenghi and Sami Tamimi)

## 奥托伦吉餐厅 (OTTOLENGHI)

### 英国，2002年

# 烤茄子配白脱牛奶酱

在伦敦的一家名叫"奥托伦吉"的熟食店兼餐厅，以色列出生的厨师约坦·奥托伦吉和巴勒斯坦出生的厨师萨米·塔米米通过一个包含地中海和亚洲风情的镜头，将中东食物以一种崭新的视角呈现给西方人。他们没有推出像鹰嘴豆、炸豆丸子和茄泥酱这样的中东菜品。相反，他们推出的是中东地区拥特有的酸性香草以及新鲜和丰富的农产品。他们推出了烤茄子。当时茄子不受欢迎，很少有人去吃。他们把茄子加上帕玛森奶酪烤至融化，再在上面加上奶油色的调味汁，撒上扎塔尔（一种中东混合香料）和宝石般的石榴籽。自那以后，随着餐厅在多个地方开了分店，菜单上的菜肴也变得优雅起来。

茄子、希腊酸奶、扎塔尔、石榴这些食材在当时还不常见，但由于奥托伦吉的素食专栏在《卫报》的食品版块很受欢迎，加上他的第二本书《丰盛》(Plenty) 在美国取得的巨大成功，封面上的茄子菜肴就成了餐厅必不可缺的菜品。英国的杂货连锁店开始销售扎塔尔和漆木粉，美国食品杂货店也开始全年供应石榴。正如人们所知，全世界的人都开始接受中东的食物，从费城的扎哈夫餐厅到洛杉矶的基斯梅特餐厅，从巴黎的米兹农餐厅到伦敦的帕洛玛餐厅。也可以说，这道菜谱的视觉冲击力在食品摄影和造型上掀起了一股全新的、自然的浪潮，也让这道颜值菜肴的走红成为可能。

由**克里斯蒂娜·穆尔克**挑选

# 乔迪·罗卡（Jordi Roca）

## 埃尔·采莱尔餐厅（EL CELLER DE CAN ROCA）

西班牙，2002年

# 卡尔文·克莱恩的永恒之水

如果说糕点师傅的甜点尝起来像香水，那可能是对厨师的一种侮辱。除非那个糕点厨师是乔迪·罗卡。他采用烟雾、无政府状态和音乐等主题来做他的超创意甜点。至于"永恒之水"这道菜，他在盘子里放的不仅仅是一种结构化的"香味"，这些可食用的元素竟然奇迹般地在嘴里融合，让这种香味变得可食用。

当罗卡正在读帕特里克·苏斯金的《香水》（Perfume）一书时，厨房里收到一批佛手柑。他被这种意大利佛手柑厚厚的皮散发出来的香味所打动。他对他的兄弟——餐厅的葡萄酒总监约瑟普说，人们习惯了闻佛手柑，而不是去吃它。约瑟普说，佛手柑闻起来就像他身上喷的卡尔文·克莱恩的"永恒之水"香水的气味。因此，罗卡和香水师合作，确定香水中的天然成分，并把它们用到烹饪里。佛手柑冰激凌、罗勒酱、橙花水和枫糖浆啫喱、橘子泥和橘瓣等，这些甜品都很美味。把它们搭配在一起，就是真正的永恒（这道菜旁附有一个气味成分表供食客参考）。一开始，罗卡犹豫不决，不愿告诉食客是什么激发了甜点的灵感，因为他担心顾客会认为他使用的是人造香精。他成功地将味道和气味联系起来，并借鉴了超过25种著名的香水，甚至推出了一种基于他的甜点的香味。他唯一失败的是哪款香水？他告诉《时代周刊》："我们从来没能让香奈儿5号的味道尝起来好吃，它的醛类物质太多了。"

由**苏珊·荣格**挑选

188

# 加斯顿·阿库里奥（Gastón Acurio）

## 阿斯特里德和加斯顿餐厅（ASTRID & GASTÓN）

秘鲁，2003年

参见菜谱第374页

# 炸北京豚鼠

秘鲁人从几千年前就开始吃天竺鼠了（或称豚鼠），那时还没有秘鲁这个国家。但是秘鲁沿海城市的人很少吃这道安第斯主食，因为他们认为这是农民才吃的食物。21世纪餐馆里最常见的烹饪方法叫油炸，即使是最爱冒险的游客也会遇到一些障碍：油炸整只豚鼠——有头、腿和其他所有部位——还有煮土豆和玉米。2003年，阿库里奥在利马的阿斯特里德和加斯顿餐厅以对秘鲁菜的现代诠释而闻名于世。加斯顿开始寻找一种新的方式做豚鼠，为了把这道穷人吃的菜带到高档餐厅中去。他创造的这道主菜，既有力地表现了该国丰富的本土农产品，也诠释了其继承融合美洲印第安、西班牙、中国、非洲、意大利和日本料理

的悠久传统。作为秘鲁中式融合菜的粉丝，阿库里奥认为现在是时候把豚鼠当作一种像鸭子一样的上等肉来对待了。所以他用秘鲁的风格烹调了北京豚鼠。

一片粉红色的豚鼠肉被放在一张紫色的玉米饼上，玉米饼替代了中式薄饼，上面是一片酥脆的豚鼠皮。洛克托辣椒是秘鲁数百种辣椒中的一种，将它做成一种类似海鲜酱的酱汁，再加上一些腌萝卜丝，可以解除油炸豚鼠皮的油腻。阿库里奥发明的这道菜不仅是一个经典，而且还开启了高级餐厅的新时代。此后，豚鼠不仅出现在秘鲁的高级餐厅的菜单上，现在还出口到了其他国家。现在人类急缺可持续的蛋白质菜品，似乎豚鼠的时代已经到来。

由迭戈·萨拉扎挑选

# 威利·杜弗雷斯（Wylie Dufresne）

## WD-50餐厅（WD ～ 50）

美国，2003年

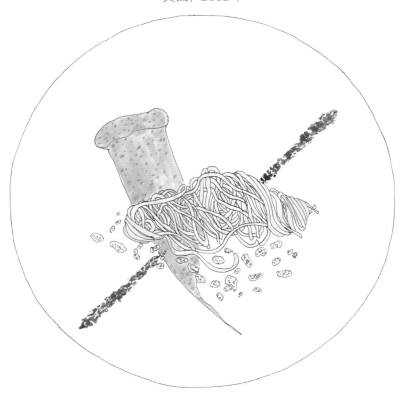

参见菜谱第374页

# 虾面

什么是一碗真正的面？餐厅的厨房里到底存在多少种科学？这仅仅是纽约实验派厨师威利·杜弗雷斯在WD-50餐厅首次推出美味的弗兰肯意面时提出的两个问题。在与赫斯顿·布鲁门塔尔的谈话中（在英国肥鸭餐厅进行的）受到启发，杜弗雷斯开始使用粉末状的"肉胶"来将虾制成扁面条状的意大利面（这个过程很复杂，厨师需要把肉馅通过管道送入一个挤压机中，再将挤出的面条放入一个温度为74℃的浸入式循环器，然后再手工切成面条）。

无碳水化合物面条的想法在媒体和网络论坛上引起了轰动，杜弗雷斯因此申请了这项技术的专利，并且思索还能用什么食材来做面条。芝麻酱还是牛奶？这也引发了人们对这种像炼金术一样的制面工艺的质疑。结果人们发现肉胶，即谷氨酰胺转氨酶（一种由同一家做味精生意的公司生产的产品）能结合蛋白质，制造出质地均匀的肉制品，这已经得到了美国食品和药物管理局和美国农业农村部的批准，并且已经被超市和食品公司广泛应用在肉类和香肠里。杜弗雷斯说："这种肉胶可以结合不同种类的蛋白质并创造出一种完美的整体。如果你想做出中世纪的野兽肉都是可以的。"

WD-50餐厅的这道虾面让其他的厨师开始思索用这种肉胶还可以做出什么菜。肖恩·布洛克在麦克拉迪餐厅做了龙虾奶酪泡芙，而澳大利亚的一位厨师几乎和杜弗雷斯一样，做了这道虾面（装盘用到了烟熏酸奶、番茄粉和碎虾片）。

由豪伊·卡恩和安德烈·佩特里尼挑选

# 赫斯顿·布鲁门塔尔（Heston Blumenthal）
## 肥鸭餐厅（THE FAT DUCK）

英国，2003年

参见菜谱第375页

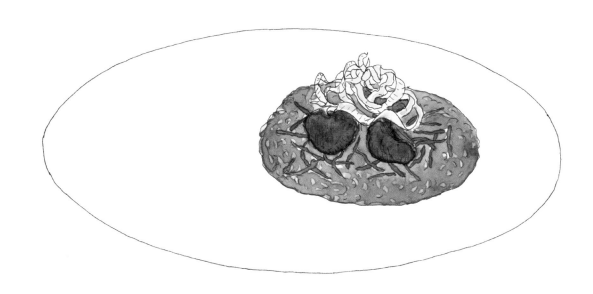

# 蜗牛粥

在赫斯顿·布鲁门塔尔成为分子料理大师之前，他发明了一道仅从食客的思维出发设计的菜肴。在这道菜中，他把两个能让人联想起"灰色且黏稠"的、令人沮丧的食材——早餐粥和蜗牛结合在了一起。但这道口感浓郁、令人惊艳的美味却不是为早餐准备的。相反，充满活力的绿色、像意大利烩饭一样的基底，将与蜗牛相关的所有美味都汇集在了一起：一种由欧芹和大蒜制成的复合黄油，还加入了火腿、干葱头、牛肝菌和杏仁，进一步丰富这道菜的口感。蜗牛本身在加了香草的鸡汤里炖了几个小时，然后加入更多的黄油快炒。菜品上面点缀上黑猪腿火腿片和用胡桃油油醋汁调味的半透明的茴香片，这道菜里没有任何成分是灰色的或黏糊糊的。

布鲁门塔尔科学地制作了肥鸭餐厅的每一道食谱，以激起人们对菜肴的反应或挑战一种观念，他称之为"多感官烹饪"观念。就这道菜来说，"蜗牛粥只是个名字而已。"这道菜融入了这位自学成才的厨师的经典法餐背景。他告诉《每日电讯报》(Telegraph) 的记者，并强调了菜单措辞的重要性："如果我叫它大蒜黄油蜗牛烩饭，它就不会产生这么大的影响力。"

这道开胃菜一经推出，立即引起了轰动，并成为肥鸭餐厅最受欢迎的菜肴。2015年，肥鸭餐厅重新开张前，布鲁门塔尔将这道菜下架了，他开玩笑地称之为"我一生的痛苦之源。"

由苏珊·荣格、安德烈·佩特里尼、理查德·维恩斯挑选

## 家庭餐厅（LA FAMILLE）

法国，2004年

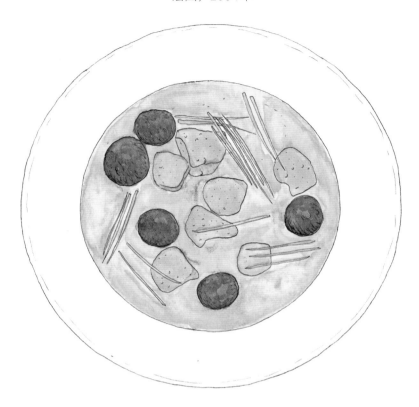

参见菜谱第377页

# 鹅肝味噌汤

鹅肝味噌汤融合了东西方烹饪，为欧洲新烹饪引入味噌作为调料。自学成才的厨师伊纳基·艾兹皮塔特在他的第一家餐厅——"家庭餐厅"将这道汤列入了菜单，他在轻松的餐厅环境中经过富有挑战性的头脑风暴做的这道汤一炮而红，并使他于2006年开设了布里昂城堡酒店。正是在后一家餐厅里，融合菜成为新酒馆美食的象征，艾兹皮塔特被视为最重要的实践者。他的一个早期支持者——阿兰·杜卡斯在接受《华尔街日报》采访时表示："他是'新小酒馆'——巴黎当代餐厅的创造者。"

艾兹皮塔特尝试并突破坏经典法式烹饪的努力全部体现在了这道汤里，这道汤里唯一能用肉眼看出来的法国食材就是鹅肝。但是这些小鹅肝块是生的，只是在上面浇了

鸡汤烫了一下。当时在巴黎，只有在亚洲餐厅或少数几家有融合倾向的餐厅里才能吃到像家常腌萝卜、味噌、柠檬草、生姜和紫苏这样的食材。但在"家庭餐厅"，一切都变了。你可能吃到在海水中放着的几块牡蛎肉冻配一杯紫菜卡布奇诺和芫荽慕斯，或是一份加了埃斯普莱特辣椒粉的巧克力布丁。在这道鹅肝味噌汤中，它结合了日本料理的精妙和法国大餐的正统。这道汤引起了巴黎和其他许多地方的年轻厨师的好奇心，他们想知道怎么做才能放松法餐的规范，并在这个过程中获得乐趣。

由豪伊·卡恩、安德烈·佩特里尼挑选

# 爱普罗·布鲁姆菲尔德（April Bloomfield）

## "斑点猪"美食酒吧（THE SPOTTED PIG）

美国，2004年

参见菜谱第378页

# 马背上的恶魔

2004年夏天，在伦敦河畔咖啡馆接受过严格训练的英国厨师爱普罗·布鲁姆菲尔德，到纽约格林威治村的一家狭小、混乱的酒吧担任主厨。事实上，这是纽约的第一家美食酒吧。"斑点猪"酒吧具有革命性的随意和民主：这家酒吧既不接受预订，也不追求米其林星（尽管布鲁姆菲尔德会得到它们）。这里的食物贴心，猪肉偏多，菜肴精细、有季节性，而且非常英伦化，所以这可以解释为什么这道维多利亚时代的英格兰小吃获得了米其林星。"马背上的恶魔"是20世纪初的一道餐后小吃，用培根卷着酸梅或者其他的干果烤制而成（它的姐妹菜是"马背上的天使"——培根卷牡蛎，但这道菜与斑点猪酒吧的氛围不搭）。在布鲁姆菲尔德的厨房里，"马背上的魔鬼"是用英国PG Tips茶、西梅和上等阿马尼亚克酒做成的，用培根包着一片腌梨，将腌梨插入梅子中，然后浇上掺了辣椒的腌料汁再焗烤。只需吃上一口，就能感受到咸、甜和十足的烟熏味，与酒搭配起来相得益彰，更不用说它是21世纪初培根类菜肴的完美代表了。这种对老式英国小吃的继承将为布鲁姆菲尔德的高级酒吧的食物带来赞誉，并鼓励其他厨师跳出法餐烹饪的束缚，转而用自己的方式烹调面向大众的食品。此外，"美食酒吧"一词在布鲁姆菲尔德的这道英式小吃诞生8年后被录入了《韦氏词典》。继"斑点猪"美食酒吧之后，美国又出现了很多家美食酒吧。

由豪伊·卡恩挑选

193

# 刘健威和邝炳坤（Lau Kin-Wai and Kwong Bing-Kwan）

## 留家厨房（KIN'S KITCHEN）

中国，2004年

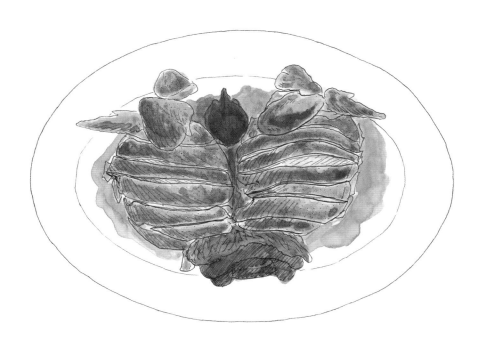

# 烟熏鸡

有时候，回顾经典菜品是提升烹饪水平的最好方法。以留家厨房供应的熏鸡为例，深入研究怀旧的广东家常菜和所谓的农家菜，有助于香港人重新认识到几乎已经失传的味道和食材。著名的美食和艺术评论家刘健威与他的儿子刘晋、行政总厨邝炳坤合作开办了餐厅。邝炳坤是前港督府大厨，为政府官员烹调传统菜肴已有40多年。他们三人合作开了一家餐厅，邝炳坤更新和升级传统食谱，使用最好的本地食材（在香港做到这点很难，其中超过90%的食材需要进口）。

邝炳坤一直坚持自己的原则，这已经有了回报。这家餐厅在2011年赢得了米其林星级餐厅的称号，此后又不断开设分店。"我很固执"，邝师傅曾这样解释自己的意外成功，"这些年来，我的同事经常抱怨我没有改进我坚持的耗时费力的方法。我依旧坚持使用最新鲜的食材，而且我的厨房里不用味精、鸡粉或嫩肉粉。但如果我不坚持我的做法，我的客人会失望的。"

这道熏鸡用的是百天以上的足月鸡，在饲养过程中没有使用抗生素，所以鸡肉味道更加纯正。鸡肉用卤水炖过，然后用黄片糖、新鲜的甘蔗、干玫瑰花瓣的混合物慢慢地熏制。整鸡熏好之后简单改刀成块上桌，没有酱汁或配菜。嫩嫩的鸡肉有烟熏味和淡淡的花香，还有酱油和糖产生的浓郁的焦糖味。

由**苏珊·荣格**挑选

# 让-查尔斯·罗丘（Jean-Charles Rochoux）

## 让-查尔斯·罗丘巧克力店（JEAN-CHARLES ROCHOUX）

法国，2004年

参见菜谱第379页

# 松露巧克力

2004年，在跟着名厨盖伊·萨沃伊学习制作糕点，并和著名的巧克力大师米歇尔·乔顿共事之后，让-查尔斯·罗丘在巴黎六区开了一家与他名字同名的巧克力店。他所有的创作都是在这家巧克力店下面的一个实验室里完成的，他的招牌是蘸巧克力的水果，只有在星期六才能买到。店门口排起的长队会证明它的美味，而且异想天开的巧克力雕塑栩栩如生，从若隐若现的蟾蜍到向邻居吹号的大象。他甚至定制巧克力雕像（在他的东京和迪拜的餐厅里都很受欢迎）。尽管如此，罗丘还是以他的谦逊以及他对菜品质量的关注而闻名。

他的松露巧克力不仅吸引了巴黎人的热情，而且也吸引了全球的食客。这不仅仅是因为它们不同于普通的圆形品种的巧克力。像雕刻家一样，罗丘使用一种类似于切奶酪的形似吉他的大工具，将又苦又甜的巧克力甘纳许切成精确的立方体。他用厨师机将黑巧克力、新鲜奶油和诺曼底黄油轻轻地搅拌成形，均匀地撒上可可粉，以增强下层甘纳许的风味。由于含有乳制品，这些松露巧克力只能保鲜几天，因此制作这种松露巧克力需要非常高超的工艺。当被问到做松露巧克力的真正秘密是什么时，罗乔简单地想了一下说："是爱。"

由苏珊·荣格挑选

195

## 徐蓁（Margaret Xu Yuan）

### 香港鸳鸯饭店（YIN YANG KITCHEN）

中国，2004年

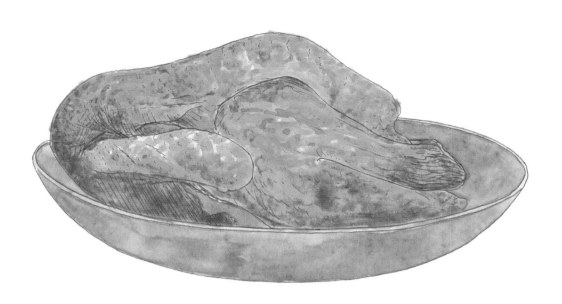

参见菜谱第379页

# 黄土鸡

自学成才的厨师徐蓁凭借她的一道很受欢迎的菜改变了香港餐厅选用食材的方式。当这位前广告设计总监开始在她位于新界元朗区的家里做饭的时候，她用的食材要么是从自己的农场里采摘种植的，要么是从当地菜市场买来的。在中国，"从农场到餐桌"和"有机"仍是相对较新的概念，她的做法很前卫。因为她做的菜很受欢迎，所以她在香港岛开了一家餐厅，在那里她仍然坚持着自己的做菜风格。当时，她在香港是唯一一位有自己农场的厨师。

徐蓁做的菜见证了香港烹饪历史的变迁。她做的菜主要是传统客家菜，但是她的菜也有明显的个人特征。在她发明的黄土鸡这道菜中，特征是很明显的。她在一个客家村学到了明火烹饪工艺。她设计了专门的烤炉，把一个赤陶花盆口对口扣在一起，然后把上面的花盆底部切掉做成烤炉。

给这个烤炉架上柴火，创造一个高温且封闭的环境，她在烤制时会吊住鸡脖，将鸡挂在烤炉内的一个小圆环上，这样一来，汁液就不会流到鸡身上，鸡皮才有了酥脆口感。在这种头朝上的挂着的鸡身上擦上岩盐，在鸡肚子里塞满用生姜末、咖喱叶、本地酒和特级橄榄油做的腌料。徐蓁用剪刀在砧板上把烤好的鸡剪开，搭配着用生姜和橄榄油做的调料。虽然徐蓁的菜单都会季节性调整（甚至每天都换），然而黄土鸡这道菜自从餐厅开业第一天就保留了下来。

由苏珊·荣格挑选

# 张大卫（David Chang）

## 福桃面吧（MOMOFUKU NOODLE BAR）

美国，2004年

参见菜谱第380页

# 猪肉包子

2004年，做法餐出身、在美国弗吉尼亚州长大的厨师张大卫在纽约东村开了一家面馆，他为纽约人革新了日本拉面。但是，让他声名鹊起的菜并不是面条，而是一道简单的包子。张大卫的店自从开业之后生意一直没有起色，他感到十分失望，于是他决定做任何他想做的菜，所以就把这道包子加到了菜单上。当时蒸猪肉包子是完美的混搭。他做这些包子的灵感来源于他在北京吃的叉烧包，还有他在东京从便利店买的比较温和的日式肉包，另外还有他经常在纽约唐人街的东方花园餐厅吃的北京烤鸭，这家餐厅用馒头（而不是用传统的鸭饼）夹鸭肉片和其他辅料。

虽然枕头包（主料用的是奶粉）和甜海鲜酱都是从唐人街买来的，但是烤好的熏猪五花和快速腌制的黄瓜是在张大卫的疯狂厨房里制作的（也可以加上少许是拉差辣椒酱），这样制作出来的包子可以让食客的味蕾得到满足。在一个喧闹的深夜酒吧里，客人们更关注的是酒吧里播放的歌曲而不是其他的元素。张大卫的包子带来的是对酒吧时刻的完美升华：以猪肉为主的馅料（尤其是良心采购的猪五花），喧闹的休闲餐饮和精致的餐饮支柱，以及第一代移民子女的现代民族美食的诞生，张大卫无畏地将童年的最爱与在美国长大时遇到的一系列民族菜肴混合在一起。这些包子开创了张大卫的美食帝国，最初是在这家面馆，后来在塞姆酒吧。这是一种新的个性化烹饪方式，已经在世界各地传播开来。

由豪伊·卡恩、克里斯蒂娜·穆尔克、帕特·努斯、安德烈·佩特里尼、迭戈·萨拉扎挑选

**理查德·埃克布斯**（Richard Ekkebus）

**香港琥珀餐厅**（AMBER）

中国，2005年

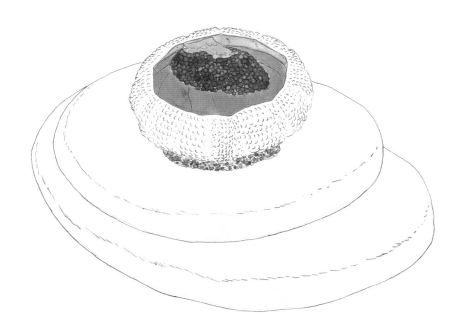

参见菜谱第381页

# 海胆龙虾啫喱配花椰菜、鱼子酱和海苔华夫饼

有时一道菜变得如此受欢迎以至于它的创始人不能把它从菜单上下架。在厨房里改进菜肴和取悦客人成了进退两难的选择。2016年，当香港琥珀餐厅的主厨理查德·埃克布斯把这道在餐厅供应了11年的菜下架之后，粉丝们在脸书和推特上发起了一个"占领琥珀"运动，要让这道菜留在琥珀餐厅的菜单上。虽然他们没有成功，2018年，琥珀餐厅重新装修，这道标志性的菜确实回归到了餐厅的经典菜单里。不仅如此，厨师科里·李来到香港学习这道菜的做法，这样他就可以在旧金山的Situ餐厅让这道菜继续保持辉煌，这家餐厅致力于收集世界各地大厨的有创意的食谱。

是什么导致了网友们对这道菜的不舍？一个豪华、巧妙的组合：北海道海胆与龙虾啫喱、花椰菜浓汤、花椰菜慕斯，顶部点缀鱼子酱。这道菜的质地不是来自鱼子的爆裂，而是来自伴着这道菜一起上桌的菠菜、木薯海苔华夫饼。这是一道令人难忘的精致菜肴，它不仅依赖于海鲜、鱼子酱和花椰菜的组合。埃克布斯是一位在荷兰出生、在法国学艺的厨师，曾与阿兰·帕萨德、皮埃尔·加涅尔和盖伊·萨沃伊等名厨一起工作。他在香港做了十多年的菜，并能听取客人的反馈建议。他的厨房里用的不是传统的法式高汤，而是味噌汤。他做啫喱用的龙虾清汤里还加了海苔。如今，法式料理与日本料理的融合还在影响着21世纪的高级餐厅。

由**苏珊·荣格**挑选

198

## 费朗·亚德里亚和阿尔伯特·亚德里亚

### 斗牛犬餐厅

西班牙，2005年

# 反向球化绿橄榄

费朗·亚德里亚和阿尔伯特·亚德里亚的反向球化绿橄榄是最有影响力的一道菜，他们给世界带来了分子料理。在斗牛犬餐厅的第四道菜中，食客们把看起来像橄榄的东西塞进嘴里。光滑的绿色椭圆形"橄榄"在舌尖迸发，口腔内充满了浓郁的橄榄汁的味道。即使在这道菜成为餐厅最具代表性的菜式之后，它也从未停止过给食客带来惊喜。

当阿尔伯特·亚德里亚参观一家食品厂的实验室时，见到了一种反球形技术。他看到一瓶酱汁里漂浮着小球。这种技术是联合利华在20世纪50年代发明的一种释药系统。当他问药剂师是怎么做的时，药剂师递给他一袋海藻酸纳。回到斗牛犬餐厅的厨房，亚德里亚在一个碗中加入海藻酸纳和水，在另一个碗中加入氯化钙和水。当一勺液态钙滴入海藻酸钠中时，液态钙的周围会形成一层薄薄的凝胶状外皮。刺穿外皮以后，液体就会溢出来。亚德里亚在Netflix纪录片《主厨的餐桌》里回忆："我开始发抖出汗，我问自己，限制在哪儿？那一刻，我意识到我看不到天花板。从那时起，我们的烹饪技术真的有了极大的提升。"两年后，斗牛犬餐厅做出了这种球化橄榄。

后来这种分子料理球传到了世界各地，在何塞·安德列斯的小酒吧和格兰特·阿查茨的阿丽娜餐厅里出现了香甜美味的圆球。时至今日，巴塞罗那阿尔伯特的塔帕斯酒吧Tickets的菜单上仍然保留着"反向球化绿橄榄"这道菜，这说明真正的美味永远会受到青睐。

由苏珊·荣格、克里斯汀娜·穆尔克、帕特·努斯、迭戈·萨拉扎、理查德·维恩斯挑选

# 恩里科·克里帕 (Enrico Crippa)

## 大教堂广场餐厅 (PIAZZA DUOMO)

意大利，2005年

参见菜谱第384页

# 金枪鱼手握寿司和通心粉

在位于阿尔巴镇的餐厅，恩里科·克里帕最早推出的一批菜里，其中一道就是金枪鱼手握寿司和通心粉，这道菜反映了他将意大利传统菜肴与他在日本研习料理的经验的融合以及他对花园里时令草本植物和花卉的喜爱。为了把这道菜做得像寿司，或者像手握寿司，克里帕先把通心粉煮好，卷成圆筒状，用米醋和明胶的混合物挂汁，然后切成一口大小的形状。每一块通心粉上面都有生金枪鱼片，上面装饰着黑芝麻、黄色金盏花、干紫苏花和新鲜的红色或者绿色的紫苏叶。最后，淋了一点香草油和特级初榨橄榄油，再撒上几片马尔顿天然海盐。在意大利这样的国家，把意大利面变成完全另类的食物确实是一个大胆的尝试。

这道菜不是为了融合而融合。克里帕曾跟着意大利烹饪大师古尔蒂洛·马尔凯西学厨。马尔凯西在20世纪70年代打破了意大利美食的模式，当时他做了"烩饭、黄金和藏红花"（见第120页）和"开放式意式饺子"（见第124页）。在与斗牛犬餐厅的费朗·亚德里亚和拉吉奥乐餐厅的米歇尔·布拉一起共事后，克里帕学会了关注周边自然的食材，他也在日本神户与马尔凯西一起共事了三年。在那里，他不仅学到了如何展现完美的菜品，而且学会了精致的制作。这也让他更重视菜品的简洁。他发现地中海食物和他自己的极简主义烹饪法可以相提并论。正是在神户和大阪，他爱上了这种启发了他灵感的寿司。事实上，这道菜证明了他极强的创造力。

由**安德烈·佩特里尼**挑选

## 安多尼·路易斯·阿杜里兹（Andoni Luis Aduriz）

### 穆加里兹餐厅（MUGARITZ）

西班牙，2005年

参见菜谱第385页

# 可食用的石头

在穆加里兹餐厅，就连欢迎也被视为一种挑战。巴斯克乡村农舍的第一道菜是一碗"石头"，他们会提示你用手拿着这些石头蘸油封大蒜吃。它们看起来可能是从附近的河床捡来的，其实是包裹着龟裂的高岭土的土豆，土豆吃起来又嫩又湿。这种看着不起眼却又很熟悉的食物承载着进入阿杜里兹的世界所需的信任。在他的世界里，他用时而微妙，时而惊人，且令人愉悦的方式刺激着食客的感官。

阿杜里兹是费朗·亚德里亚早期的徒弟，自1998年创办穆加里兹餐厅以来，他一直被誉为"厨师界的翘楚"。在一次秘鲁之行中，他见到了安第斯土豆，这些土豆是用叫作"tunta"的方法保存下来的，这种方法类似冷冻干燥

法，是以前西班牙人保存食物的一种方法。大约在同一时间，他认识一个对高岭土着迷的人，这种黏土可以用于从造纸到制作炸药的一切用途。他的厨房用一种药物级的黏土作为涂层，这和他们对牛奶中乳糖的探索一样，目的是创造出不同的质地，不过这两种应用以前都没有在厨房中使用过。

虽然看起来其貌不扬，但这些"石头"打破界限，操纵了食客对食物的期望。从那以后，它就成了穆加里兹餐厅的招牌菜，它的精神和表现方式改变了食客（和世界各地厨师）看待一道菜的方式。

由迭戈·萨拉扎、理查德·维恩斯挑选

# 埃亚尔·沙尼（Eyal Shani）

## 北阿布拉克斯餐厅（NORTH ABRAXAS）

以色列，2006年

参见菜谱第386页

# 整烤花椰菜

到2006年，像阿兰·帕萨德、丹·巴伯和查理·特罗特这样的厨师已经提高了蔬菜烹饪的水平。然而，对世界上大多数的厨师来说，像花椰菜这样不起眼的食材一点儿也没有吸引力。但是，特拉维夫的主厨埃亚尔·沙尼到他的商业伙伴沙哈尔·塞加尔家里去吃逾越节晚餐，当他问晚饭吃什么时，沙哈尔让他去看看烤箱。埃亚尔看到的不是肉或鱼，而是一整颗正在烘烤着、散发着金色光芒的花椰菜。这是塞加尔母亲的食谱。沙尼告诉《国土报》（Haaretz）的记者，"我对自己说，上帝啊，再过一个星期，我自己就会做这道菜了。现在这是给基普西人做的。"

这道整烤花椰菜首次出现在他的北阿布拉克斯餐厅里，然后推广到他的更为休闲的三明治店米兹农。米兹农在纽约、巴黎和维也纳都有分店。整棵花椰菜在盐水中煮熟并晾干，然后厨师会把双手在橄榄油中浸一下，再把橄榄油抹在花椰菜上，然后烤到深棕色。这种戏剧性的展示也创造了一种慷慨的感觉，把一种蔬菜变成了可以分享的食物，就像一块烤肉（阿龙·沙亚是第一个在他同名的新奥尔良餐厅里推出这道整烤花椰菜的厨师，他在上菜的时候配上一把牛排刀以突出与别人分享的概念）。

在美国的餐厅里开始流行（包括素食和非素食餐厅）烤花椰菜。整烤花椰菜已经成了名菜，它不仅摆在了盘子的中央，还摆到了桌子的中央。

由**理查德·维恩斯**挑选

## 小房子餐厅（LA PETITE MAISON）

英国，2007年

参见菜谱第386页

# 整烤黑腿鸡

《卫报》餐厅评论家杰伊·雷纳在伦敦的尼斯餐厅特许经营店里尝了这道让人吃着上瘾的"整烤黑腿鸡"后写道："这是这么多年来伦敦菜单上最令人兴奋的一道菜。"事实上，他为读者推荐了在餐厅就餐的最佳方法："如果你选择去，我认为你应该这样做。在开始喝酒、点菜，甚至在服务员跟你讲'你好'之前，你就要告诉服务员，你要点'整烤黑腿鸡'，现在就把鸡放进烤箱里。"这是因为整只传统家禽，里面塞满了蒜瓣和肥肥的鹅肝片，需要一个多小时的烘烤才能上桌，黑腿鸡的腿冒出砂锅外，再配上一个大的油炸面包片，用它来吸收美味的汤汁，最后抹上粉色的鹅肝。从梅菲尔区的第一家小房子餐厅开始，这道整烤黑腿鸡就出现在菜单上，直至出现在之后的所有分店（从

迈阿密到香港）的菜单上。

出生于尼日利亚的邓托放弃了工程学专业，转而学习烹饪。然而，对他而言，他上的最好的学校是皮埃尔·科夫曼在伦敦开的克莱尔阿姨餐厅。在那里，他了解到口味和质地的重要性，邓托在接受《南华早报》（*South China Morning Post*）采访时表示："你不会单纯为了做菜而做菜的。"他一直秉持这个理念，后来创办了小房子餐厅。在这家餐厅，他完全将这道法国地中海地区产的黑腿鸡的风味发挥了出来，连鸡脚和鹅肝都风味十足。

由**理查德·维恩斯**挑选

# 乔舒亚·麦克法登（Joshua McFadden）

## 弗兰妮的厨房（FRANNY'S）

美国，2007年

参见菜谱第387页

# 羽衣甘蓝沙拉

很难相信，在奈杰拉·劳森1999年出版的《如何吃》（*How to Eat*）一书中，她感叹人们不再像以前那样吃甘蓝了。然而，英国人在伦敦的河畔咖啡馆吃意大利的黑甘蓝、拉西纳托羽衣甘蓝或托斯卡纳甘蓝。在意式杂蔬汤中也使用这种甘蓝。随着河畔咖啡馆的烹饪书在海外传播开来，纹理不平的深绿色品种的甘蓝（拉西纳托羽衣甘蓝）与当时在美国只看到装饰沙拉和水果盘的有褶皱边的甘蓝品种不同，美国人开始为意大利餐厅种植这种新品种的蔬菜，这些餐厅倾向使用时令的乡村食材。

就在布鲁克林弗兰妮的厨房餐厅里，厨师长乔舒亚·麦克法登对在漫长的冬天里可以买到的蔫不拉几、味同嚼蜡、温室种植的混合生菜的品质感到失望，他只能用一堆拉西纳托甘蓝来做沙拉。这些结实的切成细丝的甘蓝配上由橄榄油、柠檬汁、大蒜碎和一小撮用佩科里诺罗马干酪制成的口感强烈、风味浓郁的油醋汁。将切好的羽衣甘蓝丝静置5分钟，让叶子稍微变软，然后用面包屑和更多的佩科里诺罗马干酪混合。当这道菜谱出现在《纽约时报》梅丽莎·克拉克的专栏上时，一位明星诞生了，他把羽衣甘蓝从一堆堆不受欢迎的蔬菜中解救出来，并使之成为21世纪末的"沙拉之星"。很快就有了科布甘蓝沙拉和恺撒甘蓝沙拉，甘蓝沙拉配山羊奶酪和甘蓝沙拉配布拉塔奶酪。甘蓝沙拉也成了健身餐运动的招牌菜，它象征着一种有机的、"从农场到餐桌"的生活方式。

由克里斯蒂娜·穆尔克挑选

参见菜谱第387页

# 铸铁锅花椰菜

杰里米·福克斯说："我想用普通的蔬菜给食客留下深刻的印象。"在加州纳帕市一家瑜伽工作室的素食餐厅做主厨之前，他曾在注重从农场采摘食材的曼雷萨餐厅工作过。他确实令人印象深刻。他在一个轻松的环境中把蔬菜烹饪做成一种工艺复杂、风味十足的高档菜，由此推动了美国的蔬菜烹饪（他喜欢用素食主义者这个术语），从而导致美式烹饪发生了革命性的变化。之前从来没有厨师受到过像奥普拉和"今日秀"这样的名人或媒体的高度赞誉。福克斯的招牌菜是什么？就是他试菜时做的那道菜：在一个舒适的铸铁锅里放了三种用花椰菜做的菜，当时美国餐厅里刚刚出现类似的菜品。这是一道会让不太喜爱蔬菜的人上瘾的菜，福克斯把它与宴会蒸汽桌上的蔬菜杂烩联系在了一起。

虽然这道菜食材种类不多，但质地却很丰富，包括刚从法国厨房引进到美国的咖喱香料粉，还有花椰菜、黄油、奶油和柠檬。将加了香料粉的棕色黄油焦糖化，最后加上柠檬汁，然后短暂烘烤并浇上更多的瓦杜万黄油，然后用生的花椰菜条或磨碎的花椰菜碎点缀。摆盘时配上顶级橙子、从乌班图菜园里采摘的新鲜芜菁和用放了一天的面包做成的瓦杜万黄油烤面包。福克斯说："这是把真正卑微和普通的食物变成让人吃了能上瘾的食物，而且还是素菜，这是一道很经典的跨界菜。"

由克里斯蒂娜·穆尔克挑选

# 谢锦松（Joseph Tse）

## 8餐厅（THE 8）

中国，2007年

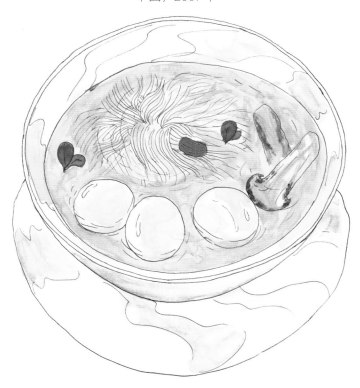

参见菜谱第388页

# 松茸鱼丸菊花豆腐汤

这道优雅的菜肴创制于清乾隆年间，但在澳门一家酒店和赌场综合体内（位于新葡京大酒店二楼），谢锦松在他的米其林三星餐厅"8餐厅"（数字8是好运的象征）改进了这个食谱。这道传统的御膳菜，以著名的淮扬菜"文丝豆腐"（淮扬菜是中国四大名菜之一）为基础，其食材（由两种鸡肉做成的鸡汤、鱼丸、豆腐、松茸制成）并不昂贵。然而，做这道菜工艺相当复杂。从厨五十多年的谢大厨说，中国只有两位厨师能够用菜刀将一块软豆腐切成薄片。豆腐一旦蒸熟，会散开成一朵多花瓣的菊花。切豆腐需要长达15分钟的时间，豆腐被切成108刀，才能最终成就极其精细的豆腐丝。当然，用石斑鱼肉做成的鱼丸也同样爽口弹牙，回味无穷。令人惊艳的底汤也在提醒着人们，为什么有些人认为豆腐是印刷术、造纸术、指南针和火药之外的中国的第五大发明。

由苏珊·荣格挑选

# 恩里科·克里帕（Enrico Crippa）

## 大教堂广场餐厅（PIAZZA DUOMO）

意大利，2007年

参见菜谱第389页

# 沙拉21……31……41……51

恩里科·克里帕在与米歇尔·布拉、费朗·亚德里亚和古尔蒂洛·马尔凯西一起烹饪的时光中汲取了经验，他曾说过，创新往往比保持传统更加容易，因为衡量新菜的唯一标准就是味道怎么样。克里帕创造出的这道招牌沙拉在当时绝对是道新菜，而且这道菜非常美味。这道菜的名字源于碗里天然食材的数量，随着季节的变化而改变，尽管克里帕说这个数量经常超过100种。每天早上7:30，克里帕在两个农场的田地和大棚里采摘新鲜食材，他们甚至成功地移植了从海边找到的在沙土和水中生长的肉质植物。他把采摘的新鲜蔬菜、香草和鲜花带到餐厅，然后依次清洗，以免破坏它们的新鲜度。取一个深而高边的碗，在底部注入一些散发着甜姜香味的出汁，然后给蔬菜调味，让味觉更清新。在碗内放上堆得高高的蔬菜叶，如莴苣和菊苣，以及焦脆的瓦片饼。再放上一种用芝麻、紫菜、甜姜丝、巴罗洛醋和橄榄油做的混合沙拉，然后点缀上一层紫苏、薄荷和罗勒等草本植物，最后是一层原味的叶子、酢浆草、微绿蔬菜和鲜艳的食用花。根据季节和食材类型，这道菜里可能会加一些小型蔬菜和榛子。克里帕坚持认为，沙拉应该用镊子从上到下吃，这样才能享受到浓浓的味道。咸的、花一样的、散发着泥土味的清香，这是季节性时刻的充分表达。这道沙拉除了稍微调味，不使用任何复杂的工艺和其他干预。

由**安德烈·佩特里尼**挑选

# 马克·希克斯（Mark Hix）

## 斯科特餐厅（SCOTT'S）

英国，2007年

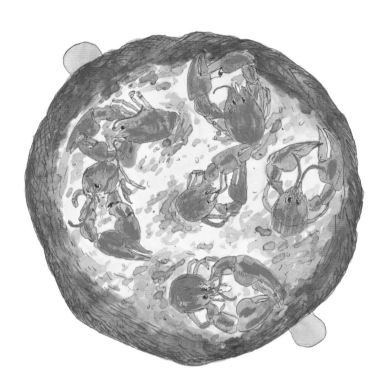

参见菜谱第390页

# 兔肉小龙虾仰望星空派

在卡普莱斯控股公司担任厨师长的17年间，马克·希克斯确保了这家伦敦最时髦的餐厅供应突出英国传统和地区特色的食物，当然，这也让他们的名人顾客感到愉悦欣慰。例如，在伦敦苏活区的常春藤餐厅，希克斯让20世纪90年代的牧羊人派（见第152页）回归了。十多年后，在斯科特的海鲜餐厅，他选择改进一个让人不那么舒服的派。事实上，仰望星空派让食客们觉得相当不舒服（直到他们尝过之后）。希克斯推出了在烤沙丁鱼派上改良的兔肉和小龙虾版本。这道派用奶油苹果酒调味，然后将馅料装进酥皮中。不久之后这道菜帮助他赢得了英国广播公司的《大不列颠菜单》电视竞赛。因为整个小龙虾的头和爪从酥皮内鼓起，所以这种派看上去就像是一个怪异的万花筒。希

克斯选择使用小龙虾这种不受欢迎的食材，尽管它很美味，但由于小龙虾数量太多而经常被视为有害动物。

这道菜的产生和饥荒有关。最初的仰望星空派据说源于17世纪，当时，康沃尔郡毛思尔村的一名渔民顶着风浪为饥饿的邻居们带回鱼，邻居们把整批鱼烤成了一个共享派（它之所以得名，是因为它看起来像是在仰望天空）。传统做法是用沙丁鱼、培根和煮鸡蛋加上奶油芥末酱做成的。

仰望星空派不仅将焦点放在了随后几年变得更为耀眼的英国地方美食上，还激起了公众对历史菜肴的兴趣。紧随这一趋势的是赫斯顿·布鲁门塔尔的"肉果"（见第229页）。

由理查德·维恩斯挑选

208

## 安多尼·路易斯·阿杜里兹（Andoni Luis Aduriz）

### 穆加里兹餐厅（MUGARITZ）

西班牙，2007年

参见菜谱第391页

# 辣味炭烤肥肝配海胆"鱼子酱"

在《穆加里兹餐厅食谱》中，安多尼·路易斯·阿杜里兹将传统的肥肝制作描述为在火上对肥肝片进行"完全没有同情心的烘烤"，这样做出来的是"两面烤得焦脆的肥肝中间夹着一种令人不快的乳化油脂"，再搭配上一种味道浓烈的水果配菜。是时候彻底反思了。

2002年，阿杜里兹的厨师团队在圣塞巴斯蒂安郊外的巴斯克乡村开始了他们的研究。他们与格拉纳达大学的教授们合作，弄清楚了肝脏是如何运作的，以及怎样才能培育出烹饪用的最优质的肥肝。接下来，他们在厨房里进行了实验，以找到一种能够将非常厚（4～5厘米）的肥肝片完全烹饪成熟的方法，且熟透的肥肝质地必须是入口即化的。由此产生的体验最终放大了肥肝的乐趣。

穆加里兹餐厅的做法是首先在一个隔水炖锅里轻轻地蒸肥肝，然后将肝叶速冻，再用木炭烤制，在倾斜的烤盘上低温缓慢烘烤（倾斜的烤盘能让烤出的油脂流出），这样肝脏就不会接触到任何油脂（口感不会太油）。最后，从烤箱里取出的烤肥肝的最终温度达到56℃～58℃。

当肥肝与质地类似的丝质咸水海胆（这里称它为"鱼子酱"是因为其含盐量高）搭配在一起食用时，这两种质地柔软的口感相得益彰。这是一种关于融化的碰撞试验。这种统一肝脏质地的做法在欧洲高级烹饪中是革命性的。

由豪伊·卡恩、安德烈·佩特里尼挑选

# 罗伊·崔（Roy Choi）

## 科吉烧烤（KOGI BBQ）

美国，2008年

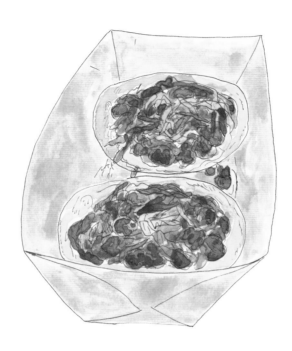

参见菜谱第392页

# 短肋排塔可饼

2008年11月的午夜，当罗伊·崔把他的新品餐车停在洛杉矶一家俱乐部外时，他不知道自己将会改变美国的饮食文化。他说："头几个星期，人们都在嘲笑我们，因为他们理解不了这辆餐车是做什么的。"这位训练有素的厨师正在试验的是"盘子上的LA"：融合了韩国烤肉和崔从小吃到大的墨西哥街头小吃——塔可饼。崔大厨在塔可饼上加上剁碎的、酥脆的韩式腌排骨、辣白菜、卷心菜丝、芫荽和一种用辣椒酱、米醋和芝麻油做成的酱汁，由此可以看出这道融合菜很正宗、很走心。这道菜还证明了以厨师为主导的食物可以在餐车上供应，这使餐厅变得平民化。餐车每天向新社区供应老百姓吃得起的物美价廉的美食。崔告诉记者："我们的油醋汁用了14种配料，我们的卤汁用了

20种配料，我们的肉都是有机的，每份卖2美元。"这是美食餐车潮流的开端，这股风潮后来在全世界蔓延开来，它给厨师们提供了一种打造口碑的新途径，而且不需要像实体餐厅那样支付高昂的经营费用。罗伊·崔也是最早利用社交媒体捧红了一道菜的厨师。一位新媒体顾问在推特平台上，帮助人们能够实时了解科吉餐车每个小时所处的位置。最终，罗伊·崔向世人证明了洛杉矶拥有比当时任何地方都更具国际影响力的美食潜力，也许连已故的洛杉矶美食作家乔纳森·戈尔德都想象不到。

由**豪伊·卡恩**挑选

## 克里斯蒂娜·托西（Christina Tosi）

### 福桃餐厅（MOMOFUKU KO）

美国，2008年

# 意式麦片牛奶奶冻配焦糖玉米片

这道菜是一款纽约人版的"玛德琳蛋糕"，就其创造者而言，他用记忆中童年的味道开创了自己的事业。浸泡在奶油中的玉米片，几乎不加明胶，这是忙碌的厨师在后厨即时拼凑成的一道不是专业糕点厨师也能做的甜品。纽约下东区的福桃面吧秉持的就是这种精神。福桃面吧的主厨张大卫通过改良拉面和猪肉包子（见第197页）开始了他的职业生涯，现在他准备摘得米其林星。那他的餐厅里为什么没有糕点师傅呢？

当他觉得自己需要为食客们提供一些甜品时，他要求一直帮助他在福桃面吧建立食品安全程序的克里斯蒂娜·托西回到餐厅。托西曾是威利·杜弗雷斯"WD-50餐厅"的糕点厨师，最开始在大卫·博利的同名餐厅工作。她志向远大，又是垃圾食品的铁杆粉丝，托西需要创造出一个很容易复制、个性十足的食谱。当她在附近一家熟食店寻找灵感时，她在谷类食品货架前停了下来，思考着一碗麦片粥中最精华的部分：牛奶。她给烤过的玉米片拌上红糖和盐。

张大卫知道托西对麦片粥动了心思，就鼓励她使用谷类牛奶去做各种各样的甜品。不久，她开了一家名为"百福奶吧"的面包店，在这家店里，垃圾食品和怀旧情绪结合成了一种"邪恶"的搭配。自开业以后，她的面包店接连开了多家分店。

由豪伊·卡恩、克里斯蒂娜·穆尔克挑选

# 大卫·金奇（David Kinch）

## 曼瑞萨餐厅（MANRESA）

美国，2008年

参见菜谱第 393 页

# 置身菜园

　　虽然这道产生于加州花园的招牌菜的灵感来源于米歇尔·布拉的加古鲁沙拉（见第113页），但大卫·金奇做的这个版本的蔬菜沙拉影响了从乌班图餐厅的杰里米·福克斯、康特拉餐厅的杰里米·斯通、法比安·冯·豪斯克以及单线程餐厅的凯尔·康诺顿等一众新一代的美国厨师。金奇于1992年在拉吉奥尔餐厅品尝到了布拉菜园的蔬菜沙拉，他在2006年首次开始研发这道新菜，当时这家餐厅开始与附近的一家农场合作，种植餐厅所需的所有蔬菜。正如他在《曼瑞萨餐厅食谱》中所写的，"我们意识到我们不仅仅可以创作一道与我们的季节或地区有关的加古鲁沙拉，而且这道沙拉包含农场的数百种植物和蔬菜。为什么一道菜就不能代表一小块土地，唤起人们对曼瑞萨厨房的巨大热爱？"

　　久而久之，金奇开始把这道菜的根、芽、花、果、叶、籽等成分看作是一种概念，而不仅仅是一盘食物。虽然食材每天都在变化，但每个盘子里有各种状态、不同种类的食物。厨师需要一整天的时间来清理和准备食物，然后在上菜之前最后1分钟将这些菜放入120个容器中。

　　"置身菜园"这道菜的美丽的外表和受欢迎程度也对厨师产生了重大影响，这促使他们与农场合作，和菜农达成协议，让他们专门种植餐厅所需的蔬菜，从而实现"从种子到盘子"的可溯性烹饪。

由克里斯蒂娜·穆尔克挑选

# 勒内·雷哲皮（René Redzepi）

## 诺玛餐厅（NOMA）

丹麦，2008年

参见菜谱第395页

# 挪威龙虾和海洋风味

在一个仍然倾向分子料理和精益求精的精致餐厅里，勒内·雷哲皮决定提供一道只有两种食材的菜肴。上菜的时候把菜肴摆在一块巨大的海滩岩石板上，并指导食客用手吃，这在那个流行摇滚抒情音乐的年代简直就像是一种低音炮式的音乐，是不折不扣的路德派作风（路德分子是指19世纪初参加捣毁机器的运动，强烈反对机械化或自动化的英国手工业工人）。这道菜推出后效果如何呢？它震撼了整整一代厨师，让他们回归到简约。但是全世界的洗碗工都在绞尽脑汁地寻找清理这种岩石的办法。

这道用丹麦海岸的食材做的菜可以让人大饱眼福。一条产自法罗群岛（一个远离丹麦海域，那里又冷又深的海里盛产一些品质最好的海鲜）的用油煎过的挪威龙虾躺在一些可食用的"岩石"上，"岩石"是一种类似蛋黄酱的质地，用牡蛎、欧芹、葡萄籽油和柠檬汁制作的乳液，上面撒上黄油酥皮的黑麦面包屑及一层干海苔粉。八种食材的制作都用到了最复杂的设备——全能料理机（家庭厨师可以用它做菜，这是诺玛餐厅食谱中唯一可以居家操作的食谱，或许能解释为什么这道菜能流传很广）。它讲述了一个复杂而美味的故事，重点是，对食客来说它吃起来很有趣。

在餐桌上看到石头和石板当然不是什么新鲜事，但在瑞典的法维肯仓库餐厅和纽约的麦迪逊公园十一号餐厅，他们给这些石块添加了风土文字的描述。据说大厨丹尼尔·亨姆也受到了这道简单的菜的启发。

由帕特·努斯、安德烈·佩特里尼挑选

参见菜谱第395页

# 草莓西瓜蛋糕

　　这道草莓西瓜蛋糕原本是为朋友婚礼准备的一份礼物，后来却成为Instagram软件上被晒得最多的蛋糕。这就是前码头餐厅糕点大厨克里斯托弗·泰的创作。两层蛋白酥皮状杏仁达克瓦兹，里面填满了玫瑰香味的搅打奶油和凉爽多汁的西瓜片，并用草莓、玫瑰花瓣、葡萄、开心果和芳香的玫瑰水糖浆装饰得很精美。泰在接受悉尼《先驱晨报》采访时表示："第一次做这道蛋糕的时候，我问自己浪漫的味道会是什么样的，然后就鼓捣出了这些能让你的情绪活跃起来的香味。"悉尼新城附近的街边面包店和咖啡厅的顾客当然同意这一点。但正是随着2012年Instagram软件的爆红，这款蛋糕成为澳大利亚第一个网红糕点，到2013年初，蛋糕店外已经排起了近300米的长队。如今，

包车前来的中国游客在微信上转发着蛋糕图片，他们把位于罗斯贝里的黑星糕点分店作为他们的第一站和最后一站，他们带着保冷袋和冰袋来到这里，为的是把草莓西瓜蛋糕带回国给朋友们（泰曾经提到过这款草莓西瓜蛋糕的口味非常适合亚洲人）。这家糕点店每周出售超过16000份蛋糕，所以这家店必须订购超过2吨西瓜、100升玫瑰水和900升奶油。自2018年收购黑星糕点店以来，华裔企业家李路易已制定计划，准备将黑星糕点店扩张至亚洲和美国，理由是这种蛋糕是一种奇迹，而不仅仅是一种时尚。他说："这是悉尼糕点的标志性产品，可以与拉明顿蛋糕相媲美，它是澳大利亚最著名的糕点。"

由**帕特·努斯**挑选

# 本·舍瑞（Ben Shewry）

## 阿提卡餐厅（ATTICA）

*澳大利亚，2008年*

# 原生土烹制土豆

这道土豆做的菜成为盘子中央的亮点。本·舍瑞的菜是将地方特色和厨师个人经验巧妙地结合，利用各种非澳大利亚的食材，突出了完美的土豆和奶油冻。值得注意的是，它不是通过添加黄油或松露来达到完美的，而是在泥土里烹饪。

诺玛餐厅的主厨勒内·雷哲皮在接受《好胃口》（*Bon Appétit*）杂志采访时表示："菜单上没有一盘用土烹饪的土豆，但是用土烹饪很流行。""本·舍瑞所做的每件事都是完整的，他与大多数人烹饪的方式不同，我们的脑中没有根植这些概念。"取而代之的是，舍瑞做的土豆源于儿时的"石头火锅"——一种将食物埋在泥土里，在滚烫的石头上烹熟的新西兰烤肉以及他在叔叔的农场参加音乐节的记忆。

舍瑞一共品尝了39个品种的土豆，最后挑出了弗吉尼亚玫瑰土豆，去皮之后，用黄麻布包裹上，在一个装满两周前搜集好的泥土的锅里烹熟。然后将土豆盛在一个烧焦的椰子壳里，再搭配上用当地桉树木冷熏的奶酪凝块和在鱼露中腌制后炸制的鸡肉松、炸本地滨藜、磨碎的椰壳灰和咖啡粉。

墨尔本厨师致力于创作能够反映他们周边农村生活的食物，他们也在努力推动这一运动。这道菜启发了舍瑞的同行，包括张大卫、马格努斯·尼尔森和其他厨师。在克莱尔·斯迈思的核心餐厅里，这位北爱尔兰厨师受舍瑞的启发，用土豆创造了一道主菜，这道菜配以鲱鱼子、鳟鱼子和让人联想起海岸的海藻白黄油酱汁。

*由帕特·努斯、安德烈·佩特里尼挑选*

## 郭强东（Kwok Keung Tung）

### 大班楼餐厅（THE CHAIRMAN）

中国，2009年

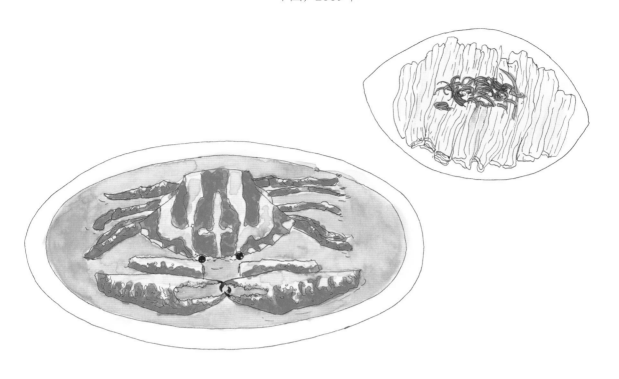

参见菜谱第397页

# 鸡油花雕蒸花蟹

大班楼餐厅老板邓天经常会改变这家一票难求的餐厅的菜单。这家店偏爱使用产自香港新界的时令性、本土性的优质农产品，以做出精美绝伦的菜品。但主厨郭强东的传统粤式蒸蟹从这家餐厅第一天开业就一直保留在菜单上。事实上，在这家两层楼的餐厅里，几乎每桌的客人都会点这道菜。粤菜烹饪的原则讲究始终保持食物的天然风味，这个简单的食谱是用陈年绍兴花雕酒加鸡汤和鸡油蒸制的本地优质花蟹，蒸蟹旁边配上细嫩的手工陈村粉，真的是绝妙的搭配。这种蟹肉是一种美味。每天清晨，螃蟹都是当天从渔船上购买的。当螃蟹内的水分和蟹黄、氧化的花雕酒、鸡油结合在一起，花雕酒的刺鼻味减轻了，同时增加了蟹肉的风味，此时加入蛤蜊汁，所有的味道都融合在一起（大班楼餐厅做菜从不使用味精，这在香港并不常见）。嚼劲十足、美味异常的陈村粉下面是一种让人回味无穷、荡气回肠的汤汁。后来，香港各地很多餐厅都把这道菜列入了菜单，但邓天曾说："郭强东掌握着做这道菜的精髓，人们在其他餐厅也吃过这道菜。虽然外观看起来可能完全一样，但味道迥然不同。我们的蒸花蟹鲜味更足。"

由苏珊·荣格挑选

216

# 汤姆·基钦（Tom Kitchin）

## 基钦餐厅（THE KITCHIN）

英国，2009年

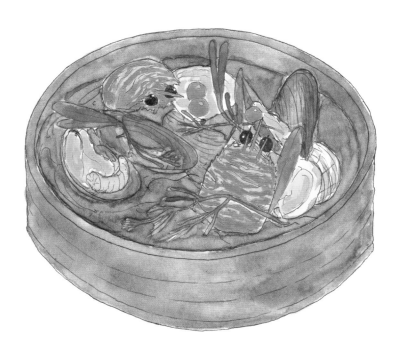

# 贝壳潮水滩

汤姆·基钦4岁的儿子是他创作这道菜的灵感来源，这道菜让人想起了苏格兰退潮时的潮水滩。一个碗里摆着各种各样的当地贝类和海洋植物，如海岸车前草、海蓬子和海紫菀。传统的冰鲜贝类和用豆蔻、茴香籽、生姜和三角茴香调味的现代番茄清汤被倒在了各种食材上，食客们也收到了一张卷轴图，上面标明了每种食材的来源。这都是基钦"从自然到盘子"烹饪理念的一部分。根据这个理念，他运用了他在克莱尔阿姨餐厅工作时学到的法餐工艺来烹饪最优质的苏格兰和英国食材。基钦在接受《独立报》采

访时谈道："我想做一种吃起来很惊喜的食物，就像潮水滩本身，有很多隐藏的食材，这样每吃一口都会有新的发现。"

就像米歇尔·布拉的加古鲁沙拉（见第113页），基钦创造了一个可以在特定地点和时间食用的佳肴。通过模仿自然环境来引起食客的共鸣，从而加强了他们对自然和食物之间联系的理解。在当地吃这道菜才最正宗，这道菜推动了苏格兰美食的现代化和普及。难怪汤姆·基钦29岁就成为苏格兰最年轻的厨师老板。

由**理查德·维恩斯**挑选

# 马克·拉德纳（Mark Ladner）

## 德尔波斯托餐厅（DEL POSTO）

美国，2009年

参见菜谱第399页

# 烤千层面

2009年，德尔波斯托餐厅的主厨马克·拉德纳发明了"烤千层面"，这道菜像是一个浩大的建筑工程。50层像纸一样薄的面皮，夹着一层又一层的肉酱、贝夏梅尔酱和番茄酱。仅肉酱就需要烹饪8小时，而制作薄如纸的意大利面则不少于5小时。这家店每天下午1:30开始做这道菜，烹调40分钟以内，然后必须放置3小时。尽管这种千层面很容易碎，但口感却是令人难以置信的丰富，厨师用手推车把这道菜推到客人的餐桌旁再切开，场面非常壮观（这道千层面太高了，所以在桌边切开之后得马上吃）。但事实证明，这道菜太难伺候了，于是他们开始在厨房里把每一片面皮单独烤至焦糖化，这样才能把肉酱封在面皮里。

在高级餐厅的文化开始同化的时候，拉德纳创造了这个食谱。为了使自己与众不同，他像加利福尼亚州希尔斯堡的勃逊餐厅和纽约的丹尼尔餐厅一样开始改良传统的菜品，他们通过各自的烹饪理念改良了这道菜。尽管烤千层面是菜单上一个经过深思熟虑的战略补充，促使美国人改变了对意大利料理的看法，从毫不起眼的祖母风格到绝对的高端风格，但对于到底该用多少层面皮，这一点还不能完全确定下来。当《纽约杂志》问他为什么要做一百层时，拉德纳解释说："嗯，我从20层开始，一直坚持下去。100似乎是个不错的偶数。"拉德纳在2016年离开了这家餐厅，他透露，他很幸运和一位有建筑学位的人一起在厨房工作，这让他以后的人生道路能够走得更远。

由迭戈·萨拉扎挑选

参见菜谱第402页

# 风干牛心

维吉里奥·马丁内斯在十几岁时是一名职业滑板运动员。在利马附近练习滑板的时候，他经常去吃街头的小吃，例如当地人叫作"anticuchos"的"烤辣椒腌牛心"。马丁内斯想重做这道最爱的小吃，他和做行政总厨的妻子皮亚·莱昂在中央餐厅用牛心试做了很多道菜。做这道菜的时候他们在盘底铺了一团土豆泥，然后用小型的手持碾磨器将干牛心碾碎撒在土豆泥上。对这对夫妇而言，没有什么菜比这道创新菜更能让人了解秘鲁的两种重要食材：土豆和牛心。土豆让他感到有种近似于烹饪大使的责任感，而牛心则是秘鲁食物的象征。

马丁内斯并没有供应烤辣椒腌牛心，而是将牛心烘干，用一种由马拉斯盐和当地辣椒（如阿吉潘卡辣椒）以及香草制成的酱将牛心储存起来，这让人联想起秘鲁人放牧的安第斯山脉的高海拔山区。虽然牛心可以挂在冰箱的钩子上晾干19个小时，但马丁内斯更推崇把它挂在一个有窗户的房间里，特别是挂在风口处。在他的食谱中，他进一步解释道："制作风干牛心的时候最好在特定的海拔高度，在一个阴暗的房间里，有一扇窗户，便于通风。三年多来，我们在风干牛心的过程中总结了这点经验。"风干牛心可以作为调味品用于多种菜肴中，包括柠檬汁腌鱼里的秘鲁土豆。在马丁内斯的手中，风干牛心是秘鲁美食的核心。

由豪伊·卡恩挑选

## 尼科·罗米托（Niko Romito）

### 雷亚尔餐厅（REALE）

意大利，2010年

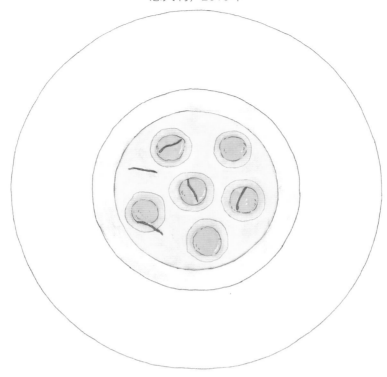

参见菜谱第402页

# 浓缩洋葱汤配帕尔玛干酪纽扣面和烤藏红花

　　虽然这道菜看起来像传统的布罗多意大利面，但它的汤底并不是浓汤。相反，这种意大利面漂浮在味道浓郁的加了帕尔马干酪和烤藏红花的洋葱清汤中。这道菜像流动的诗歌，是对风土的赞颂。产自意大利中部拉奎拉省纳维利平原的藏红花据说是世界上最好的藏红花。为了让藏红花的颜色和香气更突出，在将它加入洋葱之前，需要烤制一下。当洋葱配上藏红花，藏红花的口味会变得更强烈。但是，当你一口吃下帕尔玛干酪加奶油馅的意大利纽扣面时，这三种食材的纯净与和谐带来一种新料理理念启示。尼科·罗米托的新意大利料理理念是通过减少食材的种类来提升食物风味。简单、专注、意大利食材，以及从家庭式烹饪中获得的温暖和舒适感，这些都是高级餐厅所缺乏

的。所有这些理念不仅是这道浓缩洋葱汤的核心，也是罗米托这家米其林三星餐厅美食的核心。

　　罗米托是一个没有受过正规厨师培训的厨师，当他在罗马做股票经纪人时，突然接手了他父母开在阿布鲁佐的一个小村庄里的一家餐厅，罗米托从有20年烹饪经验的西班牙和北欧厨师身上受到了启发，从主导意大利高端餐厅的法餐烹饪工艺转向专注更为基本和必要的工艺。罗米托这道菜大获成功之后，又推出了一些类似的创新菜，这激发了新一代厨师的灵感，他们继而创造出一种仍以风土为重点的前卫烹饪风格。

由**安德烈·佩特里尼**挑选

220

# 马格努斯·尼尔森（Magnus Nilsson）

## 法维肯仓库餐厅（FÄVIKEN MAGASINET）

瑞典，2010年

# 杜松枝烤扇贝

这道菜的菜谱是对"筒式"复杂的实践。厨师需要将"加了很多香草的干草"作为烤"完全新鲜、体型够大、绝对无沙的鲜活扇贝"时引燃杜松枝的燃料。扇贝快速烤好以后再放回扇贝壳里，扇贝壳是做这道菜时除了"优质面包和发酵奶油"，唯一需要的原料。世界上很少有厨师能像尼尔森那样，做一道烤扇贝需要准备品质极高的扇贝、干草或者黄油。这也就是为什么有人本来打算自己在家做这道菜，最后却还是来到瑞典这个遥远的滑雪区，在这家只有十二个座位的餐厅里吃这道杜松枝烤扇贝。

尼尔森20岁时，在法国比亚里茨组织了一次深夜海滩烧烤活动，当时尼尔森和一位年轻女子用租来的车的钥匙和开瓶器在一块石头上撬出牡蛎，然后用漂流木的余烬在一根旧电线杆上烤牡蛎，烧烤的味道和烧烤的过程一样丰富有趣。在法维肯——一个处于80平方千米的狩猎庄园的餐厅，鲜活的扇贝是从几个小时车程以外的水域里捕捞的，杜松枝是从厨房门外面收集的，火似乎是从庄园里面冒出来的。

由豪伊·卡恩挑选

# 科里·李（Corey Lee）

## 贝努餐厅（BENU）

美国，2010年

参见菜谱第403页

# 鹌鹑皮蛋、浓汤、生姜

到旧金山科里·李的高档餐厅用餐的客人不需要菜肴有复杂的口感，而是可以本能地享受他们的食物，但他们确实要准备好冒险。客人一进餐厅，李就给他们带来了一个挑战。第一道菜是用中国皮蛋制作的，把鸭蛋保存在高碱性溶液中，直到蛋清变成半透明的棕色，蛋黄变成几乎是彩虹色的绿色。像布丁一样的皮蛋散发着氨水般的气味，表面看上去纹理不均。不过，出生于韩国的李在著名的莱斯皮纳斯餐厅掌握了现代法式、美式烹饪，之后在加州和纽约与托马斯·凯勒共事近10年，由此他又增加了自己的特点和相当纯熟的烹饪技巧。他用和鸭蛋相比更小的鹌鹑蛋制作皮蛋，并稀释了碱度，用腌制的姜末和用培根、洋葱、皱叶甘蓝及一点辣椒做成的丝滑可口的汤来搭配鹌鹑皮蛋。他用一个简单的、手工制作的韩国碗来盛这道汤，展现出了贝努餐厅菜品的朴素丰盛和对细节风味的竭力关注。结果，就像李的所有的菜一样，这道菜优雅、细腻、影响深远。李曾考虑过，厨房里先出几道别的菜，再把这道可能引起分歧的菜端上桌。他在《贝努》（BENU）餐厅食谱中写道："我认为食客没必要太拘谨。"不是每个人都能忍受把一个皮蛋放在嘴里，但是，李说："当我看到某位客人的皮蛋没有动过，我就知道那个人来错餐厅了。"

由豪伊·卡恩挑选

# 勒内·雷哲皮

## 诺玛餐厅

丹麦，2010年

参见菜谱第404页

# 花盆萝卜

勒内·雷哲皮这道花哨的开胃菜反映出了他的风格和"从根吃到叶"的饮食理念，让蔬菜与可食用的"泥土"搭配在了一起。陶土花盆里"种"着娇艳欲滴的萝卜叶子，花盆放在食客面前以后，厨师让客人从花盆的"土壤"中把萝卜拔出来，然后吃萝卜、萝卜叶以及所有的一切。松脆的土壤是用加了榛子、麦芽粉、黄油和啤酒制成的脱水面包屑做成的，土壤表面下是用香草、青葱、刺山柑、蛋黄酱、绵羊奶、酸奶制作的类似奶油状的混合物。做这道菜用的食材和技术并不复杂，但其背后的理念是：将就餐者与北欧肥沃的黑土中种植的食物联系起来。在很多方面，这正是雷哲皮和其他11位厨师在2004年提出的挑战法餐烹饪工艺的北欧新烹饪理念："把自然转化为文化，让风景可食用。"

借着互联网的东风，这道菜在全球迅速走红，全世界的厨师都鼓励食客从花盆、土壤等所有地方采摘蔬菜。这也推动了人们开始食用可能会被扔掉的菜茎、菜叶和菜根。一些餐饮评论家指出，他们从未吃过萝卜叶。自从1980年米歇尔·布拉推出加古鲁沙拉时（见第113页），他就首次把可食用的花床和泥土摆上了餐桌。"松脆土壤"的其他支持者包括肥鸭餐厅的赫斯顿·布鲁门塔尔、曼瑞萨餐厅的大卫·金奇、克雷恩工作室的多米尼克·克林、乌班图餐厅的杰里米·福克斯和的成泽餐厅的成泽由浩等世界名厨。

由克里斯蒂娜·穆尔克、迭戈·萨拉扎挑选

## 克里斯蒂安·普格利西（Christian Puglisi）

### 曼弗雷兹餐厅（MANFREDS）

丹麦，2010年

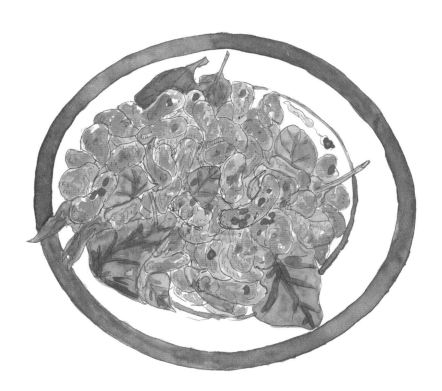

参见菜谱第404页

# 牛肉鞑靼配豆瓣菜和黑麦面包

鞑靼牛排自1926年在法国首次出现时就被称为"美国菲力"。与那个时代的大多数法餐不同，它没有成文的食谱。相反，它是一个极具适应性的概念（见"鞑靼金枪鱼"，第131页），其中血红色的模制生肉饼可能包括刺山柑、红洋葱和伍斯特郡酱汁，可在上面加上生蛋黄，配上烤法棍，再搭配柔软的牛肉。2010年，当Relæ餐厅主厨克里斯蒂安·普格利西开了一家经营哥本哈根式天然葡萄酒酒吧——曼弗雷兹时，他的简易菜单上只有一道荤菜和一些蔬菜为主的小吃。这是一种突出该国优质牛肉的方式，即有机饲养的草饲牛。最后，这道菜最终定义了这家餐厅。

普格利西对鞑靼的诠释源于餐厅对猪肉熟食的探索。将猪肉在冰箱里稍微放置一段时间，然后再用绞肉机搅拌，这样做出来的猪肉肉质很嫩，给他留下了深刻的印象。给牛肉先裹上一种用温泉蛋、放了一天的酸面包、菜籽油和柠檬汁混合而成的蛋奶酱，最后加上用传统的丹麦黑麦面包做成的脆面包屑，这样做出来的效果是野蛮而粗犷的，既北欧又现代。简而言之，这道菜引起了轰动。世界各地都有厨师开始出品这道菜，比如纽约市的埃斯特拉餐厅（厨师伊格纳西奥·马托斯的版本颇具影响力，他的灵感来自哥本哈根之旅，是用手工切碎的野牛肉、鱼露加辣椒粉做的），巴黎布里昂城堡酒店的伊纳基·艾兹皮塔特也做了这道菜。

由克里斯蒂娜·穆尔克挑选

224

# 约书亚·斯基尼斯（Joshua Skenes）

## 四季餐厅（SAISON）

美国，2010年

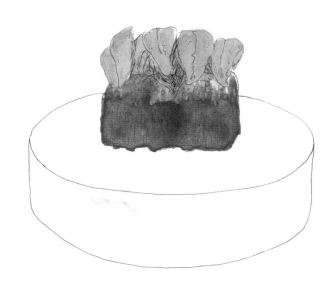

# 海胆吐司

约书亚·斯基尼斯在他旧金山开的餐厅里推出的海胆吐司，对味蕾具有天然杀伤力，是一道奢侈至极、很毁三观，但也非常值得上传到社交软件Instagram上的菜肴。四季餐厅的声誉源于其对选取食材的苛刻要求，这些食材在烟火缭绕的厨房里烹饪之后再端上硅谷富人的餐桌，后者来这里享用400美元（约人民币2565元）一餐的试吃菜单，他们希望吃的菜既完美又随意。因此这道在半浸透的吐司面包上摆着晶莹剔透的从门多西诺海岸亲自捕捞的橙色海胆的菜就显得意义非常。事实也的确如此。在旧金山著名的塔汀面包房烤制的酸面包上涂抹用乡村面包、酱油、棕色黄油和蛋黄酱做的鲜味汁，吃着包含甜味、咸味、弹牙和焦糖化的吐司，简直令人胃口大开。这道菜的味道只

能去体验，用语言无法表达，海胆吐司的丝滑和鲜咸，令其成为随意但精湛菜肴的典型。这道菜的风味主要是以主要食材海胆为主导的，这是一种独特的加州烹饪方式。

在蓬勃发展的饮食文化里，这道一眼就能认出来的菜也标志着美食文化重要时刻的来临，上传世界各地高端餐厅推出的标志性菜肴也是一种烹饪的荣誉。

这道一口就能吃完的美食告诉人们，你不仅可以在餐厅里订到座位，也能付得起账单。幸运的是，正如这篇文章所言，四季餐厅推出的这道美味值得一试。

由安德烈·佩特里尼挑选

参见菜谱第406页

# 帝王蟹配焦化奶油

"只做一次，力求完美"是马格努斯·尼尔森在法维肯仓库餐厅经常对厨师说的一句话。这是因为在他那家只有12个座位的餐厅里，有些菜肴用到的食材种类非常少，这意味着没有出错的余地。就拿这道头盘来说吧，它有2种元素和4种食材。将帝王蟹刷上黄油，在炙热的干锅里迅速烤焦，然后用勺子而不是用锅铲给它小心地翻个身，直到它完全变成珊瑚色。出锅之后，喷洒上阿提卡醋（一种酸性极强的瑞典白醋，由氧化酒精制成，通常用于腌咸菜），以锁住帝王蟹鲜甜的味道。接下来，把用鲜牛奶制作的淡奶油倒入另一口热的、干燥的锅里，让淡奶油煮沸，直至底部的蛋白质几乎被烧焦，顶层的牛奶减少，整体变成略微焦化的奶油状（奶油的量是根据锅的大小和温度精确计算出来的）。

然后，在每个盘子里，每一份蟹肉旁边都搭配上一小匙焦化奶油。这道菜也许看着很简单，但鲜甜纯粹的口味被焦糖化作用放大，达到令人难以置信的味觉新高度。许多关于法维肯仓库餐厅的评论也把这道菜称为最难忘的菜，它向全世界的厨师发出了一个信号：如此简单的东西，如果做得完美，只需要做一次。

由**豪伊·卡恩**挑选

# 杰西卡·科斯洛（Jessica Koslow）

## 好莱坞SQIRL餐厅（SQIRL）

美国，2011年

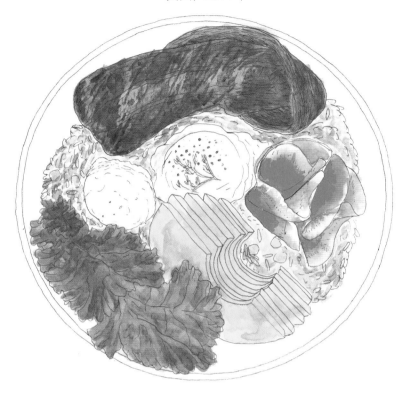

# 酸模青酱饭

杰西卡·科斯洛的"意大利乳酪果酱吐司"可能是这家洛杉矶餐厅兼咖啡厅的菜单上最上镜的一道菜，这家餐厅每天都供应早餐和持续到下午四点的午餐。

但这并不能让我们完全认识她对烹饪的理解：严格挑选加州季节性食材，耗时的发酵食品，以一种感觉很自然而不是做作的方式融合了全球风味。这些都是科斯洛的特殊魅力，所有这些都结合在这道菜里，它吸收了加州健康餐的传统理念，并被注入了新的活力。有很多人试图模仿这道菜的多种风味，但只有科斯洛成功地将这道新的加州菜肴搬上了台面。

米饭是美国20世纪70年代的一种主要的长寿主食，这种以米饭为主食的饮食习惯被悉尼比尔·格兰杰等厨师发起的追求健康的全天早餐运动所重新接纳，这一运动打破了以往烹饪界主要使用甘蓝、姜黄和中东芝麻酱做健康餐的做法。

科斯洛用加州产的中粒糙米，拌上莳萝、自制的柠檬碎，还有清爽的甘蓝酸模青酱（用当季食材制作）。在红心萝卜片、味道强烈的菲达奶酪和一个水煮蛋上淋上发酵的墨西哥辣椒酱。

正如科斯洛在她的食谱《我想吃遍的菜》（*Everything I Want to Eat*）中所写的："这道菜的成功就像没有人下注的马最终赢得了肯塔基赛马会。"她颠覆了人们对传统早餐的认知，人们突然之间迷上了健康餐。

由豪伊·卡恩、克里斯蒂娜·穆尔克挑选

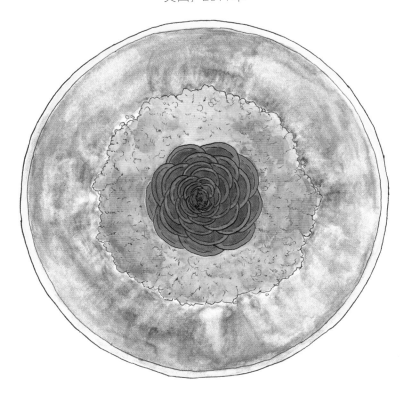

参见菜谱第408页

# 甜菜玫瑰、酸奶、玫瑰花瓣冰

丹尼尔·帕特森是一位敢于挑战美食界的英雄厨师，他厌倦了看世界各地厨师山寨他的菜肴的照片——这是一种由于使用社交媒体才促成的现象。他也厌倦了有人说，他们可以在其他餐厅以更低的价格品尝到拥有米其林三星级创意的食物，却没有充分赞扬厨师原创菜肴的创造力。因此，他决定在他的旧金山餐厅里发明一些很费时间才能复制的新菜——确切地说是一些故意做得很烦琐的菜。甜菜玫瑰由30片在甜菜糖浆中浸过的烤甜菜片组成，每一片都小心地摆放到位，然后冷藏至成形。将甜菜玫瑰放在一小块掺入少量甜菜汁的甜菜泥上，再在甜菜泥上放上充气的酸奶和撒了玫瑰蜂蜜的花瓣冰，这是迄今为止看起来最自然的用镊子做成的菜，几乎没有人能把这道菜做到完美。

帕特森在接受《食客》杂志采访时表示："这就是我们做的菜。它看起来超级简单，实际做起来却是超级困难。如果我们做对了，看起来任何人也都能做到，但如果我们做错了，那就完全是一场灾难。"

所以喜欢山寨别人菜肴的厨师根本不会考虑这道菜。但有一个例外，那就是诺玛餐厅主厨勒内·雷哲皮。2006年他暂时关闭了诺玛餐厅，在澳大利亚开了一家为期10周的快闪店，其间他做了道类似的菜——帕特森玫瑰，它不仅与COI餐厅的这道菜的外观相近，而且与"生牛肉片"有渊源（见第72页）。

由**安德烈·佩特里尼**挑选

# 赫斯顿·布鲁门塔尔（Heston Blumenthal）

## 赫斯顿·布鲁门塔尔晚宴餐厅（DINNER BY HESTON BLUMENTHAL）

### 英国，2011年

# 肉果

历史在赫斯顿·布鲁门塔尔开在伦敦的餐厅里重演。他将一道源于14世纪的食谱进行现代化改良，取得了惊人的效果。一个闪亮、有凹陷的橙子摆在木板上，旁边是一片刷着香草油的烤酸面团面包。肉果里的肉在哪里？用一把刀轻轻切开这个"橙子"，你会发现这个橙子冻的内部是奶油鸡肝和鹅肝慕斯。这款美味可口的仿真杰作，需要3天时间才能完成。那些被这道菜惊艳到、欣喜异常的食客开始疏远分子料理，越来越青睐休闲的、民族化的餐饮。通过回顾英国餐饮的过去从而创造出一种工艺精湛、让人欲罢不能的美食，对菜品的创新很重要。很快，食客们就给这道菜拍了很多照片。在纽约，麦迪逊公园十一号餐厅的大厨丹尼尔·亨姆制作了一道用红色卷心菜和鹅肝做的菜，特意让它看上去像某种蔬菜被四等分了。而在巴黎，莫里斯酒店的糕点厨师塞德里克·格罗莱因为创作出精美绝伦的仿真水果而声名鹊起。

大约在赫斯顿·布鲁门塔尔晚宴餐厅开业10年之前，布鲁门塔尔已经对中世纪的肉果食谱着迷了。他和厨师阿什莉·帕尔默·瓦茨开始尝试着将布鲁门塔尔参与的电视节目《赫斯顿盛宴》中的传统英国金苹果的食谱进行现代化改良，他用几种不同的做法试做这款菜，2013年他把这道菜记录在了他自己的食谱《历史性的赫斯顿》里。这道很费工夫的食谱需要3个厨师用3天的时间来准备，他们每天要在冷菜档口工作5小时。

由迭戈·萨拉扎、理查德·维恩斯挑选

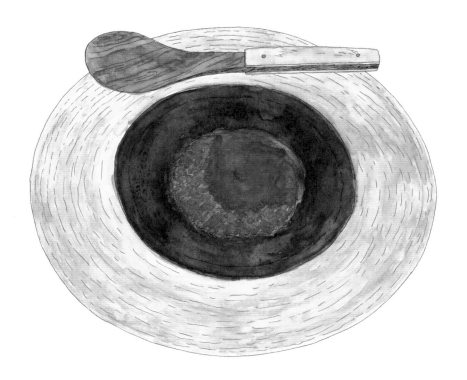

参见菜谱第411页

# 酸奶油粥配风干驯鹿心脏和梅子醋

在"新北欧美食宣言"的基础上，当丹麦厨师埃斯本·霍尔姆博·邦移民到挪威首都奥斯陆时，为了能够打造一种以当地粗犷的食物风味为焦点的新的烹饪方式，他精心研究了当地富有挑战性的气候和自然环境。他在接受在线杂志《博德编辑》（The Bod Edit）采访时解释说："挪威过去是一个非常贫穷的国家，因此传统菜肴非常朴素。挪威人烹饪不是为了追求美味，而是为了生存，所以食物不一定要做得很好吃，但我们找到了一种让食物美味的方法！"通过探索与极端环境相适应的传统的地区性食谱，透过采购当地有机野生食材的视角，邦大胆地给挪威菜带来了新的复杂性。餐厅开业不到一年，他就赢得了一颗米其林星。

他的第一道特色菜的灵感来自他在路边咖啡馆品尝过的一种传统的美味稀粥。这种酸奶油粥通常用非常酸的奶油制成，上面撒上咸咸的脆肉。"这真让我大开眼界"，他说，"我从未吃过这么好吃的粥！我直接回到餐厅，按我自己的方式做了这道菜。"他稀释了这道粥，上面撒上一把烟熏驯鹿心脏粉——这是挪威人为严冬做准备而常采用的腌制和熏制肉类的做法，并搭配自制的黄油和梅子醋。这是马艾莫餐厅自制的大量发酵食品中的一部分。通过使用历史悠久的烹饪技法和传统的食材，邦成功地将北欧美食推向了全球现代烹饪的舞台。

由安德烈·佩特里尼挑选

# 杰里米·李（Jeremy Lee）
## 库瓦迪斯餐厅（QUO VADIS）
英国，2012年

# 熏鳗鱼三明治

如果说英国人对美食做出的最大贡献是三明治，那么杰里米·李在库瓦迪斯餐厅出品的开胃菜——烟熏鳗鱼三明治则是三明治的经典之作。这位苏格兰大厨在伦敦的蓝图咖啡馆做菜时即兴创作的简单小吃如今已经成为这家位于苏豪区的拥有近百年历史的餐厅的招牌，它是常客和评论家的最爱，可以说这道三明治比这家餐厅的彩色玻璃窗更具标志性。

在开库瓦迪斯这家餐厅的时候，李原本想推出的是松露三明治，但成本太高了，所以他决定采用烟熏鳗鱼。他从林肯郡比尔先生那里采购鳗鱼，他将丝滑的、烟熏味十足的鱼片放在涂了黄油、第戎芥末和清爽山葵的炸普瓦兰酸面包薄片上。一堆用白葡萄酒醋和糖腌制的红洋葱搭配着三明治，让三口就能吃完的美味清新你的味蕾。李回忆说："这道列入菜单的三明治最初平淡无奇，但它获得了食客们的一致好评和热捧。"客人们非常偏爱这道菜，从那以后，这道三明治就再没从菜单上下架。

将一道以18世纪伯爵的名字命名的英国经典三明治，提升成一种奢华而受追捧的菜肴，这直接推动了现代英国菜的发展。李回忆起他的这道创新菜："过去这道正宗的三明治分量很大，口感超级丰富，我们努力让人们认识到这不只是一个三明治，而是名副其实的经典。实际上，这是一道我们可以打包带走的菜。"

由**理查德·维恩斯**挑选

## 西蒙·罗根（Simon Rogan）

### 铁砧餐厅（L'ENCLUME）

英国，2012年

参见菜谱第412页

# 余烬炭烤沙拉、马尔岛奶酪、松露卡仕达酱、大榛子

在西蒙·罗根位于英格兰坎布里亚湖区的两家米其林星级餐厅里，他利用自己农场种植的或从周围的山丘和海岸采集的食材，改进了英国现代烹饪，并通过精心调制的酱汁和精湛的烹饪工艺体现出这些食材的新鲜口感。受法国厨师马克·韦拉特的启发，西蒙·罗根创作出了这款沙拉。马克利用身边的阿尔卑斯草本植物和鲜花，采用前卫的烹饪技法，选用了丰盛的时令蔬菜，如各种羽衣甘蓝、小卷心菜、花椰菜、块根芹和西蓝花，然后将它们放在一个大型的绿色蛋形炭火炉中的比萨石板上，同时加入樱桃木片，以增强烟熏的味道。低温熏制的这道菜表现出了新

的个性。在烤制的蔬菜上放一勺松露奶油冻，最后用当地的马尔岛奶酪做成的酱汁调味。碗的四周点缀着辣椒、欧芹和大蒜油，沙拉配有嫩的芥菜、黑芥末花、葵花籽和松露细丝，还有一份用欧洲榛子做成的瓦片饼。这是一款朴素而且诱人的菜肴，包含当地的和来自欧洲森林的特色食材（尽管松露是在英国威尔特郡发现的），最重要的是，柔和的口感烘托出完美的味道。这款沙拉可以说是英国版的"加古鲁沙拉"——由米歇尔·布拉发明的传奇的可食用"景观"（见第113页）。与加古鲁沙拉一样，罗根的这道创新菜挑战了人们对沙拉的传统认知。

由**理查德·维恩斯**挑选

## 谭国锋 (Tam Kwok Fung)

### 誉龙轩餐厅 (JADE DRAGON)

中国，2012年

参见菜谱第413页

# 糯米酿乳猪

和30年前在中国开始从厨的同一代厨师一样，谭国锋没有接受过正规的厨师培训。相反，他的第一份工作是在餐厅里做清洁工，因为他一个高中同学的父亲是这家知名餐厅的经理。他一步步向上爬，逐渐完善经典菜肴并不断学习现代粤菜，比如这道即使在小餐馆里也令人印象深刻的糯米酿乳猪。据说这道菜是香港君怡酒店的陈永乔大厨所创，做这道菜的时候要求厨师将一整只乳猪精心地去骨，在猪体腔内装满调味的糯米，然后紧紧地裹好，再烤至外表金黄酥脆，里面调过味的米饭很有嚼头。在澳门新濠天地赌场的誉龙轩餐厅，谭国锋先用传统的方法烘干和准备

生猪，然后将猪纵向切成两半，去骨，取出需要使用的肉，从而达到了一种完美的肉、米比例。糯米馅料是用糯米、蘑菇和伊比利亚火腿做成的，然后小心地将糯米馅填进猪体腔内，然后卷起，最后用厨房的细绳或铁丝捆扎成形，防止馅料和美味的汁水溢出。猪肉在烤箱里烤熟取出以后，淋上热油，确保猪皮颜色金黄、口感酥脆，再搭配上一些腌菜一起上桌，以解猪肉的油腻。2018年，谭大厨将这道菜带到了澳门永利宫餐厅。

由苏珊·荣格挑选

233

# 丹尼尔·哈姆（Daniel Humm）

## 麦迪逊公园十一号餐厅（ELEVEN MADISON PARK）

美国，2012年

参见菜谱第414页

# 胡萝卜鞑靼

　　麦迪逊公园十一号餐厅的餐厅老板威尔·吉达拉和大厨丹尼尔·哈姆通过他们的创新菜肴、表演性的服务、刻意的餐厅设计和战略合作使这家餐厅的经营风生水起，他们两位也成了名人。哈姆经常用他的菜向经典菜肴致敬，同时利用这些经典在脑海中唤起的感官记忆来创造新颖的菜肴。一道包含了火焰表演的标志性菜肴就是看着有点儿普通的胡萝卜鞑靼。上菜之前，厨师会把一个碾磨器固定在餐桌边缘，然后面对客人开始了他的解说："这道菜是麦迪逊公园十一号餐厅向包括德尔莫尼科餐厅、加拉格尔斯餐厅、基恩餐厅和斯帕克斯餐厅在内的经典牛排餐厅的致敬。"故事快讲完的时候，挑战客人心理预期的时刻就来临了，厨师会把一堆煮熟的胡萝卜放进碾磨器里，搅拌出来的是胡萝卜泥。因为纽约州的哈德逊山谷餐厅以擅长烹饪味道复杂的胡萝卜而闻名，哈姆决定用胡萝卜代替牛肉。菜单上的每道菜都配有服务员或厨师讲解故事，以帮助解释菜品的起源、这道菜怎么被列入菜单以及为什么会选择这些食材。前厅和后厨的工作人员紧密协作，无缝对接。哈姆凭借他的精确和专业，并通过自己的视角为客人呈上一片地道、重新构思过的、搭配了胡萝卜鞑靼的黑麦面包片。

由豪伊·卡恩、克里斯蒂娜·穆尔克、迭戈·萨拉扎挑选

## 丹尼·鲍文和安东尼·米因（**Danny Bowien and Anthony Myint**）

### 龙山小馆中餐厅（**MISSION CHINESE FOOD**）

美国，2012年

参见菜谱第415页

# 重庆鸡翅

大约在2012年，食物变得活跃而松散。多亏了那些实验性的、低风险的烹饪场所，比如档口和餐车，厨师们可以相对自由地从事烹饪活动。对一些人来说，这意味着他们可以向客人供应他们自己吃的食物：可以搭配一杯高级啤酒享用的快捷美食。餐馆变得越来越吵，越来越不可预测，菜也越来越辣。为什么不能做一道真正美味的、影响深远的菜呢？重庆鸡翅的灵感来源于美国酒吧小吃"布法罗鸡翅"和一种有着数百年历史的传统美食。至少当你想到像丹尼·鲍文——一个出生在俄克拉荷马州的韩国裔烹饪学校的辍学生，和他的搭档安东尼·米因一起，在洛杉矶教会区的一个普通中餐外卖区开了一家"美国化的东方口味"餐厅——龙山小馆。在龙山小馆中餐厅，他们创造

了一个奇迹，食客们排着长长的队伍等待着购买一种不可思议的、令人心动的川菜。

"重庆鸡翅"，安东尼·波登称之为有史以来最好吃的鸡翅。做这道鸡翅的时候，要先炸一遍，再冷冻，然后再次油炸。最后，撒上一种掺了花椒粉的调味粉，口感麻麻的，还有一把干辣椒粉。像鲍文后来的许多招牌菜一样，这道菜既怀旧又富有挑战性。的确，这道重庆鸡翅辣得让人难受，但也让人难以忘怀。从巴黎到哥本哈根的餐厅里，尽管找不到像这么辣的鸡翅，但这道中国风味的鸡翅已经成为客人爱点的一道开胃菜。

由**克里斯蒂娜·穆尔克**挑选

# 马西莫·博图拉（Massimo Bottura）

## 意大利摩德纳酒馆餐厅（OSTERIA FRANCESCANA）

意大利，2012年

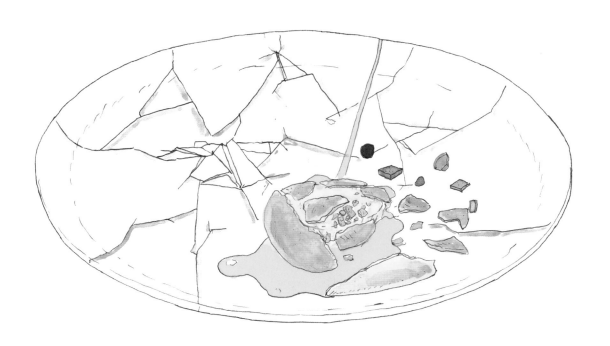

参见菜谱第416页

# 噢！我的柠檬挞掉了

这是一道颠覆性的现代摆盘奇迹，源于一场厨房里的意外。人们对马西莫·博图拉的期望不会太少，他将传统的意大利美食与艺术、情感、记忆和体验联系在了一起。这道柠檬挞是用来描绘人们的味觉的：柠檬草冰激凌和传统的萨巴雍，配有薄荷酱、潘太莱利亚的咸刺山柑、索伦托柠檬蜜饯、卡拉布里亚佛手柑和姜，这些颠覆了意大利传统，模糊了甜味与美味之间的界限。这道柠檬挞一直以来都是常规摆盘，直到有一天糕点厨师突然辞职，年轻的厨师近藤孝彦不得不接替他的工作。晚餐时分，当他正在出最后两份柠檬挞时，不小心把其中一份掉在了厨房的工作台上，那份柠檬挞落在摔碎的盘子里，看着像是杰克逊·波洛克的画作。近藤的脸吓得苍白，但是博图拉发现摔裂的盘子比原来的更漂亮："这是对意大利南部的隐喻！"

正如博图拉在他的食谱中所写的那样，"在那一瞬间，这道甜点诞生了，而且每次的柠檬挞都不一样。柠檬挞一次又一次地被摔坏。"这种仪式提醒我们，打破常规并不是结束，而是新的开始。打破、变形再重造。对摩德纳当地人来说，后现代的摆盘太具争议了，这也是这家餐厅在早期因顾客稀少而几乎关门的一个原因。但随着博图拉的名气越来越大，这款甜点引发了世界各地的人对甜品的喜爱。更重要的是，它解放了厨师的思想，让他们变得有趣并具有艺术创造力。

由克里斯蒂娜·穆尔克、迭戈·萨拉扎、理查德·维恩斯挑选

# 多米尼克·安塞尔（Dominique Ansel）

## 多米尼克·安塞尔面包房（DOMINIQUE ANSEL BAKERY）

### 美国，2013年

参见菜谱第418页

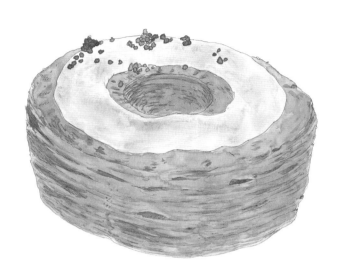

# 可颂甜甜圈®

在司康、甜甜圈、曲奇可颂面包，牛角甜甜圈和"邓肯甜甜圈店"里的纽约派甜甜圈之前，就已经出现了可颂甜甜圈®，它是一种填充奶油的甜甜圈和可颂结合的产品，于2013年5月在纽约多米尼克·安塞尔面包房首次亮相，并在9天后注册了商标。为了制作可颂甜甜圈，可颂面团是经过特别处理的，这样放入热油中炸的时候，面团外面已经炸得焦脆，内部却依旧保持着蓬松的酥皮状。这是一个烘焙奇迹，需要创新和技巧，而多米尼克·安塞尔尤其擅长这两点。在开这家面包店之前，他在纽约丹尼尔·布卢德开的餐厅里，带着他的糕点厨师团队获得了纽约时报四星级评级，三颗米其林星，以及詹姆斯·比尔德奖。

食品评论家称他的这道标志性糕点是一件杰作，并将其提名为《时代》杂志2013年的25项最佳创新菜之一。

就像每一款新的运动鞋和手机一样，人们乐于为这款稀缺的、被炒作的甜甜圈排队。在其全盛时期，美食蛋糕热正在消退，狂热抢购可颂甜甜圈®的顾客在面包店早上8点开张前几个小时就已经排起了长队，他们只买这家面包店每天现做的几百种糕点中的两种。在黑市上，一份可颂甜甜圈®的售价高达100美元，在纽约之外，世界各地的人们只能勉强接受山寨版的甜甜圈。尽管如今，可颂甜甜圈®在当今社会上的存在感已经远不如前，但它仍然是为数不多的几种能够促使顾客在线下及线上购买的糕点之一，同时它的美味和工艺也配得上它的名气。

由苏珊·荣格、迭戈·萨拉扎挑选

# 亚历克斯·阿塔拉（Alex Atala）

## D.O.M.餐厅（D.O.M.）

巴西，2013年

参见菜谱第421页

# 蚂蚁和菠萝

想象一下，一道只用了两道食材的菜肴能够在全球烹饪界产生巨大的影响。亚历克斯·阿塔拉的"蚂蚁和菠萝"就是如此。当时巴西的高档菜品都是欧洲菜，阿塔拉决定在他的圣保罗餐厅里只使用巴西食材。他想挑战那些有钱的食客，用巴西天然的大储藏室：亚马孙雨林的食材烹饪。通过将原始与现代相结合，给每一种食材都搭配一个起源故事，阿塔拉不仅让巴西人为自己的美食感到自豪，而且让他们从根本上重新思考什么样的美食是有价值的、可食用的、可持续的和美味的。在一个菠萝块上摆上一只蚂蚁，再用一个圆顶玻璃罩罩上，整个自然界都会被揭开玻璃罩后的口感惊艳。

阿塔拉说，追求简单是一项艰巨而复杂的任务。他在2013年的一次公开演讲中对一名听众说："做一道只用三种食材的菜，对厨师来说是一个巨大的挑战。有时我会再去掉一种食材，然后这道菜看起来就很明了。"

这道菜里的蚂蚁很好吃。阿塔拉在偏远的圣加布里埃尔达卡乔埃拉地区拜访著名酒吧的印度厨师和供货商多娜·布拉兹时品尝了一种苏瓦蚂蚁干（唯一用于烹饪的蚂蚁品种），他被蚂蚁的味道打动。他问布拉兹是否在菜里加了生姜、柠檬草和小豆蔻，但她告诉他，这是蚂蚁本身具有的香味。自从蚂蚁出现在D.O.M.餐厅，就激发了普约尔餐厅的恩里克·奥尔维拉和阿提卡餐厅的本·舍里开始探索自己本国蚂蚁的味道，在他们的餐厅里，把蚂蚁晾干、磨碎作为调味品，或是将活蚂蚁作为一种新鲜的刺激食材。

由豪伊·卡恩、安德烈·佩特里尼挑选

## 汤米·班克斯（Tommy Banks）
### 黑天鹅餐厅（THE BLACK SWAN）
美国，2013年

# 牛油慢煮甜菜根配烟熏鳕鱼子和亚麻籽

过去10年，在黑天鹅餐厅里，即使是最不受人喜爱的甜菜也成了餐厅的主打菜。从埃亚尔·沙尼的整烤花椰菜（见第202页）到丹尼尔·哈姆的猪膀胱炖块根芹，再到约坦·奥托伦吉的烤茄子配白脱牛奶酱（见第187页），我们的祖父母经常吃的蔬菜现在也成了我们餐桌上的一道主菜。在菜园里，甜菜对汤米·班克斯而言意义重大。班克斯在约克郡开了一家家庭餐馆，就是在这个餐厅里，这位自学成才的厨师24岁时就获得了一颗米其林星。班克斯将鱼雷形的传统品种的甜菜根做成了拥有英式乡村烤肉灵魂的排列整齐的优雅主菜。用牛油将甜菜根油封5小时之后再烟熏，这样做就能使甜菜呈现出枯萎的外观和一种像牛排那样的焦化质地。一种用甜菜头边角料汁水浓缩制成的糖浆，为这道菜增添了近似烧烤般的甜味。精心排列的山葵山羊乳酪，腌制的红色和金黄色的甜菜薄片，烟熏的鳕鱼子乳，以及亚麻籽饼干使这道菜看起来就像是一道现代甜点。

素菜荤做，寻找创新性的方式以避免食材浪费，致力于再现传统蔬菜品种，这些对于当代厨师而言是符合时代要求的，同时也是一种值得推崇的潮流。正是类似这样的菜肴对食客产生了深远的影响，能够帮助他们重新思索真正精致的主菜应该是什么样的。班克斯的这道用甜菜做的主打菜也对他餐厅附近的种植园产生了影响：他的父母都是农民，仅仅是为了满足这道菜的订单，他们现在每年要种植20多吨甜菜。这就是一道招牌菜所产生的影响力。

由**理查德·维恩斯**挑选

# 恩里克·奥尔维拉（Enrique Olvera）

## 普霍尔餐厅（PUJOL）

墨西哥，2013年

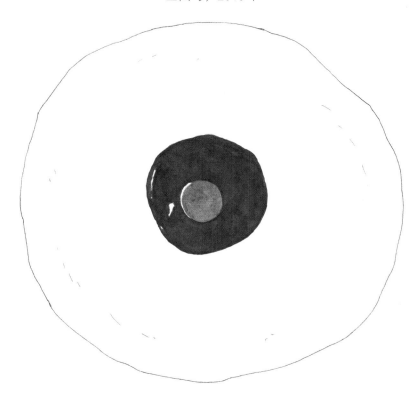

参见菜谱第423页

# 摩尔母亲酱

　　最初这道摩尔母亲酱是给一位前副厨准备的贺礼，后来成为一道国家美食基石的菜肴。从2013年3月起，恩里克一直在做同款的摩尔酱，以向奎通尼餐厅开业一周年表示祝贺。为了制作这款巧克力辣椒酱，他将不同的香料、坚果、草药和风干的新鲜水果以及不同地区的种子混合在一起，在烤盘里（或者用制作煎饼的浅锅）烘烤，最后用研钵和研杵磨碎。传统上，墨西哥人在做摩尔酱的时候都会做一大批，每次需要食用的时候就取出一部分，剩下的酱在一周时间内再加热一下食用。奥尔维拉把为奎通尼餐厅一周年晚宴做的这款酱汁的加热的天数延长到了15天。庆祝晚宴结束后，他想知道如果他继续一天两次不定时地加热酱汁，当酱汁的量下降到10升以下时，再加入新酱，结果会怎样呢？结果就是酱汁像酸酵头一样。他把这款酱叫作摩尔母亲酱（奥尔维拉还将这一过程比作制作雪利酒的索雷拉陈酿系统，因为酿酒工人在这个系统中将老酒与新酒掺在了一起）。做这道酱所用的食材会随着季节的变化而变化，可能会用到榛子、澳洲坚果、杏仁或三者都有，辣椒、番茄和水果也会随季节而改变。

　　奥尔维拉在接受《T》杂志采访的时候表示："摩尔酱是墨西哥美食的基石。"

由豪伊·卡恩、克里斯蒂娜·穆尔克挑选

240

# 徐维均（Chui Wai-Kwan）

## 家全七福酒家（SEVENTH SON）

中国，2013年

# 烤乳猪

20世纪70年代，徐维均的父亲在他的米其林餐厅福临门酒家（常被称为"大亨食堂"）推出了这道著名的粤菜——烤乳猪。徐维均弟兄共七人，但只有他跟着父亲学厨，他从业50多年，令这家餐厅后来发展成了成功的连锁餐饮。2009年，在一次争吵之后，他离开了这家餐厅。但一些美食爱好者仍然会到最初的这间餐厅来用餐，而另一些食客则跟着徐维均到他在2013年创办的规模更小、更现代化的餐厅，这家餐厅的烤乳猪与他父亲制作的烤乳猪不相上下。虽然在炭火炉中用高温烘烤的腌制乳猪的配方很传统，但家全七福酒家做的烤乳猪却是经典，烤出来的乳猪色泽红润、形态完整、皮焦肉嫩、肥而不腻。这家高端餐厅的常客都知道要提前点乳猪，并要求将其分成两份装盘：一份是焦脆的外皮，配上薄薄的面饼，食客可以把猪皮和小料夹在面饼中间，做成令人垂涎欲滴的三明治（再撒上点白糖味道就更加美味了）；另一份是带着骨头的、非常嫩的肉片。这是一道极佳的宴会盛宴。徐维均先生经常在这家独立出来的餐厅入口处的桌子旁招呼客人，这家餐厅后来又开了六家分店。而且，和他父亲一样，徐维均先生也赢得了自己的米其林星。

参见菜谱第425页

# 韩式生牛肉蔬菜拌饭

罗宴餐厅是首尔第一家米其林三星餐厅，这是对厨师长金成一的认可。这家餐厅与供应分子料理或欧洲美食的高级餐厅的趋势相反，它致力于打造传统的韩式烹饪。韩式烹饪注重选用优质的韩国大米、蔬菜、海鲜和牛肉（许多人说，韩国牛肉比日本的好，因为它的质地与和牛一样嫩，但脂肪含量相对较少）。金成一大厨做的菜以美味而引人注目，也许会让人想起16世纪葡萄牙殖民者将辣椒传到韩国之前韩国食物的味道。这道传统的米饭主菜的演绎有点儿像怀石料理，因为它不是一道丰盛、辛辣的拌饭。更

加准确地说，它是清淡、新鲜的米饭和高超刀工切出的烩菜的组合，最上面是火柴棒粗细的冷冻生牛肉丝（或者叫肉脍）。这些牛肉丝与米饭拌在一起之后，它们会变软并释放出腌料的甜味。米饭和牛肉丝相得益彰，整道菜释放出了拌饭的精髓。更浓郁的味道通过配菜（或搭配的小菜）体现。配菜包括韩国泡菜、腌蒜，一种风味鲜明且微辣的腌梨，还有一道用浓郁的明虾汤底制作的大酱汤。

由苏珊·荣格挑选

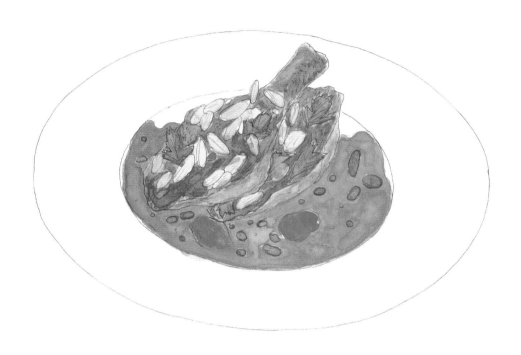

参见菜谱第425页

# 美国队长鸡

美国队长鸡（一种咖喱鸡）经常会和佐治亚州的萨凡纳联系在一起。在18世纪，萨凡纳港是一个香料贸易大港。这道菜真正代表了美国南部地区的菜肴，融合了各种文化和烹饪传统。美国非洲裔女大厨玛莎玛·贝利在灰色餐厅做的美国队长鸡引起了轰动。贝利做美国队长鸡用的是半只鸡，部分去骨再烤，将鸡肉放在一块烤过的浸过锅中汤汁的酸面包上，再涂上一种受美国队长口味启发的酱汁：用咖喱粉、葡萄干和青椒做的调味汁。尽管灰色餐厅出品的菜是由其所在的低地乡村（沿海南卡罗来纳州）和非洲风味的特点定义的，但贝利从传统美食和身边的食材中找到灵感，以微妙和创造性的方式向萨凡纳市致敬。2014年，纽约的风险投资人约翰·欧·莫里萨诺在萨凡纳买下了一个废弃的公交车站——灰狗站（这是种族隔离时期的车站，等候区与洗手间被划分为有色人种区和白人区）。他将其改造成了"灰色餐厅"。这家餐厅很重视美国南部的历史问题，比如定义了有灵魂的食物，将第一浸信会教堂的照片挂在墙上，还聘请了黑人行政总厨。从灰色餐厅开张的第一周起，贝利就在菜单上推出了美国队长鸡这道菜。这道萨凡纳经典菜的现代版本展现了美国南部地区美食的风味和历史，是该市日渐复兴的烹饪典范。

由豪伊·卡恩挑选

# 里卡多·卡马尼尼（Riccardo Camanini）

## 丽都84餐厅（LIDO 84）

意大利，2014年

参见菜谱第426页

# 猪膀胱奶酪胡椒意面

　　一道意大利经典菜遇到了法国高级菜肴，就像自然元素遇见了戏剧。这两种传统并不冲突。事实上，这样做出来的菜妙不可言：融合了罗马奶酪胡椒意面和传统的膀胱烹饪工艺，该工艺是指在猪膀胱里文火烹肉（见第61页"法式布雷斯膀胱鸡"）。一位服务员端着一颗装在盘子里的异乎寻常的"充气球"来到餐桌前。他用力地摇晃一下，然后刺破猪膀胱，放出里面的蒸汽，猪膀胱里的意面被均匀地涂上黄油（或橄榄油）、黑胡椒粉和奶酪。这道菜足够两人食用，且因为这个表演值得共享。首先，这道菜风味独特，猪膀胱里弥漫着人们常见的奶酪和胡椒的香气。奶酪胡椒意面的口味类似于风干猪颊肉和羊干酪意面。此外，这道菜的烹饪工艺也很新颖，菜里的意面不是煮熟的，而

是在猪膀胱里蒸熟的。不知何故，里卡多·卡马尼尼成功地把它蒸熟了，尽管他得在破坏这个惊喜以后才能确认意面是否熟透了。这不仅仅是一道美味的意大利面，卡马尼尼还赋予了它独特的个性，这在意大利算是首屈一指。

　　卡马尼尼十几岁的时候就开始和传奇大厨古尔蒂洛·马尔凯西一起烹饪了，后来他又去了英格兰的四季庄园餐厅，跟着雷蒙德·布兰克学厨。卡马尼尼在一位16世纪教皇的厨师写的一本书中读到了古罗马用动物器官烹饪的技法。为什么不尝试用这种技法做意面呢？经过长期的试验，奶酪和胡椒奶酪汤汁的组合成了这道菜的必要元素。有的时候，猪膀胱也会偶然爆掉。卡马尼尼曾说："就像手工制鞋一样，烹饪也有不完美的地方。"

由安德烈·佩特里尼挑选

244

## 布鲁克斯·赫德利（Brooks Headley）

### 超级汉堡餐厅（SUPERIORITY BURGER）

美国，2014年

参见菜谱第426页

# 超级汉堡

天才厨师布鲁克斯·赫德利选择辞去纽约知名意大利餐厅德尔波斯托餐厅的糕点主厨一职，转而去追求自己的梦想时，那些熟悉他的人并不感到惊讶，因为他的梦想是做一个素食汉堡档，且档口座位非常有限。事实上，赫德利在纽约东村开的小店完美地体现了赫德利作为朋克鼓手的背景（在20世纪80年代的美国，很多知名的歌手都是素食主义者）。这家小店的招牌菜是同名的超级汉堡，它的灵感来源于加利福尼亚州的"In-N-Out汉堡"，但它将汉堡的鲜味值提升了一个高度。赫德利在《超级汉堡食谱》中说道："这不是假冒的肉，我也不是故意这样做的，素食汉堡现在很美味。"

这款汉堡打破了美味的汉堡应该是牛肉汉堡的谬论。这些汉堡完美地混合了烤胡萝卜、红藜麦、鹰嘴豆、炒洋葱、烤茴香籽、土豆淀粉、欧芹、核桃碎、辣酱、柠檬汁等。另外，还有焦脆、潮湿的谷物和在玉米饼上面撒上风干番茄、鹰嘴豆蛋黄酱、泡菜和融化的门斯特奶酪。它们便携、可爱，比工厂生产的填满豌豆蛋白的弗兰肯汉堡更令人满意。赫德利提到："它们绝对可以被认为是美食。"多亏了赫德利，素食汉堡现在是100%的美味。

由克里斯蒂娜·穆尔克挑选

参见菜谱第427页

# 黄油鲜酵母意大利面

数十年来，人们很少能在意大利高档的现代餐厅里的菜单上找到意大利面。但在2014年，丽都84餐厅主厨里卡多·卡马尼尼将这道菜重新列入了丽都餐厅的菜单里。他推出了一道极简的菜品，这道菜后来成了意大利新烹饪的象征菜肴。卡马尼尼用意大利面、黄油和啤酒酵母这三种食材打造出了一款非常完美的菜肴，就像任何伟大的艺术作品一样，增一分太长，减一分则太短。厨神阿兰·杜卡斯向时任法国总统弗朗索瓦·奥朗德形容，这是他吃过的最好的意大利面，并把它列入了雅典娜餐厅的菜单上。

卡马尼尼以擅长烹饪意大利面而声名大噪，他也一直在大胆地努力创新。他的猪膀胱奶酪胡椒意面（见第244页）是另一个巧妙改编经典作品的例子，许多餐厅评论家把它列为排名靠前的、最喜欢的菜。当然，卡马尼尼的意大利面不仅仅是加了黄油的普通面条，还会再加上一点帕尔玛干酪（许多素食主义者使用营养酵母来达到奶酪的提鲜作用）。这是一家有着120年历史的公司精心制作的意大利面，通过黄金模具压制意大利面（以获得更优质的质地），为了让它更弹牙。煮意面的水里加了来自皮埃蒙特的贝比诺·奥切利的三种混合黄油。装盘之后的意大利面撒上脱水5小时的、散发着焦糖化榛子香味、呈焦脆气泡状的啤酒酵母。入口之后，这三种食材的搭配让人联想到完美的奶油蛋糕，还有一股淡淡的酸味。虽然这道意面只有三口的量，但吃完之后回味无穷。

由**安德烈·佩特里尼**挑选

## 尼娜·康普顿（Nina Compton）

### 兔子兄弟餐厅（COMPÈRE LAPIN）

美国，2015年

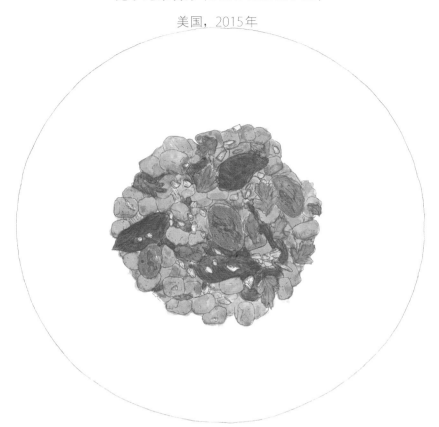

参见菜谱第428页

# 咖喱羊羔肉配红薯团子

主厨尼娜·康普顿的咖喱羊羔肉里的羊肉经过盐水浸泡、红烧并切碎，用腰果和椰奶调味，与精致的红薯团子一起端上餐桌。新奥尔良的大厨尼娜·康普顿不想简单地把咖喱羊羔肉和米饭一起上桌，而是想通过这道菜向食客呈现她的烹饪历程以及她学厨多年掌握的烹饪技术。她在圣卢西亚西印度群岛长大，一直喜欢吃羊肉，所以她在迈阿密海滩斯卡佩塔餐厅为大厨斯科特·科南特做了羊羔肉配红薯团子。当康普顿把红薯团子加到兔子兄弟餐厅的菜单里的时候，她甚至不确定这道菜能不能卖出去，但这家餐厅自从在新奥尔良仓库区开业以来，每周都会采购一只

羊羔，因为通常每周这道咖喱羊羔肉配红薯团子可以卖出去300份。这家餐厅推出的菜品融合了加勒比海、法国和意大利的美食，这道菜在当地特色菜肴和标志性新奥尔良菜的映衬下显得毫不起眼、名不见经传。你不会像在纽约的丹尼尔餐厅那样被这里的食物吓到，康普顿曾在那里跟着大厨丹尼尔·布卢德学艺。她致力于制作大家都能接受的菜品。她将平易近人的一面注入她创新的、以食材为主导的菜肴中，为那些可能不太熟悉她所提供的新奇风味的人填补了这一空白。

由克里斯蒂娜·穆尔克挑选

# 丹·巴伯和亚当·凯（Dan Barber and Adam Kaye）

## 蓝山餐厅（BLUE HILL）

美国，2015年

参见菜谱第429页

# 蔬菜泥汉堡

当秉承"从农场到餐桌"理念的米其林大厨丹·巴伯解决食物浪费问题时，他并不只是停留在高档餐饮领域。取而代之的是，他在一个为期四周的名为"wastED"的快闪餐厅中接触到了大量的食客，当时的菜单包括鸡翅、百吉饼和熏鲑鱼等菜肴，但只有蔬菜泥汉堡打动了公众，不仅因为创意，还因为美味。

巴伯和他的厨艺总监亚当·凯为纽约人每天在榨果汁的时候都会浪费大量的果渣（他联系的果汁公司每天都会扔掉1吨的果渣）感到可惜，于是巴伯和亚当·凯用甜菜、胡萝卜和芹菜渣做底料，再加上豆腐、鸡蛋，还有蘑菇、帕尔玛干酪、味噌、伍斯特郡辣酱油。做汉堡用的面包是曼哈顿巴尔萨扎面包店的隔夜面包加牛奶和水重新调制做

成的，奶酪是佛蒙特州一家奶酪制造商弃用的。"番茄酱"是用农民田间试验中的甜菜提炼成的，而泡菜头是泡菜工厂切剩下来的。这样做出来的素食汉堡不仅是一个废物利用的汉堡，还是一道令人满意的食物，它在纽约市知名的汉堡摊"奶昔小站"很快就被抢购一空。

巴伯不仅接触到新的顾客，他还通过邀请客串大厨来烹饪，并为顾客带来一道道能够充分利用自家厨房里边角料的菜肴。结果，像格兰特·阿查茨、丹尼尔·亨姆、多米尼克·克林、恩里克·奥尔维拉等名厨都想要用厨房里的边角料来创作新菜。后来他们回到自己的厨房以后，就已明白这些厨房废料其实也可以做得很美味。

由豪伊·卡恩、克里斯蒂娜·穆尔克挑选

248

**安东尼娅·克鲁格曼**（Antonia Klugmann）

拉金尼文科餐厅（L'ARGINE A VENCÒ）

意大利，2016年

参见菜谱第430页

# 野猪肉馅饺子配李子肉汤

在靠近斯洛文尼亚边境的弗留利，在长满葡萄藤的山岗上，没有接受过正规厨师培训的大厨安东尼娅·克鲁格曼擅长使用身边的食材来制作非常有个人特色的菜肴。她在接受《阿尔卑斯大厨》采访时表示："我喜欢创造一些前人没有做过的菜品，然而，我创造的新菜总是包含有我自己的经历和对传统的延续。我想人们在品尝我做的菜时注意到这种多样性。"从这道头盘里我们可以发现这种多样性：经典的帽子形意面，饺子馅是用餐厅附近、弗留利的山岗上生长的野猪肉配着大蒜、洋葱、芹菜、胡萝卜、迷迭香，最后放入奶油搅拌制成的。然而，煮这种意面用的肉汤则包含着革命性的元素：这道肉汤看着像红色的番茄沙司，实际上则是安东尼娅用自家菜园里种植的成熟李子

做的风味鲜明的汤汁。这道菜融合了传统和现代、甜味和膻味、浓郁与清淡的风味。克鲁格曼的菜被人艳羡地称为"杰基尔博士和海德女士"。其味道登峰造极、非常协调。

虽然克鲁格曼是从的里雅斯特法学专业辍学从厨，她钦佩像费朗·亚德里亚、马西米利亚诺·阿拉杰莫、皮耶尔·乔治·帕里尼和尼科·罗米托这样的厨师。她用的食材都是在厨房外面的田野和菜园里采摘的，她曾说："客人来这里用餐并不是因为我，而是为了这片土地和这个社区，要不是这些土味食材，我就像是一艘漂浮在一片虚无里的飞船。"她使用最好的食材，并运用智慧和真心去烹饪，而不是盲目追逐时代潮流或者山寨别人的风格，这让她显得与众不同。对克鲁格曼而言，利用当地食材才是烹饪的精髓。

由**安德烈·佩特里尼**挑选

# 滨田寿人（Hisato Hamada）

## 和牛黑手党餐厅（WAGYUMAFIA）

日本，2016年

参见菜谱第431页

# 神户牛排三明治

广受欢迎的日本炸猪排三明治是用松脆的日式面包糠炸猪肉排和无吐司边的、柔软的牛奶吐司组合而成的。长期以来，它一直是便利店售卖的冷藏休闲食品。但在2016年，没有接受过正规厨师培训的东京厨师滨田寿人对这款三明治进行了精心升级，价格也要与之相匹配。在他的只招待会员的和牛黑手党餐厅里，他用从里脊牛排上切下的一大块牛肉替换了常见的猪肉，将牛肉裹上面包糠油炸，上面淋上炸猪排酱，然后用轻微烤制过的吐司片夹着。切开这个炸牛排三明治，呈现出一对完全对称的长方形，三分熟、红宝石色的黄油牛肉露了出来，这样就可以在Instagram软件上进行特写拍照了。很难说是社交媒体还是无数关于三明治标价的文章引领了它的势头。这两对小长方形三明治的价格是20000日元（约人民币1175元），这可不是你平常能吃得起的三明治。滨田寿人自诩为延续传统的、耗时耗力的方式饲养和牛的第一人。这些三明治似乎能实现他的目标和利润。"很多日本人认为这款三明治很疯狂"，滨田告诉Vice杂志的记者，"但那些人只要尝过一口就会闭嘴，很明显连我的孩子都能理解。我非常重视食材的品质，所以我想做一些人们不必思考或研究的极简食物。当然了，除非他们有顶级的和牛才能制作这款三明治。"悉尼、旧金山、洛杉矶和巴黎等世界各地的城市都陆续推出了这款三明治，其中也融入了当地厨师自己的构思。

由苏珊·荣格挑选

# 罗德尼·斯科特（Rodney Scott）

## 罗德尼·斯科特的烤全猪餐厅（RODNEY SCOTT'S WHOLE HOG BBQ）

美国，2016年

# 烤全猪

烤全猪是一种艺术，它的历史可以追溯到20世纪20年代，从美国土著社区到美国南部种植园再到路边餐馆。罗德尼·斯科特就是这样一位延续这种特殊风格的厨师。11岁的时候，他在位于他老家南卡罗来纳州海明威的斯科特烧烤餐厅烤了第一头猪，从那以后，他一直在探索如何在12个小时里把猪肉烤得尽善尽美。现在，他用盐、胡椒粉和一些秘制香料给猪肉调味，然后在烤制过程中用一种用醋、辣椒和柑橘做的烤肉腌料擦拭猪皮。当全猪烤好以后，他会把它切成大块，放在一个盛有羽衣甘蓝的盘子里，或者制作成猪肉卷。

斯科特烧烤餐厅的成名反映出了南卡罗来纳一直存在的种族歧视和阶级矛盾。斯科特和他的家人在南卡罗来纳州贫穷的乡村小镇上已经做了将近30年的菜，一直默默无闻，后来才得到媒体关注。但在2009年，记者约翰·T.埃奇写了一篇关于这家小店的文章，突然间，斯科特家的餐厅成了烧烤老饕们必去打卡的地方。记者和厨师们蜂拥而至。已故的安东尼·布尔丹在南卡罗来纳州的《未知地带》的一集中收录了斯科特的餐厅。

斯科特的烹饪方式具有典型的地域特征。他烤猪肉用的木材都来自南卡罗来纳州的皮迪区，他从小就生活在那里。尽管他的生意越做越大，在查尔斯顿和亚拉巴马州的伯明翰分别开了一家比较豪华的餐馆，但他还是从原来的农民那里收购生猪，这些农民非常敬重他的厨艺，他们情愿驱车2小时把猪送到查尔斯顿。

由豪伊·卡恩、克里斯蒂娜·穆尔克挑选

# 卡勒姆·富兰克林（Calum Franklin）

## 霍尔伯恩餐厅（HOLBORN DINING ROOM）

英国，2016年

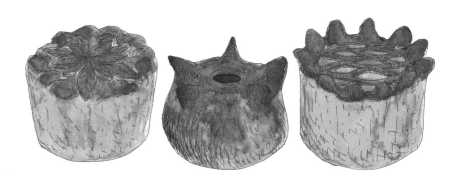

# 猪肉派

当大厨卡勒姆·富兰克林在伦敦有百年历史的瑰丽酒店的地下室里看到一堆褪色的复古模具时，他知道它们是用来制作派的。只是他不知道如何用这些模具做出配得上它们的派。他和30名厨师开始了长达6个多月的对英国传统菜看历史的研究，用英国最好的食材，包括康沃尔郡的猪肉、牛肉和蔬菜，还有诺森伯兰的新磨出来的面粉重做了各种老派糕点。虽然最初食客们可能看到的是他们从小就知道的普通的派，但他们细看会惊讶地发现，这些派经过了精心装饰和完善。

其中猪肉派卖得非常火，2017年霍尔伯恩餐厅专门开设了派饼屋（配有一种临街的服务窗口，叫"派饼窗口"）。因为这是21世纪的一道菜，Instagram软件使它爆红网络。近10万名粉丝关注着卡勒姆大厨的最新菜品，无论是每周的惠灵顿牛肉还是杧果萨尔萨咖喱羊肉派。一旦厨师觉得传统的肉馅与酥皮的比例过大，做出来的肉派不够完美，他们就会重新调节肉馅和酥皮的比例。他们做的这款猪肉派的肉馅口味丰富，但是肉馅不是太多，肉馅和酥皮的比例很均衡。富兰克林不仅乐于向新一代厨师传授制作这款派的技巧，他还为自己能够振兴英国食物的形象而自豪。最重要的是，他很高兴在英国美食界复兴了一款几乎绝迹的艺术美食。

由苏珊·荣格挑选

252

# 克劳德·博西（Claude Bosi）

## 克劳德·博西的必比登餐厅（CLAUDE BOSI AT BIBENDUM）

英国，2017年

参见菜谱第 432 页

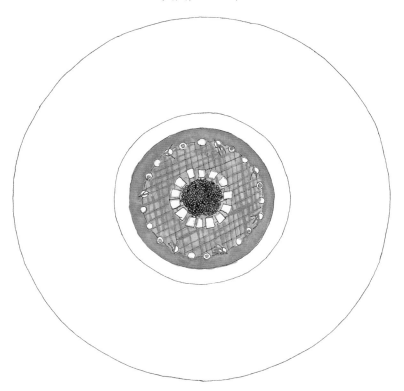

# 鸭肉冻

自2017年初首次在伦敦亮相，鸭肉冻这道菜一直都是一道非常优雅的"海陆双拼"，实际上，必比登餐厅大厨克劳德·博西的头盘烟熏鲟鱼、鸭清汤和奥赛拉鱼子酱都可以追溯到香港和巴黎的餐厅。博西出生于里昂，他先是在阿尔佩吉餐厅跟着阿兰·帕萨德学厨，后来在雅典娜广场餐厅跟着阿兰·杜卡斯学习，再后来他在伦敦开了木槿画餐厅，从而声名鹊起。他加入了特伦斯·康兰爵士的必比登餐厅（以米其林的奖项"必比登"命名，这家餐厅就位于他的餐厅旧址），并很快为其摘得了米其林星。在香港品尝了一道用鳗鱼和鸭肉做的开胃菜后，博西花了2年时间研发这道菜。他从传奇的鱼子酱啫喱和1981年乔尔·卢布松在雅明餐厅供应的鱼子酱啫喱配奶油花椰菜（见第117页）中汲取灵感，在碗底部放了一层美味的洋葱苏比斯调味汁，然后配以用鸭骨和牛蹄熬制的口味丰富的鸭肉冻。切成小丁的冷熏鲟鱼口感丰富，含有脂肪，带着泥土般的烟熏气息，最后在周围点缀上了鲟鱼子。博西模仿了卢布松在碗的边缘上搭配精美的酱汁滴，用味道鲜艳的茴香酱来中和鲟鱼丰富的口感，每滴酱汁上都点缀着一小片韭葱。这道菜在工艺上令人叹为观止，让食客们认识到真正的高级烹饪所需的技巧，而不寻常的食材搭配则体现了现代烹饪的花哨和博西不羁的个性。

由**理查德·维恩斯**挑选

# 托马斯·帕里（Tomos Parry）

## 布拉特餐厅（BRAT）

英国，2018年

参见菜谱第435页

# 整烤比目鱼

这是一道由招牌菜演化出来的招牌菜，伦敦大厨托马斯·帕里深受西班牙巴斯克地区埃尔卡诺餐厅的铁扒比目鱼（见第89页）的启发。他将这道菜作为布拉特餐厅菜单的主打菜品。这家餐厅被认为是一家优雅的餐厅，其烹饪秘诀在于挑选优质的食材。餐厅以前是一家钢管舞俱乐部，专门定做的烧烤网夹放置在二楼，帕里花了18个月的时间与萨默塞特的一名金属工人合作设计了鱼形烧烤网夹（他告诉《卫报》记者："我们也许可以从西班牙买一些网夹，但那样做就没有乐趣可言了。"）。他从康沃尔郡和德文郡采购比目鱼，而不是从比斯开湾采购。"Brat"（布拉特）在诺森伯兰郡的俚语里指的是平淡无奇的比目鱼。帕里和他手下的厨师们在低温的木炭余烬上慢慢地烤鱼大约35分钟，并经常转动鱼，然后用喷雾瓶往鱼身上喷洒醋，直到鱼皮上形成一层金黄色的、轻微起泡的焦皮。然后将鱼放置在木烤箱口处，让凝胶状的汁水滴下来，把这些汁水和油醋汁搅拌在一起，制成一种乳化汁，上菜之前，用这种味汁在鱼身上涂上一层。

呈上餐桌的烤比目鱼就是一个奇迹。鱼鳍脆得可以吃，鱼的肉质紧实，在慢慢烤制过程中形成了一种诱人的明胶。布拉特餐厅的服务员会引导食客们品尝最好吃的部分，包括最容易忽视的鱼脸肉、从比目鱼裙边上剔下的肉，还有鲜甜可口的雪白鱼片。正如《卫报》评论员杰伊·雷纳对布拉特餐厅的评论中所说，"这是一道有很多高分亮点的极致美食。"

由**理查德·维恩斯**挑选

# 关于插图

《主厨的餐桌》这本书里的插图是委托Phaidon出版社将策展人挑选的菜肴绘制而成的。一本真正的美食书中需要搭配上插图，否则不能被称为书。因为本书收集了从18世纪到21世纪的菜肴，时间跨度很大，所以很多菜肴并没有照片。即使没有确切的原始可视材料参考，借助插图，我们也得以向读者展示每道菜肴。这些插图并不是对这些菜肴完美的再现，它们只是艺术印象，每一幅都是先手绘素描再上色的。

Phaidon出版社进行了广泛深刻的研究，以确保每道菜肴的插图是真实的。本书包括一系列的历史渊源探究——从插图、手稿到烹饪历史学家、大厨们和美食评论家做出的现代再创作出的版本。最终使本书能够将这些至今无人见过的菜肴和招牌菜以现实手法呈现出来，有助于为每一页的菜肴补充视觉说明。这些插图富有创造性，色彩丰富而且非常美观。

展现给餐厅食客的所有的特殊餐具、摆盘风格和烹饪这些招牌菜的器皿在绘制插图时都已考虑在内。由于这些招牌菜的本质并不完全相同，所以在整个过程中需要调整风格，有的大胆简约，有的则非常注重细节和色彩。

因此，《主厨的餐桌》这本书中的所有插图作用明显，能够辅助读者具体理解某道菜，以及帮助读者理解厨师需要传递来自世界各地的食物的个性和特征。

插画师是厨师出身的阿德里亚诺·兰帕佐，他的职业将绘制插图和美食联系在了一起。

# 食谱

## 冰激凌

普罗科皮奥·库托

普蔻咖啡馆

法国，1686年

第18页

## 红松鸡

托马斯·鲁勒

鲁勒斯餐厅

英国，1798年

第19页

为了保留作者的意图、拼写和语法，本食谱部分采用英制和美制单位，并对食谱的原本形式予以复制。除非原文就有相关内容，否则本食谱不包括测量或温度转换。对于任何已保密或无法获得的食谱，我们将对该菜肴进行简单描述。

普罗科皮奥·库托咖啡馆的原配方没有流传下来，但我们知道他制作水果风味的冰块时，用蜂蜜代替了糖，他还在冰里加入盐，以加快冷冻速度。意大利冰激凌比奶油冰激凌含有更多的牛奶和更少的奶油，是典型的不添加蛋黄的冰激凌。

在不列颠群岛上能找到这种野生禽类。周一至周六可以去岛上捕猎（祝你好运，因为它们跑得很快）。烹饪这种黑色的鸡肉时不加任何调料，所以它的味道只受它吃的石楠和自然环境的影响。虽然最早的食谱已经找不到了，但是你可以用炖或烤的方式来做这道菜，不过当然了你得先拿起猎枪去捕获一只松鸡。

## 法式奶油酥盒

玛丽-安托万·卡汉姆
和平街饼屋
法国，19世纪早期

第20页

我已经讲过酥皮盖子下的法式奶油酥盒（如下图）的制作方法，所以在这里我只讲依照指示完成后的步骤。将酥盒放入中等温度的烤箱中，烤至微微上色后取出。然后将其掏空，但同时检查内部，如果其中任何部分看起来太薄，就用您从内部取出的一些内瓤对其进行加固，然后轻轻地将酥盒内部刷上蛋液，使法式奶油酥盒的所有松动部分紧紧地粘在一起。然后再放在烤箱内烤制几分钟。所有这些预防措施都是必要的，以防止法式奶油酥盒不够厚而导致酱汁溢出。

### 制作酥皮面团

精筛面粉340克，黄油340克，精盐3.5克，蛋黄2个，1杯水。

制作方法：把340克面粉放在案板上，在面粉堆中间挖一个小洞，在里面放3.5克精盐、2个蛋黄，加入大约1杯水，然后用右手的指尖慢慢将面粉和配料混合，必要时加一点水，直到面团软硬适当。然后您可以把手靠在案板上稍做休息，让面团发酵几分钟，直到面团的触感变软，看起来有光泽。

在将面粉与液体配料混合时，必须小心，以免液体洒出。揉面团时手法要轻，以免面团结块，结块会让面团变硬，很难发酵，有可能导致失败。如果快速拉扯面团，就很容易出现这样的情况，因为这样的揉面手法笨拙并且没有规律。为了把面揉得更好，可以把面团轻轻地揉开，并在上面各处放上五六块肉豆蔻大小的黄油。当面团像通常那样经过充分发酵之后，就能达到所需的柔软度。

必须注意的是，面团既不能太硬也不能太软，软硬要适中，但是相比起来，太软比太硬要好一些。许多人认为，由于季节不同，在夏天制作这种面团应该比在冬天制作的时候更硬一些，但实际上无论在冬天还是夏天硬度都应该保持一致。但如果考虑到黄油的硬度，这种在不同季节采取不同做法的想法就是合理的了。冬天更适合制作这一类糕点，在夏天的话，操作麻烦又困难，有时不容易达到想要的效果。在制作酥皮面团的时候，这种差别特别明显。夏天，没有经过冰冻的黄油卖相不太好，而且也不像

在寒冷的1月时那么硬。夏季的面团不应该做得比冬天的面团软，原因是这样的：如果在面团软的时候涂上黄油，然后按夏天的做法将面团放在冰上，黄油内的脂肪将因低温而快速凝结；而面团几乎不受冰的影响。因此，黄油被冻住了，面团还是软的，在接下来的制作过程中，由于面团不够硬，包裹不住黄油，黄油会碎成小块。首次翻转两次之后，就会出现豌豆大小的小结块。然后把黄油卷起来，再放在冰上，低温对小颗粒状的黄油会产生更大的作用力，这些小颗粒很快就会变成许多冰柱，结果面团就会彻底被毁掉，而在烘烤过程中，这些黄油颗粒会融化，与面团分离，这样一来面团和黄油就无法融合。

### 法式奶油酥盒

实践证明，此处的说明很重要。同样的情况在冬天也会发生，冬天黄油发酵不充分，面团也相当柔软。虽然冬季更适合制作面团，但必须小心地使黄油软化到一定的程度，以便制作面团，这样就不必再要求面团的坚硬度了。

## 法式奶油酥盒

在夏季（5～9月）制作这种糕点时，需要做到非常准确并且尽可能地将橱柜利用起来。按上述方法制成面团后，取340克的黄油，切成块。这些黄油事先已经在泉水桶里浸泡了20分钟，桶里装满了几斤冰（冰经过了充分清洗和捣碎）。然后将黄油块取出，用餐巾纸将黄油块的水分吸干，同时使其柔软，并且，最重要的是让黄油具有与面团相同的质地。然后尽快将面团在大理石板上揉成正方形，将黄油放在面团中间，通过加高黄油上方的面团厚度的方法，让面团覆盖住黄油。

把面团擀成1米长，然后将其折成三等份，再把它擀得比刚才更长，然后将其迅速地放在一个盘子上。盘子上已薄薄地撒上了面粉，然后用4.5千克碎冰将面团盖住，然后在面团上依次放一张纸和一个盘子，盘子里装一斤冰。这个盘子的作用是使面团表面保持低温，同时也防止面团在空气的作用下变软。三四分钟后，取出盘子，把面团翻转过来，然后立即按之前的步骤折叠。此操作应以相同的方式和相同的预防措施进行3次。最后，按个人喜好，再将面团擀一两次，并尽快使用，以免夏季的高温会使面团变得过于柔软从而不方便用手操作，而且也能避免面团在烘焙时达不到预期的效果。

因此，在不到半小时的时间里，就可以做出非常精细的酥皮面团。事先把所有的东西都准备好：把冰捣碎、冷冻黄油、预热烤箱至高温，否则就不能成功。这一点很重要，因为有时需要好几个小时，烤箱内的温度才能变高，因此，应该在烤箱半热之后，再开始制作面团。

### 酥皮面团的另一种制作方法

我像之前一样准备了面团，但是比平常要软一些，然后一般让其发酵大约1分钟，这时面团变得光滑而柔软，就好像已经做好了一段时间似的（冬天，我把充分软化的黄油加入面团，然后每4分钟擀2次，这样12分钟就擀了6次）。接着将面团静置1分钟，使黄油软化。将黄油一直放在装有冰和泉水的桶里，就像之前说过的那样，在制作面团之前就已经把黄油放进去了。然后，让黄油软化2分钟，接着把黄油挤在餐巾纸上，用面团裹住黄油，快速折叠2次，轻轻地擀面团，防止黄油漏出。然后就像前面说的那样，面团上下都放一个装有冰的盘子。接着在5分钟内折叠2次、擀2次，然后马上再次放回冰里，也可以只放3分钟，然后折叠2次，放进冰里，再放置2分钟。同时，把一块很薄的、轻微湿润的精细面团放在一个小烤盘上。从冰上取下酥皮面团后，在酥皮中间放了一个直径20.3厘米的盖子，用刀尖沿着盖子的边缘，切出一块圆形的面皮，用来制作法式奶油酥盒的盖子。在圆形面皮上稍微刷上些蛋液，然后用刀尖在离边缘1.9厘米的地方画一个直径0.4厘米的圆圈。

这样做是为了在法式奶油酥盒的盖子上做记号，接着立即将其放进干净的烤箱。有时，不到14分钟就能做出这样非常成功的面团。

擀面团的时候非常有必要在面团的两面撒上少量的面粉，以防止面团在烘烤时老化。另外，面团最后一次

# 佛跳墙

郑春发
聚春园菜馆
中国，19世纪初

第21页

擀好的时候，在4～6分钟以内将面团放入烤箱，或者最多8分钟内，因为，如果放置20～25分钟再烘烤，面团就不再是"活面"，而将变成"死面"。

无论在冬季还是夏季，这里所说的在60分钟内、45分钟内、30分钟内、甚至在15分钟内，时间都是一样的。用7.3千克面粉来制作这种面团，在340克面粉里加450克黄油，再在擀面的时候折叠七八次。

1千克鲍鱼

1升骨汤（高汤）

2.5升绍兴黄酒

1只鸡

1只鸭

1千克猪蹄

500克羊肘

500克猪肚

500克鸭胗

250克泡发海参

150克猪腱肉

12个煮好的鸽子蛋，去壳

500克冬笋

500克猪油

10克大葱碎

5克姜

75毫升酱油

75克冰糖

10克肉桂

将鲍鱼用大火蒸至软嫩。加入250毫升骨汤和15毫升绍兴黄酒。再蒸30分钟。将鸡、鸭、猪蹄和羊肘去骨。把猪腱肉和猪肚切成一口大小的块状，连同鸭胗一起加入锅中。撇去浮沫，用250毫升骨汤焯一下，加入85毫升绍兴黄酒。

将泡发的海参和腱肉放入150毫升的水中，用大火蒸30分钟。

将煮好的鸽子蛋去壳。将冬笋焯水。

将猪油放在锅中，融化后加入鸽子蛋和冬笋。炸2分钟左右。

在锅里放50克猪油。加入大葱碎、姜末，放入鸡、鸭、羊肘、猪蹄、鸭胗、猪肚，再加入75毫升酱油、75克冰糖、剩余的绍兴黄酒、剩余500毫升骨汤、肉桂，炒匀。盖上锅盖，炖20分钟。然后滤出所有的配料，留下骨汤。

将500毫升水加入绍兴黄酒罐中，加热。将沸水倒出。在罐子底部放一个竹篦，放入煮熟的鸡肉、鸭肉、羊肘、猪蹄、鸭胗、猪肚、冬笋。加入猪腱肉薄片和鲍鱼片，用纱布包好，加入骨汤。

用荷叶盖住黄酒罐，然后在上面倒放一个小碗。把罐子放在炭火上炖2小时。加入海参，再炖1小时。上菜。

# 拿破仑

玛丽-安托万·卡汉姆
和平街饼屋
法国，1815年

第22页

在将1千克酥皮面团（见第259页）折叠12次之后，切出16张圆面皮，面皮大小不一，其中4张的直径必须为20.3厘米、4张19.1厘米、4张17.8厘米、4张16.5厘米。用切模切出直径5厘米的面皮，然后再切出直径16.5厘米的圆面皮，保持完整。在所有这些圆面皮上都涂上鸡蛋液，在面皮上戳孔，把面皮放在一个温度适中的烤箱里，等面皮完全变干后拿出。冷却后，将一大张面皮放在另一张直径23厘米的加糖面皮上。然后用半瓶杏肉果酱涂满酥皮面皮的顶部，再在上面放另一张大的酥皮面皮，然后涂上半壶红醋栗啫喱。用同样的方法依次处理所有其他的酥皮面皮，将较大的面皮放在底部，将最小的面皮放在顶部，也可以涂上不同种类的果酱，注意果酱不要涂在面皮的边缘和中心的开口。16张酥皮面皮都用这种方式处理好以后，将蛋糕的外层涂裹蛋白霜，动作尽可能迅速，手法要有规律。取6个鸡蛋的蛋清，打发，将其与227克细砂糖混合，撒上一些粗糖（只经过捣碎，没有过滤）。然后在炉口点一

把小而明亮的火，把蛋糕放在离火焰30厘米远的地方，不时转动蛋糕，保证受热均匀。如果把蛋糕放在烤箱里，它会因受热不均而塌陷，这样的话卖相非常难看。用蛋白霜装饰剩下的酥皮面皮的顶部，面皮中心留一处圆形空白，不涂抹蛋白霜，再沿着面皮边缘挤一圈杏仁大小的蛋白霜。用鸡蛋清在中间空白处粘上漂亮的玫瑰花形装饰物。轻轻地在整张面皮上面撒上糖，覆盖住面皮。把做好的面皮放进烤箱，等它与蛋糕外层的颜色一样之后，拿出。冷却后，用苹果或醋栗啫喱装饰，使之看起来美味可口。上菜的时候，在蛋糕里面填满香草味淡奶油，然后在上面放一张装饰性的面皮。为了填涂这个蛋糕，至少需要6罐1斤重的果酱。以前这种蛋糕的形状是八边形的，每边都有一个适当的位置作为起点，蛋糕表面涂满各种颜色的杏仁酱。

## 现代的做法

与之前一样，准备并烘烤17张圆面皮，在其中一张大面皮上涂上半壶

杏果酱，覆盖住面皮，然后再放上另一张大的面皮。如前所述，在这两张面皮的边缘涂上蛋清。将切得很细的开心果裹在面皮上，然后把它放在低温烤箱里烤10分钟。然后在另一大张面皮上涂上醋栗啫喱，跟之前的操作一样覆盖住面皮，在面皮边缘涂上蛋清以后，在面皮上撒一些粗糖，然后立即放入烤箱。用同样的方法将剩下的面皮两两组合在一起，然后像之前一样在面皮的边缘涂上鸡蛋清，分别放上开心果和粗糖。待8张面皮都冷却以后，把其中一张放在一张圆形的撒糖的面皮上，面皮的边缘已经撒上了糖。按照这种方式操作，从最大的面皮开始，交替放置绿色边缘和白色边缘的面皮，最后在每张面皮的顶部涂上果酱。用这种方式制作完所有面皮后，将按照上述食谱的指示装饰的最后一张面皮放在整个糕点的顶部。将面皮相互叠放。糕点的内部不要填充奶油。

262

## 北京烤鸭

便宜坊

中国，1827年

第23页

## 改良羊排

亚历克西斯·索耶

改革俱乐部

英国，19世纪30年代

第24页

便宜坊的原始食谱不对外公开。但是我们可以给出以下建议：找一只从出生开始经过专门养殖了65天的北京鸭子。用麦芽糖糖浆给生鸭胚上色，均匀搓上五香粉，腌制，然后放在密闭的烤箱中烤至少3天。一旦鸭皮上色，就可以上菜了。可以通过三种方式食用：首先是鸭皮蘸上白糖、蒜泥食用；其次是切成120片的鸭肉和甜面酱、黄瓜条、葱丝配薄饼卷起来吃；最后是用鸭架熬成鸭汤。

将113克瘦熟火腿切成细末后，与相同比例的面包糠混合。准备10块优质羊排，放在桌上，用胡椒粉和盐稍微调一下味，用刷子刷上蛋液，将它们扔进火腿末和面包糠中，然后轻轻用刀敲掉多余粉末。在煎锅中放10勺油，开火，油温很热的时候放入羊排，煎大约10分钟（中火），直至羊排呈浅棕色。想要判断什么时候炸好，就用刀压一压羊排较厚的部分，如果已炸好，会感觉很硬。可能不能一次性全部炸好，所以，先把炸好了的羊排捞出来放在餐布上，再炸完其他的羊排。然后用肉汁来煮羊排，在羊排的顶部涂一层薄薄的土豆泥，骨头朝外，再用568毫升的改革俱乐部酱汁调味，然后上桌。如果要做一顿丰盛的晚餐，您需要提前半个小时煮羊排，这样羊排才能熟透，然后把它们放在一个干净的煎锅里，浇上两三勺稀淋面。将它们放在热风干燥柜里，不时用淋面湿润一下，直到上菜。对所有的羊排进行如上相同的操作。

**改革俱乐部酱汁**

将2个中等大小的洋葱切成薄片，放入炖锅中，加入2枝欧芹、2片百里香、2片月桂叶、57克生瘦肉火腿、半瓣大蒜、半片肉豆蔻干皮和28克新鲜黄油，用大火煮，搅拌10分钟。然后加入2勺龙蒿醋和1勺辣椒醋，煮沸1分钟，然后加入568毫升布朗酱汁或西班牙酱汁、3勺腌制的番茄和8勺清汤，放在火上煮开。炖10分钟，把油撇干净，然后再放回火上，不断搅拌，直到酱能粘在勺子背面，减少搅拌次数。然后加入一大勺红醋栗啫喱和6个切碎的蘑菇，如果需要，再加胡椒粉和盐调味，搅拌直至啫喱融化，然后通过滤布将其过滤到另一个炖锅中。准备上菜时，将其加热，加入切成条的熟鸡蛋的蛋白、4个白色的焯水蘑菇、一根小黄瓜、两颗绿色的印度泡菜和14克的熟火腿或猪舌，加入之前全部切成条状。加入以后不要煮沸。这种酱汁必须倒在其他食物上，搭配食用。

## 土豆舒芙蕾

让-路易-弗朗索瓦·科里内
巴维农亨利四世酒店
法国，1837年

第25页

土豆舒芙蕾就像特大号切薯条（炸薯条）。土豆去皮，洗净，切成3毫米厚的薄片。

炸2遍以上。

第一次150℃，要特别注意薯片的颜色不能变。

捞出后将其放在厨房毛巾上。

第二次以170℃～180℃炸制。

切片的土豆就被制成了美味的土豆舒芙蕾。

## 法式罗西尼牛排

卡西米尔·莫森
黄金屋餐厅
法国，1859年

第26页

原始配方并没有流传下来，但我们知道它是一道主菜。用平底锅煎一份黄油菲力牛排，然后将牛排放在烤面包块上，上面撒上香煎鹅肝和黑松露屑。当然，客人用餐的时候，餐厅还会播放歌剧。

## 俄式沙拉

卢西恩·奥利维尔
莫斯科冬宫酒店
俄罗斯，19世纪60年代

第27页

卢西恩·奥利维尔逝世后，原食谱就失传了。他在远离主厨房的一间专门的房间里制作这道菜，不让任何厨师看见他是如何做这道菜的。您也可以在家制作。首先，告诉周围的人您正在做一件非常隐秘的事，不能被打扰。然后把冷却后的煮土豆、煮鸡蛋、蔬菜和肉切成方块，淋上自制的蛋黄酱。然后把它们堆放在盘子上，就可以端出房间了。

## 麻婆豆腐

陈麻婆

陈兴盛饭铺

中国，1862年

第28页

## 法式安娜土豆

阿道夫·杜格莱

英国咖啡馆

法国，1867年前后

第29页

## 伊斯肯德烤肉串

伊斯肯德·埃芬迪

伊斯肯德烤肉餐厅

土耳其，1867年

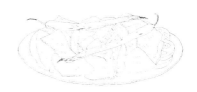

第30页

制作这道菜，先将豆腐块放入锅中和花椒一起炸，然后加入辣椒油，也可以加一些牛肉末或猪肉末。

原始食谱没有流传下来，但是可以在家里用切成薄片的土豆、澄清黄油和盐自制。按照一层土豆一层黄油依次叠起来，盖上盖子后烘烤。

烤肉串的原配方尚未公开，但可以试试下面的方法。在去骨羊肉的后面搭上垂直的烤钎和炭火烤架。让烤肉串在不停旋转的过程中慢慢变熟。将烤肉串切成薄片，放在土耳其小面包干上，涂上酸奶、番茄酱和黄油。然后就可以在餐桌上用刀叉享受美食了。

### 烈火阿拉斯加蛋糕

查尔斯·兰霍夫

德尔莫尼科餐厅

美国，1867年

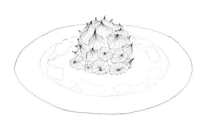

第31页

### 煎蛋卷

安妮特·普拉德

普拉德大妈餐厅

法国，1888年

第32页

### 熏牛肉三明治

卡茨熟食店

美国，1888年

第33页

准备高质量香草味的萨沃伊比斯基面糊。往容器中倒入450克糖粉（糖霜），用香草和少许盐调味。加入14个鸡蛋的蛋清，每次加入1个，用力打发至起泡。搅打这14个鸡蛋的蛋清直至形成稠密的泡沫，然后将其¼倒入蛋黄中，加入170克土豆淀粉和170克面粉，后面两者要一起过滤。完全混合后，再加入剩余已打发的蛋清。

在直径7厘米的普通模具内涂上黄油，高度为4厘米。然后在模具内抹上面粉，将模具容积的⅔都装上面糊。烤熟，倒出蛋糕，沿着边缘在蛋糕底部切出一圈切口。挖空蛋糕，在挖空部分涂上杏仁果酱。

准备一些成形的冰激凌模具，一半装满生香蕉冰激凌，另一半填满生香草冰激凌。冷冻、脱模，放进准备好的空心蛋糕里。放入冰箱冷冻。

再准备一份用12个蛋清和450克糖做成的蛋白霜。上菜前几分钟，将蛋糕和里面的冰激凌放在一张小花边纸上，然后用一个带凹槽裱花嘴的裱花袋在蛋糕上挤上蛋白霜，从蛋糕底部往上挤蛋白霜，放入烤箱中烤2分钟至表面呈金黄色。

在伊丽莎白·大卫的《法国地方美食》（1960年）中，她提到了安妮特·普拉德给M.罗伯特·维尔的信，罗伯特·维尔是一位著名的巴黎餐馆老板，并且是著名的烹饪书籍图书馆的藏家。

"维尔先生，这是煎蛋卷的配方：把新鲜的鸡蛋打到一个碗里，将其打匀，再把一块优质黄油放进锅里，然后放入鸡蛋，不断搅拌。先生，如果您喜欢这道菜的食谱，我将很开心。"

——安妮特·普拉德

这种三明治的混合香料（以及用于熏制的混合木屑）的确切配方尚未公开。但是我们通过观察它的外观，以及品尝它的味道，就知道它的制作需要黑麦面包和牛肉。用盐腌制牛胸肉，并用大量香料（包括胡椒粉、芫荽、大蒜和肉桂粉）擦拭牛肉。在低温下熏2～3天。然后煮肉，也许可以找一个卡茨的员工问问煮到什么程度就可以了。为了保持与卡茨熟食店的做法一模一样，煮熟后，把肉放进您手边随便一辆餐车的汤桶里。然后把肉从餐车里拿出来蒸30分钟。将肉切成薄片，夹在两片黑麦面包中间，然后对半切开。将三明治盛在盘子里，切面朝外。

### 洛克菲勒牡蛎

朱尔斯·阿尔西亚托

安托万餐厅

美国，1889年

第34页

原配方已经失传，因为唯一知道这个珍贵秘密的人是安托万餐厅的老板（也许还有一两个员工）。如果您发现蜗牛不够了，想拿牡蛎来当晚餐，您需要找到优质的牡蛎，最好产地是路易斯安那州附近的墨西哥湾沿岸。您可以试着在烤牡蛎的奶油酱里加一些绿色蔬菜什锦，但不能加菠菜。

### 玛格丽特比萨

拉斐尔·埃斯波西托

皮特罗·巴斯塔比萨店

意大利，1889年

第35页

最初的正宗食谱尚未公开，但现在比萨非常受欢迎，因此它的制作食谱也能大致猜出来。原料需要：捣碎的番茄、新鲜的马苏里拉奶酪和罗勒叶。如果想知道更多关于严格标准的详细信息，您可以在AVPN——"那不勒斯正宗比萨协会"上搜索。请不要加其他食材。

### 葡萄干布丁

斯威廷斯餐厅

英国，1889年

第36页

**制作葡萄干布丁**

600克普通（通用）面粉

20克小苏打

300克碎牛油

150克细砂糖

350克葡萄干

2个柠檬，仅取皮

600毫升牛奶

**制作卡仕达酱**

400毫升牛奶

400毫升高脂厚奶油

12个散养鸡蛋的蛋黄

150克细砂糖

**制作葡萄干布丁**

将面粉和小苏打过滤放入一个大碗中，加入碎牛油、细砂糖、葡萄干和柠檬皮。拌匀。

加入牛奶，搅拌揉成软面糊。

用裱花袋把软面糊挤进布丁杯里，在上面放一小圈防油纸，然后盖上盖子。

放入蒸锅中蒸约1小时。

## 葡萄干布丁

## 烩牛尾

"切奇诺1887" 餐厅

意大利，1890年前后

第37页

**制作卡仕达酱**

将牛奶和奶油放入平底锅中，用文火熬煮。

将蛋黄和细砂糖放入碗中，搅拌均匀，直至变轻起泡。

倒入热牛奶，搅拌均匀。将混合物倒回锅中，小火煮至变稠，用木勺不断搅拌。

将卡仕达酱和布丁一起搭配食用。

2.5千克牛尾，去除脂肪

3汤匙特级初榨橄榄油

适量猪油

1个小洋葱，切碎

2瓣大蒜

盐和胡椒粉，用于调味

1杯干白葡萄酒（最好选来自罗马城堡区的葡萄酒）

2千克去皮番茄

1根芹菜，切碎

1把松子

1小把无核小葡萄干（金葡萄干）

黑巧克力碎

取一条大牛尾，洗净，切成小块（沿关节）。将猪油和橄榄油混合，放入厚底平底锅里，高温加热，加入牛尾。当牛尾呈褐色时，加入洋葱、2瓣蒜、盐和胡椒粉。

几分钟后，淋上一点白葡萄酒，盖上盖子。煮15分钟，然后加入去皮番茄。再煮1小时，再加一点热水，盖好盖子，慢慢煮5～6小时，直到肉能脱骨。

煮芹菜前先去茎，然后将煮熟的芹菜、松子、无核小葡萄干（金葡萄干）和黑巧克力碎加入牛尾酱中。煮沸10分钟，上菜时将此酱汁倒在牛尾上即可。

## 法式血鸭

弗雷德里克·德莱尔
银塔餐厅
法国，1890年

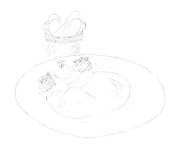

第38页

## 华尔道夫沙拉

奥斯卡·切尔基
华尔道夫酒店
美国，1893年

第39页

## 蜜桃梅尔芭

奥古斯特·埃斯科菲耶
伦敦萨沃伊酒店
英国，1893年前后

第40页

---

2只从布尔高夫人家买的小鸭
120克调好味的鸭肉汁
适量鸭清汤

**制作银塔酱**
2份混合鸭肝
45毫升马德拉葡萄酒
60毫升法国干邑白兰地
1个柠檬的柠檬汁
2只鸭的鸭肉

　　把整只鸭放进热烤箱（260℃）中烤制。

　　将切碎的鸭肝放在平底锅里，然后加入马德拉酒、法国干邑白兰地和柠檬汁。收汁。

　　剔除鸭腿，放在一边并保温。剔除鸭皮，把鸭肉纵向切成薄片。

　　用修枝剪或刀把鸭肉压碎，然后把它们放入特制压鸭器中榨取鸭肉汁和鸭血。在此过程中加入鸭清汤，煮25分钟。在酱汁减少的同时不停搅拌，以保持平稳的稠度。

　　将鸭肉过滤，调味。

　　装饰摆盘后上菜。

---

　　将2个生苹果去皮，切成小块，例如边长约1.3厘米的正方体，也用同样的方法切一些芹菜，然后将其与苹果混合。当心别让苹果籽混在其中。沙拉必须配上优质的蛋黄酱。

---

　　用香草味糖浆煮桃子。将它们装盘到天鹅形状的模具里，放在一层香草冰激凌上，然后涂上覆盆子酱。

## 俱乐部三明治

萨拉托加俱乐部
美国，1894年

第41页

准备好4片三角形的烤面包，涂上蛋黄酱。在其中2片面包上放上生菜，在生菜上放冷鸡肉片，然后放上烤制的早餐培根片、生菜，最后盖上涂有蛋黄酱的其他两片三角形烤面包片。放整齐后装盘，用蘸有蛋黄酱的生菜心加以装饰。

## 班尼迪克蛋

奥斯卡·切尔基
华尔道夫大酒店
美国，1894年

第42页

将松饼横向切成均等两半，然后烤至即将变成褐色时在每一半松饼上放一圈0.3厘米厚、直径与松饼相同的熟火腿，放至温度适中的烤箱中加热，再在每片松饼上放一个水煮蛋。最后在整个松饼上淋满荷兰酱。

## 橙香火焰可丽饼

亨利·查彭蒂埃
巴黎咖啡馆
摩纳哥，1895年

第43页

**制作可丽饼**

4个鸡蛋

3汤匙面粉

3汤匙牛奶

少许盐

1汤匙水

**制作酱汁**

小块的橙皮

小份柠檬碎

2汤匙香草糖

140克混合黑樱桃酒、柑曼怡酒和樱桃酒

113克淡黄油

把制作可丽饼的原料搅拌均匀，直到其相当于浓橄榄油的稠度。在平底锅内加入2汤匙淡黄油，加热平底煎锅。当油冒泡时，倒入足够的面糊盖住锅底。颠一颠锅，让面糊摊薄。1分钟后，把可丽饼翻过来，然后继续翻动，直到可丽饼变成漂亮的棕色。将可丽饼对折，再折成三角形。

## 反转苹果挞

卡罗琳·塔廷和斯蒂芬妮·塔廷

塔廷酒店

法国，1898年前后

第44页

## 炸猪排

吉田元次郎

炼瓦亭餐厅

日本，1899年

第45页

---

把香草糖和两种果皮混合，盖上盖子，放置两天。接下来制作酱汁。用平底锅加热黄油，使之融化。当黄油开始冒泡时，倒入85克的混合酒。这时锅里会着火。火苗熄灭以后，加入香草糖和果皮。把可丽饼放进沸腾的酱汁里。翻转可丽饼，再加上57克的混合甜酒。关火，上菜。

200克黄油

150克糖

3千克红香蕉苹果（苹果之王）

200克酥皮面团

（制作挞类的基础面团）

在可调节伸缩模具上涂黄油和糖，加入切成四等份的苹果。

在苹果上盖上酥皮面团。以220℃烘烤15～20分钟。

把挞从烤箱里拿出来，高温加热，直到体积变小。定时转动烤模。

冷却1小时。

再次高温加热，不断转动烤模，直到烤模底部出现焦糖。

当焦糖呈琥珀色时，从烤模里拿出苹果挞。

不加任何佐料，待苹果挞温热时食用。

把猪里脊肉排切成四份，准备好鸡蛋和日式面包糠，然后用植物油炸制。与米饭、味噌汤、胡萝卜和土豆（或卷心菜丝）一起搭配食用。

## 长崎什锦面

陈平顺

四海楼

日本，1899年

第46页

---

鸡肉和豚骨汤

猪肉片

卷心菜

葱

豆芽

小牡蛎

虾（明虾）

鱿鱼

云耳菇

鱼糕

面条

　　将2～3只整鸡、猪骨和鸡骨头一起煮3～4小时来制作豚骨汤。这道汤的详细配方和适合的温度尚未公开。

　　将铁锅加热至冒烟，加入猪肉片，煎出油，然后用大火与其余配料一起爆炒，增加风味。

　　加入豚骨汤，煮沸，然后加入面条。用大火煮熟。

## 巴黎布雷斯特车轮泡芙

路易斯·杜兰德

杜兰德糕点店

法国，1910年

第47页

---

　　杜兰德家族把配方当作秘密，严密地保护了100多年，所以本书也无法提供原配方。先弄清楚如何制作呈车轮状的糕点，然后将其烘烤。在上面放上薄杏仁片，然后水平对半切开。用加了慕斯林奶油作为内馅，然后撒上糖粉。最后您可以骑上一辆自行车，来纪念车轮泡芙的起源。

## 阿尔弗雷多白脱奶油面

阿尔弗雷多·迪莱里奥

阿尔弗雷多·阿拉·斯克洛法餐厅

意大利，1914年

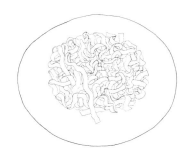

第48页

---

　　虽然原始配方是个官方秘密，但制作只需意大利细面条、大量的帕尔玛干酪和黄油。请不要添加面粉或奶油奶酪。趁热食用。

## 黑森林蛋糕

约瑟夫·凯勒

阿兰德咖啡馆

德国，1915年

第49页

---

配方严格保密，但是可以从巧克力蛋糕胚开始制作，再一层一层地放上巧克力海绵蛋糕、酸樱桃、打发鲜奶油、樱桃酒和巧克力屑，您就可以开吃了。

## 维希冷汤

路易·迪亚特

丽思卡尔顿酒店

美国，1917年

第50页

---

按照好太太汤的食谱来做土豆韭葱汤（如下），将汤过滤。加入2杯热牛奶和淡奶油，将汤煮沸，不时搅拌，以免烧焦。将汤用细筛过滤，冷却，不时搅拌，以使其保持光滑，然后再次过滤。加入1杯厚高脂浓奶油搅拌，然后将汤完全冷却。上菜时，将切碎的细香葱撒在整碗汤上。

### 制作好太太汤

除去4根韭葱的葱绿和根部，清洗干净，切成长0.8厘米的韭葱段，应该能装1.5杯（如果没有韭葱，用2个洋葱也可以）。将一个中等大小的洋葱去皮切成小块，应该能装半杯。将1汤匙黄油在大汤锅中融化，加入韭葱或洋葱、盖上盖子、慢慢煮几分钟，或者直到它们变软但还没变成褐色为止，不时用木勺搅拌。把4个或5个去皮的土豆切成边长1.3厘米的小块，应该能装满3杯。将土豆、4杯热水和2茶匙盐放入锅中，盖上盖子，用文火炖30～40分钟，或直到土豆变软为止。加入2杯热牛奶和1汤匙黄油。尝一下汤的味道，用盐调味。

## 法式蘸汁三明治

菲利普·马修

菲利普三明治店

美国，1918年

第51页

---

130克烤牛肉

法式餐包

57克原汁

28克切片奶酪（可选）

菲利普三明治店在制作这道经典的三明治时使用了最好的牛腿底部的圆腿肉。在植物性调味香料上烤肉，烤的时候在上面撒上岩盐和大蒜。锅里的汁液是来自烤肉中析出的肉汁，再加上一份用蔬菜、牛骨和香料熬了24小时的家常肉汤（高汤），制成牛肉原汁。

菲利普三明治店做三明治有几种方法。双浸蘸法是最受欢迎的，法式小餐包的顶部和底部都浸在牛肉原汁中。客人也可以要求提供单浸（面包的顶部浸入）或湿三明治。

三明治中其他受欢迎的配食是自制土豆沙拉、通心粉沙拉和凉拌卷心菜。腌鸡蛋也是有必要试试的。

搭配菲利普三明治店自制的辣芥末酱一起食用。

## 热肉酱馅饼

玛丽·布尔乔亚
布尔乔亚酒店
法国，1920年

第52页

750克猪肉

1只家禽

少许鹅肝酱

一些松露

980克面粉

740克黄油

5个鸡蛋

半杯水

盐

猪油

胡椒粉

**制作腌料**

胡萝卜

小洋葱头

欧芹

胡椒粒

黄油

1杯马德拉酒

1升高汤

制作腌料的步骤如下，将胡萝卜、小洋葱头、欧芹和胡椒粒放入黄油中，加入马德拉酒和高汤，腌制至食材变软并煮熟。

把猪肉和家禽肉切碎。用腌料腌一夜。

用鹅肝酱和松露做馅饼的馅料。

用面粉、新鲜黄油、半杯水、鸡蛋和一撮盐制作油酥面团。

将黄油和面粉揉在一起，中间挖一个洞，打入鸡蛋，然后把所有的原料混合在一起。

在模具的底部和侧面涂上一层薄薄的猪油。把油酥面团铺在模具里。

把家禽去皮去骨，去掉坚硬的部分。把猪肉切碎，将两种肉混合在一起。稍微调下味。用混合好的肉填满模具，馅料（混合好的肉）要放在模具中间。盖上盖子，放在烤箱里用小火烤1.5小时。

趁热上菜，体验布尔乔亚大妈所做的热肉酱馅饼（1933年她凭借此馅饼成为获得米其林四颗星称号的第一人）的美妙香气。

## 法式布雷斯炖鸡

欧仁妮·布拉泽
"布拉泽大妈"餐厅
法国，1921年

第53页

1块优质松露

1只生长期不到1年的优质布雷斯鸡
（或其他任何优质鸡），重约1千克

胡萝卜

韭葱

芥末

小黄瓜

醋渍吉洛特梅子

海盐

把松露切成约4毫米厚的圆片状。把松露切片放在鸡胸皮和大腿皮的下面。将鸡肉用结实的棉布（制作干酪的包布）包起来。在翅膀和大腿下面绑上绳子，以保持固定。

将胡萝卜和韭葱放入大砂锅（双耳盖锅）里。加水至锅一半的高度，煮沸。水沸腾冒泡的时候放入鸡肉，确保肉刚好被水覆盖。静待45分钟。

上菜前，最好先将鸡肉放在汤中浸泡30分钟。然后将鸡肉和蔬菜一起端上桌，再加上芥末、小黄瓜、醋渍吉洛特梅子和海盐，就可以享用了。

## 绿色女神沙拉酱

菲利普·罗默

皇宫酒店

美国，1923年

第54页

1杯蛋黄酱

½杯酸奶油

¼杯切碎的新鲜小葱或切碎的大葱

¼杯切碎的新鲜欧芹

1汤匙新鲜柠檬汁

1汤匙白葡萄酒醋

3片凤尾鱼鱼片，洗净，拍干，切碎

盐和新鲜胡椒粉，用来调味

　　把所有的原料放在一个小碗里搅拌均匀。品尝并进行调味。立即使用或盖上盖子冷藏。

## 卡布里沙拉

奎西萨纳大酒店

意大利，1924年前后

第55页

牛排番茄

牛乳制马苏里拉奶酪

新鲜罗勒叶

马尔顿海盐

牛至

　　奎西萨纳大酒店客流量大的原因是因为人们都喜欢它的马苏里拉奶酪。其他用了另一种水牛乳马苏里拉奶酪，但这种马苏里拉奶酪实际上是最近才出现的（从20世纪80年代开始），而传统的马苏里拉奶酪一直是用牛乳制作的。

## 恺撒沙拉

恺撒·卡迪尼

恺撒广场

墨西哥，1924年

第56页

　　多年来，人们多次尝试重新诠释这种经典沙拉的原始配方，但基本配料始终保持不变。

　　将少许蒜瓣和凤尾鱼鱼片捣碎，加入橄榄油、新鲜柠檬汁或酸橙汁、伍斯特郡辣酱酱油、帕尔玛干酪和鸡蛋，然后加入罗马生菜的整片叶子，拌匀。

　　可搭配由几块老化的法式面包制成的油煎面包块，将面包块刷上橄榄油，煎熟。

## 萨尔萨高尔夫酱

路易斯·费德里科·莱洛尔
马德普拉塔高尔夫俱乐部
阿根廷，1925年

第57页

---

原始食谱无处可寻，但传说它的产生是因为无聊。把蛋黄酱和番茄酱混合起来，再加上一点白兰地和伍斯特郡辣酱油，可能味道会刚刚好。或者，如果您像路易斯·费德里科·莱洛尔那样无聊的时候，您可能会想出另一种酱汁。这一调味品的创造者还获得了诺贝尔奖，也许您也可以借此获奖。

## 戚风蛋糕

哈里·贝克
布朗德比餐厅
美国，1927年

第58页

---

2¼杯筛过的蛋糕粉（用勺子轻轻地舀进杯子里，请勿挤压）

2½杯糖

1汤匙发酵粉

1茶匙盐

½杯食用（植物）油

5个未打散的蛋黄（中等大小）

¾杯冰水

2茶匙香草

如果需要，1个柠檬皮碎屑（约2茶匙）

1杯蛋清（7个或8个鸡蛋）

½茶匙鞑靼粉

预热烤箱。在一张正方形的纸上筛入足量的蛋糕粉。量好蛋糕粉、糖、发酵粉和盐，一起筛入搅拌碗中。

在蛋糕粉混合物中间挖一个洞，按以下顺序加入食用油、蛋黄、冰水、香草和柠檬皮碎屑。用勺子打匀。

将蛋清和鞑靼粉倒入大搅拌碗中，打发，直到提起打蛋器时，蛋清形成直立的小尖角。此时的蛋白霜应该比天使蛋糕的蛋白霜硬得多。搅打一定要充分。

把蛋黄混合物慢慢放进打发的蛋白里，用硅胶刮刀翻拌均匀。只是翻拌均匀，不要划圆搅拌（以免消泡），然后将面糊立即倒入无油的平底锅里。

把拌好的蛋糕糊倒入10厘米深、直径25厘米的环形模具中，放入预热好的烤箱里烘烤55分钟，然后在175℃下烘烤10～15分钟。或者将蛋糕糊倒入一个23厘米×33厘米×5厘米的长方形模具里，在175℃下烘烤45～50分钟。

如果蛋糕顶部轻轻一按就会弹回来，说明蛋糕就烤好了。

立即将容器倒扣，将容器的中空部分放在漏斗或瓶子的颈部，或将方形、长方形或长条形容器的边缘架起来，离开桌面，直至蛋糕凉透。用脱模刀轻轻分离蛋糕与容器的内壁。把容器翻过来，放在桌上，用力拍打容器边缘，使蛋糕与容器剥离开来。

## 阿诺德贝内特煎蛋饼

让·巴蒂斯特·维洛杰克斯
伦敦萨沃伊酒店
英国，1929年

第59页

100克烟熏黑线鳕
牛奶，用于烹煮
5克黄油
150毫升全蛋
20毫升高脂厚奶油
2克盐
小葱碎，用于上菜时装饰

### 淋面

40毫升荷兰酱
10毫升高脂厚奶油
1个蛋黄
20克帕尔玛干酪，磨碎
10克瑞士干酪，磨碎
100克奶油蛋黄酱

### 奶油蛋黄酱

200克黑线鳕边角料
1升牛奶
100克黄油
100克面粉
50克瑞士干酪，磨碎
50克帕尔玛干酪，磨碎

要做奶油蛋黄酱，先将黑线鳕边角料浸入牛奶中，然后过滤。融化黄油，加入面粉，做成乳酪面糊。

加牛奶，再加入瑞士干酪和帕尔玛干酪，然后过滤。

制作淋面时，将所有原料混合，备用。

制作煎蛋卷时，将黑线鳕放入牛奶中焯烫，撕成小片。

将黄油放入不粘锅（平底锅），加入全蛋液、高脂厚奶油和盐，做成蛋饼。把蛋饼放在一个铜锅里，加入撕成薄片的烟熏黑线鳕，将淋面浇在煎蛋卷上，然后放进烤箱烤至金黄色。以小葱碎装饰上菜。

## 龙虾卷

哈里·佩里
佩里海鲜餐厅
美国，1929年前后

第60页

龙虾卷的原始配方没有流传下来，但我们想分享做这道经典菜肴的现代做法以启发灵感，以便您可以在家自制。将一口大小的龙虾肉块与黄油、柠檬汁、现磨黑胡椒碎和盐混合。然后放入热狗面包里，涂上黄油，烤制，就可以食用了。

## 法式布雷斯膀胱鸡

费尔南德·波伊特

金字塔餐厅

法国，20世纪30年代

第61页

准备一只产自布雷斯的小母鸡，重约1.6千克，烧掉表皮的毛，洗净。把它浸在冰水里4小时，这样鸡肉就会变得非常白。在另一个碗里清洗和浸泡猪膀胱，在水里加入一些粗盐和醋。

在研钵里将鸡肝与120克新鲜松露、225克鹅肝、1个鸡蛋捣碎，加入五香碎肉、盐、胡椒粉和少量白兰地酒，混合。把混合料塞进鸡肉里，然后把鸡捆好。

把捆好的鸡放进洗净、干燥的猪膀胱里，加入两大撮粗盐、一撮胡椒粉、250毫升马德拉酒和250毫升白兰地，在背面封口。封口要封紧，烹饪过程中要经常戳一戳膀胱，以防止膀胱爆裂。

把鸡肉放在炖好的汤里煮1.5小时，再加上一些削皮土豆、胡萝卜、芜菁和葱白或肉拌饭。上菜时在桌上切开膀胱，从鸡的背部切开。一种美妙的香气散发出来，您能尽情地品尝和享受这一绝妙的烹饪效果。

## 费城牛肉奶酪三明治

帕特·奥利维里

帕特牛排之王

美国，1933年

第62页

1罐加工奶酪酱
6汤匙大豆油
1个大的西班牙洋葱，切成大块
680克肋眼牛排，切成薄片
4个意大利硬面包卷
油炒青红椒（可选）
油炒蘑菇（可选）

把奶酪酱放在双层蒸锅里（水浴）或放进微波炉里加热，使其融化，直到可以使用。

用中火加热铁锅（平底煎锅）或不粘锅。

在平底锅里加入3汤匙大豆油，把洋葱炒至所需的熟度，盛出。

加入剩余的大豆油，把肉片两面快速炒香。把洋葱放回平底锅里，如果准备了的话，加入青红椒和蘑菇，然后翻炒所有配料。

您需要把酱汁涂在面包卷上，以确保咬每一口肉都能吃到一口奶酪。把刚刚炒好的肉和配料夹在两片面包中间。如果您想要奶酪多一点，就把肉和配料夹进面包卷以后，在牛肉上淋上更多的奶酪。

## 夫妻肺片

郭朝华、张田政

夫妻肺片

中国，1933年

第63页

原始配方尚未公开。在家里做的话，把牛肉薄片和内脏（如牛肺、牛肚、牛舌、牛心）混合在一起。这道菜应该用非常辣的酱汁凉拌，加入花椒粒、芝麻酱、五香粉、大葱和大量的红辣椒油。

278

## 王子辣鸡

桑顿王子三世
王子辣鸡店
美国，1936年

第64页

## 科布沙拉

罗伯特·科布
布朗德比餐厅
美国，1937年

第65页

---

这个秘方从未被揭露过。如果您也想用很辣的鸡肉来"报复"别人，您可以在炸鸡里加上辣椒粉和辣到让人难以置信的小尖椒。一定要在炸鸡下面放两片面包，这样能吸收辣椒油。再在整道菜上面放几片甜莳萝泡菜片。如果还没弄清楚怎么做，现在还是半夜，您可以随时到纳什维尔的王子辣鸡店购买辣鸡，该店一直营业到凌晨4点。

半颗冰山生菜

半捆豆瓣菜

一小束菊苣

半棵罗马生菜

2个中等大小的番茄，去皮

2块烤鸡胸肉

6片脆培根

1个牛油果

3个煮透的鸡蛋，去壳切碎

2汤匙切碎的小葱

半杯洛克福羊乳干酪碎

1杯布朗德比传统法式调味汁

将冰山生菜、豆瓣菜、菊苣和罗马生菜切细，放在沙拉碗里。把番茄对半切开，去籽，切成小块，放在切碎的蔬菜（沙拉叶）上面。把鸡胸肉切成小块，放在刚才的番茄上面。把培根切碎，撒在整个沙拉上。把牛油果切成小块，放在沙拉边缘。在沙拉上撒上切碎的鸡蛋、小葱碎和奶酪碎来装饰沙拉。上菜之前，把沙拉和法式调味汁充分混合。

**布朗德比传统法式调味汁**

大约制作1½升

1杯水

1杯红酒醋

1茶匙糖

半个柠檬的汁液

2½茶匙盐

1茶匙研磨黑胡椒粉

1汤匙伍斯特郡辣酱油

1茶匙英国芥末

1瓣大蒜，切碎

1杯橄榄油

3杯植物油

把除油以外的所有配料混合在一起。然后加入橄榄油和植物油，再次搅拌均匀。冷藏。上菜前摇匀。这种调味汁在冰箱里能够很好地保存，可在2升的梅森罐中储存。

## 牛主肋牛排

劳瑞斯牛排餐厅
美国，1938年

第66页

1袋岩盐
1块（牛肋）牛前里脊肉
劳瑞斯调味盐

　　将烤箱预热到175℃。在一个厚重的烤盘里，把岩盐均匀地铺在底部，将铁丝烤架放在盐上。

　　将劳瑞斯调味盐撒在牛肉的脂肪含量较多的部位。把肉放在烤架上，肥肉面朝上，确保岩盐不会碰到牛肉。

　　将一支肉类温度计插入肉最厚的部分，确保温度计不碰到骨头。在烤箱中烤制牛主肋牛排，温度计显示55℃时为一分熟，温度显示60℃时为五分熟，或者每斤牛排大约烤20～25分钟。然后从烤箱中取出，静置20分钟后再切片。

　　用一把锋利的菜刀将牛排切成片铺在饭上，撒上岩盐，搭配上您钟爱的蔬菜一起上桌。我们推荐奶油土豆泥！

## 军舰寿司

今田久治
银座久兵卫餐厅
日本，1941年

第67页

　　该食谱尚未记录下来并公开共享。想要做军舰寿司，请在米饭里加入米醋和盐。然后将米饭静置一会儿，再把它捏成小椭圆形，将海苔包裹在两侧，上面放上您喜欢的刺身。

## 烤干酪辣味玉米片

伊格纳西奥·阿纳亚
胜利俱乐部
墨西哥，1943年

第68页

1汤匙菜籽油
3个玉米饼
1杯切碎（磨碎的）长角牛奶酪，约85克（按重量计）
12份腌制墨西哥辣椒片

　　预热烤箱至175℃。

　　在每个玉米饼的两面刷上油，切成四等份，在175℃的烤箱里烤15～20分钟，直至玉米饼变为深棕色但未烧焦。

　　把奶酪切碎，放入三角形玉米饼上。在每个玉米饼上面放一片墨西哥辣椒。

　　将三角饼放在175℃的烤箱中烤大约5分钟，直到奶酪起泡。或者，您可以把三角饼放在烤肉架下1分钟左右。时刻注意，以免烧焦。

### 夏威夷波奇饭（鱼生饭）

海伦·乔克

"海伦娜的夏威夷菜"餐厅

美国，1946年

第69页

海伦娜的食谱最初很简单，只有鱼、酸橙和洋葱。配料用量不是固定的，只需根据口味调整。

### 法式洋葱汤

猪蹄餐厅

法国，1947年

第70页

600克洋葱

150克无盐黄油

2升牛肉汤

一小枝百里香

6片月桂叶

半个长棍面包

300克格鲁耶尔奶酪、磨碎的盐和胡椒粉

把洋葱切碎，放进黄油里熬上30分钟。

加入牛肉汤和香草料，用盐和胡椒粉调味，煮5分钟。

把汤舀到碗里，加入烤过的大块长棍面包，然后在上面撒上格鲁耶尔奶酪。

放在焗炉中上色，然后就可以上菜了。

### 夏威夷米饭汉堡

理查德和南希·伊努耶

林肯烤肉店

美国，1949年

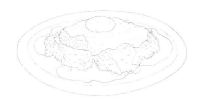

第71页

配方没有流传下来，但可以大致猜到。在盘子里放2勺白米饭、1个汉堡包和大量蘑菇肉汁。如果您喜欢更符合现代人的吃法的话，可以加一个煎蛋。一天当中，您随时都可以吃，用刀叉或用筷子都行。

# 生牛肉片

朱塞佩·西普里亚尼

哈里酒吧

意大利, 1950年

第72页

2.35千克去骨牛肉/纽约牛排, 去掉边
　角料后还有675克

**制作生牛肉片的酱汁**
制作约1杯 (250毫升)
170毫升自制蛋黄酱
1～2茶匙伍斯特郡辣酱油, 用于调味
1茶匙新鲜柠檬汁
2～3汤匙牛奶
盐
现磨白胡椒

　　制作酱汁时, 将蛋黄酱放入碗中,
加入伍斯特郡辣酱油和柠檬汁搅拌。
加入足够的牛奶搅拌, 做成稀薄的酱
汁, 使其刚好能够附在木勺的背面。

　　尝尝酱汁, 用盐、胡椒粉来调味,
再加少许伍斯特郡辣酱油或柠檬汁。

　　至于生牛肉片, 去掉肉上的边角
料, 如肥肉、筋和软骨, 留下嫩肉。
将肉冷藏。用一把锋利的菜刀把肉切
成如纸的薄片。

　　把肉片摆在六个沙拉盘上, 使其
铺满整个盘子。将酱汁淋在肉片上做
装饰。立即上菜。

# 墨西哥炸卷饼

莫妮卡·弗林

埃尔查罗咖啡馆

美国, 20世纪50年代

第73页

6个玉米饼 (直径30～35厘米)
普通肉或家禽肉馅
大约1½升植物油
2个熟透的牛油果 (每个约227克)
2汤匙酸橙汁
1罐 (1170克) 红辣椒酱或墨西哥菜酱
3杯生菜丝 (冰山生菜或罗马生菜、红
　球甘蓝)
2杯 (约227克) 切碎的杰克奶酪或切
　达奶酪
酸奶油
番茄或水果萨尔萨辣酱

　　把一个玉米饼放平。向中心折
⅓。用勺子舀⅙的馅料, 放在玉米饼
折叠的位置上, 留出馅料, 到玉米饼
边缘有5厘米的距离。再卷一次玉米
饼, 把两端向内折叠起来, 然后紧紧
地卷起来, 把馅料裹在里面。用牙签
(鸡尾酒棒) 固定接缝。重复上述步骤,
包好剩下的玉米饼。

　　取一个5～6升的平底锅 (至少
25厘米宽) 或直径36厘米的炒锅, 加
入大约2.5厘米深的油, 高温加热到
180℃。调节火候, 以保持温度。

　　用一把宽金属小铲, 将墨西哥炸
卷饼放入热油中, 一次一个, 直至将
锅装满但不拥挤。

　　将卷饼煎至各面呈金黄色, 偶尔
翻面, 每个煎6～8分钟, 然后捞出
来放到衬有纸巾的25厘米×38厘米
的平底锅里。在105℃的烤箱中保温。
重复上述步骤, 煎完剩下的墨西哥炸
卷饼。

　　同时, 将牛油果去皮、去核、切
成薄片。用酸橙汁润湿牛油果切片。
在1～1½升的平底锅中用中火加热
辣椒酱, 将辣椒酱倒入小碗中。

　　在一个或多个盘子里放上生菜。
把牙签从墨西哥炸卷饼上取下, 将卷
饼接缝朝下, 放在生菜上。将一杯奶
酪均匀撒在墨西哥炸卷饼上, 再用牛
油果装饰。搭配剩下的奶酪, 和调味
用的辣椒酱、酸奶油、萨尔萨辣酱一
起上菜。

## 霹雳烤鸡

镭啤酒馆

南非，20世纪50年代

第74页

## 绿色秋葵浓汤

莉亚·蔡斯

杜基·蔡斯餐厅

美国，20世纪50年代

第75页

您可以在家里尝试这个秘方：只需将鸡肉腌制一整夜，然后用木炭烤。腌料是非常辣的乌眼辣椒、红酒醋、橄榄油、大蒜、红辣椒粉和月桂叶做成的酱汁。搭配沙拉和啤酒一起享用。

**制作绿色蔬菜**

6杯粗切的羽衣甘蓝

5杯粗切的芥菜

4杯粗切的芜菁叶

3杯粗切的豆瓣菜

3杯粗切的菠菜

3杯粗切的生菜

2杯粗切的卷心菜

2杯粗切的甜菜根

1杯粗切的胡萝卜

2杯粗切的洋葱

⅓杯蒜蓉

**制作肉类**

227克熏香肠，如特鲁瓦辣熏肠，切成边长2.5厘米的小块

227克熏火腿，切成边长2.5厘米的小块

227克牛胸肉，切成边长2.5厘米的小块

227克炖牛肉，切成边长2.5厘米的小块

½杯植物油

227克辣香肠，如秘制香辣猪肉肠或西班牙辣香肠，切成一口大小的小块

3汤匙通用（普通）面粉

1茶匙干百里香，或1汤匙新鲜百里香叶

1茶匙盐

½茶匙辣椒粉

米饭

檫树叶粉（可选）

料理蔬菜时，把所有的蔬菜放进一个12升的汤锅里。加入洋葱、大蒜和足够的水，使水面超出蔬菜2.5厘米。使汤锅在中高火下翻滚沸腾，然后调整火力，保持轻微沸腾，煮30分钟直至蔬菜变软。用钳子或长柄勺子不时地搅动蔬菜。

当蔬菜变得很软的时候，把锅从火上移开。静置30分钟左右，直到锅冷却到可以用手拿为止。同时，在另一个大锅或碗上放一个大的滤网或过滤器。把煮过蔬菜的汤过滤到另一个锅里，把煮好的蔬菜放在盘子里或大碗里冷却到室温。

料理肉类时，将熏香肠、熏火腿、牛胸肉和炖牛肉放入汤锅中，加入约1升煮过蔬菜的汤，将剩下的汤保存起来。将锅放在中高火上，保持沸腾。

## 绿色秋葵浓汤

## 皇家野兔

雷蒙德·奥利弗

大维福餐厅

法国，20世纪50年代

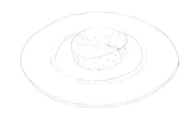

第76页

### 绿色秋葵浓汤

调至小火，保持锅中能看见的沸腾。煮30～45分钟，不时搅拌，直到所有的肉都变得软糯，散发出香味。

同时，在大的平底厚煎锅里倒入植物油，用中高火加热直至变热。放入辣香肠，煮10～12分钟，不停翻炒，直到香肠完全煮透，变成棕色。

把煮好的香肠放入碗里，在煎锅里留下3汤匙的食用油来制作乳酪面糊（如果油不够，再加入些植物油）。

当煮熟的蔬菜冷却到可以用手拿的时候，将蔬菜放入2个食物处理器或搅拌机中制成泥，直至表面变得光滑。分批做，慢慢来，如果需要，可以在食物处理器里加入一些保存的煮过蔬菜的汤，以帮助研磨蔬菜（你也可以轻轻挤压蔬菜，挤出一些汤汁，然后用手把它们掰碎）。

用中大火加热煎锅中的植物油，直到油变热但未冒烟。往锅里加入一小撮面粉，当油翻滚起来时，均匀快速地搅拌，把油和面粉均匀地混合成又厚又光滑的油面酱。继续炒大约5分钟，不停搅拌，使油面酱从白色变成浅棕色。

将油面酱加入放有切碎的肉的锅里，搅拌均匀。将蔬菜泥和1升煮过蔬菜的汤一起加入锅中。将所有配料搅拌混合在一起。把锅放在中高火上，慢慢煮沸。调整火候，小火慢炖，大约20分钟，经常搅拌，直至秋葵浓汤完美融合，发出浓厚的香气。

将保留的香肠和百里香、盐和辣椒粉一起加入秋葵浓汤里。搅拌，把所有的东西混合在一起。用文火再炖40分钟。把秋葵浓汤从火上端下来，搭配米饭，趁热（或温）食用，如果喜欢的话，可以搭配檫树叶粉一起食用。

没有关于原始配方的记录，但首先您需要准备一只野兔。用猪肉、猪油、蘑菇、鸡蛋、香料、阿马尼亚克酒、大量的大蒜、干葱头、肺、肝和心脏把野兔塞满。然后将野兔在酒里煮4小时。

## 香蕉福斯特

埃拉·布伦南

布伦南餐厅

美国，1951年

第77页

28克黄油

½杯红糖

¼茶匙肉桂

43克香蕉利口酒

半根香蕉/每人

14克陈酿朗姆酒

把黄油、红糖和肉桂放在煎锅里混合。

黄油用中火融化后，加入香蕉利口酒，搅拌至混合。

把香蕉煮软（1～2分钟）。

把煎锅倾斜，让锅边缘略微受热。锅热以后，小心地加入朗姆酒，再将锅倾斜，用火焰点燃朗姆酒。

搅拌酱汁，确保挥发掉所有的酒精。

把做好的香蕉放在冰激凌上，然后浇上锅里的酱汁。

## 左宗棠鸡

彭长贵

彭园湖南菜馆

中国，1955年

第78页

4只去骨带皮鸡大腿（共约350克）

花生油（油炸用）

6～10个干红辣椒

2茶匙切碎的新鲜生姜

2茶匙蒜末

2茶匙芝麻油

**制作腌料**

2茶匙生抽

½茶匙老抽

1个蛋黄

2汤匙土豆淀粉

2茶匙花生油

**制作调味汁**

1汤匙双倍浓缩番茄酱与1汤匙水混合

½茶匙土豆淀粉

½茶匙老抽

1½茶匙生抽

1汤匙米醋

3汤匙日常高汤或水

把鸡大腿展开、皮面朝下，放在砧板上（可用刀将某些很厚的部分平着对半切开）。用锋利的菜刀在鸡肉上切几个十字花刀，有助于入味。

然后把每只大腿切成一口大小的薄片，每片大约5毫米厚，放在碗里。

做腌料时，先把生抽、老抽和蛋黄加到鸡肉碗里拌匀，然后加入土豆淀粉，最后加入花生油。将其放在一边，准备其他配料。

把制作调味汁的食材放在一个小碗里备用。用剪刀把干辣椒剪成2厘米的小段，最好去掉辣椒籽。

加热足够的花生油至180℃～200℃，加入鸡肉油炸，炸至酥脆金黄（如有需要，分批炸）。用漏勺将鸡肉取出，放在一边备用。把油倒入一个耐热的容器里，如有需要，清洗炒锅。

炒锅内加入2～3汤匙花生油，开大火。加入干辣椒简单翻炒，直到炒香、变色（不要炒焦了）。加入生姜和大蒜，爆炒几秒，直到炒香。然后加入鸡肉和调味汁，用力搅拌，使肉片都裹上调味汁。关火，加入芝麻油，即可上菜。

| 加州寿司卷 | 酸橘汁腌鱼 | 蘸面 |
|---|---|---|
| 真下一郎 | 佩德罗·索拉里 | 山岸一雄 |
| 东京会馆 | 塞维切里亚佩德罗索拉里餐厅 | 大胜轩拉面店 |
| 美国，20世纪60年代 | 秘鲁，20世纪60年代 | 日本，1961年 |

第79页 · 第80页 · 第81页

这道菜的配方没有流传下来，但它很受欢迎，所以重新做这道菜很容易。您只需要醋饭、牛油果、螃蟹和黄瓜。将这些食材卷起来，醋饭包在外层，海苔包在里层。将六个寿司卷放在一个盘子里，搭配芥末和酱油一起食用。如果您在加州吃，那就更好了。

龙利鱼

洋葱

柠檬汁

智利辣椒

盐

配菜（木薯、玉米和辣椒奶油）

把龙利鱼切成丁。把洋葱切成薄片，在水中浸泡10秒。加几滴柠檬汁以防洋葱变苦。

去除辣椒筋，切碎辣椒。

把鱼肉丁放在一个玻璃碗里。把洋葱沥干，放入装鱼的碗里。接着放入辣椒、柠檬汁，加盐调味。用木薯、玉米和辣椒奶油来给酸橘汁腌鱼做配菜，这是蒂奥佩德罗的灵感。

原始配方从未公开过。如果您想要在家里制作，需要一大碗冰过的拉面、一碗热腾腾的肉汤，上面放上鸡蛋、腌竹笋、大葱和酱油煮的猪腿肉。肉汤需要熬制半天的时间，传统的做法包括用动物的骨头和脚、鲭鱼、姜、韭葱等炖煮。将拉面浸在肉汤里食用。

## 茶熏鸭

江孙芸

福禄寿餐厅

美国，1961年

第82页

1只鸭子，大约2.3千克，洗干净

8升冷水

6个五角茴香

1汤匙四川花椒

6个葱头

6片姜

1茶匙硝石

1汤匙盐

4汤匙湿茉莉花茶叶

植物油，用于油炸

　　将水、茴香、花椒、葱头、姜、硝石和盐混合在一个锅里。煮沸，煮15分钟左右，然后冷却至温热。

　　把鸭肉浸入温热的混合物中大约36小时。每12小时转动一次，确保鸭肉完全浸泡在水中。

　　把鸭肉放在燃煤的烟熏炉里，盖上湿茉莉花茶叶，熏制30分钟。然后取出，放在竹蒸笼里蒸大约1.5小时，挂起来冷却，排出多余的油脂（在这个阶段，鸭子可以在冰箱里保存至少1周）。

　　将鸭肉油炸至鸭皮变成深褐色。用一把锋利的普通刀或剁刀，把鸭大腿、小腿和翅膀切开，然后把剩下的部分切成边长2.5厘米的正方形。

## 柑曼怡舒芙蕾

查尔斯·马森

拉格诺维尔餐厅

美国，1962年

第83页

**制作糕点奶油**

半个香草荚，剥开

480毫升全脂牛奶

113克细砂糖

6个中等大小的蛋黄（蛋清保存好，冷藏一晚）

34克玉米淀粉

33克通用（普通）面粉

13克甜（无盐）黄油

**制作舒芙蕾**

无盐黄油和糖（涂在小模具内）

140克糕点奶油（1个8号冰激凌勺）

30克柑曼怡酒

50克蛋清

10克细砂糖

糖粉

　　提前一天准备好糕点奶油（可以做6份，并且可以冷藏3天）。把香草荚和牛奶放在一个中号平底锅里煮开之后，把火调小。

　　把细砂糖和蛋黄放在大碗里，搅拌。加入卡仕达粉和普通面粉，搅拌均匀至顺滑状。将1勺热牛奶倒入面粉混合物中，搅拌打匀至顺滑无颗粒，然后倒入牛奶中搅拌，一边快速搅拌一边煮至浓稠。

　　当混合物沸腾后，关火，加入黄油。用球形搅打器或电动搅拌器搅打，直到糕点奶油冷却到室温。将保鲜膜直接贴面覆盖在上述面糊表面，存放在冰箱里。

　　制作舒芙蕾：将烤箱预热到200℃。将舒芙蕾模具内部刷上黄油，撒上一半的糖。旋转模具，让糖均匀覆盖模具的内部，然后倒出多余的糖。

　　将糕点奶油放入双层蒸锅或隔水蒸锅里，高温加热，当奶油变热时加入柑曼怡酒。用手或搅拌器将蛋清和细砂糖搅拌在一起，直到形成中性发泡。将蛋白拌入糕点奶油混合物中，一次半份。

　　将上述混合物用勺子舀进模具里，放在台面上敲一敲，使混合物下沉。烘烤8分钟左右。

　　用大抹刀或烤箱手套将舒芙蕾从烤箱里取出，撒上一层糖粉。

## 夏威夷比萨

萨姆·帕诺普洛斯
卫星餐厅
加拿大，1962年

第84页

如果想要做这种没有配方的原始比萨，您需要一个经典的番茄奶酪比萨、菠萝（罐装的，这是菠萝最原始的保存方式）和一些切碎的火腿。切片，开吃。

## 三文鱼排配酢浆草

皮埃尔·三胖
三胖之家餐厅
法国，1962年

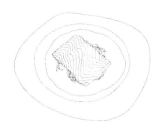

第85页

半条新鲜的三文鱼（600克）
一束新鲜的野菠菜
4个小洋葱头
300毫升桑塞尔白葡萄酒
120毫升诺瓦丽·普拉味美思酒
300毫升鱼汤
300毫升高脂厚奶油（或者多脂奶油）
半个柠檬
盐和白胡椒粉

选择厚的三文鱼片，去掉肉里的小鱼骨。将三文鱼切成六块，每块100克。将它们并排放在两张烘焙纸（烘焙纸）之间，用木槌轻轻敲打，使其厚度均匀，约5毫米厚。

去掉野菠菜的茎，洗净，然后切碎。小洋葱头去皮切碎。

将白葡萄酒、味美思酒和小洋葱头放入平底煎锅中。熬至液体收汁变成糖浆。加入鱼汤，进一步收汁，然后加入奶油并煮沸。加入野菠菜叶，关火。用盐和白胡椒粉调味。

将三文鱼两面抹盐，放入不粘锅中慢煎，每面各煎15秒。将野菠菜酱舀在盘中，上面放上三文鱼。

## 提拉米苏

阿尔巴·坎佩尔和罗伯托·林加诺托
贝克里餐厅
意大利，1962年

第86页

2茶匙糖
350毫升意大利浓缩咖啡
4个蛋黄
100克糖
450克马斯卡彭奶酪（室温）
30块手指饼干
2汤匙苦可可粉

趁咖啡还热，把2茶匙糖溶解在咖啡里。让咖啡冷却到室温。

把蛋黄和100克糖（100）放入碗里，搅打，直至蛋黄变浅（白），变得蓬松。然后将其与马斯卡彭奶酪混合。

将一半量的手指饼干浸泡在咖啡里，然后将其在餐盘里平铺一层。

将一半量的马斯卡彭奶酪涂在手指饼干上面。

把剩下的手指饼干泡在咖啡里，将其作为第二层手指饼干铺在奶酪上面。

再把剩下的马斯卡彭奶酪涂在第二层手指饼干上。

撒上可可粉，冷藏3～4小时。

## 布法罗鸡翅

特蕾莎·贝利西莫
船锚酒吧
美国，1964年

第87页

12～16个整翅
½杯法兰克和泰蕾莎的原味酱汁

如果您喜欢的话，可以从关节位置切开鸡翅。将鸡翅拍干。以170℃油温炸10～12分钟，或在215℃下烘烤45分钟，直到完全烤熟、变脆。沥干鸡翅。

将鸡翅放入碗中，加入调味汁，搅拌至鸡翅全部裹上调料汁，搭配蓝纹奶酪蘸酱和芹菜一起上菜。

## 寿司

小野二郎
数寄屋桥次郎寿司店
日本，1965年

第88页

这位最著名的寿司大师没有透露他的食谱，但是我们知道米饭要撒上米醋，上面再放上刺身。请记住，鱼必须在一个非常精确的时刻才能切片，人们才能在室温下食用刺身，然后刷上少许酱油。一定要遵守小野二郎吃寿司的十二条规则。不要边吃边听音乐。

寿司精美又可口，这才叫作完美。

## 铁扒比目鱼

佩德罗·阿雷吉
埃尔卡诺餐厅
西班牙，1967年

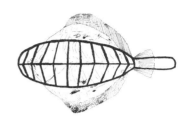

第89页

2条比目鱼
盐
卢尔德调味汁（一种用油、醋和盐制作的混合物，根据艾特·阿雷吉祖母的秘方配制而成）

首先预热烤架，点燃煤块。取一条新鲜的鱼，去掉内脏，在鱼的两边撒上少量盐。然后将鱼夹在事先没有清洗过的鱼夹里，这样可以防止鱼皮粘连破裂。烤鱼时尽量保持鱼的完整。

把鱼夹架在煤火上，边烤边刷上卢尔德调味汁。大概12分钟后鱼就熟了，当您看到深色的鱼皮开始冒小气泡的时候就说明鱼熟了。

把比目鱼从烤架上取下来时，小心地将其打开，取出鱼骨。再淋上一点卢尔德调味汁就可以上菜了。

## 巨无霸

吉姆·德利加蒂
麦当劳
美国，1967年

第90页

## 美味沙拉

米歇尔·盖拉尔
法式火锅餐厅
法国，1968年

第91页

巨无霸本身并不是什么秘密——三片带有芝麻的汉堡面包里夹着两块牛肉饼，再加入奶酪、生菜、泡菜和洋葱。麦当劳绝不会透露特殊调味汁的配方。据了解，这种特殊调味汁会用到蛋黄酱、甜味料、黄芥末、苹果醋、大蒜粉、洋葱粉和辣椒粉。每样配料具体用量多少？也许您试试才知道。

170克嫩法国菜豆，去掉头尾

12根新鲜芦笋（洗净修剪），或12个芦笋罐头

4片优质的沙拉蔬菜叶子，如红菊苣等

1茶匙切碎的小洋葱头

60克新鲜或腌制鹅肝

1块新鲜或腌制的松露，重20克，切片

### 制作油醋汁

盐和胡椒粉

1茶匙柠檬汁

2茶匙花生油

2茶匙橄榄油

1茶匙雪利酒醋

1茶匙雪维菜

1茶匙龙蒿

把法国菜豆放入一个装有滚盐水的炖锅里，根据菜豆的大小，在无盖的情况下将其快速煮沸4～8分钟，这样菜豆就能达到熟而不烂、带嚼劲的状态。用漏勺把它们迅速从水里捞出，然后在一盆冰水中浸泡10秒钟。然后用过滤器滤干。

如果你用的是新鲜芦笋，用焯过菜豆的水来继续焯芦笋。

把芦笋洗净去皮，放入一个带网眼的深罐子里，相当于一种过滤器。放入罐子里时需要注意，让所有芦笋尖朝上对齐。需要做的就是把罐子放入沸水中，分三个阶段，每一个阶段需要3分钟，或者根据芦笋的大小而延长熏制时间，首先是末端，然后是中间，最后是芦笋的顶端。也就是，最坚硬的末端煮9分钟，中间煮6分钟，顶端煮3分钟。

准备油醋汁时，像制作普通调味汁一样需要用到一把小的搅打器。按以下顺序加入配料：盐、胡椒粉、柠檬汁、两种油，然后加入雪利酒醋、雪维菜和龙蒿。

在法国菜豆、芦笋和松露片上都倒上油醋汁。

将所选的蔬菜叶洗净晾干，放在两个盘子里或放在沙拉碗里。把法国菜豆堆成圆顶状，撒上切碎的小洋葱头，四处点缀上芦笋。

把小刀浸在热水里，把鹅肝切成极薄的薄片，然后放在法国菜豆的圆顶上，最后用松露片装饰。

## 酸橙派

乔氏石蟹餐厅
美国，1968年

第92页

### 制作全麦饼皮

⅓的450克盒装全麦饼干（或150克消化饼干或圣诞姜饼）

5汤匙融化的无盐黄油

⅓杯糖

### 制作馅料

3个蛋黄

2茶匙酸橙皮

1罐（400克）加糖炼乳

⅔杯鲜榨酸橙汁，或去商店购买

### 装饰

1杯高脂厚奶油或鲜奶油

2汤匙糖粉

把烤箱预热到175℃。在一个直径23厘米的饼盘（锡纸碗）上涂上黄油。

把全麦饼干捣碎，放入食物处理器里，将其加工成饼干屑。如果您没有食物处理器，把饼干放进一个大塑料袋里，密封，然后用擀面杖压碎。加入融化的黄油和糖，搅拌均匀。将混合物压入饼盘的底部和侧面，将边缘压整齐。烤8分钟，直到饼皮凝固，变成金黄色。将饼皮拿出来放在烤架上。让烤箱开着。

同时，在台式搅拌机中，高速搅打蛋黄和酸橙皮大约5分钟，直到非常蓬松。逐渐加入炼乳，继续搅打至浓稠，再搅打3～4分钟。调低搅拌机速度，慢慢加入酸橙汁，搅拌直到混合为止。

把混合物倒进饼皮里。烤10分钟，或者直到馅料刚刚凝固。然后拿出来放在烤架上冷却，再冷藏。在食用前冷冻15～20分钟。

搅打奶油和糖粉，直到几乎变硬。把酸橙派切成块，回温以后再上桌，在每一块酸橙派上面挤上一大块鲜奶油。

## 卡布奇诺蘑菇汤

阿兰·沙佩尔

阿兰·沙佩尔餐厅
法国，1970年前后

第93页

6汤匙黄油

450克小蘑菇，切半

225克混合蘑菇，如平菇、香菇和蓝脚菇，切成薄片，把边角料保存下来

30克干香菇

950毫升水

375毫升高脂厚奶油

盐，用于调味

卡宴辣椒粉，用于调味

12个小龙虾尾，煮熟并去壳

4枝新鲜雪维菜叶或龙蒿叶

将3汤匙黄油放入平底煎锅，中火加热。加入小蘑菇和蘑菇边角料，煮10分钟左右，多次搅拌，直到将蘑菇炒出水。加入20克干香菇和950毫升水，煮沸。

把火调到中低挡，用文火炖10分钟左右，将汤收汁至700毫升。在炖锅里放一个细滤网。将汤过滤，用勺子的背面按压蘑菇，将蘑菇里的水按出来，蘑菇便可以丢弃了。把奶油加到蘑菇汤里，煮开。把火调到中低挡，用文火炖10分钟左右，直到味道完全融合。用盐和一撮辣椒粉调味后，放在一边。

## 卡布奇诺蘑菇汤

## 炖鸡冠鸡肾

阿兰·沙佩尔

阿兰·沙佩尔餐厅

法国，1970年

第94页

在香料研磨机里，把剩下的干香菇磨成细粉。把蘑菇粉放入一个小平底锅，用中大火烤5分钟左右，不停地转动平底锅，直到烤出香味。把蘑菇粉放到一个小碗里，放在一边。

用中火加热平底煎锅里剩下的黄油。加入混合蘑菇，加盐调味后煮4～5分钟，轻轻搅拌，直到变软。加入小龙虾尾，加盐调味，煮到小龙虾尾变红。把锅从火上移开，放在一边。

上菜时，用搅拌机高速搅拌预留的蘑菇汤至起泡。将小龙虾混合物放入四个茶杯或小碗中，舀入蘑菇汤。用勺子将泡沫舀在上面，撒上干香菇粉，再用雪维菜装饰。

3只欧洲小龙虾（每份总计60克）

10克黄油，另需少许黄油用于砂锅的制作

2个鸡冠和3个鸡肾，在清汤里焯一下

几茶匙乳化黄油酱

少量鸡肉淋面

2勺鸡汤

60克小羊肚菌，在自来水中彻底清洗

盐和胡椒粉

雪维菜，用于调味

2张迷你酥皮

煮小龙虾，剥去虾钳和虾尾的壳。取一个平底煎锅，放入10克黄油，倒入小龙虾，保温。

在砂锅中加入少许融化的黄油、鸡肉淋面和鸡汤，将鸡冠和鸡肾放进砂锅里，使之焦糖化。关火，每隔一段时间加入半勺肉汤并搅拌。

把羊肚菌放在有盖的平底锅里，用文火熬，撒上几撮盐。然后把羊肚菌放到小龙虾上，保留汤汁。

将羊肚菌的汤汁与鸡冠、鸡肾混合，用胡椒粉调味。加上羊肚菌和小龙虾，然后在所有食物上都淋上乳化黄油酱。放上一些雪维菜，调味，然后堆在一张热腾腾的酥皮上。

## 土豆鳞红鲻鱼

保罗·博古斯

保罗博古斯餐厅

法国，20世纪70年代

第95页

2条红鲻鱼的鱼片，约350克

2个大的荷兰土豆

1茶匙水

1个蛋黄

精盐

2汤匙澄清黄油（酥油）

1汤匙土豆淀粉

橄榄油

1汤匙小牛肉汤（可选）

1枝雪维菜

**制作调味汁**

2个橘子

3枝新鲜迷迭香

100毫升诺瓦丽·普拉味美思酒

300克鲜奶油

盐

现磨胡椒粉

用削皮器或镊子去除鱼骨。剪下两张矩形的防油纸（蜡纸），尺寸略大于鱼片。把鱼放在油纸上面，鱼皮朝上。

将土豆去皮、洗净。用苹果取芯器将土豆切成鳞片状。把土豆圆片放进平底锅里。加入冷水，烧开，文火煮1分钟，滤干。

用1茶匙水和一撮盐稀释蛋黄，然后用刷子将鸡蛋液涂在鱼皮上。

将土豆圆片放入碗中，加入2茶匙澄清黄油，搅拌均匀。加入1茶匙土豆淀粉，仔细搅拌。

将土豆圆片放在鱼片上，从鱼片顶部开始，重叠放置，放在冰箱里冷藏15分钟。

准备调味汁时，先把橘子榨汁，然后把果汁倒入装有迷迭香的砂锅里，用中火收汁。加入诺瓦丽·普拉味美思酒，然后收汁，使其收到一半的量。加入鲜奶油、几小撮盐和胡椒粉。高温加热收汁，直到调味汁变黏稠（收汁到大约一半的量或加热10分钟）。

同时，在平底煎锅中加热2茶匙橄榄油。把刚刚的防油纸和鱼拿过来，把鱼放进油里，取出纸。

对鱼肉进行调味，用高温煎6分钟左右，直到土豆圆片变成金黄色。然后再把鱼翻过来煎几秒钟。

滤出调味汁。把调味汁舀进盘子里。加上鱼片和一点雪维菜。趁热上菜。

## 印度咖喱烤鸡（马萨拉烤鸡）

阿里·艾哈迈德·阿斯拉姆

什希马哈勒餐厅

英国，20世纪70年代

第96页

这道菜的原始配方还不清楚，但您可以用酸奶、番茄和一些温和的香料做成酱汁，然后腌制鸡块，煮熟，再将其浸入酱汁里，就大致做好了。

## 太妃糖布丁

弗朗西斯·库尔森
沙罗湾乡村别墅酒店
英国，20世纪70年代

第97页

50克无盐黄油，软化，另外准备少许
抹模具用的黄油

175克枣，切碎

300毫升水

1茶匙小苏打

175克超细白砂糖

糖

2个鸡蛋

175克自发面粉（通用面粉加1½茶匙
发酵粉）

1茶匙香草精

香草冰激凌，搭配太妃糖布丁一起上桌

**制作调味汁**

300毫升高脂厚奶油

50克德麦拉拉蔗糖

1甜点匙的黑蜜糖

预热烤箱至180℃，风机温度设置为175℃，燃气烤箱调到第4挡。取一个大约20厘米×13厘米的布丁模具，在其内抹一层黄油。

用300毫升的水将枣煮沸，直到变软，然后把锅从火上移开，把水沥干。加入小苏打。

搅拌黄油和超细白砂糖，至奶油状，轻盈蓬松，然后加入鸡蛋，打匀。把自发面粉、枣的混合物和香草精混合，倒入准备好的布丁模具里。烘烤30～40分钟，直到触感变硬。制作调味汁，把奶油、德麦拉拉蔗糖和黑蜜糖放在一起，煮沸。然后将其倒在布丁上面，覆盖其顶部（会剩下一些调味汁），然后将布丁放在热烤架下，直到布丁开始起泡。取出，切成正方形，搭配剩下的糖汁和1勺香草冰激凌一起食用。

## 海鲈鱼配鱼子酱

雅克·皮克
皮克之家
法国，1971年

第98页

4片100克重的去皮海鲈鱼片

80克阿基坦鱼子酱（每人20克）

精盐

**香槟奶油酱**

¼个茴香头

½个切细的小洋葱头

1个草菇

15克软黄油

250毫升香槟

150毫升鱼汤

500毫升淡奶油

100毫升全脂牛奶

精盐

将鱼片调味，在100℃的蒸烤箱中蒸2分钟。从烤箱中取出鱼片，然后静置2分钟，鱼就做好了。非常重要的是，蒸完后要把温度始终保持在40℃。

## 蝎子鱼蛋糕

胡安·玛丽·阿扎克

阿扎克餐厅

西班牙，1971年

第99页

## 小笼包

鼎泰丰

中国，1972年

第100页

**香槟奶油酱**

将切成片的茴香、切碎的小洋葱头和去皮切片的草菇都放进黄油里用文火熬。加入香槟，收汁至一半的量。倒入鱼汤，煮沸。

再次将混合物收汁至一半的量。

加入淡奶油和牛奶，然后加热，但别收汁。静置15分钟。过滤，加盐。如有必要，再加些香槟。

**装盘和最后接触**

把鱼子酱铺在防油纸上。

把海鲈鱼放在一个深盘里，浇上香槟调味汁。

把鱼子酱条放在鱼片上，然后抽出防油纸。最后再加一些香槟奶油酱。

½千克生红蝎子鱼，去头

1根韭葱

1根胡萝卜

盐

8个鸡蛋

¼升奶油

¼升番茄酱（纯番茄汁）

白胡椒粉

少量黄油

面包屑

水

用韭葱和胡萝卜煮红蝎子鱼，加盐调味。熟透后，去骨，去皮，将鱼肉切碎。

将鸡蛋打发，快速加入奶油、番茄酱（纯番茄汁）、鱼肉碎，用白胡椒粉调味。

在一个1.5升的长方形模具上涂上黄油，撒上面包屑，然后加入鱼肉混合物。在225℃的烤箱中用隔水蒸锅蒸煮1小时。冷却，然后脱模，切成又小又薄的矩形片。

这种灌汤的包子的原始配方是一个秘密，但它们通常是用碎猪肉和肉冻做成的。如果您有信心的话，可以在每个包子上捏18个褶，就像做正宗的包子那样。捏完褶后，蒸熟，食用。用筷子把包子夹在勺子上，加上醋和姜丝，咬一小口或者也可以一口吞下！小心烫着。

## 香蕉太妃派

奈杰尔·麦肯齐和伊恩·道丁
"饥饿的僧人"咖啡厅
英国，1972年

第101页

黄油，用于润滑

340克的生简易酥皮（制作挞类的基础
　面团）

1½罐罐装炼乳（每罐380克）

426毫升高脂厚奶油

½茶匙速溶咖啡粉

1甜点匙超细白砂糖

227克质地较硬的香蕉

少量现磨咖啡

把燃气烤箱预热至第5挡。在一个25厘米×3.8厘米的平底烤模上涂上一层薄薄的黄油。将酥皮薄薄地铺在烤模里。用叉子戳一下酥皮外壳各处，不加馅料将酥皮预烤至酥脆，冷却。

将未开封的罐装炼乳浸入装有沸水的深底锅中。盖上锅盖，煮5小时，确保深底锅不会烧干（见"注意事项"）。把罐装炼乳从水里拿出来，完全冷却后再打开。柔软的太妃糖馅料就做好了。

把奶油、速溶咖啡粉和超细白砂糖一起搅打至稠滑。现在把太妃糖馅料铺在馅饼的底部。香蕉去皮，纵向对半切开，放在太妃糖上。仔细地用勺子舀上奶油或用裱花袋挤上奶油，再轻轻地撒上现磨咖啡粉。

### 注意事项

非常重要的是，在烹调罐装炼乳的过程中，要经常往锅里加开水，水要没过罐子。5小时是很长的时间，如果锅里的水烧干了，罐子就会爆炸。

## 花雕芙蓉蛋蒸蟹

崔福全
福临门酒家
中国，1972年

第102页

饱满的新鲜蟹钳

蛋清

鸡汤（高汤）

面粉

陈酿黄酒（花雕酒）

盐

仔细清洗蟹钳，冲洗干净。然后取下外壳。蒸之前，将蟹钳用少许盐、面粉和花雕酒腌1～2分钟。

准备一份蛋白底料：1份蛋清配2份肉汤。

将蟹钳放在混合的蛋清和鸡汤上，盖上锅盖，将蟹钳和蛋清蒸熟。

用鸡汤、面粉和陈年花雕酒制作一份调味汁。上菜前，把调味汁淋在蟹钳和蛋白上。

| 爱丽舍宫黑松露汤 | 奥尔洛夫王子小牛肉 | 满族鸡 |
|---|---|---|
| 保罗·博古斯 | 米歇尔·鲍丁 | 黄玉堂 |
| 保罗博古斯餐厅 | 康诺特酒店 | 印度板球俱乐部 |
| 法国，1975年 | 英国，1975年 | 印度，1975年 |

第103页 | 第104页 | 第105页

2汤匙马蒂尼翁（等量的胡萝卜、洋葱、芹菜、蘑菇，切成小块，用无盐黄油煮熟）

50克新鲜松露

21克新鲜鹅肝

1杯浓鸡汤

57克片状酥皮

1个蛋黄，打发

　　将2汤匙马蒂尼翁、50克切成不规则薄片的松露、21克的同样切成不规则薄片的鹅肝和1杯浓鸡汤加入一个单独的耐高温的汤碗中。

　　在一层薄薄的酥皮的边缘刷上蛋黄液，然后用酥皮盖住汤碗，将碗的边缘紧紧地封住。

　　把汤碗放进220℃的烤箱里。片状酥皮熟得很快，当它在高温下膨胀并呈现出金色，就说明它熟了。

　　用汤匙将酥皮敲碎，酥皮会掉进汤里。

　　米歇尔·鲍丁发明的这道菜的菜谱没有流传下来。要做这道菜，需要一份小牛外腰肉，将其切成厚2.5厘米的薄片。每片之间，放上蘑菇酱、洋葱苏比斯调味汁和黑松露。然后重新组装成烤肉的形状！在整盘菜上面放上奶酪和奶油蛋黄酱。然后烘烤。

　　这道经典菜肴的配方早已变成了秘密。这道菜包括一种由青椒、姜、蒜蓉、芫荽、酱油、糖、玉米淀粉和鸡汤做成的调味汁，将调味汁浇在酥脆的鸡肉片上。

## 羊肚菌酿猪蹄

皮埃尔·科夫曼

克莱尔阿姨餐厅

英国，1977年

第106页

## 烤大菱鲆段配荷兰酱

里克·斯坦

海鲜餐厅

英国，20世纪70年代末

第107页

4只猪蹄

100克胡萝卜，切丁

100克洋葱，切丁

150毫升干白葡萄酒

1汤匙波特酒

150毫升小牛肉汤

225克小牛胸腺，焯一下水，切碎

75克黄油，另有一小块黄油用于制作
　调味汁

20个干羊肚菌，浸泡至变软，然后沥干

1个小洋葱，切碎

1片鸡胸，去皮切丁

1个鸡蛋的蛋清

200毫升高脂厚奶油

盐和现磨胡椒粉

小块黄油团，佐餐用

预热烤箱至160℃或至燃气烤箱
第3挡。把猪蹄放在砂锅里，放入胡
萝卜丁、洋葱丁，倒入干白葡萄酒、
波特酒和小牛肉汤。盖上盖子，在烤
箱里焖3小时。

同时，将小牛胸腺放入黄油中煎
5分钟，加入羊肚菌和洋葱碎，再煮5
分钟，冷却。

把鸡胸肉、蛋清和奶油搅成泥，
用盐和胡椒粉调味，再与小牛胸腺混
合物混合，制成馅料。

从砂锅中取出猪蹄，过滤煮过猪
蹄的汤，只保留汤，不要里面的蔬菜。
切开猪蹄，将其放在锡箔纸上，一个
猪蹄一片锡箔纸，冷却。

将鸡肉馅填入冷却后的猪蹄中，
用锡箔纸紧紧地卷起来。在冰箱中冷
藏至少2小时。

将烤箱预热到220℃或至燃气烤箱
第7挡，或准备一个蒸笼，水沸腾时，
把裹着锡箔纸的猪蹄放上去蒸，直到
热透。或者，把猪蹄放入砂锅里，盖上
盖子，在烤箱里加热15分钟。之后把
猪蹄放在餐盘上，去掉锡箔纸。把保
存的汤倒入砂锅里，收汁至一半的量，
与准备好的一小块黄油搅拌，把制好
的调味汁倒在猪蹄上，趁热上菜。

25克无盐黄油

4块225～275克的大菱鲆鱼块

盐和现磨黑胡椒粉

85毫升鱼汤

¼茶匙泰国鱼露

半个柠檬的柠檬汁

1茶匙新鲜香草碎：欧芹、龙蒿、小
　葱、雪维菜

**制作荷兰酱**

2汤匙水

2个蛋黄

225克澄清无盐黄油，加热

1½汤匙柠檬汁

一大撮卡宴辣椒粉

¾茶匙盐

# 开心果舒芙蕾

皮埃尔·科夫曼

克莱尔阿姨餐厅

英国，1977年

第108页

将烤箱预热至190℃。将一小块黄油放在一个大的、耐高温的平底煎锅（煎锅）中融化，当黄油起泡时，加入大菱鲆鱼块，快速煮熟，直到鱼块两面呈浅褐色。用盐和现磨黑胡椒粉调味，放入烤箱烤15分钟左右。

同时，制作荷兰酱，把水和蛋黄放入一个不锈钢材质或玻璃材质的碗里，再把碗放入平底锅里，锅里是沸腾的水，确保碗的底部不接触水。将蛋黄酱搅拌至体积变大且呈奶油状。把碗从平底锅里拿出来，加入澄清无盐黄油并慢慢搅拌，至呈浓稠的慕斯状。加入柠檬汁、辣椒粉和盐搅拌。

制作香草酱。将鱼汤、泰国鱼露和柠檬汁混合，放在一个小平底锅里，煮沸。收汁至原来的¼，搅拌加入剩余的黄油和新鲜香草碎。

将大菱鲆分装到4个预热后的盘子里。在所有鱼块上都浇上香草酱，并在旁边舀一些荷兰酱。

搭配煮熟的嫩土豆一起食用。

100毫升牛奶

50克开心果酱

1个鸡蛋，外加1个蛋黄

50克超细白砂糖

40克普通（通用）面粉

黄油，用于润滑

50克优质黑巧克力，磨碎

6个鸡蛋的蛋清

糖粉，用于撒粉

## 制作开心果冰激凌

500毫升牛奶

500毫升高脂厚奶油

45克液态葡萄糖（淡玉米糖浆）

75克开心果酱

12个蛋黄

200克超细白砂糖

首先制作冰激凌。把牛奶、奶油、葡萄糖（淡玉米糖浆）和开心果酱放在炖锅里煮沸。同时，往一个耐热的碗里搅拌加入蛋黄和糖。在蛋黄里加入少许热牛奶混合物，快速搅拌均匀。

## 开心果舒芙蕾

把上个步骤中剩下的牛奶倒入平底锅中，用小火煮，不断搅拌，直到温度计显示82℃。把锅从火上移开，用细筛子过滤牛奶。将过滤后的牛奶浸入一个冰浴的大碗里，碗里装满冰和冷水，让牛奶冷却。冷却后，将牛奶倒进冰激凌机中搅拌。

加热烤箱至230℃。

制作舒芙蕾时，把牛奶和开心果酱放在一个小平底锅里煮开。将鸡蛋、蛋黄和一半的超细白砂糖放在一个碗里，搅打至发白，然后加入面粉，搅拌均匀。倒入牛奶混合物，搅拌混合，然后将混合物倒回平底锅中，用中低火煮4分钟，然后连续搅拌，直至混合物浓稠到可以轻轻挂住汤匙的背面。把混合物倒进碗里，盖上锡箔纸，放在温暖的地方。

## 开心果舒芙蕾

## 松露节瓜花

雅克·马克西曼

雄鸡餐厅

法国，1978年

第108页

在六个单独的舒芙蕾盘子里涂满黄油，然后在里面撒上磨碎的巧克力。将蛋清打至浓稠，然后加入剩余的超细白砂糖，再次搅拌至浓稠。

将开心果混合物搅拌几秒钟，使其松散，然后加入四分之一的蛋白，用力搅拌。加入剩下蛋白的一半，用抹刀快速搅拌，保证没有未打散的结块。用同样的方法加入剩下的蛋白。轻轻地将舒芙蕾混合物倒入准备好的盘子里，烤10分钟，直到膨胀。

在舒芙蕾上轻轻地撒上糖粉。最后，将开心果冰激凌球轻轻地放在舒芙蕾上面。

16个非常新鲜、开着花的节瓜

50克细面包屑

250毫升鲜奶油

10汤匙橄榄油

1束罗勒、雪维菜、龙蒿，取叶

2个鸡蛋

40克腌制的松露，切成薄片，从玻璃罐或金属罐里取出1茶匙松露汁

7汤匙水

7汤匙高脂厚奶油（搅打过的）

150克冷黄油丁

盐和现磨胡椒粉

修剪节瓜至10厘米长，花附着于其上。用削皮器将节瓜去皮，放入沸水中焯5～10秒，使花变软。过一遍凉水，沥干水备用。

把面包屑浸在鲜奶油里。

用橄榄油软化节瓜皮，将节瓜皮放入带有搅拌或食品加工功能的碗中。加入10片罗勒叶、鸡蛋、面包屑和奶油。用盐和胡椒粉调味，搅拌混合成光滑的泥状。冷却几分钟。装入带尖头喷嘴的压力袋中。

预热烤箱，准备好一张涂了油的烘焙纸，撒上盐和胡椒粉。

一个人用双手的食指和大拇指，非常小心地把花摊开，然后轻轻地吹气，使其膨胀。这时，第二个人用压力袋把节瓜泥挤进花里，让节瓜泥填满花的¾。第一个人把花稍微拧一下，使花瓣末端形成一个自然的结，使节瓜花密封。对每个节瓜重复这个过程，然后把它们放在准备好的烘焙纸上。撒上少许橄榄油，烤40分钟。

将7汤匙加入了一撮盐和少许胡椒粉的水烧开，加入冷黄油丁搅拌。关火，加入松露片和松露汁，放在温暖的地方，浸泡。

用海绵擦去煮好的节瓜里多余的油，然后将其放在温热的盘子里。把松露片从调味汁中取出，分装在四个盘子里。把调味汁烧开，用文火煮1分钟左右，然后拌入鲜奶油。调好味，将其倒在节瓜上。再撒上新鲜的香草，即可上菜。

## 熏黑鲑鱼

保罗·普鲁德霍姆
K-保罗的路易斯安那厨房
美国，1979年

第110页

---

340克（3块条状）无盐黄油，在平底
煎锅中融化

6份（250克左右）鱼片（最好是鲑鱼、
鲳参鱼或方头鱼），切成约1.3厘米厚

**制作混合调味料**

1汤匙红甜椒粉

2½茶匙盐

1茶匙洋葱粉

1茶匙蒜粉

1茶匙磨碎的红辣椒（最好是卡宴辣椒）

¾茶匙白胡椒

¾茶匙黑胡椒

½茶匙百里香干叶

½茶匙干牛至叶

将一个大的铸铁平底煎锅在高温下加热至少10分钟，直到锅冒烟、锅底能看到白灰（做这道菜，锅不能太热）。

同时，将2汤匙融化的黄油倒入6个小汤罐中，备用并保温。把剩下的黄油留在锅里。在250℃的烤箱中加热餐盘。

在一个小碗里充分将混合调味料混合。将所有鱼片浸入备用的已融化的黄油中，使鱼片两面都沾满黄油。然后将混合调味料均匀地撒在鱼片的两面，用手轻轻拍打。

将鱼片放入热锅中，将1茶匙融化的黄油倒在所有鱼片上（小心，因为黄油可能会燃烧起来）。不盖盖子，在同样的高温下煎大约2分钟，直到鱼片贴着锅的那一面看起来有点焦（具体时间根据鱼片的厚度和煎锅的温度而不同）。把鱼翻过来，在上面浇上1茶匙黄油，再煎2分钟左右，直到煎熟。对剩余的鱼片重复上述操作。

趁热上菜。在每个加热后的餐盘里放上一片鱼片和一个装了黄油的小汤罐。

## 烤山羊奶酪配花园生菜

爱丽丝·沃特斯
帕尼斯之家
美国，1980年

第111页

---

227克新鲜的山羊奶酪（5厘米×13厘米）

1杯特级初榨橄榄油

3～4枝新鲜百里香，切碎

1小枝迷迭香，切碎

½根酸法棍面包，最好已放置1天

1汤匙红酒醋

1茶匙雪利酒醋

盐和胡椒

¼杯特级初榨橄榄油

227克混合生菜，洗净并晾干

小心地将山羊奶酪切成8个约1.3厘米厚的圆盘。把橄榄油倒在奶酪圆盘上，撒上香草碎。盖上盖子，放于阴凉处，存放数小时或长达1周。

把烤箱预热到150℃。把法棍面包对半切开，在烤箱里放置20分钟左右，直至干燥，颜色变浅。用箱式磨碎机或食品加工机将其磨碎成细屑。

预热烤箱至205℃（也可以用烤面包机），把奶酪圆盘从腌料里拿出来，放在面包屑里滚动，使奶酪圆盘上沾满面包屑。把奶酪圆盘放在小烤盘上，烤6分钟左右，直到变热，面包屑变成褐色。

## 烤山羊奶酪配花园生菜

## 红虾配鹰嘴豆泥

富尔维奥·皮耶兰吉利尼
意大利大红虾集团
意大利，1980年前后

第112页

## 加古鲁沙拉

米歇尔·布拉
布拉餐厅
法国，1980年

第113页

将两种醋放入一个小碗中，加入一大撮盐。搅拌加入橄榄油和少许现磨胡椒粉。尝一尝进行调味并做出调整。轻轻将生菜和油醋汁搅拌在一起，放在沙拉盘上。用抹刀小心地在每个盘子上放2片烤好的奶酪，然后上菜。

100克干鹰嘴豆，浸泡一夜，沥干水分
1个蒜瓣
1根新鲜迷迭香嫩枝
800克生虾，去皮去虾线
特级初榨橄榄油，用于浇汁
盐和胡椒粉

在炖锅中放入鹰嘴豆、大蒜和迷迭香，加水至水面高于锅中的食物，煮沸，然后把火关小，用小火炖大约2.5小时，直到鹰嘴豆变软。沥干水，去掉大蒜和迷迭香，把鹰嘴豆过滤倒入碗中。

把虾蒸几分钟，直到它们变色。分别在四个温热的盘子里用勺子舀上适量鹰嘴豆泥，上面放上虾。浇上橄榄油，用盐和胡椒粉调味。

**多年生蔬菜**

芦笋、特色蕨菜、啤酒花、野葡萄

去掉蔬菜茎秆的根部，把它们切碎或简单刮一下。将蔬菜用盐水煮熟，其他的食材焯一下。再过一遍凉水。

**洋蓟、刺菜蓟**

去掉洋蓟的所有叶子，只保留其底部。去掉刺菜蓟的花蕊，切成段。用芫荽籽、橙皮、小洋葱头和几滴香草油给肉汤调味，然后用肉汤烹煮洋蓟和刺菜蓟。

**带花叶菜**

野生甜菜（甜菜根）、金色和红色的滨藜、菠菜、豆腐菜、好国王亨利菠菜、灰菜、紫草、欧芹

把大部分上述菜的茎去掉。大多数这些叶菜都是直接用黄油或油炒。您也可以用沸腾的盐水煮。

卷心菜、大白菜、小青菜、法式牛心甘蓝、抱子甘蓝、芥菜

用与上述相同的方式处理。

**瑞士甜菜、琉璃苣、帕斯卡芹菜**

把绿叶部分和茎秆分开。用刀把花蕊从茎秆上去除。把所有的食材都放在沸腾的盐水里烹煮。您也可以用剩下的烧烤汁来煮。

**菜心甘蓝、豆瓣菜薹、白菜苗**

扎成小束。用大量的加盐沸水烹煮。

**西蓝花、花椰菜**

把小花球和茎分开。选择嫩茎，去皮，切成薄片。把小花球和茎分别放在加盐沸水里煮。过凉水。

**豆瓣菜、苜蓿、格斯鲁（一种沙拉）、冰菜、鹅肠菜等各种颜色和口味的沙拉菜（叶菜）**

去掉茎秆。这些绿叶蔬菜通常生吃，但有些也可以煮熟吃。

**鳞茎类蔬菜**

大蒜、熊蒜、胡蒜、小洋葱头、小洋葱

去皮，焯一下。在加盐的沸水中煮，或者更好的做法是，把这些蔬菜放入用芫荽籽、橙皮、野生百里香、几滴香草油、月桂叶调味的肉汤中烹调，或者带着皮烤。

**小葱、大葱、韭葱、白洋葱**

把白色的蔬菜和绿色的蔬菜分开并清洗。最好，把这两部分分开放在水里煮。

**茴香**

去掉茎、叶和膜，将剩余的生茎块放在水里煮，或者在锅里放少许油，慢慢煎。

**塞文山洋葱、勒吉格南洋葱**

剥皮。用铝箔包裹洋葱，放进烤箱烘烤，这是一种烹调这些甜洋葱的好方法。

**根茎类蔬菜**

胡萝卜、芜菁、细叶芹根、水芹菜根、欧洲野防风根、欧芹根、粉红小萝卜、块根芹、洋姜

用刀削皮，保留这些蔬菜头部较嫩的一小截。用刀子或曼陀林切片器纵向切成大约3毫米厚的片状。

用加盐的沸水烹煮。然后将欧芹根和细叶芹根做成泥。

**甜菜（甜菜根）、卡帕多丁甜菜**

虽然这些蔬菜通常是煮熟食用，您也可以生吃，要么磨碎，要么切成丝。

**小黑萝卜，长的或圆的白萝卜**

用刷子摩擦表皮，然后用曼陀林切片器切成3毫米厚的薄片，也可以用黄油来煮。

**块根芹、婆罗门参、黑婆罗门参**

去皮，将其放入加盐的沸水中煮，加入几滴油以防氧化。

## 加古鲁沙拉

### 宝塔菜、锥足草

加入岩盐，互相摩擦并清洗。用平底锅煎宝塔菜，锥足草生吃。

### 牛蒡、风铃草、葡匐风铃草

刮皮，生吃或煮熟。

### 豆荚类蔬菜

四季豆、圣费亚科四季豆、荷兰豆、豌豆

把茎折断，摘去筋，放入加大量盐的沸水中烹煮。

### 蚕豆

去壳，放入加盐沸水中烹煮。过凉水。将每颗蚕豆去皮。

### 油豆角、鞭毛豆、小扁豆、鹰嘴豆、秋葵、大豆

这些蔬菜如果与芳香蔬菜和香草一起慢慢煮一段时间，效果会更好。

### 水果

佛手瓜、扁圆南瓜、节瓜

切成3毫米的薄片，用加盐的沸水烹煮或用少许油煎炸。

### 黄瓜

洗净，放入沥水器中，加入盐，放置几小时，沥掉多余的水分。冲洗，加入黄油或芳香油，备用。

### 红番茄或黄番茄

在沸水中焯一下，去皮。去掉番茄籽，生吃或煮熟食用。

### 青番茄

用刀削皮，去掉番茄籽，放入橘子酱里烹煮。

### 红色、黄色或绿色的甜椒

在甜椒皮上抹上少许油，放入高温烤箱里烘烤。去掉烧焦的皮，在油里面保存。

### 南瓜、硬南瓜

剥去厚厚的皮，将其制备成泥。

### 处理过的牛肝菌

200克牛肝菌

100毫升油

50克水

2瓣大蒜

10粒芫荽籽

5粒胡椒

4枝野生百里香

月桂叶

欧芹

盐

1个柠檬的柠檬汁

这种方法可用于处理各种个头小、口感紧致的蘑菇。用刀刮一刮蘑菇的伞柄，再用湿布擦拭伞柄和伞盖，放入沸水中焯30秒。控干水分，再过凉水。将油、水、大蒜、芫荽、胡椒粒、百里香、月桂叶和欧芹放入煎锅中混合。加盐调味，再炖5分钟。加入柠檬汁，调整味道。

### 欧芹油

30克欧芹

50毫升葡萄籽油

盐

为了方便，可以多制备一些欧芹油，以备后用。这种油也可以用小葱、大葱、圆叶当归和其他香草配制而成。清洗欧芹，去掉最长的茎。将欧芹叶与葡萄籽油和一撮盐混合。浸渍3～4小时。用滤器滤干水分。这种油在阴凉处可保存若干天。

### 田野香草

地榆、蓍草和其他可以在自然界中采摘的植物、花和根。

### 芽菜

很多类植物的种子都可以长成芽菜：谷类、十字花科、豆科、黏液质植物、油性植物、伞形科（例如苜蓿、小麦、葫芦巴、毛豆、小扁豆、鹰嘴豆）。

种子发芽分为两个阶段：浸泡和发芽。您可以买一个种子盘，但用玻璃罐的效果也不错。浸泡时间因种子类型而异。小麦和葫芦巴需要浸泡10～12小时；毛豆、小扁豆和鹰嘴豆需要浸泡12～24小时。把种子放在玻璃罐中，加入大量的水，没过种子。在罐口放一个正方形的网，用橡皮筋固定。浸泡后，将水倒出，冲洗种子。将罐子倒置并倾斜45度。用一块黑布盖住罐子，每天冲洗两次。芽菜几天后就可以吃了。要获得良好的发芽率，必须满足四个条件：种子必须始终保持湿润、温暖、通风和避光。种子需存放在阴凉处，定期冲洗。某些品种的种子可以在光照下发芽。

### 水晶叶

花园里的香草

菜叶

油

粗灰海盐

用大量的水冲洗菜叶，小心不要压碎它们。最好把菜叶焯一下，拍干。在每片菜叶上面刷一滴香草油，撒上盐。在烤盘里垫一层烘焙纸，然后将菜叶放在上面，放入烤箱。叶子会变得有光泽，像玻璃一样脆而易碎，颜色则不变。

### 最后一步

乡村（腌制）火腿

蔬菜汤

黄油

熟蔬菜

生蔬菜

花园香草

田野香草

芽菜

处理过的牛肝菌

将乡村火腿放入煎锅里炸。

撇去油脂，用蔬菜汤稀释锅底酱。加一小块黄油，黄油会和火腿汁混合。把蔬菜放在盘子里，排列出动感。用切碎的花园香草、田野香草和芽菜装饰，再加上处理过的牛肝菌。

## 黑松露洋蓟汤

盖伊·萨沃伊

萨沃伊餐厅

法国，1980年

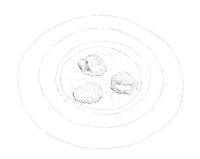

第114页

我们得知，盖伊·萨沃伊打算结束职业生涯时，在一本书里公开这道菜的食谱，而这之前，他希望能对此食谱进行保密。这道菜包括洋蓟、韭葱、帕尔玛干酪、黑松露和蘑菇泥，搭配新鲜的布里欧修一起上桌。

## 西班牙煎蛋饼

内斯特

内斯特酒吧

西班牙，1980年

第115页

2千克土豆，切成薄片

1½升葵瓜子油

1½个洋葱，切丁（约1立方厘米）

1个意大利青椒，切丁

14个超大鸡蛋（每个73克）

特级初榨橄榄油

盐

在平底煎锅中加入葵瓜子油，放入土豆片、洋葱和青椒，用大火炸。不要翻动土豆片。每隔10分钟，翻动土豆片1～2次，直到部分土豆片炸至金黄色。

把土豆和鸡蛋混合，加一把盐。加盐可以调味，但要注意加入的盐的量要适当。

在平底锅里涂上一些特级初榨橄榄油，然后用大火加热，直到锅烧得滚烫。把土豆和鸡蛋的混合物放进锅里，把火调到中火。不翻动混合物，煎大约1分钟，直到混合物变成金黄色。用盖子或盘子翻动薄饼，让饼的另一面煎大约1～2分钟，或者直到饼的两面都变成金黄色，但内部仍呈稀糊状。

切好后搭配面包一起食用。

## 蟹肉煎蛋卷

素平雅·君素塔

"痣姐"路边小店

泰国，20世纪80年代

第116页

为了制作这道秘方泰国菜，我们建议您首先像主厨一样戴上护目镜和黑帽子，并且像她一样，不用任何人帮助，独自完成。您需要大量的油、蟹肉、少量鸡蛋和面粉。一次做一个煎蛋卷。

# 鱼子酱咖喱配奶油花椰菜

乔尔·卢布松
雅明餐厅
法国，1981年

第117页

---

500克龙虾壳

70毫升橄榄油

30克洋葱

30克茴香

20克芹菜条

30克胡萝卜

50克小洋葱头

1个小香料包

1汤匙番茄泥（糊状）

80克鱼子酱

1汤匙添加叶绿素的蛋黄酱

几枝雪维菜

盐

粗磨黑胡椒

### 制作小牛蹄冻

2只小牛蹄，从中间切开，使骨肉分离

40克粗盐

### 制作花椰菜奶油

600毫升鸡汤

800克花椰菜

一撮咖喱粉

30克玉米淀粉

4汤匙冷水

1个蛋黄

100毫升淡奶油

50毫升高脂厚奶油

盐

研磨胡椒粉

### 制作高汤

1个大蛋清

1汤匙水

1汤匙粗切的韭葱

1汤匙粗切的胡萝卜

1汤匙粗切的芹菜

2块碎冰块

1粒八角

做小牛蹄冻时，将小牛蹄放入冷水中，加10克粗盐，煮沸，再炖2分钟。为了去腥，把它们放在平底锅里，在水龙头下冲几分钟。冷却后将小牛蹄放入装有4升水的炖锅。加入剩下的粗盐，炖3小时，然后过滤。把切成一半的小牛蹄中的骨头去掉，将肉切成小块。盛出1.25升高汤。

制作花椰菜奶油时，把焯过的花椰菜放入鸡汤，煮开。加入咖喱粉，煮20分钟。为了防止花椰菜变酸，将其放入加盐的沸水中，水面没过花椰菜，放置2～3分钟，然后放在自来水下冲一下，沥干。

将花椰菜控干，然后将高汤收汁至500毫升。把玉米淀粉和4汤匙冷水混合。往玉米淀粉里倒一小勺高汤，同时用搅拌器搅拌。再将玉米淀粉倒回高汤里，煮3分钟。无论您是在煮沸的高汤中加入玉米淀粉（或是搅拌蛋黄和奶油的混合物），一定要轻轻地、连续地搅拌，以免混合物结块（或蛋黄凝结）。

把蛋黄和淡奶油混合。把1勺高汤慢慢地倒在混合物上，搅拌均匀。

# 鱼子酱啫喱配奶油花椰菜

然后把所有的混合物倒回平底锅里煮，沸腾后立即关火。搅拌混合物，用锥形滤网过滤并用盐和胡椒粉调味。放置至完全冷却。如有必要，用高脂厚奶油调整稠度。

粉碎龙虾壳。用50毫升的橄榄油中将其炒至金黄色。

把洋葱、茴香、芹菜、胡萝卜和小洋葱头切成丁。在炖锅里加入香料包和20毫升橄榄油，用中火焖5分钟，至快要变黄为止。加入蔬菜、盐和黑胡椒碎。

搅拌均匀，再搅拌着加入番茄泥（糊状物）、1.25升小牛肉汤冻和小牛肉脚块。慢慢煮沸，让混合物起泡。炖煮20分钟。

过滤肉冻混合物，将过滤后的汤汁浓缩至500毫升。待其冷却后，去除表面的油脂。肉冻混合物减少时，一定要持续撇去表面形成的任何油脂层。

至于高汤，把蛋清和1汤匙水一起倒入陶制模具中，搅匀。加入切碎的蔬菜和冰块。

先把肉冻混合物煮开。在搅拌蛋清混合物的同时，往其中倒入1勺煮沸的肉冻混合物。然后把混合物倒回肉冻里，慢慢搅拌。

用文火煮肉冻混合物至混合物变清。将拧干的棉布放在一个大碗上，作为滤布。

加入八角。炖30分钟。用准备好的棉布过滤肉冻混合物。冷却，然后将其放在冰箱里，使其完全冷却。

略微加热肉冻，使其变软。在4个碗里分别放上20克鱼子酱，倒入100毫升变软后类似糖浆的肉冻。待其冷却后，倒上50毫升的花椰菜奶油，在其上用绿色（叶绿素）蛋黄酱装饰点缀。最后再加上一片雪维菜叶。

# 巧克力熔岩蛋糕

米歇尔·布拉
布拉餐厅
法国，1981年

第118页

**摩卡流心**

120克调温巧克力

60毫升水

200克高脂厚奶油

50克黄油

15克咖啡提取物

**模具**

80克黄油

12张烘焙纸，每张25厘米×7厘米

6个金属柱状模具，每个直径40毫米，
　高50毫米

50克可可粉

**蛋糕**

110克调温巧克力

50克黄油，室温下

40克杏仁粉

40克米粉

2个鸡蛋，蛋黄、蛋清分开

90克糖

**冰镇高脂厚奶油**

50克糖

13克奶粉

50克高脂厚奶油

175克牛奶

**焦糖**

100克砂糖

20克葡萄糖（淡玉米糖浆）

50克水

13克咖啡提取物

**咖啡和奶粉**

35克糖粉

10克速溶咖啡

45克奶粉

**摩卡流心**

把巧克力切碎，与水、奶油、黄油和咖啡提取物一起放在一个双层蒸锅里融化（或者把它们放在碗里，连碗放在装满沸水的锅里进行隔水融化）。冷却15分钟，然后倒入6个模具中，每个模具直径30毫米，高45毫米。冷冻一夜。

**模具**

准备模具时，先把黄油澄清，然后将黄油刷在长条状烘焙纸和金属环状模具的内侧上。将涂有黄油的长条状烘焙纸一张一张重叠着放入每个金属环内。然后在每个模具内部撒上可可粉。

**蛋糕**

供应前几个小时，准备好蛋糕面糊。把巧克力切碎，放在双层蒸锅里融化。把巧克力从锅里拿出来，冷却几分钟。加入黄油、杏仁粉、米粉和蛋黄搅拌。把蛋清和糖打匀，将其拌入巧克力中。把这些混合物倒入裱花袋里。在烤盘上放一层烘焙纸，将烘焙模具放在烘焙纸上。在每个模具底部挤上少量饼干混合物，并在中间放置一个冷冻摩卡流心。

用刀尖正确定位中心。然后用蛋糕面糊填满模具，放在冰箱里。

**冰镇高脂厚奶油**

把糖和奶粉混合，然后加入高脂厚奶油和牛奶，煮沸。先暂时将其放在搅拌机里，然后在冰激凌机中搅拌。

**焦糖**

将砂糖与葡萄糖焦糖化至您想要的任意程度。用水和咖啡提取物溶解粘在锅底上的糖，确保锅底不会留下任何焦糖。煮沸，使稠度均匀。放在一边备用。

**咖啡和奶粉**

把糖粉、咖啡和奶粉混合在一起。

**完成操作**

在180℃下烘烤饼干20分钟。通过将一根细的金属钎插入蛋糕中心来检测蛋糕是否烤熟。当金属钎拔出来摸起来发烫时，就说明蛋糕已经烤好了。小心取下模具，然后小心地取下长条状烘焙纸。在每个盘子的中央放一个蛋糕和半勺冰镇高脂厚奶油。用焦糖点缀盘子，然后用刀沿着盘子的边缘放上一圈咖啡和奶粉。即可食用。

## 土豆泥

乔尔·卢布松

雅明餐厅

法国，1981年

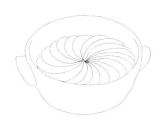

第119页

---

1千克土豆，最好是拉特土豆或BF15
土豆，擦洗，不剥皮

2升冷水

粗盐

250克黄油，切丁，使用前冷藏

250毫升全脂牛奶

盐和胡椒粉


　　把土豆放进入炖锅里，加2升冷
水和1汤匙粗盐。盖上盖子，用文火
炖大约25分钟，直到土豆软到刀子很
容易就能插进土豆里。

　　土豆沥干水分，去皮。土豆经过
薯泥加工器处理后，放入大炖锅里。
调至中火，用抹刀用力搅动土豆大约
5分钟，使土豆稍微变干。

　　同时，将一个小炖锅冲洗干净，
倒出多余的水，但不要擦干。加入牛
奶，煮沸。

　　调小火力，往土豆里一点一点地
加入冷冻好的黄油，用力搅拌，使土
豆光滑、细腻。缓缓倒入滚烫的牛奶，
仍然用小火加热，快速搅拌。一直搅
拌直到牛奶被全部吸收。关火，用盐
和胡椒粉调味。

　　将土豆泥过滤。

## 烩饭、黄金和藏红花

古尔蒂洛·马尔凯西

古尔蒂洛·马尔凯西餐厅

意大利，1981年

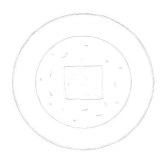

第120页

---

60克黄油

300克意大利卡纳罗利大米

100毫升干白葡萄酒

1升肉汤

1克藏红花丝

1甜点勺洋葱，切碎

30克磨碎的意大利帕尔玛干酪

4片金箔

盐


　　在深平底锅里融化10克黄油，等
黄油热了，加入米饭，搅拌。用50毫
升白葡萄酒润湿，让酒液蒸发。每次加
一满勺肉汤，让汤刚好能够盖住米饭。
继续煮至熟，然后搅拌加入藏红花。

　　在另一个平底锅里，放10克黄
油，加入洋葱，炒至呈褐色。加入剩
下的白葡萄酒，收汁收到一半的量。
把剩下的黄油切成薄片，搅打成光滑
的乳液。将得到的白色黄油通过滤网
过滤，用它润湿煮熟的米饭和帕尔玛
干酪。

　　加盐调味，装盘，把金箔放在盘
子中央。

## 乞丐包

巴里·瓦恩

绗缝长颈鹿餐厅

美国，1981年

第121页

---

**制作薄饼**

1½杯牛奶

4个鸡蛋

1⅛杯中筋面粉

½茶匙盐

½杯（1块）澄清黄油，融化


**制作馅料**

48根约25厘米长的小葱

567克白鲸鱼子酱，冷藏

1杯鲜奶油

4汤匙（½块）无盐黄油，融化


　　在搅拌碗里混合牛奶、鸡蛋、中
筋面粉和盐。充分搅拌，然后通过细
网筛倒入另一个碗中。在制作薄饼之
前，在面糊中加入1汤匙澄清黄油，
搅拌均匀。

　　用中大火加热平底锅，直到锅变
热。调至中火，在平底锅里刷一点儿
融化的黄油，当它嘶嘶作响时，倒入2
汤匙面糊。旋转平底锅，把面糊摊成
直径约11.5厘米的薄饼。煎45秒～1
分钟，直到把薄饼的一面煎好（不要
煎成金黄色），然后将薄饼翻面，再煎

# 烤龙虾配香草黄油汁

阿兰·森德伦斯

阿切斯特亚图餐厅

法国，1981年

第122页

5秒。薄饼应该摊得尽可能薄，且没有小孔。

从平底锅里取出薄饼，重复以上过程，根据需要在平底锅里刷上黄油。把煎好的薄饼叠起来。待面糊都摊成薄饼后（应该能摊48个薄饼），将它们紧紧包裹在保鲜膜中，以防变干。

烧一锅开水。用夹具将12根一把的小葱蘸在开水里烫10秒钟（使小葱变软）。对剩下的小葱重复上述操作，然后把它们放在厨房纸巾上晾干。

在一张烘焙纸上放几张薄饼（一次不要超过12张，这样它们就不会变干）。在每张薄饼的中央倒上1茶匙鱼子酱，然后再倒上⅓茶匙鲜奶油。在薄饼中央放上馅料以后，把薄饼的四个角提起来，挤成褶状。用一只手拿着褶皱顶部，小心地在颈状部位系上一根小葱，并打成双结以紧紧地固定住薄饼。剪掉多余的小葱。剩下的薄饼和馅料重复以上操作。

把融化的黄油刷在刚刚做成的乞丐包上，趁鱼子酱还是冰凉的时候，在室温下食用。

2只龙虾，每只重约1千克

2汤匙橄榄油

## 制作调味汁

2茶匙黄油

5个小洋葱头，切碎

250毫升干白葡萄酒

3汤匙白葡萄酒醋

150克黄油，在室温下切成方块

盐、现磨胡椒粉

1根香草荚，纵向分成两半

## 准备配菜

1汤匙黄油

700克新鲜嫩菠菜，去茎

2大束豆瓣菜，仅留叶子

盐、现磨胡椒粉

## 龙虾

将烤盘放在烤箱中间的架子上，预热烤箱至240℃，或燃气烤炉调至第9挡。

用剁刀的钝边或锤子敲碎龙虾钳。把龙虾放在热烤箱盘里，在每只龙虾上倒1汤匙橄榄油，烤15分钟或直到变红。当龙虾温度降至不烫手的时候，把龙虾钳里的肉取出来，把虾腹和虾尾从龙虾头上扭下来。

用剪刀把每个虾尾腹部的壳纵向剪成两半，取出虾肉。用刀尖刮掉尾巴末端附近的黑色物质，然后将虾肉切成5毫米厚的薄片。把龙虾肉片和钳子放在盘子里，盖上铝箔，保温。

## 调味汁

做一杯黄油酱，在深平底锅里加热2茶匙黄油，然后炒小洋葱头。然后加入干白葡萄酒和白葡萄酒醋，煮到几乎收干。每次加入一块黄油，搅拌至稠滑。当所有的黄油都加完后，尝一下，用盐和现磨黑胡椒粉调味，然后用刀尖从香草荚里刮一些芫菱籽到锅里。搅拌调味汁，然后过滤到干

# 烤龙虾配香草黄油汁

# 烟熏三文鱼和鱼子酱比萨

沃夫冈·帕克

斯帕戈餐厅

美国，1982年

第123页

净的深平底锅里，用木勺挡住小洋葱头，确保将所有的调味汁过滤到锅中。保存备用。

**配菜**

在一个大平底锅里融化黄油，加入菠菜和豆瓣菜。翻炒直到蔬菜蔫了，然后用文火炖5分钟，不加盖，偶尔翻炒。用盐和现磨黑胡椒粉调味。

**享用龙虾**

用小火把调味汁加热，不断搅拌。

每个盘子里用菠菜和豆瓣菜垫底，然后整齐地铺上龙虾片，用勺子把调味汁浇在龙虾上，即可上菜。

1份比萨面团（见第313页）

¼杯特级初榨橄榄油

1个中等大小的红洋葱，切成细条

¼束新鲜莳萝，切碎，留4小枝长的莳萝叶作装饰

1杯酸奶油或鲜奶油

现磨胡椒粉

1170克烟熏三文鱼，切成纸一样的薄片

4大汤匙黄金鱼子酱

4大茶匙黑色鱼子酱

在烘烤比萨之前，请先在烤箱内放入一块比萨石，将烤箱预热30分钟至260℃。

将面团擀成4个直径20厘米的圆饼，放在略撒了面粉的长柄木铲上。在每个比萨饼的中心到距边缘2.5厘米的范围以内刷上橄榄油，然后撒上一些红洋葱。把比萨饼滑到比萨石上，烤8～12分钟，或者烤至外皮变成金黄色。

把莳萝、酸奶油（或鲜奶油）和现磨胡椒粉混合，调味。把比萨放到加热的大餐盘里，然后浇上酸奶油混合物。将三文鱼撕成小片，优雅地摆在奶油上。

在每个比萨的中心舀上1勺黄金鱼子酱，然后在黄金鱼子酱的中央放少许黑鱼子酱。把每个比萨饼切成四等份，即可上菜。

## 开放式意式饺子

古尔蒂洛·马尔凯西

古尔蒂洛·马尔凯西餐厅

意大利，1982年

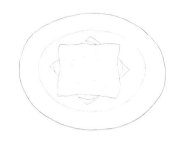

第124页

**比萨面团**

做4个直径20厘米的比萨

1包活性干酵母或新鲜酵母

1茶匙蜂蜜

1杯温水

3杯通用（普通）面粉

1茶匙粗盐

1汤匙特级初榨橄榄油，另外准备少
  许刷比萨的橄榄油

辅料（您自己选择）

在一个小碗里，用¼杯温水溶解
酵母和蜂蜜。

在装有搅面钩的搅拌机里，把面
粉和盐混合。加入橄榄油、酵母混合
物和剩下的¾杯水，低速搅拌大约5
分钟，直到面团完全不会粘在搅拌机
和面缸的侧壁上，而是都粘在搅面钩
上。比萨面团也可以在食品加工机中
制作。如上所述，溶解酵母。把面粉
和盐放在装有金属刀片的食品加工机
的和面缸里。搅拌1～2次，加入剩
余的原料，然后继续加工，直到面团
开始呈球形。

把面团拿出来，放在干净的工作
台面上，用手揉2～3分钟。面团摸
上去应该光滑而紧实。用干净的湿毛
巾盖住面团，让它在一个温暖的地方
发酵大约30分钟（当面团发酵好时，
轻轻拉动即可轻松拉伸）。

把面团分成4个小面团，每个
小面团大约170克。将小面团的侧边
向内收回来折叠，掌根向里按压揉
搓，对每个面团都进行此操作。重复
4～5次，使面团光滑、均匀、紧实。
然后在光滑的、没有面粉的工作台台
面上，用手掌将面团揉1分钟左右，
直到表面光滑而紧实。用湿毛巾盖住
面团，静置15～20分钟。完成这些
步骤以后，可以用保鲜膜将面团包裹
起来，冷藏最多2天。

制作每个比萨时，把面团在面粉
里蘸一蘸，抖掉多余的面粉，然后把
面团放在干净的、略撒有面粉的工作
台面上，开始制作比萨饼皮：从面团
的中心按压下去，把面团拉伸成直径
20厘米的圆形，外缘比内圈稍微厚一
点。如果您觉得这样操作起来很难，
可以用一个小擀面杖来擀面团。

**制作面团**

100克用来做意大利饺子的新鲜面团

4叶欧芹

100克用来做意大利饺子的新鲜菠菜
  味面团

**制作馅料**

4千克扇贝

220克黄油

80毫升白葡萄酒

8甜点勺姜汁

盐

把白面团擀成薄薄的条状面皮。
用刀面轻轻地按压欧芹叶，压碎主要
的叶脉，然后把它们铺开放在面皮上。
把面皮叠成2层，再叠成4层，因此每
张面皮都含有欧芹叶。将面皮放入家
用手动面条机中，然后将摇手转¼圈，
将面皮制作成4张边长10厘米的方形
面皮，注意欧芹叶始终都在面皮中心。

把绿面团擀成和白面团一样薄，
切成边长10厘米的薄片。

把这两种意大利面用盐水慢炖，
使之变劲道并沥干水。

313

# 开放式意式饺子

# 烤布蕾（法式焦糖布丁）

阿兰·赛尔哈克

马戏团餐厅

美国，1982年

第125页

---

将扇贝去壳，洗净，只保留白色的肉和裙边，放在流动的冷水下冲洗。用20克黄油将扇贝稍微煎30秒，加入白葡萄酒，几秒钟后将扇贝捞出沥干。将姜汁与锅里剩下的汁混合，用文火炖1分钟，然后将得到的调味汁与剩下的黄油（200克）混合，加入盐，确保混合汁液是冷却的。

在每个盘子里放一些调味汁，然后依次放上绿色意大利面和扇贝。把盘子转半圈，加入白色意大利面，使得从绿色意面的上方能看见白色意面的四个角。在四周倒一点调味汁，上菜。

4杯高脂厚奶油

1根香草荚，剖开，刮出香草籽，保留香草籽和香草荚

一撮盐

8个大蛋黄

¾杯加2汤匙砂糖

½杯压实的红糖

将烤箱加热至150℃。将8个170克的小模具放入烤盘中。将奶油、香草荚、香草籽和盐放入平底锅中，用小火加热5分钟。

在大碗里轻轻搅拌蛋黄和砂糖。慢慢倒入热奶油，轻轻搅拌使其混合。把蛋黄奶油混合物倒入罐子里。过滤香草籽，用勺子把蛋黄奶油混合物表面的泡沫撇去。

把蛋黄奶油混合物倒进小模具里，至几乎快倒满。把烤盘放在烤箱里，小心地在烤盘里倒入温水，直到水位至模具的一半高。用铝箔盖住平底锅，不密封。烘烤1～1.25小时至凝固。从温水里取出模具，让其冷却。

将小模具分别盖上，冷藏至少3小时，或最多2天。

食用之前，加热烤架。打开小模具，把它们放在烤盘上。在每个小模具上面舀上1汤匙红糖，然后用金属铲或手指，把糖均匀地撒在布丁上。在离热源大约10厘米的地方将布丁烘烤30秒至1分钟，直到其表面焦糖化。或者，如果您有的话，可以用喷枪，使布丁上的糖焦化。

# 印度风味海鲂

奥利维尔·罗林格

布里考特庄园餐厅

法国，1983年

第126页

1.6千克（或2条更小的、每条800克）海鲂（让鱼贩在切鱼片时保留鱼头和鱼的边角料）

1棵甜心卷心菜

1个苹果

2个杧果

1束豆瓣菜

半个梨

一点柠檬汁

1根新鲜姜黄

几把海带，拿来蒸

黄油，用于调味

### 香料混合物

1茶匙豆蔻香料

½个八角

1茶匙芫荽籽

½茶匙烤葛缕子

½茶匙花椒

½茶匙苦橙皮

1根丁香

2汤匙姜黄粉

½茶匙黑胡椒

1厘米肉桂条或½根香草荚

少许卡宴辣椒粉

1茶匙百合花瓣

### 鱼汤

保留下来的海鲂的鱼头和边角料

1根胡萝卜

1个洋葱

2根韭葱，仅留葱白

1小根芹菜茎

1瓣大蒜

黄油，用来焖蔬菜

200毫升甜白葡萄酒

1升水

百里香

欧芹

月桂叶

橙皮

1片鲜姜

### 香料汤

1个洋葱

50克姜

2根柠檬草

2瓣烤蒜

3枝薄荷

3枝新鲜芫荽

50毫升椰奶

### 焦糖

50克糖

1汤匙捣碎的绿豆蔻

50毫升米醋

200毫升鸡汤

装饰芫荽

### 准备香料混合物

至少提前7～8小时，把除了香草（如果用了的话）、辣椒和百合花瓣以外的香料放在一个大平底锅里干炒。当厨房充满香味时，加入剩下的香料，用强力咖啡研磨机将其混合成细粉。

### 准备鱼汤

把鱼骨和鱼头洗净。把胡萝卜、洋葱、韭葱白色部分、芹菜茎和大蒜切碎，制成植物性调味香料。将蔬菜和香料放在黄油里焖，然后加入甜白葡萄酒，煮1分钟。把鱼头和边角料放进去，加入1升水没过鱼骨。加入香草、橙皮和姜。文火慢炖30分钟左右，不需要把浮沫撇掉。然后，过滤混合

## 印度风味海鲂

## 阿一鲍鱼

杨贯一
富临饭店
中国，1983年

第127页

物并冷藏。鱼汤最多可保存4～5天。您也可以把鱼汤冻成像冰块一样。

### 准备香料汤和焦糖

将去皮的洋葱和少许姜粗略切碎。把混合物煎至半透明。加入1汤匙香料混合物，用木勺搅拌。下一步，加入300毫升鱼汤、切碎的柠檬草和烤蒜瓣，然后静置文火煮30分钟。

同时，开始做焦糖。把糖放进平底锅里加热，当变成金黄色时，加入豆蔻。用米醋稀释。最后倒入鸡汤，炖20分钟。

将焦糖和香料汤混合，加入薄荷和新鲜芫荽，然后加入椰奶。停止加热，让其冷却至少6小时。

### 操作

去掉卷心菜的老叶，把其他部分撕下来备用，去掉较大的茎，然后把叶子切成5毫米长的条状。

苹果和杞果去皮，切成边长1厘米的小块，去掉籽和果核。盖上盖子，煮成水果蜜饯。最后，揭开盖子，确保蜜饯不会变得太稀。

把豆瓣菜洗净，去掉较大的茎。将姜黄去皮并切成小粒（戴上手套，以免弄上姜黄渍），分别焯一下。

把梨去皮，均匀地切成精细的丁，摆成像"马提尼翁"宫一样的形状。加入一点柠檬汁以防止梨氧化变黑。

### 最后步骤

把鱼分成四等份，每份2～3片。用保鲜膜盖住，放在盘子里。

把脆而易碎的卷心菜放在开水里煮，不加盖子。煮完放在冷水中冷却，然后将其在放有一小块含盐黄油的平底锅里加热。

分别加热杞果蜜饯和香料汤。往香料汤里加入黄油，调味。把海带放入盛水的锅中，将鱼片放在蒸锅的上层以吸收碘的香味。蒸3分钟左右。

### 上菜

将盘子的一边放上豆瓣菜，另一边放上压碎的卷心菜，上面放2颗蜜饯丸。将鱼片不对称地放置。在每片鱼上放上梨丁，点缀芫荽。

这道菜的食谱没有流传下来。要在家里尝试这道菜，你需要一头高质量的干鲍，泡发，然后在土锅里煮12个小时直到变软。摆盘时，分层铺上竹片、猪肋排和一只母鸡的肉。搭配浓缩的调味汁一起上菜。

## 参鸡汤

土俗村参鸡汤餐厅

韩国，1983年

第128页

这种适合夏天的鸡汤的具体配方尚未公开。将一只小鸡里塞满糯米、全须人参、大蒜、大葱、银杏果、栗子、南瓜、芝麻等，然后用文火炖几个小时。盛在石锅里上菜。

## 藏红花土豆泥

西蒙·霍普金森

必比登餐厅

英国，1983年

第129页

1千克粉质土豆，切成块
一大勺藏红花丝
一大瓣大蒜，切碎
200毫升乳脂牛奶
200毫升初榨橄榄油
塔巴斯科辣椒酱，用于调味
盐

把土豆放在鱼汤或加盐的水里煮。把藏红花、大蒜和牛奶一起加热，盖上盖子，趁沸腾时浸入土豆。

将橄榄油加入牛奶混合物中，慢慢加热。把土豆沥干并捣成泥，我认为用食物碾压研磨器能达到最好的效果。

把土豆放入电动搅拌器的搅拌缸里，打开电源，匀速加入藏红花混合物。加入塔巴斯科辣椒酱并用盐进行调味。

将土豆泥放于温暖的地方大约30分钟，这样藏红花的味道就充分发挥出来了。

## 盐焗乳鸽

雷蒙德·布兰克

四季农庄酒店

英国，1984年

第130页

### 准备乳鸽

2只安茹乳鸽（共450克），将翅膀、颈肉、心脏和肝脏取出并保留下来做酱汁用，清洗，并准备好烤箱
1汤匙菜籽油

在每个乳鸽的两侧打两个小孔，把腿穿进小孔里。这样可以防止乳鸽在平底锅里烹煮时鸽腿张开，有助于乳鸽成熟。鸽腿被包裹住就不会刺破酥皮。不要给乳鸽调味（因为酥皮能给乳鸽调味）。

把油倒进中等大小的平底煎锅里，用中火加热。将乳鸽的大腿和胸部分别煎7分钟、1分钟，以使外皮酥脆、着色，将鸽腿煎一会儿，不要煎鸽胸。放凉。

### 制作调味汁

2汤匙鸭油
留下来的鸽颈肉、翅膀、心脏和肝脏（见上图），粗略切碎
4个小洋葱头，去皮切碎
100克白蘑菇，洗净并切成薄片
3汤匙马德拉干白葡萄酒

## 盐焗乳鸽

3汤匙红宝石波特酒

200毫升棕色鸡高汤

1汤匙鲜奶油

一撮海盐

现磨白胡椒

将鸭油放入中号深平底锅里，用中火加热，然后将乳鸽的颈肉和翅膀煎3～4分钟，轻微上色。加入小洋葱头和蘑菇，再煮2分钟。

加入马德拉酒，煮至基本不起泡，然后加入红宝石波特酒，煮2分钟。倒入鸡高汤，拌入奶油，改用文火，炖10分钟，偶尔撇一下浮油。把乳鸽的心脏和肝脏切成5毫米的小块，在最后1分钟加入。

将调味汁通过细锥形滤网过滤到罐中，用木铲用力按压，以尽可能多地使调味汁更入味。用盐和胡椒调味，备用。

### 制备盐味酥皮

600克高筋面粉

350克优质海盐

180克有机/自由放养的中号鸡蛋的蛋清

175毫升冷水

将面粉和盐放入装有面团钩的电动搅拌机里，混合。慢速搅拌1～2分钟，然后加入蛋清，然后调至中速。最后，在马达运转的情况下，慢慢地加入冷水，直到面粉成团。将面团取出，揉成球形，压扁至2厘米厚。用保鲜膜包裹，放在一边，直到需要的时候再用。

### 包裹乳鸽

蛋液（2个有机/自由放养的鸡的蛋黄和1汤匙水，打匀）

通用面粉，用于撒粉

4根丁香

1汤匙岩盐，用来撒在乳鸽上

把盐味酥皮分成两半，分别压平成大约3厘米厚的圆形面皮。分别把圆形面皮夹在两张5毫米厚的防油纸中间。

用小刀和盘子作为辅助，切出一个直径28厘米的圆形面皮，放在一边备用。将剩下的酥皮（约320克）收集起来，在撒有少量面粉的台面上将其擀至5毫米厚。

将5毫米厚的酥皮剪成约10厘米长的椭圆形，然后纵向对半切开，用来包裹2只翅膀。把一个椭圆形酥皮放在另一个椭圆形酥皮上面，用小刀切成翅膀形状。分开2张翅膀形状的酥皮，刷上蛋液，刻上像翅膀一样的线条。

制作乳鸽头时，收集50克剩余的酥皮碎屑，卷成紧密、完美的球形。将食指按在面团的⅓处，滚动，做出颈部和头部。用手指将颈部的根部压平，这样头颈就可以很容易地粘在身体的主要部分上。捏一捏头的中部，做出喙的形状。

在每一个大的圆形酥皮中间都放一个乳鸽，胸部朝下，头朝外。在酥皮的边缘轻轻地刷上蛋液，然后将其两侧向内折叠，使之重叠，然后压紧，密封。

松开酥皮，让其直立，将酥皮的下面裹紧，使下部裹紧。不能有洞，否则烹调时间会大幅度改变。用手压平重叠的酥皮做出鸽子的尾巴。

对第二只乳鸽和另一半面团重复同样的操作。

把包好的乳鸽放在铺有防油纸的烤盘上。用蛋液轻轻地刷一下翅膀的内部，然后把翅膀压在乳鸽的两侧。将鸽头的底部刷上蛋液，然后用力按压，把鸽子头扶起来，让它看着自然一点。用手指压平基底和周围的接缝。

在包好的乳鸽外涂上大量的蛋液，底部不涂。在面粉做的鸽子头上，用两粒丁香做眼睛。提起每只乳鸽，在胸部上撒上岩盐。冷藏至开始烹调为止（最多6小时）。

### 制作土豆玫瑰

3个土豆（玛雅黄金土豆、贝勒丰泰奈土豆、马里斯派珀土豆或阿格里亚土豆），去皮

1汤匙鸭油

一小撮海盐

把每个土豆做成一个直径3厘米的圆柱状。用曼陀林切片器把土豆切成2毫米厚的薄片。不要清洗土豆薄片，因为在烹饪过程中需要淀粉来把它们粘在一起。

把鸭油分装在两个环形模具里，

将模具放在一个直径10厘米的小型平底煎锅或小薄饼平底锅里。

把一片土豆片放在模具的中间，然后把剩下的切片重叠在刚才那片土豆的周围。

将土豆玫瑰的每一面都用中火煎11分钟左右，当一面煎至金黄酥脆时，翻另一面煎。保持温热。

### 尖头高丽菜（可选）

¼颗尖头高丽菜，切细

10克无盐黄油

60克水

一撮海盐

一撮现磨黑胡椒

把所有的材料放入一个中等大小的深平底锅里，盖上盖子放在一边，以便在上菜前快速煮熟。

### 烘烤包好的乳鸽

预热烤箱至240℃或燃气烤箱调至第9挡。对于这道菜，烹饪时间是根据直接从冰箱中取出的乳鸽计算的。把乳鸽放在烤盘上，烤22分钟为五分

熟，20分钟为三分熟。烤完从烤箱中取出乳鸽，静置12分钟。严格注意烹调时间。开始时温度缓慢增加，但由于热量无法散播出去，在最后5分钟内温度会急剧上升。哪怕只是少了或多了两三分钟，都会导致煮得不够或煮过头。

静置期间，温度会不断上升，因为它自身有热量。我们给出的烹调时间适合于烤制2个225克的包裹好的乳鸽。取出乳鸽后，将烤箱调至170℃或燃气烤箱调至第3挡。

### 制作鹅肝酱

125克鹅肝（2片），从冰箱中取出

一点儿赫雷斯雪利酒醋

海盐和现磨黑胡椒

在一个中等平底煎锅里用中火煎鹅肝，每面煎30秒。用少许盐和胡椒粉调味。用少许雪利酒醋溶解粘在煎锅上的鹅肝，将鹅肝酱放在雪利酒醋里，然后将其盛到一个耐热的小平底煎锅里，备用。

## 盐焗乳鸽

### 上菜

20克融化的无盐黄油

100克野生蘑菇烩

将美味的乳鸽放在砧板上，用融化的黄油刷上最后一层淋面。将鹅肝放在平底煎锅里，放入烤箱中，在170℃或燃气烤箱第3挡的温度下烤2分钟。

将野生蘑菇煮3分钟直到变软，用勺子将蘑菇舀进温热的小耐热菜盘里。

把调味汁烧开，倒进船形调味汁碟里。

用烤架重新加热土豆玫瑰。

然而，这道菜做到这里还没有完成，还必须把乳鸽从盐味酥皮里剥出来。为了给客人留下深刻印象，您可以先把这道菜端上桌，当着客人的面切分乳鸽。首先切下头部，然后用勺子沿着翅膀内侧切开外壳。用叉子把乳鸽从酥皮外壳里取出。把盐味酥皮放到盘子里——酥皮是不能食用的。把鸽腿从关节处切下来，然后将刀在乳鸽身上滑动，切下胸部。当然，如果您不太自信，也可以自己在厨房里

先切好。将剩下的部分保存起来，它们可以做成美味的调味汁。

把卷心菜分装在盘子里，堆成堆。将乳鸽胸部放在上面，并重塑卷心菜的形状。把土豆玫瑰放好，在其上放上鹅肝酱。在盘子上撒些野蘑菇烩，淋上调味汁。

## 鞑靼金枪鱼

茂文立部

查亚啤酒店

美国，1984年

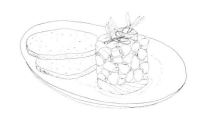

第131页

450克金枪鱼（如果可能的话，黄鳍金枪鱼最好）

140毫升橄榄油

1汤匙第戎芥末

2个蛋黄

1把龙蒿，切碎

1把小葱，切碎

1汤匙切碎的洋葱

1汤匙切碎的甜泡菜

1茶匙刺山柑碎

1汤匙绿胡椒碎

¼个柠檬的柠檬汁

盐和黑胡椒

12片梅尔巴吐司或烤法棍片

半个牛油果，切片

把金枪鱼切成0.6厘米的小块。

慢慢地把橄榄油和第戎芥末搅拌到蛋黄里，做成奶油蛋黄酱。

将龙蒿和小葱与蔬菜碎、蛋黄酱和其他调味料混合，然后加入柠檬汁。在上面撒上盐和黑胡椒。

将金枪鱼和蔬菜及调味料混合物混合，铺在梅尔巴吐司或烤法棍片上，再在上面放上牛油果薄片。

# 龙虾俱乐部三明治

安妮·罗森茨威格
阿卡迪亚餐厅
美国，1985年

第132页

2杯绿色蔬菜（沙拉叶），如罗马生菜、
　碎叶菊苣、红叶生菜
2个新鲜成熟的番茄，切片（冷藏）
16片（薄片）熏培根，炸脆
450克熟的冷龙虾虾尾肉，斜切成1.3
　厘米厚

**制作布里欧修**

567克无盐黄油

1杯糖

1汤匙盐

6杯通用面粉

2杯牛奶

28克块状酵母，或1.5包活性干酵母

10个大鸡蛋，打散

**制作柠檬蛋黄酱**

2个蛋黄

1½茶匙第戎芥末，室温下

¼杯鲜榨柠檬汁，室温下

1½杯大豆油

1汤匙加1茶匙柠檬皮屑

盐和现磨黑胡椒，用于调味

制作布里欧修：把黄油、糖和盐放在一个大碗里，搅拌成糊状混合物。加入面粉，将混合物搅打至小颗粒状。

在一个小的深平底锅里，加热牛奶至温热。关火，搅拌加入酵母。放置5～10分钟，直到起泡了（如果酵母没有起泡，重做一遍）。

把酵母混合物加到面粉混合物里搅拌均匀。加入打散的鸡蛋。如果您有带面团钩的搅拌机，可以低速搅拌10分钟。如果您是用手搅拌，需要搅拌到面团有光泽，把粘在碗内壁的面粉全都揉进面团里，大致揉成球形。如果面团太黏，再加些面粉。将面团移到一个干净的碗里，盖上盖子，放在温暖的地方发酵3小时，直到面团体积加倍。

将面团里的气体排出。盖上盖子，冷藏一整晚，直到体积加倍。

预热烤箱至175℃。

把面团从碗里拿出来，软化大约15分钟。将面团放在撒了少量面粉的木板上，用锋利的刀把面团切成4块，把每一块都擀成雪茄形状。把每个雪茄形状的面团盘成一卷整体的面团，

用指尖将缝隙压紧。在烘烤石板或烤盘上烤50分钟，直到轻轻敲起来底部听起来是空心的，放在金属架上冷却。

**制作柠檬蛋黄酱**

在一个小碗里，把蛋黄、芥末和柠檬汁搅拌到浓稠。一滴一滴地加入油，不断搅拌，直到蛋黄酱开始乳化。这时，缓缓加入剩余的油，直到蛋黄酱变稠。拌入柠檬皮，用盐和胡椒调味。盖上盖子，冷藏至少1小时，或者直到你准备好进行后面的步骤。

制作三明治：把每个布里欧修纵向切成4片均匀的薄片。稍微烘烤一下。在每片烤好的布里欧修面包片上涂上蛋黄酱。在每个三明治底最下面的面包片上铺上生菜，然后是番茄、培根和龙虾，然后再在上面放一片烤面包片。再重复分层这一操作两次，做成4个三层的三明治。

## 生金枪鱼片配香葱碎和特级初榨橄榄油

吉尔伯特·勒科兹
伯纳丁餐厅
美国，1986年

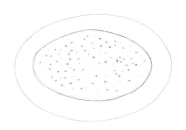

第133页

## 十二味油封番茄

阿兰·帕萨德
阿尔佩吉餐厅
法国，1986年

第134页

**金枪鱼**

每份约85克的黄鳍金枪鱼，包在两层
　保鲜膜里，压平，除去筋和血液
上等海盐和现磨白胡椒粉，用于调味
2茶匙特级初榨橄榄油

**配菜**

1茶匙小洋葱头，切碎
1茶匙小葱，切片
半个柠檬

　　用盐和胡椒粉对金枪鱼进行调味。
在金枪鱼上涂上大量橄榄油，撒上少
许小洋葱头，再撒上大量小葱。把盘
子擦干净（一直擦到金枪鱼的边缘），
最后1分钟把柠檬汁挤在金枪鱼上。

8～10个小番茄

200克苹果

200克梨

75克菠萝

2克鲜姜

红糖，用于制作焦糖

10克核桃

10克杏仁

10克开心果

4克未经处理的橙皮

4克未经处理的柠檬皮

2根香草荚

1克新鲜薄荷

1克磨碎的肉桂

1克磨碎的茴香

4支丁香

1勺香草冰激凌

切掉番茄的顶部，取出里面的果
肉，确保把所有的番茄籽都去掉。

把苹果、梨、菠萝和姜切成小条
状。把核桃、杏仁、开心果、橙皮和
柠檬皮粗略切碎。

在平底锅中倒入一层薄薄的红
糖。加入苹果、梨和菠萝条。保持高
温，使锅中的食材焦糖化。

加入橙皮、柠檬皮、姜、核桃，
开心果和杏仁片。加热1分钟，使放
入的食材焦糖化。

加入香草荚、薄荷碎、肉桂、茴
香和丁香。再加热1分钟。关火。

将番茄里塞满水果、干果和香料
的混合物。

用一层薄薄的红糖铺满锅底。用
小火将番茄焦糖化1分钟。

将平底锅从火上移开，将食物放
在200℃的预热烤箱中烤5分钟，确保
定期在番茄上洒些水。

搭配1勺香草冰激凌上菜。

## 三文鱼肉酱

吉尔伯特·勒科兹

伯纳丁餐厅

美国，1986年

第135页

1瓶干白葡萄酒

2汤匙干葱头碎

900克新鲜三文鱼鱼片，切掉脂肪部
　　分，切成边长2.5厘米的方块

170克烟熏三文鱼，切掉脂肪部分，
　　切成小块

2汤匙小葱末

¼杯新鲜柠檬汁

1杯蛋黄酱

烤酸面包薄片或法棍面包薄片，上菜
　　时用

上等海盐和现磨白胡椒粉，用于调味

　　将葡萄酒、小洋葱头和1茶匙盐
放入一个大的深平底锅中，煮沸。加
入新鲜三文鱼，煮40秒。用滤网把三
文鱼捞出来过冷水，再滤干水分，冷
藏至变凉。将煮过三文鱼的水倒掉。

　　把烟熏三文鱼放在一个大碗里，
搅拌加入小葱。加入水煮过的新鲜三
文鱼，搅拌，用木勺的一边将三文鱼
切碎。搅拌加入柠檬汁、蛋黄酱和胡
椒粉。加盐调味。冷藏至食用之时。
（菜品最多可提前6小时制作）。搭配烤
酸面包片或法棍面包片一起上菜。

## 味噌黑鳕鱼

松久信幸

松久餐厅

美国，1987年前后

第136页

　　做这道菜时，要把黑鳕鱼片放在
味噌里腌几天。然后烤10～15分钟
至其呈褐色。在松久餐厅，上菜时会
在上面撒上腌制的姜片。

## 朗姆巴巴

阿兰·杜卡斯

路易十五餐厅

摩纳哥，1987年

第137页

**制作巴巴蛋糕**

400克面粉

4克盐

140克黄油

17克酵母

17克蜂蜜

500克鸡蛋

**制作糖浆**

1升水

500克糖

1个橙子，取其皮屑

1个柠檬，取其皮屑

1根剖开的香草荚和香草籽

**装饰**

50克杏味淋面

陈酿朗姆酒，用于调味

**制作香草鲜奶油**

半根香草荚，剖开取籽

1升高脂厚奶油

200克砂糖

# 朗姆巴巴

# 祖尼烤鸡配面包沙拉

朱迪·罗杰斯

祖尼咖啡馆

美国，1987年

第138页

## 制作巴巴蛋糕

将除了鸡蛋的所有原料混合，一边加鸡蛋一边揉面团，一次加一个鸡蛋。把碗里所有的面都揉成一个有弹性的、光滑的面团，使之不会粘在碗的内壁上。将面团放在涂了油的大理石表面上，静置5分钟。用手或糕点裱花袋将涂有黄油的直径5厘米，高5厘米的圆筒（环）模具容积的一半都填满面团。让面团在温热的发酵房30℃～35℃里发酵至模具顶部。面团的边缘应该稍高于模具顶部边缘。

以200℃～220℃烘烤约25分钟，在烘烤过程中将烤盘转动一半。烘烤时间取决于尺寸、所需颜色和湿度。烤好后，取出放在架子上冷却。

## 准备糖浆和香草奶油

把所有糖浆原料混合在一起。煮沸，浸泡。将巴巴蛋糕放进热的、但不是沸腾的糖浆里，用撇渣器将蛋糕翻转过来。一定要确保巴巴蛋糕完全浸泡在糖浆里。在架子上沥干多余的糖浆。

将半根香草荚纵向对半切开，剖开，将香草籽收集起来，放入奶油里混合。加糖一起搅打至奶油呈半硬状。

## 完成、装盘

把巴巴蛋糕放在盘子上，淋上杏味淋面。对半切开，淋上朗姆酒。搭配香草奶油一起上菜。

## 准备鸡肉

1只小鸡，1.2～1.6千克重

2枝新鲜百里香、牛至、迷迭香或约1.3厘米长的鼠尾草

盐

约¼茶匙现磨黑胡椒粉

## 制作沙拉

227克老化的、开放式的、耐嚼的、农夫风格的面包（不是酸面包）

6～8汤匙味道温和的橄榄油

1.5汤匙香槟醋或白葡萄酒醋

盐和现磨黑胡椒粉

1汤匙醋栗果

1茶匙红酒醋，或根据需要选择其他的

1汤匙温水

2汤匙松子

2瓣去皮的蒜

¼杯去皮的大葱（约4个），含有少量葱绿

2汤匙淡盐鸡汤或淡盐水

几把芝麻菜、碎叶菊苣或红芥菜，仔细洗净，晾干

给鸡肉调味（制作前 1 ～ 3 天进行调味；如果选用的是 1.5 千克重的鸡，至少提前 2 天调味）：将鸡油割了扔掉。把鸡肉洗净，里里外外都彻底拍干，因为湿鸡肉会花费很长的时间才能烤成金黄色。

从鸡胸的边缘开始，将手指滑到鸡胸位置的鸡皮下面，做成两个小口袋。现在，用指尖轻轻弄松鸡腿最厚的地方的外侧的鸡皮，做成口袋形状。用手指把每根香草塞进四个"口袋"里。

用盐和胡椒粉将鸡肉充分调味（每 450 克鸡肉用 ¾ 茶匙海盐）。肉厚的地方调味应该比什么肉的脚踝和翅膀稍微重一点。在鸡胸里的脊骨上撒一点盐，但别对整片鸡胸进行调味。将翅膀尖收到鸡肩膀后面。盖上盖子并冷藏。

开始制作面包沙拉（最多提前几个小时）。先预热烤架。

把面包切成几大块。将面包所有的底部外壳、大部分顶部和大部分侧面外壳切下来（保留顶部和侧面的外壳，用作沙拉或汤中的面包块）。把面包全部涂上橄榄油，稍微烤一下，使其表面酥脆和轻微着色。把面包块翻过来，使另一面酥脆。把烧焦的部分修剪掉，然后把面包块撕成不规则的 5 ～ 7.5 厘米长短的面包块，大约准备够做成 4 杯的量。

将约 ¼ 杯橄榄油与香槟醋或白葡萄酒醋混合，加入盐和胡椒粉，用于调味。取一个广口沙拉碗，加入大约 ¼ 杯的酸味香醋沙拉调味汁和撕碎的面包，面包会不均匀地裹上调味汁。尝一尝调味汁裹得比较多的面包。如果味道很淡，加一点盐和胡椒粉，再进行搅拌。

把醋栗果放在一个小碗里，用红酒醋和温水湿润，放在一边备用。

烤鸡肉并制作沙拉：将烤箱预热到 245℃，取决于烤箱的大小、效率和精度，以及选用的鸡的大小，您可能需要在烤鸡的过程中在最高 260℃ 和最低 230℃ 的温度区间内调节温度，才能把鸡肉烤至金黄得恰到好处。如果事实证明确实如此，那下次烤鸡肉就可以按照这个温度来。如果您的烤箱有对流功能，请在前 30 分钟使用这个功能，这样能让鸡肉更快变成金黄色，也就可能使整个烹饪时间减少 5 ～ 10 分钟。

取一个浅口防火烤盘或其他防火的餐具，尺寸略大于鸡肉，或用直径 25 厘米全金属手柄的平底煎锅。用中火将锅预热，把鸡肉擦干，放在平底锅里，胸脯朝上，鸡肉会发出嘶嘶的声音。

或者将鸡肉放在烤箱的中央，注意听并观察鸡肉会在 20 分钟内开始嘶嘶作响，慢慢变成金黄色。如果没有这些现象，可以试着逐渐调高温度直到鸡肉出现刚才所说的现象。鸡皮应该起泡，但如果鸡肉开始烧焦或脂肪开始冒烟，就要将温度调低 25 度。大约 30 分钟后，把鸡翻面（把鸡肉擦干，将锅预热可以防止鸡皮粘在锅上）。根据鸡的大小再烤 10 ～ 20 分钟，然后翻面，再烤 5 ～ 10 分钟，将胸脯位置的鸡皮也烤至酥脆。总的烘烤时间为 45 分钟。

烤鸡的时候，把松子放在一个小烤盘里，放在热烤箱里烤 1 ～ 2 分钟，烤热就行，然后倒进放有面包的碗里。

## 祖尼烤鸡配面包沙拉

在小平底煎锅里放1勺橄榄油，加入大蒜和大葱，中低温烹煮，不断翻炒，直到它们变软但未变色。将炒好的大蒜和大葱抹在面包上，将面包折叠起来。把饱满的醋栗果沥干，塞进面包里。在沙拉上滴一些鸡汤或淡盐水，再放进面包里。尝尝不同的面包——一个裹了很多调味汁的，一个稍干的。如果味道很淡，加入盐、胡椒或几滴醋，然后搅拌均匀。因为面包沙拉的基本味道取决于您使用的面包，所以这些调整是必不可少的。

把面包沙拉放在一个1升的烤盘里，用锡纸包好；把沙拉碗放在一边。最后一次鸡肉翻面后，把沙拉放进烤箱。

烤好后将鸡肉和面包沙拉端上桌：将鸡肉从烤箱中取出并关火。让面包沙拉继续加热5分钟左右。

把鸡肉从烤盘里拿出来放在餐盘里。将清油小心地从烤盘里倒出，稍微留下几滴油。往热烤盘里加入大约1汤匙水，转动烤盘。

把鸡大腿和胸脯之间的皮切开，然后在烤盘上方将餐盘和里面的鸡肉倾斜，把汁液排干。在您做面包沙拉的时候，把鸡肉放在温暖的地方静置（可以放在您家的炉顶）。肉变凉以后会变得更加鲜嫩多汁。

在烤箱里放一个大浅盘子，加热1～2分钟。

倾斜烤盘，撇去最后的油脂。将鸡肉放在中小火上，加入刚才在鸡肉下方收集的汁液，然后用文火炖。翻动鸡肉，将凝固在鸡肉上的金黄色鸡汤刮下来，煮化。尝一尝，汤汁会非常美味。

把面包沙拉倒进沙拉碗里。加上1汤匙锅里的汤汁，加入蔬菜（沙拉叶），淋上一点香醋沙拉调味汁，然后将面包折好，再次进行调味。

把面包沙拉放在温热的大浅盘里，鸡肉切片，放入沙拉里。

## 海南鸡饭

符慧莲

天天海南鸡饭小吃摊

新加坡，1987年

第139页

虽然这道菜的食谱没有流传下来，但可以按照我们所知道的做法来制作。先水煮鸡肉，然后用鸡肉汤煮白米饭。搭配大葱、姜和黄瓜片制成的调味汁一起上菜。

# 普罗旺斯黑松露片烩花园蔬菜

阿兰·杜卡斯

路易十五餐厅

摩纳哥，1987年

第140页

---

4个带花的节瓜

8根小韭葱

4个紫洋蓟

8根带顶部的胡萝卜

4个带顶部的芜菁

8个圆形红水萝卜

500克小蚕豆

500克豌豆

100克四季豆

2个球茎茴香

8根绿芦笋

1个柠檬

30克黑松露

粗盐

4汤匙外加2茶匙橄榄油

35克黄油

半升鸡汤

2汤匙陈酿酒醋

盐之花

清洗蔬菜。去掉节瓜花雌蕊（花里小小的、白色的部分）。把韭葱的绿色部分切掉，剥掉最外面一层皮。

挤些柠檬汁，把柠檬汁的一半加到一碗水里。将洋蓟的第一片花瓣切掉，花瓣根部留半厘米长。用刀把洋蓟削圆。把洋蓟的茎削至2厘米，然后去皮。把洋蓟心对半切开，如果有的话，取出洋蓟的核，把洋蓟放在柠檬水里。

把胡萝卜、芜菁和水萝卜的根切掉。顶端留1厘米长。将芜菁去皮，把胡萝卜磨碎，把三种蔬菜都放入一碗室温下的水里。

将蚕豆和豌豆剥壳，把四季豆的两端去掉。

把茴香的底部切掉，去掉外层皮。切半，然后切成四份。将芦笋去皮。

把黑松露放在烘烤纸（烘焙纸）上，切成大块，然后用叉子压在松露块上，压碎。

烧开水，加些粗盐。将四季豆、芦笋和节瓜焯20秒，然后将豌豆和小蚕豆焯10秒。

把蔬菜沥干水，浸入装有冰块的冷水中，以防止蔬菜继续后熟，从而保持绿色。

在平底煎锅里加热2汤匙橄榄油和30克黄油。放入胡萝卜、芜菁、韭葱、洋蓟和茴香。用盐之花调味并混合。让它们在低温下焖3～4分钟，直到它们变成半透明状。

在平底炒锅里加热2茶匙橄榄油和5克黄油。往水萝卜里加入2汤匙鸡汤，盖上盖子焖，直至变软，沥干水分。

将剩下的蔬菜用鸡汤煮软。盖上盖子，煮5～6分钟。确保蔬菜口感鲜脆。

加入绿色蔬菜和黑松露，煮沸，然后煮2～3分钟。加入水萝卜和1汤匙橄榄油。过滤蔬菜，保留煮过蔬菜的水。

在平底炒锅里倒入1汤匙橄榄油，加热煮过蔬菜的水。加入陈酿酒醋给调味汁增稠，然后将其倒在汤盘里的蔬菜上，撒上盐之花。

## 新式刺身

松久信幸

松久餐厅

美国，1987年

第141页

## 烤鱿鱼配辣椒

露丝·罗杰斯和罗斯·格雷

河畔咖啡馆

英国，1987年

第142页

松久主厨用薄薄的红鲷鱼片做这道菜，上面撒上姜、大蒜、芝麻和柚子酱油。上菜前，加热一些芝麻油，倒在鱼上。这样，大部分刺身的表面就熟了。

6只中等大小的鱿鱼，个头不要超过您的手

**制作调味汁**

12个大的新鲜红辣椒，去籽，切细

特级初榨橄榄油

海盐和现磨黑胡椒

**上菜时用**

225克芝麻菜叶

8汤匙油和柠檬沙拉酱

3个柠檬

将鱿鱼切开做成一块扁平的薄片，洗净。刮去内脏，将触须束成一束，切去眼睛和嘴。

用锯齿刀在扁平的鱿鱼片内侧切出相距1厘米刀口的花刀。

制作调味汁。将辣椒末放在一个碗里，加入约2.5厘米深的橄榄油。用盐和胡椒调味。

将鱿鱼（包括触须）放在非常烫的烤架上，切花刀的一面朝下，用盐和胡椒调味，烤1～2分钟。再把鱿鱼片翻面烤，很快鱿鱼片就会卷起来，这样就是烤熟了。

把芝麻菜放入油和柠檬色拉酱里。每个餐盘里放一只鱿鱼（包括触须）和一些芝麻菜，在鱿鱼上放一些辣椒，搭配切好的4块柠檬一起上菜。

# 橄榄汁章鱼

罗西塔·伊村餐厅

沙龙·罗西塔

秘鲁，1987年

第143页

---

1个鸡蛋

¼汤匙盐

2汤匙柠檬汁

半杯油

10个大的、去核的黑橄榄

227克章鱼，煮40分钟，冷冻后切成
　薄片

欧芹碎，上菜时使用

　　制作蛋黄酱：把鸡蛋、盐和柠檬
汁放进搅拌机里溶解。然后，加入少
量的油。蛋黄酱做好了以后，将其倒
进碗里，稍微留一点蛋黄酱在搅拌器
机底部。

　　把去核的橄榄放进搅拌机里，将
橄榄与留在搅拌机里的蛋黄酱搅拌均
匀，直到形成顺滑的酱汁。加入之前
准备好的混合物，用勺子搅拌，直到
稠度均匀。

　　在一个小浅盘里，放一层章鱼片，
浇上橄榄酱，用欧芹碎装饰。

# 克洛纳基尔蒂黑布丁

迈克尔·克利福德

克利福德餐厅

爱尔兰共和国，1988年

第144页

---

3个大土豆，去皮

1个煮苹果，切片

黄油，烹饪用

200克蘑菇

1瓣大蒜

1汤匙雪利酒醋

50毫升猪肉汤

16片克洛纳基尔蒂黑布丁（血肠）

25克熏培根，切成丁

盐和黑胡椒

　　把切好的苹果片用一小块黄油
炒，不要上色。用大蒜炒蘑菇。把它
们都放进榨汁机里，然后做成酱。

　　把土豆煮至半熟，切成薄片，做
成八个风琴土豆。刷上融化的黄油，
用盐和黑胡椒调味。烤至金黄色。

　　制作调味汁。将酒醋浓缩至一半
的量，加入猪肉汤，用盐和黑胡椒调
味，最后加入黄油。

　　把布丁和培根煎至酥脆。把苹果
和蘑菇重新加热，加入一小块黄油，
调好味。

　　把风琴土豆放在盘子里，刷一层
苹果蘑菇酱，依次放上布丁、风琴土
豆，在最顶上放一小个苹果蘑菇酱球。
把培根放在盘子的外沿，把调味汁淋
在四周。

# 八角冰激凌、菠萝雪芭佐甘草糖

菲利普·瑟尔

塞罗斯绿洲餐厅

澳大利亚，1988年

第145页

## 纯冰激凌

在深平底锅里，加入1升牛奶、1升奶油和400克超细白砂糖，煮至刚好沸腾。

在行星式搅拌机的搅拌缸里，将400克超细白砂糖和24个蛋黄搅拌均匀，直到变成白色奶油状。慢慢地把牛奶、糖和奶油混合物倒在打好的蛋黄上，搅拌直到混合。

取出装着奶油制剂的搅拌缸，放在隔水蒸锅里，用木勺不断搅拌直至变稠。立即再倒入1升奶油，停止烹饪。趁热用细筛过滤奶油制剂并冷却。这样冰激凌就做好啦。

## 八角冰激凌

使用与上述完全相同的原料和方法，除了在深平底锅中加入1升牛奶、奶油和糖，还要加入15个粗略捣碎的八角，小心不要煮沸。按照上面的配方进行操作。当你过滤制剂时，要压紧茴香碎来使制剂的味道更加强烈，然后让其冷却。这样八角冰激凌就做好了。

## 菠萝雪芭

取一个熟透的大菠萝。削皮，去掉果眼和果核，然后切成小块。小心保留汁液。往每200克菠萝果肉和果汁，加入40克超细白砂糖和40克热的液态葡萄糖（淡玉米糖浆）。把准备好的食材捣碎，然后放进食品加工机（最好是搅拌机）里，打成泥状。然后将果汁雪芭倒进一个细筛子（最好是圆锥形的）里，用力按压，这样筛子里就只剩下少量的果肉。这样菠萝雪芭就做好了。

## 甘草糖

取200克优质软甘草棒切碎。在深平底锅里放入200克超细白砂糖，倒入水，刚好没过白砂糖。将糖和水熬至起泡，然后加入甘草碎。置于小火上，不断搅拌，直到其呈均匀的黑色。趁热用细筛子按压过滤，然后冷藏，就可以进行后面的操作了。

## 开始摆甘草糖棋盘

将冰激凌铸模，您最好使用长方形的不锈钢模具（侧面呈方形），大约13厘米宽，20厘米长，15厘米高。把模具放在冰箱里。

取约600毫升菠萝雪芭，搅拌。将菠萝雪芭从搅乳器倒入不锈钢碗中，放软至刚好能流动的稠度。在冷冻模具的底部倒一层菠萝雪芭，使菠萝雪芭层至3厘米厚（可能还有一些剩余）。在工作台上使劲敲一敲模具，使菠萝雪芭层变得平坦且均匀。把模具放在冰箱里。每放一层，都需要先将模具在工作台上敲一敲。冷冻直到变硬。

将模具从冰箱里取出，用糕点刷在菠萝雪芭冻层的表面涂上一层甘草糖，再放回冰箱里。

取约600毫升八角冰激凌，搅拌均匀。把它放在一个不锈钢碗里，稍微放软，然后把冰激凌倒在涂过甘草糖的雪芭层的顶部（敲一敲模具），可能还会剩下一些八角冰激凌，将剩下的茴香冰激凌冻起来。

冻好了就涂上一层甘草糖。涂完把模具放回冰箱。

用菠萝雪芭重复以上过程来做第三层，采用完全相同的步骤。用八角冰激凌来做第四层，进行相同的处理。

在模具中，是一层2.5厘米厚的菠萝雪芭，一层薄薄的甘草糖，一层2.5厘米厚的八角冰激凌，一层薄薄的甘草糖，一层2.5厘米厚的菠萝雪芭，一层薄薄甘草糖和一层2.5厘米厚的八角冰激凌。

**切分冰激凌**

把铸好模的冰激凌和两块砧板放进冰箱，过一夜。准备好切分冰激凌块。精确、良好的判断、敏捷和速度是成功的关键。您需要用到一个装满热水的水槽，在这个水槽里，您可以将冰激凌脱模。用两块冷冻的砧板，砧板正面覆盖着烘焙纸（烘焙纸），一把很长的刀，一个很高的罐子，罐里装满沸水以及一个放有糕点刷和甘草糖的容器。

把模具浸入一个装满热水的水槽里，很快就能将冰激凌脱模到其中一块冷冻的砧板上，然后将其放回冰箱，冷冻30分钟。

把铸好模的冰激凌块和另一块冰冻砧板从冰箱里拿出来。观察一下冰激凌块，您需要将其沿纵向切成4块，

意思就是您要沿着纵向切三下。在顶部做好标记作为参考。每片宽度应为3.2厘米。把刀浸入罐里的沸水5秒钟，擦干刀片，然后快速切下第一片，保持刀片完全垂直。

把第一片放在冰冻的第二块砧板上，在其表面涂上甘草糖。再次将刀浸入罐内的沸水中，擦干刀片，切第二片（保持刀片垂直）。把第二片放在涂有甘草糖的第一片上面，但要把它翻过来，这样您就可以看到冰激凌/雪芭块不同颜色的对比。在第二片上涂上甘草糖，再次将刀浸入沸水中，擦干刀片，对铸好模的冰激凌块切下最后一刀（这一步最难操作）。将第三片也翻转过来，再放到第一、二片上面。涂上甘草糖，再放上最后一片。当您从一端观察冰激凌块时，您需要确保可以看到冰激凌块不同颜色的对比。把刀子再浸入热水中，修剪一下侧面和顶部，使之呈方形。冷冻一夜。

**完成棋盘**

在冰激凌周围放上纯冰激凌，当作边缘，完成冰激凌的制作。您需要

一个新模具，底部宽16.5厘米、长20厘米，高18厘米。把模具放在冰箱里。搅拌600毫升纯冰激凌，铺一层在模具底部，最好有2厘米厚。将模具在工作台上敲一敲，冷冻一整夜。

从冰箱中取出铸好模的冰激凌块（在砧板上），将三个侧面都刷上甘草糖。再冷冻4分钟，从冰箱取出，翻转过来，将冰激凌仍然放在冷冻砧板上，取下粘在底部的烘焙纸，把这一面也涂上甘草糖。再一次用泡过沸水的刀，把棋盘冰激凌修整美观，然后把这块棋盘（仍然放在冰冻砧板上）放回冰箱里。

搅拌剩下的纯冰激凌，放在不锈钢碗里待其稍微变软。从冰箱中取出新模具（单层），拿下涂有甘草糖的棋盘块。用一个干净的糕点刷，在新模具的冰激凌层上刷上少量的变软的纯冰激凌。

把涂有甘草糖的棋盘块放在新模具的中心，将涂有甘草糖的一面朝下，小心地把纯冰激凌倒在两边，小心地排出气泡。继续用纯冰激凌填充模具，直到距离模具顶部还有1.3厘米为止。

331

## 八角冰激凌、菠萝雪芭佐甘草糖

## 巧克力复仇女神

露丝·罗杰斯和罗斯·格雷

河畔咖啡馆

英国，1988年

第146页

## 椰子山核桃蛋糕

多利斯特·迈尔斯

"方方之家"餐厅和博特加咖啡馆

美国，1988年

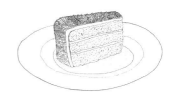

第147页

---

将冰激凌放在砧板上，冷冻放置一夜，最后在砧板上脱模。

将冰激凌脱模，将模具浸入装满热水的水槽中3～4秒，然后将其倒置在衬有烘焙纸的冷冻砧板上，接着立即放回冰箱。

**上菜**

将长刀浸入沸水中，擦干刀片，将冰激凌切成不到1.3厘米厚的薄片，再次使刀保持尽可能垂直。把每一片都放在冰箱里的冷冻盘上。

---

10个全蛋

575克超细白砂糖

675克半甜巧克力，碎成小块

450克无盐黄油，软化

预热烤箱至160℃或燃气烤箱调至第3挡。在一个20厘米×5厘米的圆形蛋糕烤盘里铺上防油纸（蜡纸），然后涂上黄油、撒上面粉。

在搅拌机里加入鸡蛋，加入⅓的糖，搅打，直到体积翻为原来的4倍，这个过程至少需要10分钟。

在一个小平底锅里用250毫升的水加热剩下的糖，直到完全溶解成糖浆。

把巧克力和黄油倒入热糖浆里，搅拌混合。关火，让其稍微冷却。

把温热的糖浆加到鸡蛋里，继续搅拌，注意要轻轻地，直到完全混合，大约20秒，停止搅拌。将其倒入蛋糕烤盘，放入一个盛有热水的隔水蒸锅里。如果要使蛋糕煮得均匀，水必须能没到烤盘的边缘。在烤箱里烤30分钟或直到凝固，可以将您的手平放在蛋糕表面进行测试。

出炉前先在蛋糕盘里冷却一下。

---

**制作蛋糕**

1杯包装紧密的加糖椰蓉

¾杯分开的山核桃，烤熟

2杯糖

2¼杯通用面粉

1汤匙发酵粉

¾茶匙盐

12汤匙无盐黄油，软化

¼杯椰浆（如可可·洛佩兹）

4个大鸡蛋

1茶匙椰子提取物

1杯另加2汤匙无糖椰奶

2杯加糖椰蓉，用于烘烤

**制作馅料**

2个大蛋黄，轻轻敲打

¾杯加糖炼乳

4汤匙无盐黄油

1汤匙椰浆

1杯加糖椰蓉

**制作简单糖浆**

1杯糖

1杯水

**制作涂层**

1杯高脂厚奶油

¼杯糖粉

1茶匙椰子提取物

制作蛋糕时，将烤箱预热到175℃。在两个直径23厘米的圆形蛋糕模具涂上黄油，并在每个盘子的底部铺上一圈烘焙纸。在烘焙纸上涂上黄油，然后撒上面粉，拍掉多余的面粉。把模具放在一边备用。

在食品加工机中将椰蓉磨碎，然后盛到碗里。把山核桃和2汤匙糖一起放入加工机中，然后把它们磨碎，放在一边。把面粉、发酵粉和盐一起筛到一个大碗里。加入椰蓉和山核桃粉，备用。

在带桨叶附件的电动搅拌器的搅拌缸中（或用一个大碗和手持式搅拌机），高速搅拌黄油、椰浆和剩下的糖，搅拌大约4分钟，直到混合物变得轻盈而蓬松。一次打入一个鸡蛋，每次加入后将其打发，然后拌入椰子提取物。将面粉混合物分成三批，与椰奶交替着加入碗里，第一次和最后一次加入的都应该是面粉混合物。

将面糊分装在准备好的烤盘里，并用抹刀抹平每个烤盘的顶部。烤30～35分钟，直到蛋糕变成金黄色，烤钎拔出来的时候钳子表面无面糊。把蛋糕放在架子上的烤盘里冷却30分钟。在用刀沿着每个蛋糕的边缘划一圈，然后将蛋糕翻转过来放在烤架上，把烘焙纸取下来。让它完全冷却。

烤椰蓉时，把它摊在烤盘上，放在175℃的烤箱里烘烤10～15分钟，大约每5分钟摇晃一次，直到椰蓉散发出香味且呈金黄色。让它完全冷却。

蛋糕冷却后，准备馅料。把蛋黄放在一个小的耐热碗里。在一个小的深平底锅里混合炼乳、黄油和椰浆，以中小火煮3～4分钟，不断搅拌，直到变热。把⅓混合物搅入蛋黄中。把鸡蛋混合物倒进深平底锅里，开中小火并不断搅拌大约4分钟，直到其变得像布丁一样浓稠。不要把馅料做得太厚，否则很难将它放在蛋糕上。

把馅料放到碗里，拌入椰蓉。让它完全冷却。制作简单糖浆时，在一个小而重的深平底锅里混合糖和水，用中火煨煮，搅拌，使糖溶解。将糕点刷蘸上热水，然后擦拭锅的侧面，以溶解粘在锅侧面的晶体糖。文火炖2分钟，关火，放凉。

组装蛋糕时，把每个蛋糕水平对半切开。在模具底部放一层蛋糕。用少量简单糖浆将蛋糕顶部湿润，用不锈钢涂抹刀均匀地涂上一层薄薄的椰子馅料（半杯）。重复以上操作，做两层的蛋糕和馅料，然后把最后一层蛋糕放在最上面。把蛋糕冷藏1小时左右。

脱模时，将抹刀沿着冻蛋糕的边缘划一圈，把蛋糕盘翻转过来，顶部翻转至底部位置，然后把蛋糕快速翻到盘子里。

制作涂层时，将奶油、糖粉和椰子提取物搅拌混合，直到形成尖角状。将涂层涂在蛋糕的顶部和两侧，点缀上烤椰丝碎。冷藏至食用时。

## 芥末酱炒黑布丁配牡蛎、苹果和洋葱

盖里·加尔文

德里姆孔之家餐厅

爱尔兰共和国，1989年

第148页

1个大的、可烹饪的苹果，去皮，去核，
　切碎

1个中等大小的洋葱，切成薄片

85克白葡萄酒

57克黄油

现磨黑胡椒粉

227克黑布丁（血肠），每份2片

4个大牡蛎

**制作芥末酱**

280克奶油

85克干白葡萄酒

1汤匙全麦芥末

1汤匙柠檬汁

现磨胡椒粉

做芥末酱时，把奶油、白葡萄酒和芥末放进一个小平底锅里烹煮。不盖盖子，煮沸，浓缩至可以倒出来的稠度。加入柠檬汁，用现磨黑胡椒调味（黑布丁和牡蛎都是咸的，所以不需要加盐）。

把苹果、洋葱和白葡萄酒、一半量的黄油一起炖煮至变软。加入黑胡椒粉调味。

用剩下的黄油煎黑布丁，煎至两面酥脆。

把牡蛎拍干，和黑布丁一起煎1分钟。搭配芥末酱一起上菜。

## 斯佩尔特小麦烩饭

阿兰·索利维耶斯

普罗旺斯戈尔德山庄酒店

法国，1989年

第149页

该菜谱从来没有公开过，但要制作这道菜，你需要斯佩尔特小麦、白葡萄酒和鸡汤。上面放上松露、青蛙腿或者用鸡冠和鸡肾做成的烩肉。

# 冷猪蹄片

琼·罗卡

埃尔·采莱尔餐厅

西班牙，1989年

第150页

**处理猪蹄**

5千克猪蹄

2根胡萝卜

2个洋葱，去皮

半片月桂叶

5粒黑胡椒

把猪蹄洗干净。把它们放在一个有水的锅里煮开。关火，换水，加入胡萝卜、洋葱、月桂叶和胡椒。烧开，然后把火调低。煮4小时直到完全煮软。把猪蹄捞出来，沥干水，趁热去骨，用保鲜膜把猪蹄卷成圆筒状。先冷却，然后冷冻。

**制作牛肝菌油**

100克干牛肝菌粉

300克葵瓜子油

10克蒙特博里醋

往一个空的真空密封袋中，放入干燥的牛肝菌粉和葵瓜子油，进行100%密封。在70℃下用恒温器（真空水浴）真空烹煮2小时。冷却，然后加入蒙特博里醋。保存起来。

**炒牛肝菌**

200克小牛肝菌

20克特级初榨橄榄油

盐

把牛肝菌洗干净。切成4份，备用。在平底锅中用中火加热特级初榨橄榄油，炒切好的牛肝菌。加盐调味，关火，备用。

**制作牛肝菌焦糖**

200克方登糖

100克葡萄糖（淡玉米糖浆）

100克艾素糖

50克牛肝菌粉

1个牛肝菌造型的模具

在深平底锅中，放入方登糖、葡萄糖（淡玉米糖浆）和艾素糖，加热至150℃，偶尔搅拌。停止加热，当温度降到140℃时，加入牛肝菌粉。用力搅拌，直到混合物表面变得光滑，然后将其尽可能薄地涂在油布上。

一旦牛肝菌焦糖变硬，放入全能料理机中研磨，直到变成细粉。用

筛子将其筛在牛肝菌模具上，放在160℃的温度下烘烤1分钟或者直到将其融化。

将牛肝菌焦糖粉从模具中取出，与硅胶一起储存在密封容器中。

**制作番茄丁**

4个成熟的梅子形番茄

盐

在一个装有开水的深平底锅里，将番茄烫20秒，然后放在冰水中冰镇，使其迅速冷却。将番茄去皮，去籽，切成3毫米的方块。用盐调味，保存备用。

**炒番茄**

500克成熟梅子形番茄

1瓣大蒜

10克特级初榨橄榄油

盐

把番茄焯一下，去皮。去掉番茄籽，将番茄籽保存起来留作装盘用。把番茄的瓤切成小丁。将蒜瓣削皮切

## 冷猪蹄片

## 煎鹌鹑配乡村火腿

埃德娜·刘易斯

盖奇&托尔纳餐厅

美国，1989年

第151页

## 牧羊人派

马克·希克斯

常春藤餐厅

英国，1990年前后

第152页

碎。在深平底锅里加入橄榄油，翻炒大蒜，加入番茄，然后慢慢煮。等煮出汁水后，加盐调味，关火保存。

**装盘**

熟的圣波豆

小葱碎

片状盐

用熟肉切片机将冻猪蹄圆柱卷切成3毫米厚的薄片，放在一个耐热的平烤盘上，淋上牛肝菌油。加入炒牛肝菌、番茄丁、圣波豆和少量炒番茄。将整个盘子放入烤箱中，加热，最后放上小葱碎、片状盐和牛肝菌焦糖。

1杯白葡萄

2茶匙盐

½茶匙现磨黑胡椒粉

1茶匙干百里香叶

8只鹌鹑，切开并压平

½杯（1根）无盐黄油

227克（熏制的）弗吉尼亚火腿，切成5.7厘米的类似火柴棍的条状

用杵把葡萄压碎，然后用筛子或蔬菜搅拌器榨汁。应该可以得到¼～½杯葡萄汁。

将盐、胡椒和百里香混合，用指尖压碎百里香，将这些调味料撒在鹌鹑的两侧。

将黄油放在一个大平底煎锅里，用中火融化，直到起泡开始变黄为止。加入鹌鹑，有皮的一面朝下。撒上火腿，盖上盖子烹煮，直到汤汁变得清澈，再煮4分钟。停止加热，不要揭开盖子，让鹌鹑静置大约10分钟。

把鹌鹑放在大浅盘里，撒上火腿，将锅中油倒出，加入葡萄汁，煮1分钟，以溶解锅底精华，然后把汤汁浇在鹌鹑上。

优质羊肉碎和牛肉碎各900克，混合，不要太肥

植物油，用于油炸

500克洋葱，去皮切细

2瓣大蒜，去皮压碎

10克百里香，切细

25克面粉

2汤匙番茄酱（糊状）

150毫升红酒

50毫升伍斯特郡酱

1升深色肉汤

8份硬土豆泥，不加奶油

盐和现磨黑胡椒粉

# 鲜活皮皮蛤配XO酱

洪大叔

金唐海鲜餐厅

澳大利亚，20世纪90年代初

# 爱尔兰炖菜

理查德·科里根

本特利家餐厅

英国，1992年

第153页　　　　　　　第154页

对肉碎进行调味。在平底煎锅里加入一些植物油，加热，直到油温较高，然后每次加入少量肉碎，炒几分钟，然后用过滤器将油完全沥干。在一个厚底平底锅里加热一些植物油，慢慢地将洋葱、大蒜和百里香炒软。加入肉碎，撒上面粉，加入番茄酱。煮几分钟，不断搅拌。

预热烤箱至200℃或使用燃气烤箱调至第6挡。往锅里慢慢加入红酒、伍斯特郡辣酱油和深色肉汤，煮开后用文火炖30～40分钟。滤出来大约200毫升的酱汁搭配牧羊人派一起上菜。继续用文火炖肉，直到液体几乎完全蒸发。停止加热，用盐和现磨胡椒粉调味，冷却。制作派时，把肉放在一个大餐盘或单独的餐具里，上面放上土豆泥。烤35～40分钟。

1升水

1千克皮皮蛤

2汤匙花生油或植物油

2汤匙自制XO酱（由干海鲜制作而成，如扇贝、红小洋葱头和辣椒），也可在亚洲杂货店买到

100毫升鸡汤

1茶匙糖

½茶匙盐

1茶匙酱油

1茶匙玉米淀粉，与2汤匙水混合

1束大葱（包括葱绿），切片，上菜时用

加热炒锅，加入1升水和皮皮蛤，盖上盖子，煮沸。皮皮蛤张开的时候，将其捞出来，沥干水分，保存。

倒油入炒锅，用大火加热，加入自制的XO酱，搅拌均匀，然后加入鸡汤、糖、盐和酱油，文火煮1分钟。加入皮皮蛤，炒1～2分钟，直到皮皮蛤的壳完全打开，加入水淀粉，翻炒均匀，用大葱装饰。

2～3根中等大小的羊颈，切段、去骨（骨头留下来煮汤）

## 汤

羊骨

1根胡萝卜

半个洋葱

1根芹菜

1把欧芹茎

10粒黑胡椒

1枝迷迭香

1片月桂叶

1枝百里香

## 炖菜

550克粉质土豆，如爱德华国王土豆，去皮、切碎

500克胡萝卜，去皮切碎

500克瑞典芜菁，去皮切碎

550克蜡质土豆，如马里斯派珀或彭特兰·贾夫林土豆，去皮切碎

½茶匙新鲜百里香叶

盐和黑胡椒

鲜小葱、百里香或欧芹，切碎，作装饰用

## 爱尔兰炖菜

煮汤时，把所有食材都放进深平底锅里。倒入足够多的水盖住食材，然后煮沸，中火炖煮至少2小时。将汤过滤，筛去骨头和蔬菜，然后把汤倒回锅里，煮沸，直到浓缩至1升。

把羊肉切成大块，放入一个大的深平底锅。加入汤料，煮沸，撇去所有漂在汤表面的杂质，然后调低温度，文火慢炖10分钟。

把这两种土豆分开。先将粉质土豆、胡萝卜和瑞典芜菁一起加入羊肉锅，继续炖10分钟。

加入蜡质土豆和百里香，调味后再炖15分钟，直到羊肉变软。

在上菜前先停止加热，静置10分钟，然后用您选的新鲜香草加以装饰。

## 油封佩图纳海鳟配茴香沙拉

和久田哲也

哲也餐厅

澳大利亚，1992年

第155页

350克海鳟，切片

100毫升葡萄籽油

80毫升橄榄油

1½茶匙芫荽粉

1½茶匙白胡椒粉

10片整叶罗勒

3根百里香

¼茶匙蒜末

2根芹菜，切碎

2根小胡萝卜，切碎

3汤匙切碎的小葱

4汤匙昆布，切碎

½茶匙海盐

2汤匙海鳟鱼子酱

### 欧芹油

¼束平叶欧芹的叶子

100毫升橄榄油或葡萄籽油

1½茶匙盐渍刺山柑，洗净沥干

### 茴香沙拉

¼个球茎茴香，切成薄片

1茶匙柠檬汁、盐和胡椒粉

½茶匙柠檬香油或柠檬皮

将海鳟去皮，横切成70～80克的鱼片，重量不超过100克。在一个小托盘里，把鳟鱼浸在葡萄籽油和橄榄油里，再加入芫荽、胡椒粉、罗勒叶、百里香和大蒜。盖上盖子，放在冰箱里腌几个小时。如果你不想用太多油，可以在鱼的表面涂上油，然后撒上香草。

烤鱼时，把烤箱预热到尽可能低的温度。

把鱼从油里拿出来，使其达到室温。切碎芹菜和胡萝卜，放在烤盘的底部。把海鳟放在上面，放进烤箱里。不关烤箱的门，慢慢把鱼烤熟。每隔几分钟在鱼的表面涂一层腌料。

烹饪需要7～8分钟（不超过10分钟），根据鱼片的大小和厚度判断。判断鱼是否已烤好的标准是，当您触摸鱼片末端时，手指是否正好可以按进鱼肉里。鱼肉的颜色应该完全不变，呈鲜亮的橘红，摸起来温热。

把鱼从烤箱里取出，立即冷却。把鱼从托盘里拿出来，使其达到室温。

做欧芹油时，把欧芹和橄榄油放在搅拌机里做成泥状，加入刺山柑混

## 豪大大鸡排

正豪大大鸡排

中国，1992年

第156页

## 烟熏三文鱼清汤

蒂姆·帕克·波伊

克劳德家餐厅

澳大利亚，1993年

第157页

---

合。做茴香沙拉时，用曼陀林切片器将茴香切成小片。加入柠檬汁、盐和胡椒粉调味，并加入柠檬香油或柠檬皮。

在鱼的顶部撒上小葱碎、昆布碎和少许海盐。

上菜时，在盘子底部放一些茴香沙拉，放上海鳟，在四周撒上一点欧芹油。在鱼上点缀一些海鳟鱼子酱后上菜。

---

王氏炸鸡店目前对这道菜的食谱保密。做这道菜，您需要将一大块鸡肉切得又薄又大（根据王氏的说法，应该"比你的脸还大"）。鸡肉要充分调味，油炸至超级酥脆。

---

1条鲷鱼，只要头部（金雀鲷）

2条沙扁头鱼（斑尾鳙）

2条黄鳍马面鲀（粗鳞毛蛇鳗）

2条红蝎鳕鱼（主鲉）

1千克烟熏三文鱼块（保留胸鳍）

### 蔬菜

3个中等大小的胡萝卜

3根芹菜

2根中等大小的韭葱

1个茴香头

### 香料

½个新鲜蒜头

1个柠檬，仅保留果肉

½茶匙莳萝籽

1茶匙茴香籽

1茶匙黑胡椒粒，碾碎

1大束新鲜百里香、龙蒿和莳萝

欧芹茎

2片新鲜月桂叶

½瓶优质霞多丽酒

## 烟熏三文鱼清汤

## 牛油果吐司

比尔·格兰杰

比尔斯咖啡馆

澳大利亚，1993年

第158页

**澄清**

1个洋葱

400克优质白肉鱼鱼片

1束雪维菜

莳萝枝

200毫升蛋清

**上菜时用**

藏红花丝

鲜奶油，含35%乳脂

佩诺茴香酒

沿着脊柱位置将鲷鱼的头劈成两半。分别将扁头鱼和马面鲀斜着切成三块，红蝎鳕鱼不切。将三文鱼块冲洗干净。在一个大的汤锅里，放入上述鱼肉、熏三文鱼块、切好的蔬菜、一半的蒜头，倒入水，使其刚好盖住食材。煮沸，除去浮渣。炖50分钟，关火，然后加入其余香料。冷却20分钟。仔细过滤，然后在冷水中再次冷却。

**澄清**

把洋葱对半切开，在铸铁平底锅里用大火把洋葱煎黑（不要去掉洋葱皮）。将鱼放入食品加工机中处理，并将切碎的雪维菜和莳萝放入直边锅中。加入蛋清，用手揉匀。倒入冷三文鱼汤，加入洋葱，用中火煮沸，偶尔搅拌，以防粘锅。当汤快要煮沸的时候，蛋白会浮到水面。立即将火关小，炖煮大约40分钟，不要搅拌，直到鱼汤冒泡，变得像杜松子酒一样澄清。用双层棉布仔细过滤，注意不要弄坏蛋白。冷藏一整夜，让鱼汤里残留的沉淀物沉淀下来。

加热清汤。搅打一些奶油，然后冷却（根据需要用佩诺茴香酒调味）。用罐子把热的清汤倒入容器中。仔细判断温度，以避免冷奶油被清汤穿透。再在上面放几缕藏红花丝。

2汤匙酸橙汁

2汤匙橄榄油

海盐

辣椒片

1个牛油果，去皮，分成四等份

面包，烤制

芫荽

将酸橙汁、橄榄油、盐和辣椒片放入碗中搅拌至混合。

将分成四等份的牛油果放在吐司上，淋上调味料，再撒上芫荽、海盐和大量辣椒片。

# 锥形蛋卷筒

托马斯·凯勒

法国洗衣房餐厅

美国，1994年

第159页

## 制作蛋卷

¼杯加3汤匙通用（普通）面粉

1汤匙加1茶匙糖

1茶匙粗盐

8汤匙无盐黄油，软化但保持触感冰凉

2个大鸡蛋的蛋清，冰的

2汤匙黑芝麻

## 制作鞑靼三文鱼

113克三文鱼鱼片（腹部最好），去皮，除去鱼刺，切碎

¾茶匙特级初榨橄榄油

¾茶匙柠檬油

1½茶匙细小葱末

1½茶匙切细的小洋葱头

½茶匙粗盐，用于调味

一小撮现磨白胡椒粉，用于调味

## 制作甜甜的红洋葱奶油

1汤匙红洋葱末

½杯法式酸奶油

¼茶匙粗盐，用于调味

现磨白胡椒粉

24段小葱尖（约2.5厘米长）

## 制作蛋卷

制作一个直径10厘米的空心圆形模板，用于制作形状完美的圆形。从塑料容器的顶部切下类似圆形的盖子。在盖子上画两个同心圆，内圆直径10厘米，外圆直径约11.5厘米。画一个用拇指可以拿的手柄，这样就可以很容易地将模板从含硅涂层的油布纸上取下。沿着手柄和外圆修剪。剪下内圈，这样就得到了一个空心环。将面糊涂在模板的边缘，然后提起模板。

在一个中等大小的碗里，把面粉、糖和盐混合在一起。在另一个碗里，搅拌软化的黄油，直到黄油非常光滑，拥有和蛋黄酱一样的质地。用一把硬抹刀或勺子，把蛋清打到面粉混合物里，直到混合物完全融合，表面光滑。搅拌加入⅓软化的黄油，必要时刮一刮碗的内侧，搅拌，直到面糊变为奶油状，没有任何结块。把面糊换到更小的容器里，这样更方便操作。

预热烤箱至205℃。

在台面上放一张油布纸（放入烤盘之前，在油布纸上操作比较容易）。

将模板平放在油布纸上，放在烤盘的一角。在不锈钢涂抹刀的背面舀一些面糊，然后均匀地涂在模板上，涂上一层，然后用抹刀刮掉整个模板上多余的面糊（烤完第一批蛋卷后，您就能对面糊应该涂多厚有正确的判断了：您可能需要增加或减少一些面糊来调整蛋卷的厚度）。面糊上不应该有孔洞。拿起模板，并重复以上过程，尽可能制作出与模具数量一样多的圆形面糊，或者一次性将模板放满油布纸。在每个蛋卷上撒上一撮黑芝麻。

把油布纸放在厚烤盘上，烤4～6分钟，或者直到面糊凝固，面糊会因受热而起波纹。蛋卷的局部可能已经变成黄色，但这时还不均匀。

打开烤箱门，把烤盘放在烤箱门口。这样做有助于在卷蛋卷的时候保持温热，防止蛋卷过硬无法卷动。将一个蛋卷快速翻转至烤盘上，有芝麻的一面朝下，在圆形面糊的底部放一个直径11.5厘米的蛋卷模具（尺寸是第35号）。如果您惯用右手，就把模具尖的一端放在左边，把开口的一端放在右边。模具的尖端应该接触到蛋卷的左下边缘（大约7点钟方向）。将

## 锥形蛋卷筒

蛋卷的底部向上折，然后小心地向左滚动，使蛋卷紧紧地包裹在模具上。滚动时，蛋卷应该仍然在烤盘上。让蛋卷裹在模具上，继续在模具周围滚动蛋卷。继续操作时，将卷好的蛋卷接缝面朝下，排好放在烤盘上，相互靠在一起，防止滚动。

当所有的蛋卷都卷好后，把它们放回烤箱，关上门，再烤3～4分钟，使接缝处凝固，将蛋卷烤至金黄色。如果颜色不均匀，将蛋卷立起来烤1分钟左右，直到颜色均匀。从烤箱中取出蛋卷，让其稍微冷却30秒左右。

轻轻地从模具中取出蛋卷，在厨房纸上冷却几分钟。将烤盘上的油布纸取下来，擦掉多余的黄油。在烘烤下一批蛋卷之前，将油布纸冷却。将蛋卷存放在密闭容器中2天（以达到风味最佳的状态）。

### 制作鞑靼三文鱼

用一把锋利的刀，把三文鱼鱼片切碎（不要用食品加工机，因为会破坏鱼的质地），然后放在小碗里。搅拌加入剩下的配料，尝一下，用盐和白胡椒粉调味。盖上碗，冷藏至少30分钟，或最多12小时。

### 制作甜味的红洋葱奶油

把红洋葱放在一个小筛子里，用冷水冲洗几秒钟，用厨房纸擦干。在一个小的金属质地的碗里，将酸奶油搅打30秒至1分钟，或者直到当你举起搅打器时奶油形成小弯尖。把切好的洋葱拌进去，用盐和白胡椒调味。将洋葱奶油倒进容器中，盖上盖子，冷藏至使用之时或最多6小时。

### 完成

在每个蛋卷的顶部1.3厘米处填满洋葱奶油，让圆锥蛋卷的底部空着。（用裱花袋就很容易操作）。在洋葱奶油上舀大约1½茶匙鞑靼三文鱼，把鞑靼做成圆顶状，就像1勺冰激凌一样。把小葱尖放在一侧当作装饰。

## 埃克尔斯蛋糕和兰开夏郡奶酪

费格斯·亨德森
伦敦圣约翰餐厅
英国，1994年

第160页

做这个蛋糕需要一个圆形的油酥面团，上面有红糖、无籽葡萄干、多香果、果仁、肉豆蔻、黄油的混合物。再在上面放上一层泡芙面团，捏成扁平状，然后"切"三下（不能多，也不能少）。上淋面，烘烤15分钟。当然，要配上味道十足又松脆的兰开夏奶酪。

# 质感蔬菜汇总

费朗·亚德里亚
斗牛犬餐厅
西班牙，1994年

第161页

---

**制作杏仁奶**

500克完整的杏仁

600克水

用手动搅拌机，将杏仁和水混合，放入冰箱12小时，直到杏仁充分泡发。

在搅拌机里，搅拌杏仁混合物，直到形成细腻黏稠的糊状物。

分批次操作，每次倒少量糊状物在粗棉布中，用手按压，制作杏仁奶。

**制作杏仁雪芭**

500克杏仁奶

盐

用盐给杏仁奶调味，然后放入冰激凌机中，按照机器的说明操作。保存在-10℃的冰箱中。

注：1999年，开始在每升杏仁奶中添加1片2克的明胶片，以使雪芭成形。

**制作甜菜（甜菜根）酱**

250克熟甜菜（甜菜根）

250克水

把甜菜（甜菜根）和水在搅拌机里混合，过滤。

**制作甜菜（甜菜根）泡沫**

500克甜菜（甜菜根）酱

2片（每片2克）明胶片，先在冷水中泡开

盐

加热¼的甜菜（甜菜根）酱，溶解明胶片。关火，加入剩下的甜菜酱，加盐调味。用漏斗过滤到½升的iSi奶油泡沫枪中。给奶油泡沫枪充入 $N_2O$，放于冰箱中静置2小时。

**制作番茄泥**

6个成熟的番茄（每个125克）

橄榄油，酸度0.4度

现磨白胡椒

盐

糖

在每个番茄的底部切一个X形切口。用削皮刀把每个番茄顶部的茎拔出来。把番茄在沸水中焯15秒。借助过滤器（撇渣器）取出番茄，放入水中冰镇。把番茄去皮，切成四等份，去掉番茄籽，切成边长0.5厘米的立方体。

加热不粘锅，用少量橄榄油炒番茄。用白胡椒、盐和糖调味。把炒好的番茄放在搅拌器里搅拌，直到变成泥状。将番茄泥放入过滤器中过滤、按压，然后放入细孔筛里滤干，直到装盘之时。

**制作桃子格兰尼它雪芭**

200克桃汁

将果汁倒入容器中，确保其厚度不超过1厘米。

用密封盖密封容器，并将其置于-8℃ ～ -10℃的冰箱中约3小时。

343

## 质感蔬菜汇总

### 制作罗勒纯露

100克新鲜罗勒

100克水

把罗勒叶摘下来，焯水10秒钟，然后用冰水冰镇，捞出沥干。在搅拌机里，把焯过水的罗勒叶加水搅打成糊状。用滤网过滤一遍，然后把剩下的汁水用粗棉布再过滤一遍。

### 制作罗勒啫喱

100克罗勒纯露

½片（每片2克）明胶片，先在冷水中泡开

盐

加热¼的罗勒纯露，溶解明胶。关火，将其与剩下的罗勒纯露混合，加盐调味，放入容器中（容器应能允许纯露发酵至1厘米厚），在冰箱中放置至少3小时。

### 制作玉米酱

2罐（每罐250克）玉米粒

把玉米粒沥干，在搅拌机里搅打3次，搅打至非常光滑，再过滤。

### 制作玉米慕斯

100克玉米酱

¾片（每片2克）明胶片，先前在冷水中泡开

盐

45克鲜奶油

加热¼的玉米酱，溶解明胶。关火，加入剩下的玉米酱，加盐调味。让玉米酱在还没凝固的情况下冷却。

将奶油搅打至半发状态，将其慢慢加入玉米酱中，从下至上搅拌，直到完全混合。将混合物摊铺到2厘米厚的容器中，放入冰箱静置2小时。

### 制作花椰菜泥

1个（500克）花椰菜

水

清洗花椰菜，去掉茎。把花椰菜放在一个装满冷水的锅里，用大火加热。当快要沸腾时，倒出热水，再次加入冷水覆盖。把锅放在大火上煮至花椰菜变软。

煮熟后，沥干水，将花椰菜放入搅拌机中搅拌，直到形成超细腻的花椰菜泥。加盐调味，用滤网过滤。

### 制作花椰菜慕斯

200克花椰菜泥

1片（每片2克）明胶片，先在冷水中泡开

盐

80克鲜奶油

加热¼的花椰菜泥，溶解明胶。关火，加入剩余的花椰菜泥，加盐调味。冷却花椰菜泥，不要让其凝固。

## 牡蛎珍珠

托马斯·凯勒

法国洗衣房餐厅

美国，1994年

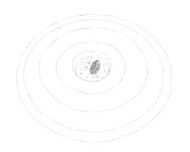

第162页

将奶油搅打至半发状态，将其慢慢地加入花椰菜泥中，从下至上搅拌，直到完全混合。将奶油花椰菜泥摊铺到2厘米厚的容器中。放于冰箱里静置2小时。

### 制作半圆牛油果

1个（200克）牛油果

将牛油果切半，去核，去皮。

将牛油果切成8片半圆状的牛油果片，每片厚1厘米。

### 装盘

20粒焯过水的杏仁

盐

在一个圆盘的中心，放2片牛油果片，拼成一个圆。加盐调味。

将剩下的制成品放在牛油果的周围（放置时与牛油果稍微重叠），按以下顺序排列，从右到左，从盘子底部开始：

1平汤匙番茄泥，

1平汤匙花椰菜慕斯，

在桃子格兰尼它雪芭的预留空间放1片罗勒啫喱，

1平汤匙玉米慕斯放在甜菜（甜菜根）泡沫的预留空间，

将5粒焯过水的杏仁放在不同的制成品之间，

在牛油果圆片上放一颗杏仁雪芭球。

用抹刀将桃子格兰尼它雪芭抹出鳞状纹理。

### 摆盘

在花椰菜慕斯和罗勒啫喱之间放1汤匙桃子格兰尼它雪芭。

在番茄泥和玉米慕斯之间放上一团甜菜泡沫。

### 木薯混合物

⅓杯木薯小珍珠

1¾杯牛奶

16个肉牡蛎，如莫尔佩克牡蛎，用刷子擦洗干净

1¼杯高脂厚奶油

现磨黑胡椒

¼杯法式酸奶油

粗盐

### 萨芭雍

4个大蛋黄

¼杯牡蛎备用汁（提前备好的）

### 调味汁

3汤匙干型味美思

剩余的牡蛎备用汁（提前备好的）

1½汤匙洋葱头碎

1½汤匙白葡萄酒醋

8汤匙无盐黄油，切成8片

1汤匙小葱碎

30～60克奥斯特拉鲟鱼鱼子酱

# 牡蛎珍珠

### 制作木薯混合物

把木薯小珍珠浸在1杯牛奶里1小时（放在温暖的地方让木薯小珍珠加速泡发）。

剥牡蛎时，用毛巾包住牡蛎以保护手。将牡蛎圆形的一面朝下（面对手掌），较宽的一端靠在桌子上以获得支撑，将牡蛎刀插入连接上下壳的闭壳肌中。别把刀插进牡蛎肉里了，因为那样可能会破坏牡蛎。扭动刀片，将牡蛎分开，您会听到"砰"的一声。将刀沿着牡蛎上半部分贝壳的右侧划动刀片，割断闭壳肌。这样能将上面的牡蛎撬开，然后就可以将牡蛎肉取下来。把刀滑到牡蛎肉的下面，割断固定牡蛎的第二块肌肉。把牡蛎连同汁液一起放在一个小碗里。对剩下的牡蛎重复以上操作。

把每只牡蛎的肌肉和外部裙边剪下来，然后把剪下来的部分放在深平底锅里。将修剪好的整只牡蛎保存好，把牡蛎汁滤入另一个碗里，应该能有½杯牡蛎汁。

在一个碗里，搅拌½杯奶油，直到它成形且不易流动，保存在冰箱里。

把软化的木薯珍珠放在筛子里滤干。用冷的流动水冲洗木薯粉，然后把它放在一个很重的小锅里。

把剩下的¾杯牛奶和¾杯奶油倒在修剪下来的牡蛎肉上。用文火煮，过滤，将修剪下来的牡蛎肉丢掉。

用中火煮木薯珍珠，用木勺不断搅拌，直到木薯珍珠变稠，当用木勺拉扯木薯珍珠时，勺子划过，就会留下一道痕迹，这个过程需要7～8分钟。继续煮5～7分钟，直到木薯珍珠中间没有硬芯，变得半透明为止。混合物会很黏，如果您舀一些在勺子上，然后再倒出来，应该仍然有一些会粘在勺子上。把锅从火上移开，放在温暖的地方。

### 制作萨芭雍

在金属碗里加入蛋黄和¼杯牡蛎备用汁，将碗放在一盘热水上。中火烹煮，用力搅拌2～3分钟，以尽可能多地混入空气。制作完成的萨芭雍会变厚、变轻，泡沫也会消退，当萨芭雍从搅拌器上流下来时，会形成带状。如果蛋黄牡蛎混合物开始开裂，

就把它从火上移开，快速搅拌一会儿让其重新混合，然后再放回火上继续加热。

把热的萨芭雍和大量的黑胡椒一起拌入木薯混合物中，再拌入法式酸奶油和高脂厚奶油。木薯混合物将呈现奶油淡黄色，木薯珍珠悬浮在混合物中。用盐稍微调味，记住牡蛎和鱼子酱都是咸的。立即用勺子将¼杯木薯混合物舀入8个10厘米×13厘米的烤盘中（容量为100克左右）。将烤盘轻轻地在操作台上敲一敲，让木薯混合物铺成均匀的一层。盖上盖子，冷藏，直到准备使用之时，或者最多冷藏1天。

### 制作完成

预热烤箱至175℃。

制作调味汁时，将味美思、剩下的牡蛎汁、小洋葱头和白葡萄酒醋混合在一个小的深平底锅里。用文火慢炖，直到大部分液体都已蒸发，小洋葱头已上色，但还没有变干。将黄油一块一块地拌进来，在上一块黄油几乎完全混合的时候再加入新的黄油。

## 烤骨髓佐欧芹沙拉

费格斯·亨德森
伦敦圣约翰餐厅
英国，1994年

第163页

## 巧克力焦糖挞

克劳迪娅·弗莱明
格拉梅西酒馆
美国，1994年

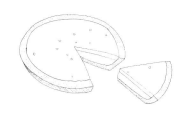

第164页

同时，把盛着木薯混合物的碗放在烤盘上，在烤箱里加热4～5分钟，或者直到它们开始膨胀。

把牡蛎和小葱碎放在调味汁里加热。

在每一份木薯混合物上用勺子舀2个牡蛎和一些调味汁，用鱼子酱球或者小椭圆形鱼子酱来装饰顶部。立即食用。

烤些骨髓，放在盘子里。准备吐司面包、欧芹沙拉，再加些盐，就可以吃了。

### 制作巧克力挞面团

8汤匙（1根）无盐黄油，室温

½杯加1汤匙糖粉

1个大蛋黄

¾茶匙纯香草精

1¼杯通用（普通）面粉，再准备一些揉面的时候用

¼杯无糖荷兰可可粉

### 制作焦糖馅

½杯水

2杯砂糖

¼杯淡玉米糖浆（金黄色）

8汤匙（1根）无盐黄油

½杯高脂厚奶油

2汤匙法式酸奶油

1撮粗盐

### 巧克力甘那许

½杯高脂厚奶油

99克特纯黑巧克力，切碎

# 巧克力焦糖挞

制作挞皮面团：在装有搅拌桨的电动搅拌器里，搅拌黄油和糖粉大约1分钟，直到混合。加入蛋黄和香草精，打至顺滑。

筛入面粉和可可粉，低速搅拌至完全混合。把面团刮到一张保鲜膜上，做成圆盘状，包好。冷藏至面团变硬，冷藏时间至少1小时，最多3天。

预热烤箱至160℃。用2张撒有少量面粉的烘焙纸，将馅饼面团卷成46厘米×30厘米的长方形，厚0.5厘米。用一把直径7厘米的圆形切割器，切出24个圆形面团，然后把它们压进直径5.7厘米的盘子里，去掉多余的面团。将这个挞壳放入冰箱冷藏20分钟。

在每个挞壳上铺上一层烘焙纸，然后放上生米或干扁豆。烤15分钟。取下烘焙纸和里面的东西，烤5～10分钟，直到馅饼壳看起来干燥凝固。把馅饼盘放到烤架上冷却（可以提前8小时制作挞壳）。

制作馅料：在大的深平底锅里加入½杯水。加入糖和玉米糖浆（黄金色），用中高火煮混合物，偶尔转动一下平底锅，直到形成深琥珀色的焦糖，这个过程大约10分钟。小心地拌入黄油、高脂厚奶油、法式酸奶油和一撮盐（混合物会起泡），搅拌至顺滑（焦糖可以提前5天做好，放在有盖的容器中，冷藏）。小心地将焦糖倒入玻璃量杯（壶）中。趁热把焦糖分在挞壳里（或者用小火加热焦糖直到它可以流动），静置至少45分钟，直到焦糖凝固。

制作巧克力甘那许：把巧克力放进一个耐热的碗里。在一个小的深平底锅里，把奶油煮开。将热奶油倒在巧克力上，静置2分钟，然后用橡胶抹刀搅拌至顺滑。趁热在每个挞上浇上巧克力甘纳许。食用前，让甘那许在室温下静置至少2小时。

# 松脆意式宽面

马西莫·博图拉
意大利摩德纳酒馆餐厅
意大利，1995年

第165页

**肉酱**

1个黄洋葱，切丁

1根胡萝卜，切丁

2根芹菜梗，切丁

3克特级初榨橄榄油

2片干月桂叶

1枝迷迭香

100克骨髓

50克坎达利娜腌肉，切碎

100克灌香肠用的碎猪肉

200克小牛牛尾

100克小牛牛舌

100克牛脸肉

100克意式烤小番茄

80克白葡萄酒

1.5克阉鸡鸡汤

5克海盐

1克黑胡椒

**意大利面面团**

100克菠菜

100克瑞士甜菜

500克意大利低筋小麦粉

8个蛋黄

1个鸡蛋

盐

**贝夏梅尔酱泡沫**

30克黄油

30克面粉

500克牛奶，放于室温下

120克帕尔玛干酪，磨碎

海盐

**番茄酱**

4个成熟的番茄

1克糖

1克海盐

0.5克现磨黑胡椒粉

3克特级初榨橄榄油

2克琼脂

**帕尔玛干酪饼干**

15克软黄油

90克储存30个月的帕尔玛干酪，磨碎

5克玉米淀粉

**肉酱**

在平底锅里加入橄榄油，小火烹煮洋葱、胡萝卜和芹菜，做一道经典的混炒蔬菜。然后倒入不锈钢碗中，加入月桂叶和迷迭香搅拌。将骨髓放入加盐的沸水中焯一下，用厨房纸吸干多余的水。在一个大的厚底平底锅里炒坎达利娜腌肉，加入灌香肠用的碎猪肉，煮至棕色。撇去多余的油，加入剩下的牛尾、牛舌、牛脸肉和意式烤小番茄，煮至棕色。加入白葡萄酒，煮至蒸发。停止加热，加入混炒蔬菜。把以上混合物和少量阉鸡汤一起放进真空袋里，密封，在63℃下煮24小时。

打开袋子，把汤汁和固体食材分开。把液体倒入平底锅里，用小火将其收至一半。用锋利的刀把肉切碎，放在一个大平底锅里，加入汤汁。

**意大利面**

把菠菜和甜菜放在沸水里焯水，捞出后立即放在冰水里冷却，将它们沥干、晾干，完全捣碎。把面粉筛到一块板上，中间挖一个洞，往洞里加入蛋黄、鸡蛋和菠菜甜菜碎，搅拌直到面团成团。揉15分钟，直到面团光滑而有弹性。盖上干净的抹布，静置30分钟。

将面团擀成1毫米的厚度，切成侧边长5厘米的三角形。将三角形面皮放入加盐的沸水（每升10克盐）里煮，沥干水分，晾干。把三角形意大利面叠起来，小心盖好，放在冰箱里30分钟。预热烤箱至220℃。烤15分钟，直到意大利面表面被完全烤脆。放在温暖的地方静置5分钟后上菜。

**贝夏梅尔酱泡沫**

把黄油在平底锅里融化，加入面粉和盐。烹煮，搅拌，直到形成光滑的糊状物，然后加入牛奶。充分搅拌，当糊状物开始变稠时，加入帕尔玛干酪并继续搅拌。再煮5分钟。趁热放入热混合器中以最大的速度搅拌，然后过滤，放入奶油泡沫枪中冷却。冷却后，在奶油泡沫枪中充氮2次并充分摇匀。

**番茄酱**

将番茄充分搅拌并过滤，加入糖、海盐、黑胡椒和橄榄油。把液体和琼脂放在一个小平底锅里，煮沸，搅拌，直到完全融化。将混合物倒入一个10

# 松脆意式宽面

# 海上的四支舞

刘昌

格兰奇餐厅

澳大利亚，1995年

第166页

厘米×15厘米的矩形托盘中，让其冷却。冷却后，将其切成1厘米×15厘米的长条。

## 帕尔玛干酪饼干

把黄油、帕尔玛干酪和玉米淀粉揉在一起。把面团擀成2毫米厚，切成5厘米的三角形，就像意大利面一样。在200℃下烘烤2分钟，如有必要，也可以少烤一会儿，直到其呈浅棕色为止。

## 上菜

用番茄酱在盘子里画一条直线，旁边倒上4勺肉酱，上面放上几勺贝夏梅尔酱泡沫。放2块帕尔玛干酪饼干或2块酥脆的意大利面。

**腌制的锯盖鱼**

2条中等大小锯盖鱼的鱼片或300克鱼片（非常新鲜或刺身）

1汤匙海盐

1汤匙糖

50毫升甜料酒

100毫升米醋

6片牛油果

6汤匙芥末蛋黄酱

腌裙带菜，腌带茎樱桃，雪维菜叶，用于装饰

**制作腌樱桃**

2千克樱桃

1升米醋

200毫升黑醋栗

700克糖

1根肉桂

**制作芥末蛋黄酱**

1个蛋黄

50克糖

50毫升米醋

100毫升温花生油

1茶匙绿芥末粉

2茶匙白萝卜汁

做腌樱桃时，把米醋、黑醋栗、糖和肉桂混合在一起。把樱桃洗净，浸入醋液混合物中。盖上盖子，放置至少4周。

清洗并修剪锯盖鱼鱼片，去除所有鱼骨和鱼刺，如果可能的话，去除鱼皮上的外层膜。将鱼片有皮的一面朝下，在两条鱼片上均匀地撒上盐和糖的混合物，腌制2小时。

用甜料酒、米醋将腌制好的锯盖鱼鱼片再腌1小时或更长时间。将鱼片沿着对角线切片，每人3片。

制作芥末蛋黄酱时，将蛋黄、糖和米醋搅拌均匀。慢慢倒入温热的花生油（50℃），搅拌至浓稠。把芥末粉和白萝卜汁混合成糊状，加入蛋黄酱中。

**摆盘**

将牛油果切成四等份，将两片切好的牛油果放在盘子的6点钟方向，加上½茶匙芥末蛋黄酱。在牛油果切片前面放上3片腌锯盖鱼，然后在鱼

的两侧左侧用裙带菜装饰，右侧用腌樱桃装饰。

## 蒜泥蛋黄酱章鱼

2千克章鱼触须

30毫升蒜泥蛋黄酱

200毫升橄榄油

40克黑橄榄，压碎

4瓣大蒜，压碎

¼片月桂叶

½个红辣椒

½个柠檬

6根欧芹茎

油封番茄

豆瓣菜

### 制作蒜泥蛋黄酱

6瓣大蒜

1个大红辣椒

4根芜荽根

1个蛋黄

100毫升橄榄油

5克海盐

½个柠檬的柠檬汁

剥下章鱼须的皮，保持吸盘完好无损，用擦盘巾擦干。

将200毫升橄榄油煮沸，加入压碎的橄榄，炒至冒烟。

轻轻地将触须较小的一端集中并放入壶中，迅速密封，并立即将温度降到最低。

加入大蒜、月桂叶、辣椒、柠檬和欧芹茎，盖上锅盖，文火煮35～40分钟，煮至像龙虾一样软。

制作蒜泥蛋黄酱：用研钵和杵，把大蒜、辣椒和芜荽根捣成光滑的糊状。

在一个搅拌碗里，放入蛋黄和大蒜混合物，用叉子搅拌，慢慢加入橄榄油，搅拌至蛋黄酱的稠度，然后加入盐和柠檬汁调味。

## 油封茄子

把一个大茄子去皮，切成火柴棍的两倍大小。在茄子上稍微撒上些盐，静置20分钟直到腌出汁液来。用擦碗巾把茄子擦干。

加热½杯橄榄油，加入1瓣碎蒜瓣，炒出香味。加入茄子，将火调小，

慢慢搅拌茄子2分钟。如果茄子太干的话再加一点油。然后停止加热，静置20分钟。最后挤一点柠檬汁，用胡椒调味。

### 摆盘

舀1茶匙油封茄子，放在盘子的12点钟位置。用勺子在茄子上面舀一点蒜泥蛋黄酱。从吸盘间隔处将章鱼切开，放在盘子上，在茄子的三个侧面都放上章鱼片，形成小山堆状。

用2片意式烤小番茄和1片豆瓣菜装饰。

### 墨鱼刺身配墨汁面

120克墨鱼刺身

180克墨鱼汁意大利细宽面

150毫升或6汤匙亚洲风味调味料（制作方法见下文）

三文鱼子

### 制作墨汁面

380克普通（通用）面粉

2个全蛋

80毫升鲜墨鱼汁

## 海上的四支舞

20毫升淡橄榄油

8克盐

**亚洲风味调味料**

1茶匙芝麻油

½茶匙辣椒油（可选）

1汤匙蚝油

1汤匙意大利香醋

2汤匙葵瓜子油

3汤匙特级初榨橄榄油

2汤匙酱油

1汤匙甜料酒

现磨胡椒粉

　　彻底清洗墨鱼，用湿布擦去沾在墨鱼上的墨汁，然后冷却30分钟。

　　纵向将墨鱼剪成细条，直到其几乎像一条薄丝带。重复这个过程，直到整个墨鱼都被剪断。将墨鱼丝裹成头巾形的圆盘状，将其放在盘子上，盖上盖子，冷却。

　　制作面条。在面粉中间打一个洞，打入鸡蛋。加入墨鱼汁、橄榄油和盐。

　　用叉子将湿配料混合。还是用叉子把鸡蛋混合物和面粉混合。然后用

手掌根揉面团，揉成长50厘米的圆柱体，包上保鲜膜，静置40分钟。

　　下一步，把圆柱体面团对折，再揉成圆柱状。重复这个过程5～6次，直到面团变得紧实，当用拇指按压时会反弹为止。

　　用面条机将面团压成1.5毫米厚的薄片，用面条机上的细宽面切割器来切薄片。在加了盐的快速沸腾的水中煮面条。

**摆盘**

　　把温热的墨汁面和亚洲风味调味料混合，腌几分钟。用一把小叉子，把面卷起来，放在盘子的9点钟位置。在面条上放上头巾形的圆盘状墨鱼，再在其上舀1茶匙三文鱼子。

**香虾寿司**

6只斯宾塞海湾大虾，去壳、去肠

一撮盐

糖

酸橙皮碎

60毫升花生油

40毫升椰奶油

50毫升罗望子汁

40克淡棕榈糖

**制作香料混合物**

20克新鲜高良姜，磨碎

10克新鲜姜黄，磨碎

6个完整的石栗，磨碎

1整个红辣椒，捣成糊状

6～10个小洋葱头，切碎

3颗丁香，切碎

15克鲜姜，磨碎

15克发酵虾酱，在铝箔中稍微烘烤

　　纵向将虾对半切开，撒上盐、糖和磨碎的酸橙皮。把所有的香料原料放进搅拌机，搅拌成光滑的糊状物。

　　在炒锅里，加热花生油，加入香料混合物和椰奶油，在较小或中等大小的火上翻炒混合物，持续缓慢搅拌，直到锅内一半的油开始与固体香料分离开来。

　　加入罗望子汁和棕榈糖，煮至浓稠，将调味汁用过滤器（筛子）滤入另一个平底锅中。将调味汁煮沸。加入大虾，煮几分钟，直到大虾刚刚煮熟。

第167页

### 香蕉叶、椰子糯米饭寿司

200克糯米，预泡1小时

20毫升花生油

10克海盐

80毫升椰子奶油

一大片新鲜香蕉叶

黄瓜丝

芫荽叶

将糯米与20毫升油和盐一起蒸15～20分钟。往煮熟的米饭里拌入椰子奶油，直到米饭变得湿润。

用热熨斗或煎锅烤香蕉叶。把香蕉叶坚硬的茎和叶边缘剪掉。将煮熟的米饭放在香蕉叶上，卷成直径约3～4厘米的圆柱形寿司。然后用箔纸包好寿司，每面高温炭烤3～4分钟，整个过程在15分钟左右。打开包装后，寿司的边缘应略呈棕色，并带有非常好闻的烤香蕉叶的香味。把寿司切成4厘米长的圆柱形，去掉香蕉叶。不要把寿司放在冰箱里，应放在室温下。

### 摆盘

把新鲜的香蕉叶切成4厘米见方的正方形。在盘子的3点钟位置放1片蕉叶。

把椰子糯米饭寿司放在香蕉叶上，再在上面放一份虾寿司。

用黄瓜丝和芫荽叶装饰。

### 欧芹意面面团

500克卷曲的欧芹叶

2升水

500克冰块

650克意大利低筋小麦粉

30克盐

140克全蛋

85克蛋黄

25毫升橄榄油

一小撮胡椒粉

### 扇贝慕斯

6个带壳大扇贝（有200克扇贝肉，保留扇贝"裙边"用于制作香槟泡沫）

一撮辣椒粉

1个大鸡蛋

200毫升高脂厚奶油

少许柠檬汁

### 螃蟹

1只大的活公蟹，约1.5千克

1份扇贝慕斯（制作方法见下文）

10片罗勒叶，切成薄片

# 蟹肉千层面配贝类卡布奇诺和香槟泡沫

## 贝类卡布奇诺

50毫升葡萄籽油

螃蟹壳，背部的壳

100克无盐黄油

2个小洋葱头，切片

½根胡萝卜，切片

½根芹菜茎，切片

½根韭菜，切片

芫荽籽、茴香籽和八角各1茶匙

½个大蒜

1汤匙番茄酱（糊状）

100毫升马德拉白葡萄酒

2片柠檬

½束罗勒

500毫升脱脂牛奶

足量的水

## 香槟泡沫

慕斯扇贝裙边

200毫升白葡萄酒

200毫升香槟

3个小洋葱头，切成薄片

1茶匙芫荽籽

1个八角

1茶匙白胡椒

1个柠檬的柠檬皮和柠檬汁

500毫升高脂厚奶油

一撮辣椒粉

一撮盐

## 欧芹意面面团

用榨汁机将欧芹叶与2升水充分混合，水要分批加入，然后用粗筛过滤得到绿色的汁。将其倒入一个大的深平底锅中，用中火加热，慢慢煮沸。当接近沸腾点时，叶绿素将凝结。立即停止加热，把叶绿素倒进盛有500克冰块的大碗里。在细筛里衬上粗棉布，用细筛过滤，倒掉液体，将叶绿素保留下来。将粗棉布的边角卷起来，成球状，挤出多余的水，得到深绿色的糊状物。您需要100克叶绿素来做面团。

把意大利低筋小麦粉、盐和一小撮胡椒粉放入食品加工机。将100克叶绿素与鸡蛋、蛋黄和橄榄油轻轻搅拌混合，然后将其放入食品加工机中搅拌，并逐渐加入面粉。您需要做的是像面包屑一样的混合物，所以可能不需要用完所有的鸡蛋。如果混合物会结块的话，说明太湿了。如果发生这种情况，在面团里再加一点面粉，来调整合适的稠度。

将面团放到工作台上，用力按压，然后简单揉搓，让面团光滑、结实。裹上保鲜膜，或用真空包装袋包装，冷藏一晚。

## 扇贝慕斯

确保扇贝干燥。如果你刚把它们从壳里取出来清洗了，就把它们放在冰箱里两块厨房布的中间，1小时后再制作。将扇贝放入一个冷冻过的食品加工机碗中，加入适量的盐和辣椒粉，搅拌30秒。将碗两边的调料刮下来，再搅拌30秒。再刮一次搅拌30秒，然后加入鸡蛋，最后搅拌30秒。用塑料抹刀把碗里的扇贝酱倒出来，用细的鼓状筛过滤。把过滤的扇贝酱，包括粘在网筛底部的扇贝酱，倒进一个碗里。在碗上盖一张保鲜膜，放冰箱里1小时。用木勺把扇贝酱舀出来，用橡胶抹刀将碗的侧面刮干净，再拍一拍。再加上少量奶油搅打，将碗内壁上的混合物刮下来。这个步骤在制作慕斯的初级阶段尤其重要，因为可以防止密集的蛋白质块持续存在。用力搅打，不时刮一下碗，继续加奶油，开始时一次加一点，然后采用倒的方式，直到用完大约80%的奶油。这是一个物理过程，必须用力搅拌，以确保奶油和扇贝完全均匀地混合在一起。

把一小锅水烧开，先将茶匙蘸沸水，然后用这把茶匙舀出少量的慕斯，放入水里，关火，让它在水里加热2～3分钟。把慕斯拿出来，对半切开，尝一块。注意它的质地和调味。如果慕斯摸上去很硬，而且仍然有弹性，您需要加入剩下的奶油。这种情况在现阶段极有可能发生。如果调味不够，就做相应的调整。搅拌加入几乎所有剩余的奶油，重复以上测试。慕斯现在应该感觉更柔软了，而且应该只有轻微的弹性。只要慕斯仍然有明显的结构，没有散开，就搅拌加入剩余的奶油。做最后的测试，品尝慕斯，进行调味，加入一点柠檬汁。把慕斯盛进一个小碗里，盖上盖子，冷却。

## 螃蟹

把一大锅盐水烧开。用一把重而锋利的刀刺穿螃蟹两只眼睛中间的头部位置，然后将其放入沸水中煮10分钟。从水中将螃蟹取出，待其冷却。砸开蟹钳、蟹腿和蟹壳，取出蟹肉，把壳留来做卡布奇诺。仔细挑选蟹肉，确保里面没有蟹壳的碎片。您需要250克蟹肉。冷藏半小时，然后小心地将其与扇贝慕斯混合。加入罗勒，把混合物放在糕点裱花袋（装有大的普通裱花嘴）里，存放在冰箱里。

## 贝类卡布奇诺

加热一个大的、浅的厚底砂锅。往锅里依次加入葡萄籽油、蟹壳，用大火炒2～3分钟。加入一半黄油，然后加入所有蔬菜、香料和大蒜，继续煮5分钟。加入适量盐调味，拌入番茄酱（糊状物），然后放入预热至200℃的烤箱中烤制5分钟。放回炉灶上，加入马德拉白葡萄酒，用文火煨至其几乎完全蒸发。加入足够的水，刚好能盖住食物，煮沸后用文火煮20分钟。停止加热，加入柠檬和罗勒，

盖上盖子静置半小时。用细筛子过滤，开火炖煮，直到浓缩至200毫升。这样的浓缩会让贝类的味道更加强烈。

## 香槟泡沫

加热一个中等大小的厚底平底锅，往锅内加入保留下来的扇贝裙，扇贝裙能煮出大量的汁液。让汁液完全蒸发，然后加入白葡萄酒、一半香槟、小洋葱头、香料、柠檬汁、柠檬皮和一撮盐。煮至糖浆状，几乎完全蒸发。浇上奶油，煮沸，然后文火慢炖15分钟，不要浓缩得太多。用细筛子过滤，用木勺按压小洋葱头，挤出所有的汁液，然后放在一个新的平底锅里继续加热。用文火炖，直到浓缩了1/3，稠度足以覆盖勺子的背面。加入剩下的香槟和辣椒粉，然后停止加热。如有必要，进行调味。

## 做千层面

将意面面团擀开。切成三条30厘米长的条状（做这道菜用不完所有的面团，您可以把剩下的面团包好，保存在冰箱里）。在一大锅沸腾的盐水中

# 蟹肉千层面配贝类卡布奇诺和香槟泡沫

## 挪威龙虾五吃

皮埃尔·加涅尔

皮埃尔加涅尔餐厅

法国，1996年

第168页

将条状意面煮1分钟，沥干，过一下冷的流动水。把意面皮放在厨房毛巾上，用一个4厘米的普通圆形切片器切出32个圆盘。

裁出8张烘焙纸，边长5厘米，在每张纸上放一个涂过黄油的不锈钢环状模具，模具直径4厘米、深4厘米。在每个模具的底部放一盘意大利面。用管子把每个环状模具的1/3装满螃蟹混合物，在上面放另一盘意大利面，重复两次此操作，最后放上一盘意大利面。如果需要的话，您可以在冰箱里保存最多1天。

## 上菜

将香槟泡沫放入一个500毫升的泡沫枪中，装上2个套筒，放入一个装有温水的平底锅中。

把贝类卡布奇诺煮沸。加入剩余的50克黄油和牛奶，加热至接近沸点（约80℃）。用手动搅拌器小心地搅拌，来检查稠度。此时应该形成的是奶油状的泡沫，可以保持几分钟。如果温度太低，就充不进空气；如果混合物已经煮沸，空气就会跑掉。在这种情况下，调整温度，重新混合。

把意大利千层面仍然放在方形烘焙纸上，放入蒸笼，盖上盖子，蒸10分钟。然后从蒸笼里取出，把千层面仍然放在环形模具里，再放到八个预热过的碗里，轻轻地把环状模具提起来。在每块千层面上用勺子舀上大量再次混合后的贝类卡布奇诺。最后喷上香槟泡沫，使之刚好能够盖住意大利面的顶部。

### 清酒煮海螯虾、烧牛油果

2个中型活海螯虾

50毫升优质清酒

30克黄油

½个牛油果

柠檬汁

### 制作蔬菜清汤

1升水

100克胡萝卜

100克韭葱

100克芹菜

100克洋葱

柠檬皮

欧芹茎

黑胡椒

将2个中等大小的活海螯虾放入蔬菜清汤中烫20秒，放在冰水中冷却。剥掉外壳并清洁。

将清酒煮沸，关火，将虾放入清酒中烫煮。煮熟后，将虾取出，浓缩汤汁。搅拌加入一些冷黄油，给龙虾尾上色。

用喷枪把牛油果烧成黑色。将牛油果切成片，刷上柠檬汁。

**海螯虾、棕榈心**

1个大型活海螯虾

5克陈皮粉

5克马萨拉咖喱粉

10克摩洛哥混合香料

7克红辣椒粉

25克面包屑

1根新鲜的棕榈心

柠檬汁

黄油

盐

在蔬菜清汤（见上文）中将一个大的海螯虾烫20秒左右，放在冰水中冷却。剥掉外壳，清洗。

将陈皮粉、马萨拉咖喱粉、摩洛哥混合香料、红辣椒粉和面包屑混合在一起，过筛1次。把新鲜的棕榈心切成细细的长条。

用黄油煎海螯虾，当虾呈现出漂亮的红色时，将其取出备用。让黄油在平底锅里稍微冷却，加入混合调料，然后重新加热，再次将汁液煮沸。稍微淋上些柠檬汁，以中和黄油的油腻。把棕榈心长条卷曲着放入黄油中，加盐。

**蔬菜清汤、白萝卜**

500克海螯虾壳（头和钳）

50克洋葱

50克韭葱

10克大蒜

50克芹菜

百里香

月桂叶

100克番茄

15克番茄酱

60毫升白葡萄酒

明胶

白萝卜

橄榄油

把海螯虾的头和钳子切成小块放在一个大托盘上，倒上少量橄榄油，放在烤箱里烤至金黄色。

把洋葱、韭葱、大蒜和芹菜切成薄片，与橄榄油和百里香、月桂叶一起放入一个大锅里煮。煮熟后，加入番茄碎，煮至液体全部蒸发。加入一点番茄酱并迅速煮熟。加入变了色的海螯虾壳，用白葡萄酒溶解锅底精华。加满冷水，使之刚好盖住虾壳，用文

火炖4小时左右。

煮熟后，用筛子过滤并浓缩汤汁，至形成漂亮又美味的深色蔬菜清汤。加入明胶（每200毫升汤加1片明胶），放在冰上冷却。定形后，用叉子将蔬菜清汤冻掰成粗块。放在碗里加工，在上面加上些白萝卜碎。

**龙虾鞑靼配葡萄柚凝胶、酸橙、新鲜玉米粒**

2只生海螯虾

橄榄油

西班牙艾斯普莱特辣椒

酸橙皮

1个玉米棒

盐

**制作凝胶**

能榨出200毫升葡萄柚汁的葡萄柚

30毫升水

30克糖

2克琼脂

制作凝胶时，按压葡萄柚。把水、糖和葡萄柚汁混合在一起。煮沸后加

## 挪威龙虾五吃

入琼脂。再次煮沸，将液体倒进碗里，在冰上冷却。当液体凝固后，盛进搅拌器中搅拌，直到光滑。

将生的海螯虾切成大块，用橄榄油、盐和西班牙艾斯普莱特辣椒调味。涂上葡萄柚凝胶和磨碎的酸橙皮。

将整根玉米棒用大量水焯一下。煮熟后，去掉玉米芯，只用玉米粒。用盐调味，然后放在海螯虾鞑靼上。

### 用海螯虾粉、胡萝卜/金针菇和欧芹调味的茅屋奶酪
40克优质茅屋奶酪

1根带叶胡萝卜

1包金针菇

10克欧芹叶

柠檬汁

盐

橄榄油

### 制作海螯虾粉
200克海螯虾壳（头和钳）

50毫升水

50克糖

制作时，把海螯虾的头和钳子切成小块，用厨房毛巾擦干。把水和糖煮沸，得到糖浆。将海螯虾头加入糖浆中，用中火烹煮搅拌至变干。把上好糖釉的虾头放在衬有烘焙纸的托盘上，晾干。这可能需要几天的时间。

虾头一晾干，就放进搅拌机里混合，过滤一遍。

用橄榄油、盐和海螯虾粉对茅屋奶酪进行调味。用曼陀林切片器把胡萝卜切成条状。修剪金针菇的茎，洗净，用欧芹、盐和柠檬汁调味。

## 阿尔佩吉鸡蛋

阿兰·帕萨德

阿尔佩吉餐厅

法国，1996年

第169页

¼杯高脂厚奶油

¾茶匙糖

½茶匙雪利酒醋

4个鸡蛋

4茶匙枫糖浆

盐

1大汤匙香葱碎

胡椒粉

将蛋杯架放置在烤炉中下部，将烤箱温度调至205℃。

把奶油搅打至起泡。加入糖和雪利酒醋。将打发的奶油装到一个配有小口的（直径约1.3厘米）裱花袋中。在冰箱里冷藏几个小时。

把鸡蛋的顶部切掉。你要削去外壳较窄一端的六分之一。如果你刀工精湛或刀刃足够锋利，就大胆去切吧！否则，你需要在网上买一个质量好的鸡蛋打孔器。轻轻地把蛋液倒进一个小碗里，再轻柔地用你的手指把蛋壳里剩下的蛋清和黏稠的东西都去掉。将蛋黄和蛋壳分开（将蛋清留作他用，如制作蛋清酥皮）。

把蛋壳放在耐热的蛋杯里。向每

## 网膜蛋

戴维·斯卡宾
孔巴尔餐厅
意大利，1997年

第170页

## 伊斯法罕马卡龙

皮埃尔·艾尔梅
拉杜雷餐厅
法国，1997年

第171页

---

个蛋壳里放入1茶匙枫糖浆和少许盐。将蛋杯放入一个浅的烘焙盘中，在烘焙盘内倒入2.5厘米深的开水，然后放在烤炉的上部烤架上。烤5～7分钟。目的是加热蛋黄，让它们成形，从而变得更滑爽，不要把它们煮熟或完全煮烂。

把鸡蛋从盘里拿出来，然后填满打发的奶油。成品蛋应该充满着奶油，从蛋壳的顶端冒出来就像山上的雪帽。用一两撮香葱碎和一撮新鲜的黑胡椒粉撒在"雪帽"上。马上上菜。

60克奥塞特拉鱼子酱

4个干葱，切碎

4个蛋黄

调味用胡椒粉

调味用伏特加

在菜品表面上放置一个正方形的双层保鲜膜，允许一些空气进入。

在每一块保鲜膜上放入15克鱼子酱，1份干葱末、1个蛋黄，胡椒粉再加一点伏特加。拿起保鲜膜的四个边角，把它们粘在一起，合起来成一捆，挤出多余的空气，然后再把每个网膜蛋包起来，裹上两层不同的薄膜。

密封网膜蛋需要使用3毫米粗的尼龙纱，然后把多余的尼龙纱线切断。为了效果，配以冻干的伏特加和解剖刀。用解剖刀切开薄膜并立即挤压，把里面的食物放进嘴里，好好享受。

**覆盆子啫喱**

4克明胶片

420克覆盆子

35克细砂糖（精制）

**有色糖**

100克砂糖

几滴胭脂红食用色素或食用红宝石闪粉

**马卡龙壳**

300克糖霜

300克杏仁粉

110克老化蛋清（请参阅下一页），再加第二份110克老化蛋清

约4克草莓食用色素

75克矿泉水

300克细砂糖（精制）

食用红宝石闪粉

**荔枝和玫瑰甘纳许**

400克荔枝（糖浆中保存）

410克法芙娜白巧克力或白巧克力

60克的液态鲜奶油（35％脂肪）

3克玫瑰精华

# 伊斯法罕马卡龙

首先准备覆盆子啫喱，将明胶片在冷水中浸泡15分钟泡软。

使用手持搅拌机，将覆盆子和糖混合成果泥，过滤果泥以去籽。将¼的果泥加热到45℃。将明胶沥干，加入果泥中。搅拌并加入剩余的覆盆子泥。

将其倒入铺有保鲜膜（塑料包装）的烤盘中，深度为4毫米。在室温下冷却1小时，然后将盘子放入冰箱2小时。把啫喱翻过来，切成1.5厘米见方的块。然后把啫喱块放进冰箱。

将烤箱预热到60℃，戴上一次性手套。将糖与几滴食用色素混合，用手掌混合。把有色糖摊在烤盘上。将托盘放入烤箱中，使糖干燥30分钟。

制作外壳：将糖霜和磨碎的杏仁粉混合过滤。将食用色素搅拌到第一份老化蛋清中，然后将它们倒在糖霜和杏仁粉的混合物上，但不要搅拌。

将水和细砂糖在118℃下煮沸。当糖浆达到115℃时，同时开始搅拌第二份老化蛋清至蛋白起小尖角。当糖到达118℃时，把它倒进蛋清中。搅拌并让蛋白霜冷却至50℃，然后将其

拌入杏仁粉和糖霜的混合物中。用勺子将面糊盛入裱花袋中。

将裱花袋中的面糊挤成直径约3～5厘米的圆形面糊，间隔大约2厘米，放在铺有烘焙纸的烘焙盘上，在铺有厨房用布的工作台面上轻敲烤盘。每隔一排撒上一小撮有色糖或红宝石闪粉。让外壳静置至少30分钟，直到它们表面形成一层软壳。

将带热风功能的烤箱预热至180℃，然后将托盘放入烤箱中。烘烤12分钟，在烹饪过程中快速打开和关闭两次烤箱门。将马卡龙壳从烤箱中取出，将外壳放到工作台上。

制作荔枝和玫瑰甘纳许：将荔枝沥干。搅拌，然后过滤得到细泥。称量240克荔枝泥。

将巧克力切碎，放入碗中，将碗放入一锅刚烧开的水上，将巧克力融化。

把奶油和荔枝泥煮开。将其倒在融化的巧克力上，每次倒⅓。加上玫瑰香精然后搅拌。

将甘纳许倒入一个烤盘中，然后将保鲜膜压在甘纳许的表面上。放在冰箱里备用，使甘纳许增稠。

用勺子把甘纳许舀进糕点裱花袋里。用裱花袋把甘纳许挤满外壳的一半。从边缘往中心轻压马卡龙壳，视情况添加甘纳许，使剩余的外壳装满。

将马卡龙存放在冰箱24小时，然后在需要的时候拿出来。

## 老化蛋清

对于马卡龙面糊，我只使用我所描述的老化蛋清。为什么要老化？如果你把蛋清放在冰箱里几天，一周为宜，它们就会老化。在这段时间里，蛋清失去了弹性而分解，它们将更容易搅拌到软峰，没有"颗粒化"的风险。不用担心细菌，因为细菌会在高温的烤箱里被灭杀。

制作老化蛋清：称出每个食谱中的老化蛋清，把蛋清和蛋黄分开，将称好的蛋清放入两个碗中。

用保鲜膜盖住碗。用锋利的刀尖把保鲜膜刺几个孔。最好提前几天准备好蛋清，1周为宜，以使其失去弹性。把碗放置在冰箱内。

## 意大利白烩饭配咖啡粉和潘泰莱里亚刺山柑

马西米利亚诺·阿拉杰莫

卡兰德尔餐厅

意大利，1997年

第172页

320克卡纳罗利大米

10克特级初榨橄榄油

50克干白葡萄酒

一小撮盐

8颗咖啡豆

1.2升鸡汤

60克黄油

100克帕尔玛干酪碎

4克磨碎的咖啡豆

50克潘泰莱里亚刺山柑，浸泡，沥干，切碎

1杯芮丝崔朵浓缩咖啡，减半

在锅里用特级初榨橄榄油炒一下大米，然后加入葡萄酒，熬煮挥发。

加入盐和咖啡豆，接着加入炖好的鸡汤，一次1勺。趁米饭还有嚼劲，调整一下咸度。去除咖啡豆，用力搅拌黄油和帕尔马干酪。然后用少许肉汤乳化。

在菜盘上铺上一层研磨浓缩咖啡，把意大利烩饭舀到盘子上。把饭摊开，然后撒上切碎的刺山柑。用浓缩咖啡在盘子的边缘撒一圈。

## 烟雾泡沫

费朗·亚德里亚

斗牛犬餐厅

西班牙，1997年

第173页

500克烟熏水

2片（2克）明胶片，预先在冷水中泡发

盐

1片（100克）面包

特级初榨橄榄油

### 烟熏水

2000克木柴

500克绿叶

500克水

为制作烟熏水，在金属容器里用木柴生火，点燃时，加入绿叶。

在一个小的不锈钢平底锅中加入水，再把平底锅放到火上。用密封盖密封。把火扑灭时，烟雾会释放出来，使水受烟熏。如果水未吸收到烟熏味，重复上述方法。

为了使烟雾产生泡沫，将¼的烟熏水加热并溶解明胶。将其从火上移开，加入剩余的熏制水，并用盐调味。沥干，用漏斗向½升iSi奶油泡沫枪中注入一氧化二氮，并在冰箱中静置至少3小时。

去掉面包皮，将面包片切成20个小方块，每个0.5厘米。把切好的面包丁放在烤盘上，然后放入烤箱中烤制。

用烟雾泡沫填满10个子弹杯，在每一份泡沫上加两块面包，然后淋上特级初榨橄榄油。

# 胡萝卜芹菜根意大利饺

马克·韦拉特

埃里丹酒店

法国，1998年

第174页

这道菜没有食谱，但你可以在家里制作这些圆形的意大利饺，但一定不要做或用意大利面。它们是用胡萝卜、芹菜根、洋蓟和芜菁等蔬菜制成的。绝对不能有任何肉、酱汁、黄油、鸡蛋、油或奶油。只使用时令蔬菜。

# 塔拉鲷鱼

加布里埃拉·卡马拉

康塔玛餐厅

墨西哥，1998年

第175页

**红辣椒酱**

4个干的卡斯卡贝尔辣椒或1个巴西辣椒，去籽

1个安祖辣椒，去籽

1个干的瓜希洛辣椒，去籽

1个巴西拉辣椒，去籽

2个干阿尔伯辣椒

4个梅子番茄

¼个中等大小的白洋葱

5瓣大蒜，去皮

2个完整的丁香

½杯植物油

2汤匙鲜橙汁

1汤匙新鲜酸橙汁

1茶匙胭脂果籽

¼茶匙孜然粉

¼茶匙墨西哥或意大利牛至

犹太（粗）盐和胡椒

**欧芹酱**

4瓣大蒜

2杯（包）带嫩茎的欧芹叶

½杯植物油

一撮孜然粉

食（粗）盐

**烩鱼**

植物油（用于烧烤）

4片去皮、去骨的红鲷鱼片

粗盐、现磨胡椒

热玉米饼，烤莎莎酱

罗亚和牛油果番茄欧芹酱以及柠檬角

**红辣椒酱**

将卡斯卡贝尔、安祖、瓜希洛和巴西拉辣椒放入中号炖锅中，加水淹没覆盖，文火慢炖。盖上盖子，从火上移开，静置30分钟使其软化。将辣椒沥干。

将软化的辣椒、阿尔伯辣椒、番茄、洋葱、大蒜、丁香、植物油、橙汁、酸橙汁、胭脂果籽、孜然粉、牛至放入搅拌机中搅拌均匀。用盐和胡椒调味。酱汁可以提前一天制作。盖上盖子冷藏。

**欧芹酱**

将大蒜、欧芹、植物油和孜然粉装在干净的搅拌机中打成泥状搅拌至光滑，加盐调味。酱汁可以提前1天做。盖上盖子冷藏。

# 法国什锦砂锅

卡罗琳·菲丹扎

DINER餐厅

美国，1998年

第176页

---

### 烩鱼

把烤炉加热至五分熟。在炉网上刷上油。将每片鱼的鱼皮一侧用纸巾擦干（让鱼免于粘在炉网上）。使用锋利的刀，在每片鱼的肉面斜切约0.6厘米深，2.5厘米长的刀口。用盐和胡椒调味。在2片鱼上涂上½杯红辣椒酱，确保覆盖盖鱼的表面，并涂进刀口内。剩下2片鱼片用欧芹酱重复上述过程。

烤鱼，鱼皮朝下，直到鱼皮烤焦，7～10分钟鱼几乎就烤熟了。

用宽抹刀小心地转动，烤到鱼肉表皮有烧焦的痕迹，将鱼从炉排上松开静置，烤大约2分钟。把鱼放进盘子，肉面朝上。与玉米饼、烤莎莎酱、牛油果番茄酱和青柠片一起食用。

### 油封鸭

1只整鸭

1束百里香

12瓣大蒜，捣碎

2汤匙黑胡椒碎

8片新鲜的月桂叶

盐

### 煮豆

900克法国白扁豆或意大利白豆，浸泡放置一夜

1束鼠尾草，用厨房麻绳系好

12瓣大蒜，捣碎

盐

### 炖猪肉

450～900克去骨猪前腿肉，用盐和胡椒调味，放置一夜

450克培根，切成肉片

1个大的西班牙洋葱，切成小丁

3根胡萝卜，切成小丁

4根芹菜，切成小丁

2汤匙番茄酱

白葡萄酒

4片蒜味香肠

1束百里香、欧芹和月桂叶

盐

### 面包屑

1个长棍面包

一点橄榄油

6瓣大蒜

½束欧芹，择好，洗净，晾干

### 完成

高汤

橄榄油

### 油封鸭

把鸭子的胸脯和腿去掉，用盐调味，将一半的百里香、大蒜、胡椒和月桂叶放入容器中，冷藏放置一夜。

把鸭肉的皮和脂肪去掉。将油脂放入一个大锅中，加入足够的水，盖住锅盖，用文火慢炖，直到油脂溢出，将皮过滤并丢弃。

同时，把鸭子放入烤箱烤至焦黄，然后取出，去除剩余的脂肪。当鸭子变成棕色后，在锅里放入鸭油，再将鸭肉放入锅中，用冷水，以文火焖煮

## 法国什锦砂锅

炖成高汤。

所有食材都要提前一夜预备。

第二天，把鸭腿和鸭胸放入锅中或是烤盘中。在鸭子里加入剩余的百里香、大蒜、胡椒和月桂。除去隔夜后备料上面形成的所有油脂，把这些油脂和提炼出来的鸭油一起刷在鸭子上（不要担心，如果没有足够的鸭油封住肉，鸭子身上的皮和脂肪会在烹饪的时候流出来，但如果油真的太少，可以加入一些橄榄油）。

用盖子或箔片盖住鸭子，放入150℃的低温炉中烤制。烤至鸭子足够嫩，用针刺穿时没有阻力。用刀从烤箱中把鸭子取出，让油脂冷却。

### 煮豆

将浸泡过的豆子放入锅中，用冷水覆盖。把豆子煮沸，然后转小火慢炖，撇去表面的浮沫。加入鼠尾草，将大蒜放入锅中煮至变软。加盐调味，关火。

### 炖猪肉

将猪前腿肉沥干，切成立方体状。

在一个大型厚底陶器、搪瓷器或铸铁锅中放3汤匙鸭油，把猪肉放入其中炸至褐色，然后从锅中将猪肉取出放在一边。

去除大部分多余的脂肪，把培根加到锅里。先把培根煎成棕色，然后加入洋葱、胡萝卜、芹菜和一些（泥），不停搅拌。把这些蔬菜炒熟直至柔软，然后拌入番茄酱。加一点白葡萄酒，将食物煮松软，让番茄酱均匀地裹在蔬菜上。把猪肉放回锅里。用足够的高汤来盖住猪肉，没过⅔的锅。盖上锅盖，把猪肉炖烂。

### 法国什锦砂锅

在平底锅中把鸭胸和鸭腿煎制成棕色。冷却后，将鸭胸切成三份，把鸭腿肉从骨头上取下一大块。此时，在锅里把香肠煎制成黄色。待香肠冷却，将其切成2.5厘米的小块。

猪肉煮好后，把猪肉和蔬菜从锅里倒出留存。用金属过滤器把一半的豆子从煮好的汤中捞出并放入刚刚放进猪肉的锅中。把猪肉和蔬菜放在豆子上面，然后把剩下的猪肉放在豆子上面。再把鸭子放在豆子上面。添加鸭肉块覆盖，放入香草，把带盖罐子放进烤箱内，以160℃加热1小时。

### 准备面包屑

同时，把法棍面包撕成大块，拌上橄榄油，将面包片在175℃的烤箱中烤至酥脆金黄。让其冷却。将大蒜放入料理机中搅碎成小块。将烤面包放入料理机里，和大蒜在一起打碎，但不要打成粉末。加入欧芹，但不要搅得太细。

### 完成法国什锦砂锅

加热后，将锅从烤箱中拿出。如果它看起来很干，就再加一点鸭肉。把香肠切成薄片，放在豆子的顶部。把锅放回打开的烤箱，直到法国什锦砂锅开始冒泡。

将锅从烤箱拿出来，把最上面的一层豆子和香肠加入煮豆里。如果它看起来仍然很干，往锅里加点高汤，然后在法国什锦砂锅上面撒上面包屑。在面包屑上淋一些鸭油或橄榄油，把锅放回烤箱里烤30分钟。

## 沙丁鱼罐头配薄脆饼干、第戎芥末和酸黄瓜

加布里埃尔·汉密尔顿
梅子餐厅
美国，1999年

第177页

1罐油浸沙丁鱼罐头（只要红宝石牌，
　无骨无皮，产自摩洛哥）
1份第戎芥末
小把角蝉
小把三叶形饼干
1根欧芹枝条

打开罐头后，倒扣，这样更容易把沙丁鱼从油里拿出来，而不会把它们弄破。

把沙丁鱼尽量按照在罐头里的形状摆在盘子里。不要交叉或曲折或以其他方式使其"餐厅化"。

选择欧芹的整个茎，而不仅是叶子。咀嚼它的茎可以清新口气。

## 魔鬼蛋

加布里埃尔·汉密尔顿
梅子餐厅
美国，1999年

第178页

8个鸡蛋，从冰箱里拿出来还是冰的
3汤匙第戎芥末酱
1杯赫尔曼蛋黄酱
意大利平叶欧芹

把一大锅水烧开。用图钉把蛋的尖端刺穿，以防止爆炸。将蛋放入有稳定器的滤斗中，轻轻放入沸水中。这样它们就不会因为自由下落到锅底而破裂（煮沸数分钟，包括加入冷鸡蛋后水重新沸腾所需的时间）。

将滤斗快速取出蛋，找一个蛋沿着裂缝打开。

如果鸡蛋彻底煮熟，将鸡蛋沥干。把壳都弄碎，然后停止烹饪，迅速地把它们放进冰冷的水里，让冰水渗透到破裂的壳中，这有助于冷却和剥皮。

剥鸡蛋。把它们整齐地对半切开并从容器中取出煮熟的蛋黄。将煮熟的蛋白放入一个装有大量冷鲜水的容器中浸泡，以去除遗留在内壁里煮熟的蛋黄。

在料理机中将蛋黄、芥末和蛋黄酱搅拌。通过丰富的蛋黄和蛋黄酱，确保能让人感觉到第戎芥末的强烈口感。

把料理机里所有的鸡蛋混合物都刮到装有闭合星形嘴的裱花袋中，但不要剪断闭合的尖端。

将煮熟的蛋白从冷水中拿出来，然后把空腔处放在几张叠起来的纸巾上。

沥干后，把鸡蛋翻过来。露出空腔，用裱花袋把混合物注入进去，注入的混合物，使其形状更像一朵菊花。将魔鬼蛋放在盘子里，最后加上切得很细的欧芹。

## 烤凤尾鱼

维克多·阿尔古尼兹

埃茨巴里烤肉店

西班牙，1999年

第179页

## 黄尾鱼刺身配青辣椒

松久信幸

松久餐厅

美国，2000年前后

第180页

## 白牛奶黑松露

米歇尔·三胖

三胖之家餐厅

法国，21世纪初

第181页

---

8条新鲜的凤尾鱼

20毫升橄榄油

盖朗德盐

1小块辣椒

20毫升查科丽白葡萄酒

芝麻菜叶

用一把剪刀清洁凤尾鱼：去除尾巴、头和内脏。把凤尾鱼分成两半，用镊子取出鱼骨。用流水清洗并用抹布擦干。

将两片打开的凤尾鱼鱼片肉面朝里，这样它们就形成了一个整体。通过尾部连接打开的鱼片，重复直到你制作好四个双凤尾鱼。

用橄榄油喷洒凤尾鱼，使它们不会变干。将它们放置在烧烤篮中，摆放在离余烬15厘米处。小火烤制加热，每侧1～2分钟，视凤尾鱼的厚度情况而定。从热源处拿出凤尾鱼。

装盘，加一小撮盐调味，加入几滴用辣椒和查科丽白葡萄酒制作的酱汁。

将芝麻菜淋上橄榄油。

将黄尾鱼切成薄片，蘸上大蒜，然后浇上墨西哥辣椒和柚子酱油。下回没有辣椒酱的时候，也许你会想出一些新颖而令人兴奋的搭配。

**凝乳**

将1升牛奶倒入一个大碗中，在隔水蒸锅中加热至32℃。关火，加入20克凝乳酶并搅拌。把牛奶倒在盘子里至1厘米厚。静置15分钟，使其凝固，然后冷藏。

放置一天，然后用另一个盘子将凝乳放在吸水纸上。保持冷却。

**松露酱**

在研钵里将60克松露泥捣碎，用盐、少许几滴柠檬汁、初榨橄榄油和1勺新鲜奶油调味。让混合物保持热度。

**收尾工作**

将牛奶凝乳切成6块12厘米×12厘米的方块。

在一个热碟中加1勺松露酱。盖上一块方形的凝乳，倒几滴橄榄油在中间。上菜时，用锋利的刀片切一下白牛奶黑松露。用勺子食用。

366

# 油封脆皮猪五花、煎扇贝、香菇、海蜇、芝麻

彼得·吉尔摩

码头餐厅

澳大利亚，2001年

第182页

300毫升葡萄籽油，另加50毫升用来煎制

1小块肉桂

2个八角

1.5千克去骨去皮五花肉

100克鲜香菇

100克鲜金针菇

海盐

100克风干盐渍海蜇条

150克细面

10毫升优质日本酱油

10毫升纯芝麻油

10毫升黑米醋

10毫升甜料酒

20毫升冷榨葡萄籽油

1小篮小芫荽

30克亚洲葱白丝（大葱）

20克烤芝麻

16只大型海扇贝

将300毫升葡萄籽油加热至70℃。把肉桂和八角弄碎，放入葡萄籽油中，并浸泡30分钟。滤油，去除肉桂和八角，让油冷却。放入五花肉，将油注入一个大的冷冻食品袋中，密封。五花肉以90℃油封8小时放置一夜。从蒸笼中拿出，小心从袋中取出五花肉，去除汁水。

把五花肉放在两块硅纸铺垫的大托盘上。放在冰箱里。用一堆盘子或其他重物压住托盘，但要确保压力均匀。静置至少8小时。下一步，将五花肉切成16条2.5厘米宽、8.5厘米长的长条。冷藏至使用时。

准备沙拉时，先把香菇切成2毫米的薄片，另外金针菇去除菌盖，保留菌柄备用。在煎锅中加入50毫升葡萄籽油，炒香菇，直到颜色变浅。加入金针菇盖再炒几秒钟，然后用吸水纸巾把香菇擦干。用少量海盐将香菇调味，放在一边冷却。

将腌海蜇条过3～4遍冷水，以去除盐分并将海蜇泡发。在沸水中把面条煮1～2分钟，沥干水分，放在一边。把酱油、芝麻油、米醋、甜料酒、冷榨葡萄籽油混在一起放入碗中，充分搅拌。

做沙拉的所有配料包括葱丝，芫荽（香葱）和芝麻，放在一旁备用，上菜最后时刻用其点缀。

你需要两个大的耐热的不粘锅来制作五花肉。将烤箱预热到200℃，然后将不粘锅置于中火上，加一层葡萄籽油。把五花肉皮朝下放在锅里。加热30秒，然后把盛着五花肉的锅放进烤箱里烤5分钟。将平底锅从烤箱中拿出，把五花肉翻过来。外皮应该很脆，内部很烫。如果外皮不脆，把外皮一侧再烤几分钟。维持温度，加少许海盐给五花肉调味。

在两个单独的不粘锅中涂上葡萄籽油，加热不粘锅至滚烫，烤海扇贝大约30秒，直到变色。把扇贝翻过来煎几秒钟后，立即从锅里拿出。把所有的沙拉配料混合在一起然后加以点缀。将两条长条五花肉放在盘子中心，在中间留出一点间隙，以便小心地放置沙拉。每道菜配2个烤扇贝，立即上菜。

## 家庭熏苏格兰龙虾配酸橙和香草黄油

安德鲁·费尔利

安德鲁费尔利餐厅

英国，2001年

第183页

1只（1千克）活龙虾

两大把威士忌木桶屑

海盐和胡椒，根据个人口味添加

**制作黄油酱**

1汤匙高脂厚奶油

1升酸橙汁

½升柠檬汁

250克无盐黄油，切碎

雪维菜、平叶欧芹、龙蒿和细香葱各20克

将一大锅水烧开，加入大量海盐调味。将活龙虾放入水中，盖上盖子，煮至微沸。将龙虾煮7分钟，从水中取出，放入冰水中。

把龙虾平放在砧板上，纵向直下把龙虾切至中间，小心龙虾尾不要和身体分离。去除尾部肉，留存。去除头部的所有肉，扔掉。

折断龙虾爪和指节，取出所有的肉，小心不要弄破爪肉。

将烟熏炉中的烟熏锅加热，加一把干木屑。直到它们点燃。稍微润湿剩下的木屑，放在燃烧的余烬上。当

烟熏室里充满烟雾时，将两个空龙虾壳切面朝上放入烟熏炉。微微熏2小时，取出壳，冷藏。

在一个小锅里，加热奶油，加入酸橙汁和柠檬汁，加热到略低于沸点。逐块迅速加入冷的黄油（直到前一块融化了再加入下一块黄油）。用盐和少许胡椒调味，检查酸度，如果需要，添加更多酸橙汁。保持热度。

用勺子舀一点酸橙黄油到空龙虾壳里。整齐地将龙虾尾肉切片放回壳中。将指关节肉放入头部。利索地给爪子肉切片放在指关节上。在肉上浇上1勺热酸橙黄油酱。冷藏直到需要的时候。

把香草碎加到剩余的黄油酱中。将龙虾重新加热，放入铸铁砂锅中，再加点水。用铝箔包紧，然后直接放在电炉上，直到铝箔展开。让蒸汽进来，直到铝箔热透。

食用时，将黄油酱与香草碎重新加热。给热龙虾涂上一层温热的香草黄油酱。

## DB汉堡

丹尼尔·布卢德

现代DB小酒馆

美国，2001年

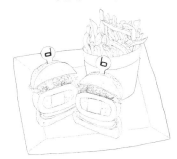

第184页

**制作红烧牛排**

2杯红酒

½杯红宝石波特酒

1汤匙橄榄油

2根5厘米厚的带骨短肋牛排

盐

黑胡椒碎

面粉，用于吸油

½个中等大小的洋葱，切成小丁

1根胡萝卜，切成小丁

½根芹菜，切成小丁

2根大葱，去皮，对半切开

½根韭葱，仅白色和浅绿色部分，切块并冲洗

½头大蒜，对半切开

百里香2枝

¾汤匙番茄酱

¾升牛肉高汤

**调味蔬菜配菜**

2汤匙胡萝卜，切碎，炒出水分

2汤匙洋葱，切碎，炒出水分

2汤匙芹菜，切碎，炒出水分

**制作排骨卷和汉堡**

调味蔬菜（见上）

2汤匙新鲜黑松露

340克A级鹅肝

1360克碎汉堡肉（牛肉末）

**配料**

帕尔马干酪面包

第戎辣芥末酱

刚磨碎的辣根

苦苣（或芝麻菜），用柠檬醋汁调味

番茄酱

红洋葱，切片

梅子番茄片

盐和现磨胡椒粉

黑佩里戈德松露（可选）

炸土豆条

蛋黄酱

**制作红烧牛排**

把酒都倒进一个大的平底锅，置于中火上。当酒变热，小心地把它点燃，让火焰熄灭，然后加大火力，使酒沸腾。当酒液减少至一半时，将其从火上移开。

将烤架放入烤箱中，并将烤箱温度预热至175℃。

在荷兰灶上或一口煎锅中，用中高温将油加热。在牛排上撒上盐和胡椒碎。在一半牛排上撒上大约1汤匙面粉。等油热了，把牛排放进锅里。每面煎4～5分钟，让牛排发生美拉德反应。以同样的方式，把煎上色的牛排放入盘中，在剩下的牛排上撒上面粉，然后煎上色。从锅里舀一大勺油，当火达到中火时调低火力，放入蔬菜和香草。将蔬菜煎至微焦，大约5～7分钟，然后拌入番茄酱。煮1分钟并搅拌均匀。

把浓缩的葡萄酒、焦黄的肋排以及高汤倒进锅里。煮开，盖紧锅盖，将其放入烤箱里炖2.5小时，或者直到牛排变嫩，很容易被叉子刺穿。每30分钟打开盖子，撇去浮油，只要是在表面上冒泡的油脂都撇去（你要提前一天准备。将锅里的牛排和高汤冷藏至第二天，撇去脂肪。继续制作之前重新加热）。

小心地把肉放在加热的边缘凸起的菜盘上，保持热度。把锅里的汤汁煮到变稠并浓缩至大约1升。用盐和胡椒调味，并将汤汁过细筛，除去汤汁中的颗粒（牛排和酱汁可以提前几天做好，放在冰箱里。需要出菜的时候再用小火加热，放置在炉子上部或175℃的烤箱中）。

**使短肋卷成形**

轻轻撕碎红烧牛排，并放进碗里。加入煮熟的块根蔬菜丁，配上一些黑松露碎和一些来自牛排的浓缩汤汁。

把热乎乎的肋排混合物铺在一个厚的扁平的长方形烤盘上。将鹅肝切成厚片，在热煎锅（煎炸锅）里煎两面。然后冷却，切成长条。将鹅肝摆成一条水平线，趁还热的时候沿着短牛排的中心，用牛排将鹅肝卷起来，形成圆木状。使用保鲜膜，紧紧地包裹肉卷至大约5.7厘米厚并冷却直至变硬。

## DB汉堡

## 冻干绿茶和酸橙慕斯

赫斯顿·布鲁门塔尔

肥鸭餐厅

英国，2001年

第185页

### 制作汉堡肉

把170克的碎汉堡肉（牛肉末）摊成一大块平整的圆形，比肉卷宽约1.3厘米。切一片57克的肉卷牛排并放置在碎肉圆盘的中间，使肉末完全被包住。将手中的肉卷塑成均匀形状的肉饼。重复做8个肉饼。

### 烹饪和服务

用盐和胡椒给肉饼调味，把它的四周都烤焦，直到完全变成褐色，然后放进热烤箱中烤制到所需的程度。

然后把帕尔马干酪面包分开烤。两面都淋上新鲜的芥末酱、辣根末和调味的苦苣。一面涂上番茄酱、红洋葱片，另一面配上新鲜的梅子番茄片和熟汉堡肉。用黑佩里戈德松露盖住汉堡。把另一半面包放在汉堡肉上面并用签子固定，配上炸薯条。

### 果胶基底

1千克冷水

175克粗制细砂糖

16克高甲氧基糖果果胶

将大锅里的水烧开。同时，将糖和果胶混合在一个罐子中，然后将混合物搅拌，放入开水中。继续在高温下搅拌1分钟。将混合物放在冰上或快速冷却装置中冷却，然后放在一边。如果冷藏的话，基底可以保存几个星期。

### 绿茶和酸橙慕斯

95克巴氏杀菌酸橙汁*

1克绿茶茶粉

1克苹果酸

25克伏特加

55克蛋清

325克备用果胶基底

95克细砂糖

为了对新鲜的酸橙汁进行巴氏消毒，将其与占酸橙汁10%分量的细砂糖混合，抽真空在真空食品袋中。置于70℃的水中10分钟，然后迅速放入冰水之中。

将绿茶粉和苹果酸在一个碗里混合，然后在伏特加中搅拌形成糊状。加入蛋清、酸橙汁和果胶基底，并使用手持搅拌器充分混合。

将该混合物过细筛，然后倒入搅打奶油气罐中。给气罐充上足够的气体，使泡沫变硬且有光泽，像剃须泡沫一样。将填满的气罐冷藏至少1小时，这样慕斯才会凝固并在摆盘时保持其形状。

# 鹅肝肉汁薯条

马丁·皮卡德
猪蹄餐厅
加拿大，2001年

第186页

**摆盘**

绿茶茶粉，用于撒粉

2升液态氮

备用慕斯罐

青柠香

将绿茶粉放入一个小细棉布（粗棉布）袋中拴紧。

将液氮倒入杜瓦瓶中。挤出少量的柠檬慕斯，在勺子上形成蛋形泡沫球。用勺子敲击杜瓦瓶，将泡沫倒入氮气中。

将勺子放入液氮气中10秒钟，然后滚动泡沫球，将另一边放入液氮中10秒钟。泡沫的外面应该是脆的。但中心是柔软半液体状的。

在泡沫球上面撒上绿茶粉，并立即与青柠香味的雾气一起食用。

4片新鲜鹅肝，每片100克，2.5厘米厚

4个白瓤土豆（切成薯条）

油，用于煎炸（⅔牛油和⅓花生油）

400克奶酪凝乳

**制作鹅肝酱**

600毫升热PDC鹅肝肉汁酱

6个蛋黄

200克新鲜鹅肝酱

50毫升乳脂含量为35%的奶油

在平底锅中，把PDC肉汁酱煮沸。把蛋黄、鹅肝酱和奶油在搅拌机中高速搅拌。慢慢在以上混合物中加入500毫升热的肉汁酱。

将酱汁倒入锅中，慢慢加热。不断搅拌，直到酱汁达到80℃。把酱汁从火上拿下。再搅拌30秒。注意保温。

制作鹅肝时，将烤箱预热至230℃。

在热锅里煎鹅肝。将鹅肝片煎至金黄色。把鹅肝片放到烤盘里。在烤箱里烤4～5分钟完成烹饪。

把薯条（片）放在油里炸到酥脆。把它们放在盘子中间的奶酪凝乳块的顶部。将1片烤鹅肝放在薯条上，用鹅肝酱覆盖。用少量常规的肉汁装饰薯条，立即上桌。

## 烤茄子配白脱牛奶酱

约坦·奥托伦吉和萨米·塔米米

奥托伦吉餐厅

英国，2002年

第187页

## 卡尔文·克莱恩的永恒之水

乔迪·罗卡

埃尔·采莱尔餐厅

西班牙，2002年

第188页

把茄子对半切开。然后刷上橄榄油烘烤。奶油酸奶酱为它带来一个美丽的结尾。最后别忘了加点石榴籽和一些香草。

### 香草奶油

制作650克

500克奶油

1根香草荚

100克蛋黄

50克糖

42克玉米淀粉

把奶油和香草荚一起煮。然后加入蛋黄、糖和玉米淀粉。一边煮混合物，一边搅拌直到它凝固，表面光滑。冷却保存。

### 橙花水啫喱

制作195克

1克琼脂

200克橙花水

将琼脂与⅓的橙花水烧开。添加剩余的水，然后将其涂抹在托盘上，厚度为1.5厘米。当形成固体时，将啫喱切成1.5厘米见方的块。

### 罗勒酱

制作190克

100克水

50克糖

50克新鲜罗勒

3克琼脂

将50克水与50克糖一起煮沸。保留。

分别将剩下来的50克水煮沸，然后将罗勒叶焯水20秒。迅速将罗勒浸入冰水中冷却。当热水冷却下来，将糖浆和罗勒叶放入搅拌机搅拌并过滤。将一部分混合物与琼脂混合、煮沸，加入剩余的混合物，让其凝固，最后，通过手动搅拌器打破结构，制成酱汁。保留。

### 枫糖浆啫喱

制作190克

150克枫糖浆

50克水

1½张明胶片

用水溶解枫糖浆，并加热至40℃。添加明胶片，预先水化。当它们溶解时，将全部混合物倒入厚度为1.5厘米的托盘中，放在冰箱里凝固。凝固后，将啫喱切成边长1.5厘米的立方块。

### 橘泥

制作650克

500克橘汁

100克葡萄糖

100克转化糖浆

3个橘子，取皮屑备用

4张明胶片

煮一些橘汁来溶解葡萄糖和转化糖浆。然后，加入橘子皮，盖上盖子焖煮5分钟。加入明胶片，预先水化，过滤，倒入剩下的橘汁。保存在-20℃的冰箱中。

### 佛手柑冰激凌

制作950克

600克牛奶

300克奶油

90克转化糖浆

90克葡萄糖

60克糖

36克奶粉，脂肪含量1%

6克冰激凌稳定剂

4个佛手柑，取外皮皮屑

120克佛手柑汁

加热牛奶、奶油和转化糖浆至40℃。

分别将葡萄糖、糖、奶粉和冰激凌稳定剂混合，加入前面的混合物中。煮沸至85℃。过滤混合物，加入磨碎的佛手柑皮并快速冷却。放在冰箱里静置12个小时。

下一步，再次过滤混合物并放入冰激凌机中搅拌。当它达到-1℃时，倒入佛手柑汁。在-20℃下保存。

### 装饰和装盘

8个橘瓣，去皮，包括橘络

在盘子上放三点香草奶油、五点罗勒酱、三块橙花啫喱、三块枫糖啫喱块和一块橘子片。把橘泥放在上面，用佛手柑冰激凌装饰。

## 炸北京豚鼠

加斯顿·阿库里奥
阿斯特里德和加斯顿餐厅
秘鲁，2003年

第189页

用一块豚鼠肉配以一份紫玉米粉圆饼，佐以辣椒酱和腌萝卜。

## 虾面

威利·杜弗雷斯
WD-50餐厅
美国，2003年

第190页

虾（对虾）面
虾油
水
15克黄油
烟熏酸奶
虾片
海苔粉

在一个小煎锅中，用少量的虾油、水和黄油中火加热面条。酌情搅拌和翻动。

把酸奶涂在盘子上面。顶部配以一大勺热虾面和虾片。在盘子上撒上海苔粉。

### 虾（对虾）油

200克葡萄籽油
60克洋葱丁
60克胡萝卜丁
60克芹菜丁
10克番茄酱
2枝龙蒿
60克白葡萄酒或干型清酒
400克虾壳，切碎

在一个大平底锅中，中火加热约一大汤匙的葡萄籽油。加入洋葱、胡萝卜和芹菜。炒出水分直到变软。加入番茄酱、龙蒿和葡萄酒熬煮，搅拌，直到食材变得更软，煮大约10分钟。加入虾壳和剩余的油。

### 虾（对虾）面

250克去皮、去肠的虾（对虾）
0.5克益生菌
3克粗盐
0.15克卡宴辣椒粉
虾油
烹饪喷剂

在食品调理机中，将虾（对虾）、益生菌、盐和卡宴辣椒粉打成泥。用滤布过滤。将混合物放入糕点裱花袋中。

将水的温度设置为58℃。

将混合物放置到面条机中，并将所有虾（对虾）泥挤入水中。煮2分钟。

用剪刀把虾面剪成一段段意大利式细面条，然后把它们放进冰中。让其冷却。

把虾面沥干，然后分开。用虾

第191页

（对虾）油调味，放在稍涂有烹饪喷剂的烘焙纸上。

将混合物加热至约90℃，并盖上锅盖。将其移开火源并在室温下静置3小时，然后冷藏放置一夜。

第三天，重新加热并通过粗棉布（细棉布）过滤混合物，在锥形过滤器中收集虾油。

### 烟熏酸奶

225克原味希腊酸奶

3克甜红辣椒粉

粗盐

把酸奶涂在半个平底锅上并放置在烟熏机里。把酸奶熏3分钟。

在一个中等大小的碗里，混合酸奶、辣椒粉和盐。让味道浸入1小时。保留。

### 虾片

调和油，用于油炸

4片生虾片

番茄粉

粗盐

在一个深锅中，加热厚度为7.6厘米的油至190℃。

用研钵和杵将几片虾片捣碎成不规则且较小的形状。油炸虾片，直到它们膨胀，大约1分钟。将虾片放在纸巾上，撒上番茄粉，撒上点盐。

### 海苔粉

2张寿司海苔

用脱水机把海苔片烘干，持续3小时，或者将其放置在只有指示灯亮起的烤箱中放置一夜。将海苔打碎成细粉。

### 鸭肉火腿

1片月桂叶

15克黑胡椒

15克芫荽籽

50克粗盐

5克小枝百里香

5片兰开夏郡带脂肪的鸭胸肉

把月桂叶剪成8片。研磨胡椒粒和芫荽籽，与粗盐、百里香和月桂叶混合。在烤盘的底部铺上一层这种混合物，然后把鸭胸肉放在上面。用剩余的混合物将鸭胸肉完全覆盖，然后冷藏24小时。

用刷子把盐渍从鸭胸上刷下来，用粗棉布把鸭胸肉包起来并用细绳系牢，在地窖或其他阴凉处悬挂至少20天。将鸭子从棉布中取出，冷藏，随用随取。

### 欧芹黄油

550克无盐黄油

85克大蒜，切碎

10克柠檬汁

50克第戎芥末

## 蜗牛粥

40克杏仁粉

15克食盐

240克卷叶欧芹

澄清黄油

40克牛肝菌，切成1厘米的小丁

60克干葱，切成小块（2毫米见方）

80克备用鸭腿，切成细丁

在平底锅中融化50克无盐黄油，加入大蒜，炒至淡金色，散发出香味。

将柠檬汁加入锅中，然后将混合物与芥末、杏仁粉、盐和剩余的500克无盐黄油一起放到帕可婕烧杯中。

把欧芹切碎，将黄油混合物撒在上面，放入帕可婕烧杯中。把烧杯移开并冷冻混合物直到其完全变成固体。重复此过程，直到所有剩余的欧芹味道消失。最终凝固后，此时混合物将具有冰激凌的稠度，将黄油置于室温中直到达到需要的温度。

在平底锅中加热一些澄清黄油，加入牛肝菌，炒至焦糖化。滤出备用。

把锅擦干净，然后加热一些澄清黄油。添加干葱，用小火煮30～40分钟，直到干葱非常柔软呈半透明。

把焦糖化牛肝菌、煮熟的干葱和鸭肉丁放入备用的欧芹黄油中。冷藏或冷冻到需要的时候。

### 鸡汤

3千克鸡肉（2只大小适中的鸡）

250克胡萝卜，去皮，切成细丝

250克洋葱，切细

100克芹菜，切成细丝

75克韭葱，只取白色和淡绿色部分，切成细丝

10克大蒜，压碎

3瓣丁香

10克黑胡椒

50克百里香小枝

20克欧芹叶和欧芹茎

3克月桂叶

把鸡放在大平底锅里，用冷水覆盖。煮开。然后倒掉水。把鸡冲洗干净，在冷自来水下冲走浮沫。

把鸡放进高压锅。加入适量的冷水。文火煮，撇去表面上的浮沫。把蔬菜、蒜瓣和新鲜的碾碎的胡椒粒放入锅中。盖上盖子，用最大压力煮30分钟。

把锅从火上移开，让其释压，然后取下盖子加百里香、欧芹和月桂叶，静置30分钟。把鸡汤用细筛过滤。放入冰箱，随用随取。

### 炖蜗牛

100克旋螺蜗牛（壳重）

2瓣丁香

120克洋葱，对半切开

40克胡萝卜，对半切开

90克韭葱，对半切开

两片芹菜

30克蒜头，切半

2片月桂叶

50克迷迭香小枝

50克百里香小枝

120克水

250克干白葡萄酒

50克欧芹叶和茎

用几种不同的方法冲洗蜗牛，去除所有砂砾。预热烤箱温度为120℃。

把丁香压入每半个洋葱中，然后放在耐热的砂锅中，除了蜗牛和欧芹，放入所有其他配料，在炉子上慢炖。

## 鹅肝味噌汤

伊纳基·艾兹皮塔特
家庭餐厅
法国，2004年

第192页

---

加入蜗牛，用椭圆形盖子盖住，放入烤箱3～4小时。从烤箱中取出砂锅，加入欧芹，放在一边冷却。

将蜗牛从液体中拿出并剪掉它们的肠子和膜靥。冷藏起来，随用随取。

**核桃油醋汁**

75克核桃醋

145克葡萄籽油

5克第戎芥末

把所有的原料混合起来搅拌均匀，保存起来，随用随取。

**制作蜗牛粥**

10克茴香，刨成薄片

备好的核桃油醋汁

食盐

黑胡椒

盐之花

30克无盐黄油

12份备好的炖蜗牛

备好的鸡汤30克

10克燕麦片，过滤，以除去杂质

30克备好的欧芹黄油，室温

20克贾布戈火腿，切成细丝

把茴香和油醋汁放在一起，用食盐、现磨的黑胡椒、盐之花调味，备用。

将20克黄油加热至起泡，然后把蜗牛炒熟，用食盐和现磨的胡椒粉调味。把剩下的黄油加到蜗牛里，然后从火上移开。注意保温。

把鸡汤放在小锅里加热。加入燕麦片。一旦燕麦片吸收了汤汁，加入欧芹黄油。用食盐和现磨胡椒粉调味。调整鸡汤燕麦粥的黏稠度直到它像湿大米布丁（重要的是不要把燕麦煮得太熟，否则它们会变得黏稠并缺少口感）。

用两个热盘子把粥分成两份。用火腿丝覆盖。将热蜗牛置于粥上，加上茴香点缀，上菜。

白味噌（优质）

10粒黑胡椒

750毫升鸡汤

20个非常小的奶油巴黎蘑菇

160克鹅肝，切成中等大小的方块

2根小韭葱，仅葱白，切成细丝

精盐

在鸡汤里放入3勺味噌和黑胡椒，煮10分钟。过滤汤汁。

把蘑菇放入肉汤中，煮1分钟。

把肉汤蘑菇分放在4个碗里。在鹅肝块上撒上精盐，把它们放在碗里。用葱白丝点缀。

# 马背上的恶魔

爱普罗・布鲁姆菲尔德

"斑点猪"美食酒吧

美国，2004年

第193页

---

**制作梨**

450毫升干白葡萄酒，如白苏维翁

225毫升白葡萄酒醋

200克细砂糖

1汤匙新鲜姜片

10颗黑胡椒

4个完整的多香果

大约4个干辣椒或一小撮红辣椒片

1个大肉桂棒

3个大的完全成熟的威廉姆斯梨

**制作梅干**

1个英式早餐茶包，最好是PG Tips牌

3汤匙阿马尼亚克酒或白兰地

10个大的去核的西梅

10片薄片（熏肉薄片）培根

马尔顿或另一种片状海盐

2～3个干辣椒或红辣椒（干辣椒）片

**制作梨**

将前八种食材放在一个刚好能让梨子以紧贴的方式浸没在液体里的平底锅中混合。一次一个，把梨子削皮并纵向对半切开。用小勺挖出每半个梨的硬核，然后把底部硬的部分修剪掉。当你准备好每一个后，把它加到液体中。

把液体煮沸。中高火，然后把火关小加热，让它慢慢沸腾（不要着急，否则梨会分解）。煮到梨变软，但不是很软，呈现柔软或糊状，煮15～20分钟，这取决于梨的硬度。

关火，让梨在液体中冷却，然后密封在液体中，放入冰箱冷藏，储存时间长达2周。

**制作梅干**

将225毫升水放入一个小锅中煮沸，加入茶包，浸泡5分钟，关火。把茶包倒掉，让茶完全冷却。

将茶、阿马尼亚克酒和梅子放在一个小碗里。梅子应该完全浸没在液体里。用保鲜膜盖住碗，然后把它放进冰箱。如有必要，让梅子浸泡一夜或更长时间，直到它们变得饱满、柔软。

梅子准备好后，从液体中取出。储备2汤匙的汤汁。

把一半香梨斜切成10块，大小为可放入梅子中，让梅子将其完全包裹，让长度为两三厘米的梨块在梅子的后面露出来。在每个梅子里塞上梨块。你可能得先把手指放进梅子里。

把一片培根放在菜板上，在一端放一个梅子，然后卷起来，这样梅子就被包裹在培根里了。如果你觉得培根太多，切掉一点。重复使用剩下的梅子和培根。用保鲜膜覆盖，保存一夜。

将烤架放置在烤箱中间并预热烤架。如果你没有烤架，把烤箱加热到最高温度。

将梅子的接缝朝下，放进一个浅烤盘里，在它们之间留出一些空间。在锅中加入3汤匙的梨汁，再放入保留的梅汁，然后往辣椒里加入大量的盐和辣椒片。浇汁，然后在烤架下或烤箱中烹饪梅子，每隔几分钟就用汤汁涂抹。直到培根变得金黄焦脆，烤大约15分钟。将梅子放入盘子或托盘中，然后淋上一些汤汁，往上撒盐调味。稍微冷却后再食用。

## 烟熏鸡

刘健威和邝炳坤
留家厨房
中国，2004年

第194页

## 松露巧克力

让-查尔斯·罗丘
让-查尔斯·罗丘巧克力店
法国，2004年

第195页

## 黄土鸡

徐葓
香港鸳鸯饭店
中国，2004年

第196页

---

1只全鸡，约900克

**卤水**
1200毫升冰糖
1200毫升水
600毫升生抽
500克甘蔗
4片月桂叶、3个八角、1个草果和1根
　肉桂棒，装在一个小布袋里

**烟熏鸡**
40克干玫瑰花苞
150毫升黄片糖，切碎成小块
300克甘蔗，切成8厘米长片，垂直切
　成四块

　　把所有的卤水食材放在一起煮沸，
当所有糖融化后便调小火。把鸡放入
卤水中炖20分钟（卤水把鸡全部淹没）。

　　鸡肉烤好后，把两层铝箔放入锅
中，然后把干燥的玫瑰花苞、黄片糖和
甘蔗放在锅里。在锅中放一个架子。

　　当糖块开始冒烟时，把鸡肉放在
架子上，盖上盖子，高温熏制5分钟。
熏制完成后，让鸡肉在室温下静置5
分钟，然后将鸡肉切开即可食用。

该配方尚未公开。取黑巧克力、
新鲜奶油和黄油（最好来自诺曼底）
制作甘那许。在甘纳许上均匀地撒上
可可粉，然后切成正方形块。

1只鲜鸡
1汤匙鸡肉腌料
1汤匙荔枝酒（可选）
1½汤匙岩盐

**鸡肉腌泡汁/蘸酱**
（制作250毫升）
150毫升特级初榨橄榄油
100克沙姜，或½茶匙干野姜粉
1片新鲜的咖喱叶
1汤匙海盐

　　用以下方法准备鸡肉腌料，把所
有的配料混合在一起让味道混合（至
少隔夜，最多可存储一个月）。

　　用一大汤匙腌料和荔枝酒给鸡的
内部调味。用岩盐摩擦鸡皮。

　　把鸡挂在一个封闭的木炭炉烤1
小时，或者在预热温度160℃的（热风
循环功能）烤箱烤制，静置45分钟。

　　食用时，剥去薄皮，用剪刀把鸡
皮剪成块。剪开翅膀和腿。用手撕碎
胸脯肉，以保留肉里的肉汁。

# 猪肉包子

张大卫
福桃面吧
美国，2004年

第197页

1个蒸包（见下）

大约1汤匙海鲜酱

3～4片速腌黄瓜（见下页）

3片厚五花肉（见下页）

1小汤匙小葱末

是拉差辣椒酱

1汤匙粗盐

½茶匙泡打粉

½茶匙小苏打

⅓杯常温下的猪油或植物起酥油，酌
    情添加，用于蒸包成形

把蒸包放在炉子上的蒸笼里加
热。它摸起来应该是热的，这对于刚
做好的包子来说几乎不费时，对于冷
冻的包子来说需要2～3分钟。

从蒸笼里拿起蒸包，切开。用油
酥面团刷子或勺子的背面厚涂海鲜
酱。把速腌黄瓜塞进小包子的折痕一边，
把五花肉片塞进另一边。撒上葱末，
对折，和大量的是拉差辣椒酱搭配在
一起。

## 蒸包

做50个蒸包

1汤匙加1茶匙活性快速干酵母

½杯水，室温

4¼杯强力面粉

6汤匙糖

3汤匙脱脂奶粉

用面团钩将酵母和水在立式搅拌
机的碗里混合。加入面粉、糖、奶粉、
盐、泡打粉、小苏打、油脂，以尽可
能低的速度混合，搅拌8～10分钟。
面团应该揉得平滑，面团钩上形成不
黏的面球。做好后，拿一个刷上少许
油的中型碗，把面团放进碗里，用一
条干的厨房毛巾盖住。把它放在封闭
的烤箱里或其他温暖的地方，让它发
酵，直到面团的体积加倍，大约1小
时15分钟。

把面团压平，然后翻过来，放到
干净的工作台面上。使用刮刀或小
刀，将面团分成两半，然后将每一半
分成5个相等的小面团，总共50个。
它们应该是一个乒乓球的大小，重约
25克。滚动每个小面团，用保鲜膜包
裹住这些小面团，并让它们醒发30
分钟。

同时，切出50个边长10厘米的方
形烘焙纸。在筷子上涂一层油。

用手掌压扁一个小面团，然后用
擀面杖把它擀开，擀成一个10厘米长
的椭圆形。把一根涂了油的筷子横在
椭圆面团上，并将椭圆面团折叠到形
成小圆蒸包的形状。撤回筷子，留下
折叠的蒸包，把小蒸包放在一张方形
的烘焙纸上，然后制作剩下的小圆蒸
包。让蒸包稍微醒30～45分钟。

在炉子上放一个蒸笼。分批放进
蒸包，避免挤在一起，把包子放在蒸
笼里蒸10分钟。把烘焙纸拿掉。你可
以立即食用或待其完全冷却，然后密
封在塑料冷冻袋中，最多可以冷冻几
个月。用炉子上的蒸笼里重新加热冷
冻包子2～3分钟，直到膨胀、变软，
一直保持温热。

## 五花肉（用于拉面、猪肉包子和其他
食物）

能制作足够6～8碗的猪肉

1.35千克去皮五花肉

35克粗海盐

50克糖

## 海胆龙虾啫喱配花椰菜、鱼子酱和海苔华夫饼

理查德·埃克布斯
香港琥珀餐厅
中国，2005年

第198页

把五花肉放进烤盘或其他宽松的耐热容器。把盐和糖混合在一起在一个小碗里，把混合物涂在肉上。除去任何多余的盐和糖的混合物。用保鲜膜（塑料膜）盖住容器，放入在冰箱里至少6小时，但是不超过24小时。

将烤箱预热至230℃。

去除积聚在容器内的液体。把五花肉放进烤箱，肉面朝上，烤1小时，中途涂上提炼过的猪油，直到呈现开胃的金棕色。

把烤箱温度调低到130℃，再烤1～1.25小时，直到五花肉变软。从烤箱中移走平底锅并将五花肉移到一个盘子里。倒出肥油和锅里的汁液，留着另作他用。让五花肉稍微冷却。

当它不再热的时候，用塑料薄膜或铝箔把五花肉包裹然后把它放在冰箱里直到彻底冷却并变硬（如果您时间迫切，请跳过此步骤，但唯一能呈现整洁、好看的切片是在切片之前彻底冷却五花肉）。

将五花肉切成1厘米厚的薄片，大约5厘米长。开中火，加热盘子中的五花肉，只要一两分钟，它们就会恢复柔软了，马上上菜。

### 速腌黄瓜

2根多肉的柯比黄瓜或其他黄瓜，从根部切成薄楔形
1汤匙的糖或更多，根据口味决定
1茶匙粗海盐或更多，根据口味决定

把黄瓜和糖、盐混合在一起，静置5～10分钟。

如果腌黄瓜太甜或太咸，放入漏勺中，冲洗干净，调味，并用抹布擦干。再次品尝并酌情添加糖或盐。5～10分钟后上桌，或冷藏最多4小时。

### 海胆

50只北海道海胆

用剪刀把海胆整齐地剪开，挖出海胆肉，用茶匙小心地冲洗并擦干剥好的海胆壳，放入冰箱。

### 花椰菜泥

500克花椰菜，洗净，切成小块
100克黄油
1升牛奶
细海盐

把花椰菜放进黄油里。不着色，但上釉。然后加入牛奶和一小撮盐。煮沸，变软。把花椰菜放进搅拌机直到搅拌到光滑的稠度，然后过滤。

### 花椰菜慕斯

400克花椰菜泥
2张浸泡在冰水中的明胶片
800克奶油

# 海胆龙虾咖喱配花椰菜、鱼子酱和海苔华夫饼

取100克花椰菜泥，在一个小而重的平底锅里加热。溶解明胶片，与剩余的花椰菜泥混合好然后冷却，小心地放在冰上，直到它开始凝固。同时，搅打奶油。往花椰菜泥里加一撮盐，但只加一半，搅拌，然后往花椰菜泥里加入一半打发的奶油并巧妙地混合。检查一下，调味，如果需要，可以再加点盐。把花椰菜慕斯放进袋子，把袋子放到冰箱里，随用随取。

## 龙虾清汤

1汤匙橄榄油

500克波士顿龙虾，分开钳子，将龙虾一分为二，切成8块

1个熟透的意大利番茄，切成粗粒

½根芹菜，去皮切块

1个白洋葱，最好是赛文洋葱，去皮切碎

200毫升金牌白兰地

¼升干白葡萄酒

1升鸡汤（肉汤），优质味道

6张浸泡在冰水中的明胶片

盐

在厚底平底锅中，加热橄榄油，加入龙虾和色素，直到变成金黄色，加入蔬菜，炒出水分，直到所有的汁液都蒸发。用白兰地把锅烧热点燃，直到酒精燃烧结束，加入白葡萄酒，待其挥发至糖浆状稠度。加入鸡汤和水，直到淹没龙虾，煮沸，但在沸腾之前撇去所有杂质（在烹饪过程中重复此步骤，以获得清肉汤）。保持沸腾，文火煮至20分钟。停止加热并移开，冷却30分钟。把龙虾汤小心地过滤，让肉汤挥发至绵软浓稠的程度。再加热1升清汤并将6片明胶片溶解在其中。尝下味道，如果盐味不够可以再加点盐。在冰上冷却直到明胶开始凝固。

## 木薯裙带菜华夫饼

400克木薯粉

3升水

40克裙带菜粉，另取少许用于混合物调味

葡萄籽油5升

把木薯粉和水搅拌均匀，放入锅中烧开，不停搅拌，直到混合物变清，盖上保鲜膜。

取出，用盐调味，在搅拌器中搅拌裙带菜粉。将其分开放置于六个托盘中并均匀地展开，放在65℃的烘箱中干燥一夜，然后取出并保存在密封袋中。

用葡萄籽油炸华夫饼，温度在180℃ ~ 190℃，配以少许盐和裙带菜粉的混合物调味（比例1:1）。

## 海苔华夫饼

10张海苔片，烘烤和研磨

15张米纸

250毫升蛋清

5升葡萄籽油

盐

将海苔片放于全能料理机研磨直到它成为细粉。在米纸上刷上蛋清。用一个小筛子往米纸上撒上紫菜粉。让它在覆盖有油布的托盘上干燥放置一夜。

把华夫饼放进冒烟的热油里炸。用盐调味。

# 反向球化绿橄榄

费朗·亚德里亚和阿尔伯特·亚德里亚
斗牛犬餐厅
西班牙，2005年

第199页

### 将海胆装盘

选择60个最完美的阿卡海胆。将这些海胆的2½放在冷却的外壳中间。用花椰菜慕斯覆盖在海胆的圆顶上，将5个阿卡海胆整齐放置在每个花椰菜圆顶上。然后将壳放入冰箱1小时。待凝固后，用两大汤匙清汤啫喱覆盖，放入冰箱冷藏1小时。

### 海胆的装饰

15克盖朗德海盐

8克新鲜的裙带菜

8克新鲜的海藻沙拉

8克海葡萄

15克俄罗斯鱼子酱

½片金箔

### 摆盘

拿一个大碗，把海盐放在底部，用海藻沙拉装饰海葡萄，放置在海胆壳顶部，再用15克鱼子酱装饰，顶上加上金箔。把这两种松脆的华夫饼放在鹅卵石之间。

### 海藻酸钠溶液

1.5千克水

7.5克海藻酸钠

将水和海藻酸钠放入棒状（浸入式）的搅拌器中，直到混合物无结块。

把它放在冰箱里48小时，直到气泡消失、海藻酸钠完全泡发。

### 青橄榄汁

500克绿橄榄

给橄榄去核。在液化器中混合橄榄，通过特制滤袋给果泥过滤，挤压混合物，将果汁冷藏。

### 反向球化绿橄榄基底

1.35克氯化钙

200克青橄榄汁（在前准备好）

0.75克黄原胶

在果汁中加入氯化钙，放置1分钟，使其充分水合。用打蛋器混合，并在表面撒上黄原胶。用棒状搅拌机以中速搅拌。冷藏24小时。

### 用于给橄榄油增香

4瓣大蒜

500克特级初榨橄榄油

4个柠檬的柠檬皮

4个橙子的橙子皮

4枝新鲜百里香

4枝新鲜迷迭香

12颗黑胡椒

将蒜瓣轻轻压碎，然后放入100克橄榄油中炒制。加入剩下的油，等油热后再加入其余的配料。将油储存在密封容器中，置于阴凉干燥处。

### 反向球化绿橄榄

反向球化绿橄榄基底（预先准备）

海藻酸钠溶液（预先准备）

加香橄榄油（预先准备）

用5毫升的量勺装满球形绿橄榄混合物。将勺中的物质滑入海藻酸钠溶液中，形成球形橄榄。

每次做2个橄榄。不要让橄榄互相接触，因为它们可能会粘住。将橄榄放入海藻酸钠溶液中2分钟。

# 反向球化绿橄榄

# 金枪鱼手握寿司和通心粉

恩里科·克里帕

大教堂广场餐厅

意大利，2005 年

第200页

使用漏勺把橄榄从海藻酸盐钠溶液中拿出来，然后把它们浸在冷水里冲洗。仔细过滤橄榄，把它们放在芳香油里，不让它们互相触碰。冷藏12小时。

## 完成与展示

2个装橄榄的玻璃罐

在每个罐子内放1片柠檬皮、1片橘子皮、1枝百里香、1枝迷迭香和4粒黑胡椒。把20个球形橄榄分开。用芳香油覆盖。

把每个罐子都放在石板上，每个罐子附上一个漏勺以及许多把药匙（食用工具）。

## 通心粉

32个细的意大利通心粉

盐和水，用于烹饪

1.7克卡拉胶

100克米醋

## 金枪鱼

8份7厘米×4厘米优质金枪鱼刺身（3毫米厚）

## 完成

黑芝麻

金盏花

橘皮

干紫苏花

红色及绿色鲜紫苏

草本油

特级初榨橄榄油

马尔顿盐

在盐水里煮通心粉10分钟。一次煮熟，将其放在托盘上，趁热，分成4份，为了塑造一个小圆柱，把上面两份放在另一份上面。把它们盖上保鲜膜。

将卡帕明胶和米醋煮沸，用它来给通心粉和寿司浇汁。

把金枪鱼刺身放在盘子上，盖上盖子。一半用配料表中的食材装饰。最后加入油和马尔顿盐。

# 可食用的石头

安多尼·路易斯·阿杜里兹
穆加里兹餐厅
西班牙，2005年

第201页

## 蒜泥

500毫升特级初榨橄榄油

1个蒜头

将油倒入一个小的深锅中，放在炉子的顶部，用非常小且稳定的火力加热。当油温上升，将未去皮的蒜瓣放入油中，微微焖大约2小时。蒜瓣应该是柔软的，容易剥皮并充分浸渍。准备好后，沥干油，剥去蒜瓣，压碎，然后用漏勺过滤，最后静置。

## 外壳

60毫升高岭土

40克乳糖

1克黑色植物染料

0.5克食盐

80毫升水

将高岭土、乳糖、黑色植物染料和盐放入碗中混合，逐渐加入水。该混合物一开始可能看起来太干了，但如果放置1小时左右，它就会液化并形成一种类似酸奶的质地，适用于给煮熟的土豆涂上厚厚的但非流质的外壳。

## 土豆

16个小切丽土豆（每个32～35克）

3升水

24克食盐

用软刷轻轻清洗土豆。不要剥皮。在一个大锅里把盐水烧开，然后加入土豆。根据土豆的大小，煮15～20分钟，不要煮过头。沥干水分，放在烤盘上。

## 涂上外壳的土豆

土豆（见上）

外壳（见上文）

用叉子的尖端刺穿每个土豆最平的一面。将叉子拔出并将其钝端插入刚才刺穿的同一个洞，直到大致到达土豆的中心。搅拌高岭土混合物，直至完全混合。将土豆放入混合物中，直至完全填满。将土豆插入烤肉叉子，末端放在烤盘上。

将烤盘以较低的温度放入温度为50℃的烤箱中烤大约30分钟或直到土豆内部平滑，由于这个壳的保护，土豆将会柔嫩顺滑。

## 蒜蓉蛋黄酱

40克蒜泥（见上文）

1个蛋黄

60毫升特级初榨橄榄油

盐

将蒜泥放入高烧杯中，加入蛋黄混合，用手持搅拌机搅拌直到混合物至乳液状。同时，慢慢地把橄榄油淋进去。一次准备好，加盐调味，放在有盖的碗里。

## 展示与完成

加热几块磨光的河石，给土豆的外面涂上外壳的混合物。将其放入70℃的烘箱中，时间为5～7分钟。石头会持续与土豆接触，让土豆长时间地保持热度。在石头之间摆上土豆。把一大堆蒜蓉蛋黄酱放在更小的、单独的盘子里。土豆应该用手拿着吃。第一口应该不加酱汁。这将突出土豆的外壳以及其内容物之间的口味差异。然后，就可以用土豆蘸着蒜蓉蛋黄酱食用了。

## 整烤花椰菜

埃亚尔·沙尼

北阿布拉克斯餐厅

以色列，2006年

第202页

---

1个带叶花椰菜

8升水

7大汤匙灰盐

3汤匙特级初榨橄榄油

将烤架放在预热至285℃的烤箱中央。修剪花椰菜的茎，保持叶子完整，这样它就会平整躺在烤盘上。将8升水放入一个大汤锅中煮沸，加入6½汤匙的灰盐，搅拌至溶解。

将花椰菜放入水中。把耐热陶瓷盘放在花椰菜上，让它浸入水中。将花椰菜煮软，叉子能轻易地穿透花椰菜，煮12～13分钟。使用星形过滤器（撇渣器），轻轻将花椰菜从水中捞出。把花椰菜花茎朝下，放在一个带边的烘焙板上。让其站立直到花椰菜稍微冷却摸起来较干燥，大约15分钟。

将1汤匙橄榄油涂在手上，然后给花椰菜均匀地涂上一层油。将1½的灰盐撒在花椰菜上。在预热的烤箱中将花椰菜烘烤至深棕色，约25分钟。从烤箱中取出花椰菜并小心地用剩余的2汤匙橄榄油涂抹。

## 整烤黑腿鸡

拉斐尔·邓托

小房子餐厅

英国，2007年

第203页

---

1只鸡（黑腿鸡），约1.8千克，去翅

300克新鲜鹅肝

1片面包

特级初榨橄榄油

1枝百里香

1瓣大蒜

250毫升鸡汤（最好是自制的）

现磨的盐和胡椒粉

把鸡肉洗干净，填上完整的生鹅肝和面包。用绳子系好。给鸡刷上橄榄油和盐。在热锅中烤。直到变焦。

把鸡放在耐热的盘子里煮，在220℃的热烘箱中烤20分钟。每隔5分钟刷一次油。从烤箱中将烤鸡取出，静置25分钟。

从整鸡上切下腿，将鸡里的填料取出，把鹅肝和面包分开。将鹅肝放入另一个平底锅中。

在预热的平底锅中加入橄榄油，放入鸡腿、蒜瓣、百里香和面包。用胡椒调味，煮10分钟。从火上移开，将其盛进耐热的盘子里，把汁液留在锅里。将提前备好的鹅肝烤焦（不要在此阶段添加任何油）。

重新加热备用的平底锅里的汁液，加入鸡汤和少许橄榄油，炖至浓稠。这将是酱汁。

把鸡放进盛有鸡腿和面包的盘子，放入烤箱里再烤5分钟。

将鸡从烤箱中取出并把胸部对半切开，然后鸡腿也切分开。将盛有鹅肝酱和面包的碟子放入盛有鸡肉的碟子中间。把所有的酱汁都倒在上面。即刻食用。

## 羽衣甘蓝沙拉

乔舒亚·麦克法登

弗兰妮的厨房

美国，2007

第204页

1束甘蓝，切去粗枝

½瓣大蒜，切碎

¼杯磨碎的佩科里诺罗马诺干酪，再
　加上更多的特级初榨橄榄油

1个柠檬的柠檬汁

¼茶匙干辣椒片

粗盐和现磨黑胡椒

¼杯干面包屑

　　把几片甘蓝叶子相互交叉堆起来。
然后把它们卷成一个紧的圆柱体。用
锋利的刀将甘蓝切成非常窄的带状。
将甘蓝放入沙拉脱水器中，冲洗干净，
用水冷却，并旋转至脱水。把甘蓝放
进碗里。

　　把蒜末放在砧板上，继续剁碎，
直至形成蒜泥。将蒜泥放入小碗中，
加入¼杯佩科里诺罗马诺干酪，1杯橄
榄油、柠檬汁、辣椒片、¼茶匙盐和
大量的黑胡椒，搅拌混合。

　　把调料倒在甘蓝上，然后彻底搅
拌。加入更多的柠檬汁、盐、辣椒片
或黑胡椒。让沙拉静置大约5分钟，
使其变软。上面放上面包屑，多加点
奶酪和橄榄油。

## 铸铁锅花椰菜

杰里米·福克斯

乌班图餐厅

美国，2007年

第205页

120毫升融化的瓦杜万黄油（见下文），
　另加一些用于涂抹

1.4千克花椰菜小花，5厘米厚

1茶匙粗盐，酌情添加

烤面包（夏巴塔或长棍面包）

2个柠檬

60毫升全脂牛奶

60毫升高脂厚奶油

1个橙子，切成3瓣

开花的芫荽，用于装饰


瓦杜万黄油（制作2杯）

454克无盐黄油

285克青葱，切成薄片

4瓣大蒜，去芽，切成薄片

2茶匙马德拉咖喱粉

2茶匙姜黄粉

1茶匙茴香籽

1茶匙孜然粒

1茶匙粗粒盐

1茶匙黑豆蔻种子

1茶匙棕色芥末籽

1茶匙黑胡椒

¼茶匙辣椒片

¼茶匙肉豆蔻粉

¼茶匙整瓣丁香

1块新鲜的生姜

1个橙子，去皮，切成薄片，去籽


　　提前做好瓦杜万黄油。把所有的
黄油都放在锅底。放入青葱、大蒜、
咖喱粉、姜黄、茴香籽、孜然粒、粗
盐、豆蔻籽、芥末籽、胡椒、辣椒片、
肉豆蔻粉、丁香、姜和橙子片。把锅
放在火上，以中火慢慢煮黄油大约3
个小时。你不想让这些成分太快加热
或变成棕色，因为缓慢烹饪才会有不
同层次的坚果的味道。一定要时刻留
意，别把黄油烧焦了。偶尔搅拌一下，
这样青葱、大蒜和牛奶固体就不会粘
在一起，让它慢慢煮，而不会达到滚
沸的程度。

　　当葱和蒜看起来差不多的时候，
即不是松脆的，而是半透明的、光滑、
金黄色且蘸上酱汁。你就知道黄油做
好了。

　　从火上移开，让它冷却几分钟。
将其完全移入密封的容器储存之前，
用手持搅拌器搅拌好，直到光滑，充
分混合。让黄油充分冷却后再盖上盖

## 铸铁锅花椰菜

## 松茸鱼丸菊花豆腐汤

谢锦松
8餐厅
中国，2007年

第206页

子，因为聚集的热量会使黄油酸败。冷藏4周或冷冻长达6个月。准备做花椰菜时，将烤箱预热至205℃。

锅中放入900克的花椰菜小花、3汤匙瓦杜万黄油和1茶匙盐。

将拌好的花椰菜放在烤盘上，在烤箱里烤到小花微焦而嫩，需12～15分钟。从烤箱中取出并将烘箱温度降至145℃。

把面包切成薄片。搅拌融化的瓦杜万黄油，将黄油刷在面包上，撒上一些盐，把面包切片放在烤盘上。烤8～10分钟至酥脆。放在一边，直到上菜。上菜前，把面包放进温度为205℃的烘箱重新加热。

把冷却的花椰菜切成一口大小的块，然后盛到碗里。把柠檬皮磨碎，使其凝固，榨取柠檬汁，用柠檬汁、盐来给花椰菜调味。

把剩下的生花椰菜切成粗粒，放在锅里，加保留的柠檬皮、牛奶、奶油和一小撮盐。以中小火慢炖，盖上盖子，并将火力降低，煮到花椰菜用刀刺穿时是软的，大约30分钟。把烹饪汤汁和花椰菜一起放进搅拌器，并打成泥状。

在四个容量为240毫升的铸铁锅上铺上一层薄薄的花椰菜。将烤好的花椰菜均匀地分开，并用剩下的花椰菜泥覆盖。烤至冒泡，需5～8分钟。

从烤箱中取出，用勺子舀一汤匙热的、搅拌过的瓦杜万黄油，给每个锅的表面涂上黄油。饰以橙瓣和开花芫荽，配上烤面包。

将新鲜的豆腐切108刀，切成极细的细丝，然后放入一碗水中，就能看到豆腐块奇迹般地绽放成一朵美丽的菊花。一旦豆腐散开，将它轻轻放进煮了好几个小时的鸡汤里。这种鸡汤用各多种食材做成，包括金华火腿、鸡肉和猪瘦肉。虽然鸡汤味道非常鲜美，汤清澈见底，但是豆腐才是这道菜的主角。

新鲜的鱼丸也很柔软，质地类似于豆腐，将鱼丸放入汤中。接下来，来自日本的最好、最新鲜的松茸被轻轻放在汤里，为这道汤增添了香气和味道。最后为了配色，在汤上面点缀几粒红枸杞和2片芹菜叶。

# 沙拉21······31······41······51······

恩里科·克里帕
大教堂广场餐厅
意大利，2007年

第207页

---

160克混合沙拉（蔬菜），由以下部分组成：

龙胆叶

帕雷拉叶

缬草

水田芥

烟米花

蒲公英

樱草叶

菠菜

特雷维萨诺拉迪基奥沙拉

匙型菜叶（特鲁索特）

红甜菜叶

甜菜叶

美洲地榆

酸模

香薄荷

牛至

红水菜

绿水菜

芥菜

雪维菜

莫迪加利纳

芹菜

独活草

绿紫苏

莳萝

生茴香

旱金莲

## 苋菜片

200克苋菜籽

13克速溶出汁

1.2升水

煎炸用油

## 香草油

500克香草（欧芹、龙蒿）

1升橄榄油（奥基平蒂）

## 装饰

香草油

巴罗洛醋

白芝麻和黑芝麻

紫菜藻，切碎

日本木鱼花

甜姜及其甜姜汁

## 花

金盏花:

红金盏花

白金盏花

紫色金盏花

橙色金盏花

黄色金盏花

紫罗兰

报春花

琉璃苣花

矢车菊

韭菜花

蒜花

## 苋菜片

用水和速溶出汁把苋菜籽煮成烩饭，大约40分钟，不加盐。

煮好后，把烩饭在两张烘焙纸之间摊开，然后让其干燥。

当烩饭完全干燥后，把它切成不规则的块，放入热油中炸。

## 香草调味油

把香草放在油里炸。炸不到1分钟，然后沥干。

# 兔肉小龙虾仰望星空派

马克·希克斯
斯科特餐厅
英国，2007年

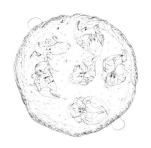

第208页

用带过滤纸的过滤器过滤。

**沙拉和装饰物**

把所有的香草和沙拉（蔬菜）都洗干净。将所有食材用巴罗洛醋、甜姜及甜姜汁、香草油调味再盛进盘子。用食用花装饰。

2汤匙面粉，另加1勺面粉

1汤匙植物油，另准备一些煎炸用

4只野兔的后腿和前腿，剔肉并切成2
　厘米粗的块

1个小洋葱，去皮切碎几块

几小块黄油

100毫升（烈性）苹果酒

1升鸡汤

40只活小龙虾，加盐在沸水里煮2分钟，
　放凉

3～4汤匙高脂厚奶油

1汤匙欧芹碎

盐和黑胡椒

**面团**

225克自发面粉，加上额外的手粉（或
　225克通用面粉加上1¾茶匙发酵粉）

1茶匙盐

85克牛板油细丝

60克冷冻的粗磨黄油

1个中等大小的鸡蛋，打散

用植物油加热厚底煎锅。给兔肉用盐和胡椒粉调味，裹上面粉，高温炸制几分钟，直到全部上色。

同时，将黄油里的洋葱放入中号炖锅中煮2～3分钟，然后加入面粉，再慢慢加入苹果酒和鸡汤，不断搅拌，以防止结块。加入兔肉炖大约1小时或直到兔肉变烂。

同时将小龙虾去壳，备用。保留6只完整的小龙虾用来装饰，然后把龙虾肉放在一边。

把小龙虾的壳弄碎，在一个厚底平底锅里用少许油煎。加入约250毫升水和大约200毫升的兔肉酱汁，文火慢炖30分钟。把大约⅓的酱汁、壳和所有配料放入搅拌机里混合，直到顺滑后放回锅中。搅拌，用细孔筛把所有的酱汁都过滤一下，再放进兔肉混合物中。兔肉酱汁应该是厚厚的稠度。如果不是，把兔肉块沥干，慢炖。将酱汁调至浓稠。加入奶油和欧芹，如有必要，可再次调味，待其冷却。拌入龙虾肉然后放到馅饼盘中，把馅饼漏斗放在中心。

同时制作油酥面团：把面粉、盐、板油和磨碎的黄油混合。加入150～175毫升水，与鸡蛋揉成光滑的面团，然后再揉1分钟。

# 辣味炭烤肥肝
## 配海胆"鱼子酱"

安多尼·路易斯·阿杜里兹
穆加里兹餐厅
西班牙，2007年

第209页

在撒有面粉的桌子上将面团擀成约1厘米厚的油酥面团，切成约2厘米大，比馅饼盘要圆的面团。在油酥面团的边缘刷上少许蛋液，然后把它放在盘子上面，把洗净的鸡蛋的一面压在盘子的边缘。在油酥面团周围戳4个孔，然后插入4只保有尾巴的小龙虾，让它们面向中心，刷上打散的蛋液。你可以用一条剩下的面团点缀在盘子的边缘。在阴凉的地方放置30分钟。

将烤箱预热至200℃。烘烤45分钟，或直到面团变为金色。与绿色蔬菜或捣碎的块根芹一起食用。

**肥肝**

2片克重600克的肥肝

2升全脂牛奶

2升蒸馏矿物质水

20克盐

**海胆肉**

1.5千克海胆

1升水

30克盐

**辣油**

200毫升特级初榨橄榄油

干辣椒25克

**展示和装饰**

1升葵花子油

1束宽大的藤叶

阿纳钠晶体盐

**肥肝**

将肥肝切成两瓣或三瓣，这取决于它们的大小。如果它们很小，就切成1厘米厚的大小，以促进血液排出。在温度30℃下把牛奶、矿泉水和盐放到一个隔水蒸锅中。一旦达到这个温度，加入肥肝块，并把它们浸在混合物中2～3小时，这取决于已流出的血量。轻轻在静脉侧按下即可轻松检查。一旦操作完成后，去除牛奶盐水中的碎片。将肥肝擦干，快速冷冻。

**海胆肉**

用剪刀慢慢切开海胆，从嘴开始，直到剪一圈，以取出海胆肉。用水和盐配制盐水。收集1茶匙海胆肉，把它们浸入用盐水中清洗，然后放在防油蜡纸上，冷藏。

**辣油**

把油和干辣椒放在锅里并在室温中浸渍48小时。

## 辣味炭烤肥肝
## 配海胆"鱼子酱"

### 短肋排塔可饼

罗伊·崔

科吉烧烤

美国，2008年

第210页

## 意式麦片牛奶奶冻配焦糖
## 玉米片

克里斯蒂娜·托西

福桃餐厅

美国，2008年

第211页

### 展示与完成

将葵花子油倒入锅中并置于中火上直到温度达到180℃～190℃。把每片肥肝都煎成棕色。把棕色的肥肝块放置在倾斜的烤盘上，以便于释放肥肝的油脂，在烘烤过程中不会让它影响烹饪。

在130℃的温度下烘烤，直到肥肝的核心温度达到为56℃～58℃。

把肥肝从烤箱里拿出来，然后在45℃的橱柜里静置4～5分钟，内部温度最终将达到60℃，一个适合肥肝的温度可以获得所需的质感。

把肥肝放在烤藤叶的余烬上，让肥肝吸收藤叶的香味，然后在热砧板上用刀把肥肝切成块，刀应该长且锋利。

将肥肝放在盘子里。在盘子四周撒几片阿纳钠盐片，小心地将海胆肉摆在盘子周围。最后，添加三滴辣油。

这是一道很受欢迎的菜，这道完整的墨西哥塔可饼秘方没有透露。我们确实知道有醋汁中有14种食材，腌料里有20种成分。将腌制短肋排切碎，烤焦，放在玉米饼上，搭配卷心菜、辣椒酱、碎莴苣、芫荽和调味汁。

### 意大利干酪

6杯家乐氏麦片

3杯全脂牛奶

2杯高脂厚奶油

¾茶匙粗盐

¼杯袋装淡红糖

1汤匙明胶粉

### 焦糖玉米片

¾杯家乐氏玉米片

3汤匙脱脂速溶奶粉

1汤匙砂糖

½茶匙粗盐

3½汤匙融化的无盐黄油

### 意大利干酪

将烤箱加热到145℃。将麦片摊在烤盘上烘烤直到烤熟，大约需要12分钟。趁热把麦片腾到大碗或容器中，加入牛奶和奶油。搅拌混合，浸泡45分钟（如果浸泡的时间太久，它会变成糨糊）。

将上述混合物滤入微波炉专用碗或平底锅中，挤压以提取液体（把湿透的麦片扔掉或吃掉）。加盐和砂糖，

# 置身菜园

大卫·金奇

曼瑞萨餐厅

美国，2008年

第212页

加热，直到牛奶热到可以溶解糖，轻轻搅动以加速溶解。将¼杯牛奶混合物舀入一个小碗中并混合明胶粉。静置5分钟，然后将浸泡过的明胶放回剩余的牛奶混合物中。

把混合物装入8个烤模或硅树脂模。冷藏至凝固，大约2个小时。如果使用小陶瓷盅，请盖好并保留到准备好上菜时。如果使用模具，冷冻1小时，拿出后放在蜡（防油）纸上，然后冷藏直到准备上菜。

## 焦糖玉米片

把烤箱加热到135℃。把玉米片放入一个大碗中，用双手轻轻地压碎。在一个小碗里，把奶粉、糖和盐搅拌在一起。把混合物撒在压碎的玉米片上，加入融化的黄油。搅拌，使玉米片均匀地粘上黄油。将玉米片铺在烤盘上，内衬烘焙纸（烘焙纸）（或不粘纸烘焙垫）并烘烤20分钟，或直到深金棕色。移开平底锅，放在一边冷却。立即食用或在密封的容器里最多储存1周。

准备好后，将冷的意式麦片牛奶奶冻放在盘子上。撒上大量的焦糖玉米片。

## 根茎类蔬菜泥系列：

### 胡萝卜泥

340克去皮胡萝卜，碾磨成碎

粗盐4汤匙、清水2茶匙

3汤匙半特级初榨橄榄油

把胡萝卜、半茶匙盐和4茶匙水，倒进一个真空袋，抽真空，丢进一口开水锅里煮。1小时后，捞出来，打开真空袋，把胡萝卜倒进搅拌机里，放入橄榄油，全速搅打成泥，按3:1的比例兑入清水，加盐，入味至少3分钟，直到胡萝卜泥变得光滑细腻。用滤网过滤，冷却即可。

### 甜菜泥

425克甜菜（甜菜根），洗净

1杯甜菜泥配1勺清水、4茶匙粗盐

把甜菜（甜菜根放进高压锅）配半杯加2勺清水、1汤匙盐，高压压28分钟。然后，甜菜根去皮，加上剩余的7勺水和1茶匙盐，全速搅拌至少3分钟，打得光滑细腻。过滤，加适量盐调味，冷却即可。

## 烹饪系列

这些是我们修剪成有趣形状的一口大小的蔬菜，然后最后一刻在少许橄榄油中加热。为了与温度形成对比，叶菜表现为萎蔫的状态，而之前炖过、焯过或煮过的蔬菜则是温热的。方法如下。

各种豆类，如紫色皇家罗马诺、扁刀豆、法国小扁豆，切成一口大小。

各种各样的南瓜，如弯颈南瓜、扁圆南瓜、彼得潘南瓜、星际飞船南瓜、冬南瓜、阿尔本加南瓜、西风南瓜、黑森林南瓜，切成薄片或切成块状或大方块，加入新鲜的罗勒在油里快炒。

节瓜，如隆加佛罗伦萨节瓜、来文节瓜、罗马节瓜，切成薄片，炒熟。

甘蓝，如红色俄罗斯甘蓝、托斯卡诺甘蓝，炒至萎蔫。

韭葱，小而嫩，在盐水中烫至软烂。

土豆，如紫色秘鲁，奥泽特，拉塔，俄罗斯香蕉土豆，炖熟切片。

胡萝卜，如纳尔逊、宇宙、紫雾、拇指姑娘，白缎，白灼。

## 置身菜园

彩虹甜菜，叶子和茎，蒸熟。

西蓝花，花椰菜，罗马尼斯科，分成小花并在盐水中漂烫直到变软。

不能生吃的蔬菜可以在加盐的沸水中焯一下，然后用冷水过一下。

### 生食蔬菜系列

这些是更精致的嫩芽和叶子，我们用熟的黄油、橄榄油或香草油和一小撮海盐来做沙拉。它们可能包括以下食材：

幼嫩的甜菜叶（心）

所有的胡萝卜，纵向切成薄片

小南瓜和节瓜，纵向切成薄片

苹果，切成薄片

芝麻菜

西尔维塔芝麻菜（野生芝麻菜）

甜菜（甜菜根）顶

辣椒，墨西哥辣椒，去籽，切成薄片

酢浆草

黄瓜，去籽不去皮，切片

菠菜，慈姑

嫩豌豆苗

芥末，水菜，紫色旱金莲叶

萝卜，切成薄片

记住生食的蔬菜通常切得很薄，削或切成细丝条，使它们具有像原始质地一样令人愉悦的味道。生芽叶子的茎可以修剪。较大的叶子被撕成诱人的一口大小的碎片。

### 开花和结籽

这是最后装饰花园的食材。例如：

甘菊花

八角草花

罗勒花，如泰国柠檬、紫色蛋白石

开花芫荽和芫荽芽

青铜茴香花

马郁兰花，金色

欧芹花，意大利平叶

各种酸模和酸模花卉

金盏花

韭菜花

水芹花

芥菜花

韭菜花

旱金莲

豆花夫人

萝卜花

南瓜花

紫罗兰或食用三色堇

### 装盘

黄油或特级初榨橄榄油

粗盐

特级初榨橄榄油

旱金莲醋、白葡萄酒醋或香槟醋

为了建造花园，我们准备用各种小的成套容器。我们用自制的金莲花醋，由鲜花、茎、浸泡的白香醋与½瓣大蒜组成，使用大量的花瓣构成美丽的颜色。白葡萄酒或香槟醋都可以。

拿一个热盘子，开始把各种蔬菜泥放在盘子上，不要太多，但是足以让它们发挥功效。加热小平底锅，直到整个锅都变干，变热。用一小块黄油或一小块油来制作套餐。用盐调味，然后放在盘子里沥干。将各种蔬菜摆放在顶部和蔬菜泥的周围。这些将作为奇妙的支点来支撑花园里的娇嫩的叶子，可以让它们挺立不倒。

把生的蔬菜放进碗里，调味，加一小撮盐和橄榄油混合。然后，很快地制作，把叶子放在上面。

## 挪威龙虾和海洋风味

勒内·雷哲皮
诺玛餐厅
丹麦，2008年

第213页

接下来，将你选择的花和种子放在顶部和花园的周围。把最精致的元素留在顶部，这样它就不会压垮了花园。整个金莲花或葡萄酒沙拉醋沙拉变得具有一种朦胧美，然后立即上菜。

这道名菜包括：一道超级新鲜的海螯虾；牡蛎乳液、由牡蛎汁制成；一种干燥的红藻粉末；还有黑面包碎屑。上菜时，你需要一块当地的石头，在上面放一些乳液、一些黑面包屑和一只嫩煎的海螯虾。用干海苔装饰。

## 草莓西瓜蛋糕

克里斯托弗·泰
黑星糕点店
澳大利亚，2008年

第214页

250克无籽西瓜，切成薄片

60毫升（¼杯）玫瑰水

4汤匙细砂糖

40克杏仁碎

500克草莓（约2桶），对半切开

10粒无籽红葡萄，对半切开

1汤匙切片开心果

1汤匙干玫瑰花瓣

**杏仁达克瓦兹**

150克杏仁，磨成粉

150克纯糖霜，过滤

5个蛋清

135克细砂糖

**玫瑰香味的奶油**

300毫升浓奶油

30克细砂糖

2汤匙玫瑰水

制作杏仁达克瓦兹：预热烘箱至200℃。在一种食品加工机中加入杏仁研磨，直到研磨好，然后将杏仁粉放入碗中与糖霜混合。在电动搅拌器中搅拌蛋清至形成小尖（3～4分钟），

## 草莓西瓜蛋糕

## 原生土烹制土豆

本·舍瑞
阿提卡餐厅
澳大利亚，2008年

第215页

然后逐渐加入细砂糖并搅拌直至形成弯钩状（1～2分钟）。轻轻翻拌杏仁混合物，涂在30厘米×40厘米的托盘内衬内，用烘焙纸包好，烘烤至金黄色（10～15分钟），放在托盘上冷却。然后纵向对半切开。

把西瓜片摆成单层放在金属架上。加入20毫升玫瑰水，然后撒上2汤匙糖。准备浸渍（30分钟），然后用吸水纸巾吸干。

制作玫瑰香味的奶油：搅拌奶油和糖，直到形成小尖。然后逐渐加入玫瑰水，搅拌直到形成弯钩状。

将一半的玫瑰奶油均匀涂在一半的杏仁达克瓦兹上，撒上一半的杏仁碎，然后在上面放上西瓜，整理以填满所有间隙。撒上剩下的杏仁碎。然后涂上另一半的奶油。盖上剩下的杏仁达克瓦兹，冷藏至变硬（1～2小时）。

将草莓、剩余的玫瑰水和剩余的糖放到一个碗里，搅拌混合，放在一边浸渍（15分钟）。修剪蛋糕的边缘，撒上葡萄、开心果和花瓣，然后上桌。

### 椰壳灰

1个嫩椰子，去掉外面的绿色外壳

用菜刀在椰子顶部砍三次，在椰子顶部砍成一个三角形切口。沥干椰汁（留作他用），然后用切肉刀将椰子对半切开。把椰肉取出（留作他用）。将椰壳放在干燥的地方晾4天。

在户外，预热烧烤架（烤架）至高温。将椰壳放入一个烤盘内，再放在烤架上，然后用喷枪烧。让火焰自行熄灭，然后关掉火源，让外壳冷却。在香料研磨机、研杵和研钵或咖啡研磨机中将外壳研磨成细粉。冷藏储存在密封容器中，直到需要时。

### 土豆

4个弗吉尼亚玫瑰土豆，去皮
20毫升葡萄籽油
墨累河盐片
3千克种植土豆的土壤
2条浸过水的洗碗巾
2小块浸泡在水中的细布（粗棉布）

将烤箱预热至180℃。在碗中把土豆和油混合在一起，用盐调味。在深烘烤盘（约35厘米×25厘米）中，在托盘里放置一半土，覆盖在底部表面的一层。在上面放一块湿抹布然后是一块薄纱（粗棉布）。把土豆放在平纹细布上，然后用另一块薄纱和湿抹布覆盖，确保它们在土壤中是密封的。在顶部放置剩余的土壤，并用箔片紧紧覆盖。烤3小时，然后将温度降至100℃，再烘烤4小时（或最多5小时）。质感土豆应该是软的、奶油状的。

### 熏制凝乳

200克羊奶凝乳干酪
200克白奶酪
上等木片，用于熏制
食用盐，调味

将凝乳和白奶酪分别放入不锈钢碗中。将木片点燃。把碗放进去，在2℃的温度下熏20分钟或直到轻微熏熟。将熏凝乳和奶酪放入碗中。加入少量盐调味，搅拌至光滑。如果它们太硬，可能需要用少量牛奶稀释凝乳混合物。放在冰箱里备用。

# 鸡油花雕蒸花蟹

郭强东

大班楼餐厅

中国，2009年

第216页

**炸滨藜叶**

非转基因菜籽油，用于油炸

50克灰色滨藜树叶

在一个小深锅中加入不超过⅓的油，加热到160℃。将滨藜叶油炸35秒或直到变脆。用漏勺取出，用纸巾吸干。一旦放凉，将其储存在密封容器中。

**完成**

10克椰壳灰

5克新鲜研磨的咖啡

20克鸡肉松

8枝野生豆瓣菜，洗净，采摘

在每个盘子中间放一小勺凝乳。在凝乳上撒上椰壳灰、咖啡和鸡肉松。在凝乳中间放几片豆瓣菜。把土豆放在豆瓣菜上面，用炸过的滨藜叶装饰。

1只活花蟹或青蟹（800克 ～ 1千克），煮熟

1小块生姜，切片

1根大葱（小葱），切成5厘米长

4块鸡油

200克米粉

**酱汁**

400克新鲜蛤蜊

400毫升10 ～ 15年绍兴花雕酒

1½个蛋黄

螃蟹洗净，切成小块，冲洗干净，小心地去除黄色的鳃。扭断它的腿和爪子。用刀背敲裂蟹腿和爪子。沥干水分备用。

蛤蜊洗净，隔水在托盘上蒸10分钟。提取蛤蜊汁。

将蛤蜊汁与绍兴花雕酒混合。

将蟹块按原样摆放在盘子上。将蛤蜊汁和花雕酒混合物倒在上面。上面撒上姜、葱花（小葱）和鸡油。

在一个大锅里烧水。把水烧开后，将蟹放入锅中蒸熟，蒸6分钟。

把盘子拿出来，去掉鱼片、鸡油和葱。

将花雕酒和蛤蜊酱汁倒入一个单独的碗中。加入蛋黄搅拌。

将酱汁倒回螃蟹上，再蒸30秒。蟹汁会与酱汁混合，形成一池金黄色的液体。

把盘子里的米粉蒸5分钟。

上菜时，把米粉加到螃蟹里盛盘，让它们浸在汤里。

397

## 贝壳潮水滩

汤姆·基钦
基钦餐厅
英国，2009年

第217页

橄榄油

8个贻贝

2个蛏子

8只冲浪蛤

1根青葱，1大汤匙碎欧芹

50毫升白葡萄酒

50克鱿鱼

8个龙虾尾和头

40克褐虾

50克鲜熟螃蟹

4个牡蛎

4条章鱼爪，煮熟的

20克大马哈鱼鱼卵

20克小球海藻

60克海蓬子

1个扇贝

**贝类清汤**

6根胡萝卜，切成薄片

½个洋葱，切丁

1份茴香，切丁

½根韭葱，切丁

1根芹菜，切丁

½个蒜头

1千克海螯虾

1千克龙虾头

蟹壳500克

1个橙子的果皮和果汁

5个小豆蔻荚

20克茴香籽

100克生姜

三角茴香

100毫升白兰地

2汤匙番茄泥

1汤匙植物油

先做清汤。预热烘箱至180℃。烤海螯虾，将烤盘中的龙虾头和蟹壳烤15分钟。

同时，加热一个厚底平底锅，在锅内加入植物油。将胡萝卜慢慢炒干水分直到出油。当颜色变为橙色时，并添加橙汁、豆蔻荚、茴香籽、生姜和三角茴香。

加入洋葱、茴香、韭葱、芹菜和大蒜，然后加入番茄泥和白兰地，直到变干。

干燥后，用水覆盖并煮沸。小火慢炖1小时，需要时煮沸。从火上移开，让其冷却。

把清汤过滤，去除所有的壳。

加热一个厚底平底锅，加入一些橄榄油。加入贝类：贻贝、蛏子和冲浪蛤。加入青葱、欧芹和白葡萄酒，然后盖上盖子。所以当蛏子张开时，把它们从锅里拿出来。

然后在锅中放入鱿鱼、龙虾尾和褐虾。一旦贻贝和冲浪蛤的壳张开，就把它们拿出来。将平底锅移开，并将贝壳远离热源。

准备好蛏子。

将海藻和海蓬子用水焯一下，然后放在一边。

开始布菜，将贝类分在四个碗中，然后均匀地将煮熟的螃蟹放入碗中。加入¼片生扇贝、牡蛎、章鱼爪和大马哈鱼鱼卵。加入所有的海蓬子。

上菜时，将清汤倒入壶中。把清汤倒在每个人餐桌上的菜中。

## 烤千层面

马克·拉德纳
德尔波斯托餐厅
美国，2009年

第218页

---

### 鸡蛋面团

200克低筋面粉，加上更多用于撒粉

100克硬质小麦粉，再多撒一些

15个大蛋黄（270克）

### 德尔波斯托餐厅番茄酱

794克整罐去皮的圣马尔扎诺番茄及
　番茄汁

45毫升特级初榨橄榄油

10瓣大蒜，轻轻压碎并去皮

20克糖

10克粗盐

4片罗勒叶

### 肉酱面

56克培根，切成边长1.25厘米的方块

1瓣大蒜，切碎

22毫升特级初榨橄榄油

½个中等大小的胡萝卜，粗略切碎

100克芹菜，大致切碎

1个小黄洋葱，切碎

283克绞碎的小牛肉

226克绞碎的猪肉

12克粗盐

60毫升干白葡萄酒

32克双倍浓缩番茄酱

60毫升全脂牛奶

### 贝夏梅尔酱

85克无盐黄油

85克未漂白的通用（普通）面粉

710毫升全脂牛奶

4克粗盐

### 制作和装盘

粗盐

1½份新鲜鸡蛋面团

1份德尔帕斯托番茄酱

150克现磨的帕尔玛干酪碎（至少存放
　了两年）

45毫升特级初榨橄榄油

7克无盐黄油

### 鸡蛋面团

　　在一个大碗里，用手搅拌低筋面
粉和硬粒小麦粉，然后在中心形成一个
洞。将蛋黄放入洞里。使用叉子，轻轻
打碎蛋黄，然后慢慢地把面粉和蛋黄
混合。继续搅拌，直到蛋液被面粉吸收
（大约一半）。两手开始揉面团，直到形

成一个最具韧性的面团。把面团挪到表
面干净的地方并继续揉捏，偶尔把面团
撕开暴露水分，然后把面团按回去，直
到面团变得光滑坚固，揉面7～10分
钟。如果面团不好揉，用保鲜膜把面
团紧紧地包起来，让它醒发10～15分
钟，然后再揉一次。如果面团太干，可
以再加一个蛋黄。

　　用保鲜膜把面团包紧，让其在室
温下醒至少15分钟或最长1小时。

### 擀面皮

　　打开保鲜膜，将面团切成4条。
将一块面团压平，使其能穿过意大利
面的滚轮机器。将面条机的滚轮设置
为最宽，然后放入面团，轧3～4次，
折叠和翻动意大利面，直到它变得平
滑并达到机器的宽度。把意大利面滚
过机器。将意大利面对折切开，然后
撒上适量低筋面粉。

　　在意大利面上铺一层干燥、干净
的撒了面粉的厨房毛巾，防止它们变
干。重复操作剩下的面片。把意大利
面切成想要的形状，在烤盘之间放上
硬质烘焙纸（如果在1小时内不使用

## 烤千层面

意大利面，将烤盘用保鲜膜紧紧包好，并冷藏最多1天或冷冻最多1周。在烹饪之前不要解冻冷冻面食）。

### 德尔波斯托餐厅番茄酱

分批使用食品加工机，用搅拌机或食品研磨机将番茄与番茄汁一起打成泥状，直至光滑。

使用5.6～7.5升的荷兰灶或宽而重的炖锅，用中火加热油和大蒜，不时搅拌，直到大蒜呈金黄色，散发出香味，炒大约2分钟。加入番茄泥、糖和盐。文火慢炖，直到汤汁减少至⅔，大约1.5小时。加入罗勒叶搅拌，然后根据口味调整番茄酱。从火上将番茄酱移开并完全冷却保存。这种调味汁可以覆盖并冷藏保存，最长可达3天，或冷冻长达1个月。

### 肉酱面

在食品加工机的碗中，把烟肉和蒜末混合在一起。搅拌混合物，直到搅拌成糊糊状，然后倒进碗里。使用橡皮刮刀刮掉食品加工机剩下的糊，放入碗中。

将胡萝卜和芹菜放入食物处理器中打至粉碎。

在一个大的煎锅或炸锅中以中低火加热1汤匙（15毫升）油。加入洋葱炒香5分钟。加入胡萝卜和芹菜混合物，降低火力到低温煮开，偶尔搅拌，直到混合物变嫩、变甜，大约40分钟。从火上移开（混炒蔬菜可提前1天制作，在冰箱中放置一夜）。

在4.7～5.6升的荷兰锅或有盖的重锅里，将培根混合物和剩下的½汤匙（7毫升）油混合。用中火加热，将混合物弄碎，用橡皮刮刀刮成小块，直到脂肪被提炼出来，边缘变脆，需5～7分钟。加入番茄酱，并煮熟，搅拌，使两种混合物混合一起，需要2分钟。加小牛肉碎、猪肉碎和盐。继续烹饪，经常搅拌，直到肉煮熟，需10～15分钟。

在肉的混合物中心挖一个洞，然后将白葡萄酒加入洞中。慢炖，搅拌，与肉混合，然后搅拌番茄酱。当火力降低到小火慢煮1小时，如有必要，可添加少量水，防止酱汁变干。加入牛奶搅拌，煮10分钟。再过几分钟，

将其移开火源并冷却至室温（盖上盖子，酱汁可以冷藏保存最多3天，或冷冻保存最多1个月）。

### 贝夏梅尔酱

在一个大锅里，以中低火融化黄油。加入面粉烹调。经常用木勺搅拌，直到混合物变得略带沙子的颜色，需要5～7分钟（切忌不要变成棕色）。加入约236毫升牛奶，不断地搅拌，直到混合物非常光滑。重复，完全将液体混合，直到所有的牛奶都加进来。文火慢炖，经常搅拌，直到酱汁达到稠奶油的稠度，约为7分钟。然后加入盐搅拌。趁热把酱汁倒进装有6毫米尖头裱花嘴或大号的可重新密封的冷冻袋。放在一边冷却到室温。

### 制作千层面

将面团擀成厚度不到1毫米的面片，把面片切成30片15厘米×15厘米的正方形。

把一大盆盐水烧开。放一碗很凉的水在附近。做四五张意大利面，在沸水中煮意大利面，大约每片煮1分

钟，立即将意大利面滑入水中。使用大滤勺将煮熟的面片捞进冷水碗里，让多余的水滴回碗里，然后把它们挂在一个大空碗的边上（可以重叠）。

如果肉酱是冷的，轻轻加热，偶尔搅拌。使番茄酱和贝夏梅尔酱处于室温或稍微放凉。

在碗里放入510克番茄酱。盖上并使剩下的番茄酱冷却。

在23厘米×33厘米的镶边烤盘或烘焙碟的中心，涂上约15克的番茄酱。在酱汁上放1张意大利面片，在意大利面片上撒上约15克酱汁，然后撒上6.5克帕尔玛干酪。在上面撒上相当于约13克贝夏梅尔酱，然后放上加约30克肉酱。

将另一张意大利面片进行填充。从里向外用手指轻轻按压顶部，以消除所有气泡，不要按压太多就能挤出填料。用酱汁、奶酪和意大利面片重复上述过程。每层的配料顺序相同。

用保鲜膜把千层面包起来，冷藏至少6小时或放置一夜（这将有助于分层，使它们烘烤前易于切片）。

在烤盘上铺上烘焙纸。使用1个大号或2个小号的抹刀，将面块从平底锅移到砧板上，用一把大刀（理想的是长而薄的刀片，例如雕刻刀），把千层面的四边修整，然后把千层面对半切开。轻轻将千层面提起，将其中一半放在一边。

用刀标记顶部剩下的纵向的意大利面的一半，这样切的时候，你就有三条长度相等的面片。再将面片对半切开。使用抹刀，将切成小块的面片放在准备好的烤盘上。重复做12份，一层一层地将每层面片叠加，铺在烤盘上。如果你1小时内吃不完千层面，用保鲜膜包紧平底锅并冷藏至准备上菜。

**千层面**

将烤箱预热至175℃。在第二个烤盘上垫上烘焙纸。在一个大的不粘锅或铸铁煎锅中，加热15毫升油和2.4克的黄油中高火加热至热，但不要让油加热到冒烟。加入两到三份千层面，切面向下，将火力降至中火并焖煮（不移动面片），直到底部变成金黄色，需3～4分钟。使用抹刀，将面片放到准备好的烤盘上，烤面朝上。

重复使用剩下的油、黄油和面片。

把烤好的面片烤到熟透，需4～5分钟。同时，在一个中等大小的炖锅里，缓缓加热备用的番茄酱。用勺子将温热的番茄酱浇在千层面上。烤制的一面朝上。立即上菜。

401

## 风干牛心

维吉里奥·马丁内斯

中央餐厅

秘鲁，2010年前后

第219页

2千克玛拉斯盐

300克红辣椒酱

50毫升玉米啤酒

10克钦乔草

10克华曼里帕草

10克高海拔地区的香草，切碎

1个风干牛心

在一个碗里，把盐、红辣椒酱、玉米啤酒、秘鲁钦乔草和华曼里帕草以及高海拔地区搜集的香草制成浓稠的糊状物。

从牛心中取出一半的脂肪丢弃。用手把心脏揉搓糊状，冷藏5小时。用一块干净的布，擦去心脏上的硬化物。

最理想的做法是，在一个通风良好的房间，把牛心悬在一个通风、阴暗的地方，在10℃的温度下放置约10小时。你也可以在冰箱里做一个挂钩，把牛心挂在那里。

将牛心像牛肉干一样磨碎，它具有比熏火腿更坚固和更干燥的特性。

## 浓缩洋葱汤配帕尔玛干酪纽扣面和烤藏红花

尼科·罗米托

雷亚尔餐厅

意大利，2010年

第220页

### 浓缩洋葱

2千克金洋葱

### 帕尔玛干酪馅料

300克帕尔玛干酪

30克鲜奶油

### 自制意大利面

125克粗筋面粉

125克低筋面粉

1个鸡蛋

3个蛋黄

盐

### 完成

16个藏红花雌蕊，烘烤

将未剥皮的洋葱放在盘子里，然后把它们放在蒸炉里，以100℃的温度蒸1小时。然后去除外皮，榨取洋葱汁，然后用亚麻布过滤来获得几乎透明的"洋葱汁"。用盐调整调味料并保存加热。

制作馅料：把磨碎的帕尔玛干酪放进碗里。加热奶油，当它开始沸腾时，尽快从火上移开。慢慢倒入磨碎的帕尔玛干酪。然后用木勺搅拌。把面粉、鸡蛋、蛋黄和一小撮盐混合在一起。将混合后的面团盖上一块布，在冰箱里静置1小时。用擀面杖擀两张很薄的面皮。用裱花袋在第一张面皮上挤上帕尔玛干酪馅，再盖上第二张面皮。用面团切割器修整纽扣面。将它们放在盐水中煮沸15～20分钟。

最后，在每个盘子上加4个藏红花雌蕊，然后放入8～10个意大利纽扣面，一旦它们煮干，就放在上面小心地倒上一杯洋葱还原。

## 杜松枝烤扇贝

马格努斯·尼尔森

法维肯仓库餐厅

瑞典，2010年

第221页

一些草本植物含量高的干草，或者用
　一片苔藓覆盖在盘子上，上菜
新鲜的杜松枝，烧火用
6枝完美的，新鲜的，大的，壳内绝对
　无沙的活扇贝
上好的面包和黄油

用热风吹风机或电线圈点燃白桦
木炭，切勿使用灯油或化学品。用水
轻轻喷洒干草或苔藓。

把杜松树枝放在木炭上，当它们
开始燃烧时，直接在火上烤扇贝。当
你听到扇贝边缘发出噼啪声的时候，
它们已经烤好了。

打开每个扇贝，把所有的内容物
放到预热的陶瓷碗中。把扇贝肉分开，
放回底壳。迅速脱掉足丝和肠子，把
浑浊的肉汤倒回放扇贝的贝壳里。

把上半壳放回去，把整个扇贝放
在潮湿的干草或苔藓上，加上一些新
鲜的杜松枝和木炭，必须在不超过90
秒的时间里，将扇贝离火，配上好的
面包和成熟的奶油上桌。

## 鹌鹑皮蛋、浓汤、生姜

科里·李

贝努餐厅

美国，2010年

第222页

盐水：5%食盐，4%碱液，1%普洱茶叶
鹌鹑蛋

**准备腌姜**
2份水
1份香槟醋
1份糖
去皮生姜

**准备肉汤**
5克黄油
15克培根
100克皱叶甘蓝，切片
30克洋葱，切碎
1克盐
一小撮辣椒
80克鸡汤（肉汤）
10克奶油

**制作腌姜奶油**
200克奶油
2克盐
3克糖
10克现榨姜汁

准备足够的盐水，把鹌鹑蛋淹没，
浸泡12天。在室温的自来水下彻底冲
洗，直到水清澈。把鹌鹑蛋擦干，放进
一个密封的塑料袋中，并储存在不透
明的容器里。置于20℃～25℃中4周。

为了制作腌姜，将水、香槟醋和
糖倒进平底锅中，煮开。同时，把姜
切成薄片并放入碗中。向生姜上倒上
滚烫的水。将腌姜冷却到室温，然后
抽真空，放在冰箱中储存至少3天。

制作浓汤，先把黄油融化。在平
底锅里炒培根、甘蓝和洋葱，用盐和
辣椒调味。用鸡汤和奶油盖住食材。
煮开，盖上盖子，炖至酥软，大约45
分钟。把培根取出。把剩下的混合物
倒在平底锅里煮成浓汤，过滤。

将奶油、盐和糖放入搅拌碗。缓
慢均匀地搅拌直到火力达到中火。加
姜汁拌匀。当你准备好上菜时，在沸
水中将鹌鹑蛋煮1分钟。在冰水中冲
洗鹌鹑蛋，然后剥壳。将鹌鹑蛋对半
切开，用盐和腌姜的汁调味。在每个
碗的中心放少许腌制的生姜。在生姜
上涂抹一点姜奶油，把鹌鹑蛋放在上
面，浇上热气腾腾的肉汤，出菜。

## 花盆萝卜

勒内·雷哲皮

诺玛餐厅

丹麦，2010年

第223页

## 牛肉鞑靼配豆瓣菜和黑麦面包

克里斯蒂安·普格利西

曼弗雷兹餐厅

丹麦，2010年

第224页

这道菜的食材包括水萝卜、一种由欧芹、细香葱、龙蒿、雪维菜、青葱、绵羊奶、酸奶、酸豆和蛋黄酱制成的香草奶油和由面粉、麦芽粉、榛子粉、糖和啤酒制成的麦芽土。如果你想在家里制作，则需要2天，因为麦芽土必须成批制造并组合，以获得仿真的纹理。上菜时，找个花盆，用管子把奶油挤进去。把萝卜插进奶油里，用麦芽土盖上。

**鞑靼**

500克牛肉

细海盐

把牛肉清洗干净，修剪掉任何肌腱或筋皮。

把牛肉切成长条，确保厚度适合绞肉机。在牛肉条上撒上含1.5%（重量）的细海盐（例如，1千克肉用15克盐）。让肉在冰箱里腌1小时。

把牛肉条平摊在平托盘上或中间有空间的板上。把它们放在冰箱里大约40分钟，或直到肉的外面被冷冻，但不完全冻上。

当肉几乎冻结时，将牛肉碾碎（磨碎）。在碾肉的时候，尽量保存好牛肉条。

**蛋奶酱**

4个温泉蛋

80克不带面包皮的发酵面包

80克水

90克第戎芥末

7克细海盐

15克柠檬汁

450克油菜籽油

带壳煮鸡蛋。将低温慢煮机设置成65℃，将鸡蛋放进去煮35分钟，然后过冷水。或者，用半熟的鸡蛋，煮6分钟后去壳。

将放了一天的酸面包混合水、温泉蛋和芥末放进密封容器中，让面包浸泡在液体中。在冰箱里保持冷却至少几个小时。

把面包混合物放入搅拌机。再加上盐和柠檬汁并高速搅拌直至光滑。调低速度并逐渐加入菜籽油，使其乳化，最后呈现光滑的奶油味，像蛋黄酱一样的稠度。蛋奶酱可以提前做好，可以在冰箱里保存几天。

## 海胆吐司

约书亚·斯基尼斯
四季餐厅
美国，2010年

第225页

**烤黑麦面包屑**

100克黑面包
15克澄清黄油

**装盘**

优质橄榄油
柠檬汁
细海盐
大量新鲜的绿色豆瓣菜
现磨的胡椒粉

把黑面包上的面包皮去掉，把剩下的切成小方块。风干至少半天。用一个搅拌机，将半干的面包搅打成细小的面包屑。

把一张烘焙纸放在烤盘上，均匀地铺上面包屑。在面包屑上撒上融化的、澄清的黄油，并在烤箱里烤黑面包屑。在160℃的温度下烤制15～20分钟，然后中途不断搅拌，直到它们呈现金棕色。

**装盘**

在每个盘子里放一小块蛋奶。再撒上一些烤黑麦面包屑。用优质的橄榄油、柠檬汁和盐给牛肉调味。混合大量的豆瓣菜，在蛋奶上面排开。撒上适量新鲜研磨的黑胡椒粉和黑麦面包屑即可成菜。

首先，找一个乡村面包面包或其他类似的长时间发酵的面包。将面包切成片。

在一个单独的锅里混合所有切好的面包、干海带，并用水覆盖。给这个"面包酱"用季节性将酱汁调味（你可用优质白酱油代替）。文火慢炖至酱汁黏稠。混合几勺棕色黄油，在室温下备用。

将面包切片烤至深金黄色，但小心不要烤焦，因为我们希望面包能够蘸上面包酱。

把烤好的面包片浸泡在面包酱里，使烤制的顶部露在外面。

当准备好上菜时，把面包放进烤箱加热。用质量最好的海胆放在吐司上，滴几滴柠檬汁。立即上菜。

## 帝王蟹配焦化奶油

马格努斯·尼尔森

法维肯仓库餐厅

瑞典，2010年

第226页

4条生帝王蟹腿（每条腿至少1.5千克）

100毫升奶油

50克软化黄油

装在喷雾瓶中的阿提卡醋

　　将蟹腿去壳洗净，需要保留肉红色外膜完好无损。如果蟹腿上有洞，煮熟后，白色的肉会从那里挤出来，整个菜都会毁于一旦。

　　对于这道菜，您将只使用腿的最粗部分，其他部分太瘦，可制作其他菜肴。在法维肯，厨师将蟹腿制作蟹肉三明治。

　　将四段蟹腿肉放在厨房毛巾上，让它们达到室温。

　　将煎锅加热至非常热，把奶油倒进去，直至冒泡。大约1分钟后，奶油就会减少，并开始在底部凝固。定期用抹刀或勺子检查，这样它就不会烧焦。马上，将锅底的精华刮干净。把平底锅放进一个冰冻的陶瓷碗里。停止烹饪过程并搅拌直到光滑和冷却，类似蛋黄酱的质地。

　　当制作奶油的时候，将另一个平底锅预热至非常热。将蟹段放入其中，将一面煎至金黄，翻面继续煎。一面煎至三分熟，一边煎至半熟。将螃蟹放到预热砧板上，喷上一些醋，刷上一些软黄油，并用一小勺奶油配着螃蟹食用。

## 酸模青酱饭

杰西卡·科斯洛

好莱坞SQIRL餐厅

美国，2011年

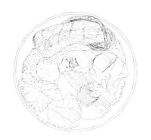

第227页

600克中粒糙米，最好是国宝米

细海盐

130毫升特级初榨橄榄油

25克甘蓝叶（去梗）

50克轻装酸模叶碎

3汤匙新鲜柠檬汁

2汤匙切碎的新鲜莳萝

1个梅耶柠檬，肉取出，去皮，切碎

2～4个小萝卜，切薄片

60毫升发酵的墨西哥辣椒酱

85克羊奶菲达奶酪碎

6个水煮蛋

盐之花

新鲜研磨的黑胡椒

用大量的盐水煮米饭，直到它变软，需30～45分钟。让米饭冷却。

同时，制作酸模青酱：在一个搅拌机或食品加工机里，加上120毫升的橄榄油、甘蓝、酸模和1汤匙柠檬汁。混合直到光滑，根据需要从侧面刮下。加盐之花调味。

在一个大碗里，把米饭、莳萝、柠檬皮，1汤匙柠檬汁和青酱摇匀。尝下味道，如果需要再加点盐。

在一个小碗里，把萝卜和剩下的1汤匙柠檬汁、剩下的2茶匙油和一小撮盐摇匀。放在一边腌制几分钟，直到萝卜柔韧而柔软。

上菜时，在6个碗中盛入米饭。用勺子在米饭上浇一层青酱。在一边放一小块羊奶酪，另一边放一小块萝卜片。每个碗的中间放1个水煮蛋，用盐之花和黑胡椒调味，再用一两小枝莳萝装饰。

**制作发酵的墨西哥辣椒酱（制作600毫升）**

20个墨西哥辣椒（总共455克）

细海盐或金刚石晶体粗盐，视需要而定

240毫升蒸馏白醋

然后把墨西哥辣椒的顶部切掉。将每个辣椒纵向对半切开。去除辣椒籽。把辣椒切成大块，放进装有金属刀片的食品加工机的碗里，然后搅拌至大部分呈现泥状。称量搅拌好的墨西哥辣椒，然后用这个方程算出到底要加多少盐：

搅拌好的墨西哥辣椒按比例加上75‰的粗盐。

把盐搅拌到拌好的辣椒中，然后把辣椒刮到一个干净的罐子里（你需要一个稍微大一点的罐子，容积大于480毫升）。

现在选择一个稍微小一点的罐子，放入墨西哥辣椒泥。如果你没有小一点的罐子，用相同比例的盐制作盐水。480毫升水，需要加入55克盐。将盐水倒入塑料袋中，将袋子里的空气尽量排光，然后将其密封好。把填满盐水的袋子直接放在罐子的顶部，在罐子里将袋子弄破，确保袋子完全盖住混合物，这样没有空气能进入混合物。给罐子做好标签，写上具体的日期，然后把它放在阴凉处，冷却4周进行发酵。

如果你看见辣椒泥的顶部出现了一些白色的霉菌或卡姆酵母，不要担心，把霉菌撇掉，确保袋子里空气中的辣椒泥还在密封发酵。

4周后，将发酵好的辣椒泥盛到一个无反应性锅里搅拌。煮开。从火上移开，然后小心地在高速搅拌机中将其打成泥状，直到质地均匀。

用密封容器储存发酵好的墨西哥辣椒酱，然后放在冰箱里。它至少可以保存6个月。

# 甜菜玫瑰、酸奶、玫瑰花瓣冰

丹尼尔·帕特森
COI餐厅
美国，2011年

第228页

**玫瑰花瓣冰**

10克干玫瑰花瓣

400克水

15克蜂蜜

柠檬汁

20克糖

盐

**甜菜玫瑰**

甜菜根

水

橄榄油

盐和黑胡椒

甜菜（根）汁

米酒醋

必要时加糖

**酸奶**

150克酸奶

酸橙汁

盐

先把玫瑰花瓣做成玫瑰花瓣冰。在花瓣中注入热水，但不是沸水，就像泡茶。

将玫瑰水过滤。用蜂蜜、柠檬汁、糖和盐调味。将玫瑰水倒入冷冻的平底锅中，放进冷冻室。每隔30分钟用叉子搅碎，直到它变得完全冻结松脆。

将甜菜（甜菜根）烤至5分熟，去皮，用水、橄榄油、盐和黑胡椒做甜菜玫瑰。甜菜烘烤时，甜菜（甜菜根）汁大约减半。将甜菜冷却，用盐和米酒醋慢慢调味。

当甜菜变软，冷却，剥皮并切割成两种尺寸的圆柱体。从每块的一边切下一小片并把它们弄平。切片近似3毫米厚，每朵甜菜玫瑰需要大约30片花瓣。多做一些，因为在调味过程中有一些会破裂。为了制作甜菜玫瑰的中心，用削皮刀刮一些长条，削成1厘米长。

把不同大小的甜菜和浓缩甜菜汁摇匀，必要时多放些盐、米酒、醋和糖调味，使甜菜的味道充满活力，不咸、不甜、不酸。

用少许浓缩甜菜汁将碎冰屑打成泥状直至光滑，用盐和米酒醋调味。

要组装玫瑰，首先要滚动一条甜菜并将其放在工作台表面。那就是甜菜玫瑰的中心。镊子在这里会派上用场。将镊子浸入甜菜花瓣的底部并将花瓣浸入菜泥中，按压中心。重复，将第一片花瓣覆盖住第二片的一半，始终以顺时针方向。偶尔按下花瓣，从底部将它们连在一起并压紧。逐渐使玫瑰变大，直到玫瑰约3厘米宽。向外轻轻展开花瓣，让它看起来像玫瑰。冷藏至少2小时。

将酸奶用酸橙汁和盐调味。放入奶油泡沫枪并充氮2次。

上菜时，在冰冻碗的中心放入少量甜菜泥，在甜菜泥顶部放入充气酸奶。用勺子舀一些玫瑰酸奶周围的花瓣冰，放置在酸奶中间的甜菜玫瑰上。立即上菜。

# 肉果

赫斯顿·布鲁门塔尔
赫斯顿·布鲁门塔尔晚宴餐厅
英国，2011年

第229页

---

### 芭菲球

100克去皮切成细丝的青葱

5克去皮切成细丁的大蒜

15克百里香，用绳子绑在一起

150克干型马德拉酒

150克宝石红波特酒

75克白葡萄酒

50克白兰地

250克鹅肝，剔去筋膜

150克鸡肝，去筋

18克盐

2克腌制盐

240克全蛋

300克无盐黄油，切成方块，置于室
温下

首先在一个容器里放入青葱、大蒜和百里香，加入马德拉酒、波特酒、白葡萄酒和白兰地。盖上盖子，浸泡在冰箱放置一夜。

将浸泡过的混合物从冰箱中取出，放入炖锅，然后慢慢加热混合物直到接近所有的液体都蒸发了。时刻防止青葱和大蒜粘锅。从火上移走平底锅，去掉百里香，让混合物冷却。

将烤箱预热至100℃。

与此同时，用⅔的水装满烤盘，制作水浴。确保托盘很大，并且深得足以放下一个砂锅，约宽26厘米，长10厘米和高9厘米。将烤盘放入烤箱中。将砂锅放入烤箱中，在准备芭菲的过程中保持砂锅的温度。

将水浴预热至50℃。

准备芭菲时，先切鹅肝，切成大致与鸡肝大小相同。在碗中，将鹅肝、鸡肝用盐和腌制盐腌制。

将以上食材混合均匀，混合后放进一个低温慢煮袋中。把水分蒸发后剩下的酒液和鸡蛋放入第二个真空食袋，将黄油放在第三个袋子。把三个袋子抽真空并将它们放置在热水中浸泡20分钟。

小心地将袋子从水浴中拿出，然后将肝和浓缩的鸡蛋酒放在深盘中。使用手持搅拌器，快速搅拌充分混合，然后慢慢混合融化的黄油。搅拌至光滑。重要的是要记住这三种元素组合应处于相同的温度，以避免混合物分层。

将混合物倒进全能料理机，将温度设置为50℃，以全速搅拌3分钟。

将混合物用双层细布作衬里（粗棉布）通过细目筛过滤。

小心地将砂锅从烤箱里拿出，倒入光滑的芭菲混合物并将砂锅放入隔水蒸锅。检查水位与芭菲顶部高度相同。用铝箔盖住隔水蒸锅。

35分钟后，使用探针温度计检查芭菲的中心温度。当中心温度达到64℃时芭菲制作就完成了。这可能需要1小时。

从烤箱中取出砂锅，并使其冷却至室温。盖上保鲜膜，放入冰箱24小时。

把砂锅从冰箱里拿出来并把保鲜膜拿掉。去除芭菲顶部的氧化层，将表面变色的部分刮掉。用勺子把芭菲舀进垂直的一次性裱花袋，轻轻地旋转它以确保去除所有空气。

将2个硅胶圆顶模放在烤盘上，每个烤盘包含8个直径5厘米的半球。将芭菲挤入半球中，不要将半球填得过满。使用抹刀将半球表面刮平，然后用保鲜膜覆盖。轻轻将保鲜膜铺到芭菲的表面，并把模具放进冰箱，直到冻成固体。

# 肉果

一次从冰箱里取出一个托盘，取下保鲜膜，轻轻用火烧芭菲的平面一侧，小心一点，只融化表面。将两个半球合在一起并轻轻按压，确保半球排列得很好。

取下模具，得到一个相连的芭菲球体，将一根木签（牙签）插入芭菲中。将模具放回冷冻2小时（球体一旦冻结成固体就更容易处理）。

将芭菲从模具中完全取出，用削皮刀修整，使其表面光滑。用保鲜膜包裹住芭菲球，再储存在冰箱里。它们浸入柑橘啫喱前应该放在冰箱里至少2小时。

## 柑橘啫喱

80克葡萄糖（淡玉米糖浆）

2千克柑橘泥

180克明胶片

1.6克橘子精油

7克辣椒提取物

在平底锅中放入葡萄糖和1千克柑橘泥打成泥状，然后慢慢加热至50℃，搅拌至葡萄糖完全溶解。化开明胶，把它放在一个容器里并盖上盖子，用冷水覆盖。

静置5分钟。将软化的明胶挤出多余的水分，然后把它加到温热的柑橘泥中，搅拌直到完全溶解。

在250克温热的果泥混合物中加入橘子精油和红辣椒提取物。轻轻搅拌混合然后把它放回柑橘混合物中。加入剩下的橘子泥，再次搅拌至完全混合。

用细孔滤网将混合物过滤。使用前让柑橘啫喱放置在冰箱至少24小时。

## 香草油

180克特级初榨橄榄油

15克迷迭香

15克百里香

10克去皮对半切开的大蒜

将橄榄油、迷迭香、百里香和大蒜放入真空袋，抽真空冷藏。使用前在冰箱里保存48小时。

## 装盘

柑橘啫喱

芭菲

带叶桔梗

酸面团面包

香草油

要制作水果，先将水加热至30℃。

将柑橘啫喱放入锅中。用中低火和文火加热。使其融化，确保温度不会升至40℃以上。把融化的啫喱放入容器中，并将容器放入预热的水中进行水浴。让啫喱冷却到27℃。

同时，在托盘上铺上毛巾，其上覆盖着一层刺孔保鲜膜。这将为芭菲球解冻创造一个理想的环境。一块聚苯乙烯（聚苯乙烯泡沫塑料）有利于浸渍后的芭菲球能直立。

一旦啫喱达到最佳浸渍温度，从冰柜里拿出芭菲球。拿开保鲜膜，在多余的啫喱流走之前小心地把每个球放进啫喱里2次。

把芭菲球竖直放在聚苯乙烯中并立即放入冰箱1分钟。重复该过程几秒钟。取决于颜色和芭菲球上啫喱的

## 酸奶油粥配风干驯鹿心脏和梅子醋

埃斯本·霍尔姆博·邦
马艾莫餐厅
挪威，2011年

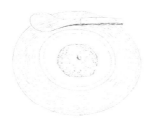

第230页

厚度，可能需要重复该过程3次。

最后一次浸泡后不久，啫喱就会充分制好。轻轻取出木签并将球放在有内衬的托盘上，隐藏的孔朝下。用盖子盖住托盘，然后在冰箱中解冻约6小时。

上菜时，轻轻推动顶部的球体，以模仿橘子的形状。将带叶橘梗放入顶部中心，完成"水果"。

给每个肉果配上一片用香草油刷过的酸面包。

0.5升乳脂含量为35%的酸奶油

45克小麦粉

70克新鲜碾磨的小麦粉

0.5升全脂牛奶

盐

梅子醋

**装盘**

黄油，每份约15克，融化
风干驯鹿心

把酸奶油放进锅里，慢慢加热。一点点地筛入小麦粉，同时不停地搅拌。过一会儿，脂肪就会开始分离。煮的时候把脂肪舀出来。这样持续8～10分钟。

当混合物质拌均匀，大部分的脂肪已经分离，开始用牛奶一点点地稀释混合物，就像在做白酱。当所有的牛奶都加入肉酱中时，用盐和梅子醋调味。

把黄油加热，制成棕色黄油。最好的做法是用中火加热黄油。当它开始沸腾起泡时，密切关注是很重要的。黄油应该能通过一种褐变过程，使牛奶糖和蛋白质获得丰富的焦糖风味，但重要的是黄油不能烧焦。倒进几滴梅子醋，给它一个微酸的味道，同时停止焦化过程。

上菜时，在碗或盘子里装满所需的酸乳酪量。用一个质量好的擦菜器，最好是切片刀，将风干驯鹿心磨碎，撒到粥里面。在每一份粥里加一大汤匙黄油。

## 熏鳗鱼三明治

杰里米·李

库瓦迪斯餐厅

英国，2012年

第231页

---

1片酸面团面包

黄油

1大茶匙第戎芥末

30～40克烟熏鳗鱼片（取自完整的鱼）

1满茶匙较辣的山葵奶油

### 腌红洋葱

一小把糖

2汤匙优质的白葡萄酒醋

¼个小红洋葱，去皮，切成薄片

将糖和白葡萄酒醋一起放在锅里轻轻加热，直到糖溶解。关火，把洋葱片浸泡在腌料汁中1小时左右。

用火把烤盘加热，放入面包片，烤至表面焦香。

在面包被烤的一面涂上大量的黄油，然后是第戎芥末，然后把面包切半。

将鳗鱼切成三等份，放在烤过的面包上。加入山葵、奶油，再放上另一半面包（烤的一面朝下）。

把三明治放回平底锅，烤至焦黄。过几分钟小心地翻转三明治和烤架。

沥干腌制的红洋葱，放在三明治旁搭配食用。

## 余烬炭烤沙拉、马尔岛奶酪、松露卡仕达酱、大榛子

西蒙·罗根

铁砧餐厅

英国，2012年

第232页

---

### 马尔岛奶酪酱

500克磨碎的马尔岛奶酪

450克水

2克黄原胶

盐和胡椒粉

### 松露卡仕达酱

200毫升全脂牛奶

200毫升高脂厚奶油

英国黑松露30克，切碎

3个蛋黄

1个全蛋

盐和胡椒

### 松脆饼

5克鲜酵母

70克温水

50克T55面粉

260克黑麦粉

5克食盐

300克酸酵头

25克核桃油

150克去皮切碎的坚果

### 辣椒草本油

50克蒜末

一小块剁碎的辣椒和一半的辣椒籽

200克葡萄籽油

2克乳化剂

40克采摘的扁平欧芹

3克食盐

### 沙拉

2棵小卷心菜

50克托斯卡纳甘蓝

50克羽衣甘蓝

25克俄罗斯红甘蓝

1个大花椰菜

1个大头西蓝花

块根芹

### 装饰

英国黑松露丝

芥末花边

黑芥花

### 马尔岛奶酪酱

将奶酪在80℃的水中融化静置30分钟。然后通过细筛，加入黄原胶，

412

## 糯米酿乳猪

谭国锋

誉龙轩餐厅

中国，2012年

第233页

使其稍微变稠，用盐和胡椒调味。需要时，再使用手持搅拌机搅拌。

### 松露卡仕达酱

把牛奶和奶油慢炖，加入松露碎。关闭火源，浸泡15分钟。把蛋黄和全蛋放入碗中，放入松露卡仕达酱中搅打，冷却。通过细筛过滤，检查调味后放入瓷盘中，然后盖上保鲜膜并蒸至刚刚凝固。保存在冰箱。

### 松脆饼

将新鲜酵母与水混合，把面粉、盐与酸酵头放进混合机。混合直到获得坚实的面团，拿出，用保鲜膜包裹，在冰箱里放置2小时。将机器设置为最低挡揉面状态，尽量让面团保持完整。然后把面团放在烤盘上，喷上一点核桃油，撒一些切碎的坚果。下一步，放一块硅胶纸在顶部用另一个烤盘覆盖按压。以180℃烘8分钟，取出烤盘，再烤4分钟。让其冷却并掰中等大小的碎片。

### 辣椒草本油

将大蒜、辣椒和葡萄籽油加热到金黄。然后通过细筛过滤并加入更多的葡萄籽油。在65℃的温度下在油中加入乳化剂，将欧芹在沸水中烫一下，再在冰水中过凉，挤干水分。用欧芹和3克盐把油液化，直到得到明亮的绿色的油，然后过滤。将其筛入碗中，加入冰水搅拌至稍微变稠。

### 烤沙拉

将块根芹去皮切成薄片，将薄片放入真空包装袋中，抽真空。在85℃的水里煮1小时，冷却并切成丝。在200℃下，在不同纹理的石头上把各种蔬菜烤熟，不断翻动蔬菜，为制造烟雾，将樱桃木片引燃，用盐和胡椒给沙拉调味。

### 装盘

把1勺松露卡仕达酱放在盘子以及烤好的蔬菜上，在周围放上几片坚果、芥末、鲜花，淋上辣椒草本油。最后撒上新鲜的英国松露、芥末、鲜花，舀一些奶酪泡沫浇在周围。

首先，将乳猪按照传统的BBQ乳猪的方式进行干燥和制备。之后，将猪对半切开，去骨，得到猪皮。

馅料是由炒糯米、羊肚菌、蘑菇汁、伊比利亚火腿、葱（大葱）还有酱油组成。

馅料很精致，被包裹在里面。

猪皮起到卷纸的作用，用厨房绳子或金属线把它紧紧地系在里面，这样果汁和馅料就不会漏出来。将卷好的乳猪放入180℃的烤箱，直到它变成金黄色蓬松酥脆的皮。完成之后，锅中烧200℃～220℃的热油，确保猪皮的脆度，切好就上桌了。烹饪时间要求为30分钟（不包括米的准备时间）。

## 胡萝卜鞑靼

丹尼尔·赫姆

麦迪逊公园十一号餐厅

美国，2012年

第234页

### 几束胡萝卜

8根胡萝卜，直径不超过3.8厘米

75克橄榄油

15克盐

百里香3枝

将万能蒸烤箱预热至90℃，全速，并准备冰浴。切掉胡萝卜的尖端，留下7.6厘米茎的胡萝卜。保留顶部。

把胡萝卜、橄榄油、盐和百里香放在真空食品袋里密封。把胡萝卜放在万能蒸烤箱里烤至软嫩，大约25分钟。将冰浴中的胡萝卜摇晃。

当胡萝卜冷却，把它从袋中倒出，彻底沥干。使用棕榈树叶，把胡萝卜捆成一捆。

### 胡萝卜调味汁

50克菜籽油

400克去皮切片的胡萝卜

40克去籽并切片墨西哥辣椒

70克切片洋葱

14克盐

600克胡萝卜汁，大约8根胡萝卜

10片芫荽叶

50克橄榄油

50克橙汁

70克酸橙汁

5克是拉差酱

在平底锅中用中火加热菜籽油。将胡萝卜、墨西哥辣椒和洋葱放入锅中，用盐调味。烹煮，经常搅拌，直到蔬菜开始变软，大约10分钟。

往锅里加入胡萝卜汁，文火慢炖直到胡萝卜汁几乎收干，并且蔬菜完全变软，大约15分钟。

把蔬菜倒进搅拌机里，配上芫荽叶并高速搅拌直到完全细腻。缓缓倒入橄榄油，小心保持乳状液。用橙汁、酸橙汁和是拉差酱调味。过滤，放置在冰浴上。

### 苹果芥末

400克去皮、切块的澳大利亚青苹果

20克橄榄油

25克苹果醋

10克欧芹叶

1克黄原胶

50克第戎芥末

50克沥干的腌制芥菜籽，用黄色芥菜籽

3克食盐

预热万能蒸烤箱至85℃，全速，并准备一个冰浴。

把苹果、橄榄油和苹果醋混合在一起，装在真空食品袋中，密封好。把苹果放在万能蒸烤箱里烤，烤至变软，约40分钟。把真空苹果放在冰浴中摇动。

冷却时，把苹果从袋子里拿出来并和欧芹叶一起放进搅拌机中，搅拌到完全光滑。以中速继续搅拌，缓慢加入黄原胶。继续搅拌果泥，直到黄原胶是完全融合，果泥浓稠，大约1分钟。用细筛过滤果泥，在果泥里加入第戎芥末、芥菜籽，用盐调味。

## 重庆鸡翅

丹尼·鲍文和安东尼·米因
龙山小馆中餐厅
美国，2012年

第235页

### 杂粮吐司

8片3毫米厚的杂粮吐司
橄榄油
盐

将对流炉预热至163℃。轻柔地给每片吐司刷上橄榄油，再用盐调味。将每一片吐司沿着对角线切成4个三角形。把吐司片平铺在铺有烘焙纸的烤盘上，再在吐司上盖一张烘焙纸。把面包放在烤箱里烤至金黄酥脆，大约15分钟。让其冷却至室温。

### 腌苹果

100克去皮、切块的澳大利亚青苹果，厚6毫米
150克白色香脂醋

使用真空密封机，把敞口容器里腌制中的苹果密封压缩。

### 完成

16克葵瓜子
8个腌鹌鹑蛋
56克苹果芥末
熏青鱼，磨碎
辣根，磨碎
40克沥干的腌苹果
香葱片
24克沥干的腌制芥菜籽，用黄色芥菜籽制成
8克海盐
芥籽油

将烤箱预热至175℃。把葵瓜子撒在铺有烘焙纸的烤盘上，在烤箱里烤至焦香，大约7分钟。让其冷却到室温。

在桌上把捆好的胡萝卜用绞肉机磨碎。把胡萝卜分成8盘。

把沥干的腌鹌鹑蛋蛋黄、苹果芥末、烤葵瓜子、磨碎的烟熏青鱼、辣根、腌苹果、香葱片、芥菜籽和海盐分别放在小盘中，把磨碎的胡萝卜和8个盘子中的配料、胡萝卜调味汁与芥子油混合在一起。搭配杂粮吐司。

1360克鸡翅（中翅或全翅）
¼杯粗盐，酌情添加
½杯植物或花生油，另加8～10杯用于炸鸡翅
227克金钱肚
½杯玉米淀粉
4杯干天津辣椒或其他中辣的红辣椒
约¾杯重庆鸡翅混合香料

### 重庆鸡翅混合香料（1杯的量）

2汤匙整粒花椒
2汤匙孜然粒
2茶匙茴香籽
2个八角
2个黑豆蔻豆荚
1.5茶匙整瓣丁香
2汤匙加2茶匙糖
1汤匙粗盐
2汤匙加2茶匙蘑菇粉
2汤匙卡宴辣椒粉

制作鸡翅时，将烤箱预热到175℃。

在一个大碗里，把鸡翅、盐和½杯油混合均匀。将翅膀展开放在烤盘

## 重庆鸡翅

第236页

的烤架上。烤翅15分钟，直到表皮变色，但没有变焦。让烤翅冷却到室温，然后把它们放入冰箱冷冻，不加盖，放置一夜。

第2天，在冷自来水下彻底清洗金钱肚，用力擦洗以去除所有砂砾。将其放入锅中，用冷盐水没过5厘米，然后猛火煮开。煮沸10分钟，然后减少火力，文火煮2～3小时，直到牛肚变得很嫩。冲洗并完全冷却，然后沥干。

同时，从冰箱里拿出鸡翅，让它们在室温下解冻1～2小时。

制作混合香料：烘烤花椒、孜然粒、茴香籽、八角、豆蔻和丁香在干煎锅（煎锅）中中火炒至5分熟，不断翻炒直至香气溢出。在一个小碗中，将烘烤过的香料与糖、盐、蘑菇粉和辣椒粉混合。

在香料或咖啡研磨机中，研磨香料混合成粉末，如有必要，分批研磨。将香料混合物在密封容器中保存约1周。

将金钱肚切成约1.3厘米，宽5厘米长的长条。放置备用。

在深锅或炒锅中（或使用深油炸锅），加热约10厘米的油至175℃。用纸巾擦干金钱肚，然后把它们放在玉米淀粉里拍粉，拍掉多余的面粉。将鸡翅分批炸熟，再将金钱肚炸4～6分钟，或直到炸得金黄酥脆。

同时，在热干锅或煎锅（炸锅）高温炒制天津辣椒约1分钟，这样辣椒就能均匀地炒熟。

将炸过的鸡翅和金钱肚沥干油，尽可能去掉表面多余的油分。然后将它们盛进一个大碗里，加入辣椒搅拌。辣椒会使这道菜更香，但辣椒不是用来吃的。

**柠檬草冰激凌**

200克全脂牛奶

50克高脂厚奶油

3根柠檬草茎

30克糖

40克糖浆

柠檬皮屑

10滴柠檬油

在热混合器中处理配料，并全速将其加热至85℃。当达到此温度时，取出并过滤液体，放入碗中加冰冷却。将混合物在帕可婕冰糕机中冷冻，并在食用前处理。

**挞壳**

40克冷黄油

20克糖霜

1个蛋黄

50克面粉

2克磨碎的香料（八角、肉桂、杜松、胡椒和小豆蔻）

在一个碗里，用手把冷的黄油和糖霜揉在一起。加入蛋黄、面粉和香料，充分揉搓至光滑。在冰箱里静置2小时。将面团在硅胶垫上擀至2毫米厚。用模具捏出底部直径为8厘米，顶部直径为6厘米的挞壳形状。以160℃烘烤8分钟。

**薄荷酱**

50克新鲜薄荷叶

20克矿泉水

6克木糖醇

0.5克薄荷精油

把一锅水烧开，把薄荷放在里面烫10秒钟，然后在冰水中冷却。把薄荷与其他成分充分混合，确保温度不会达到35℃以上。将薄荷酱过筛。

**萨巴雍**

85克蛋黄

50克糖

80克柠檬汁

80克阿马尔菲柠檬酒

准备一锅开水和一个大小合适的耐热碗，将碗悬于水面上而不接触水。用手动打蛋器搅打碗里的蛋黄和糖，关火。当糖溶解，鸡蛋变热，混合物开始变稠之前，逐渐加入柠檬汁和柠檬酒。慢慢地倾倒混合物，同时继续有力地搅拌。当它被充分搅拌起泡并具有奶油状的质地时，萨巴雍就做好了。

**柠檬粉**

1个柠檬

将柠檬洗净，切成薄片，并除去柠檬籽。把柠檬片放在30℃的脱水机中脱水5天。在多功能恒温震荡仪中将柠檬片打成粉，把粉末过细筛。

**装盘**

4克柠檬蜜饯（果皮和果肉）

佛手柑蜜饯2克

糖姜1克

1克柠檬粉

1克刺山柑

把配料摆在盘子里。把萨巴雍放在盘子上，再加一份柠檬草冰激凌放在中间，把挞壳放在冰激凌上面，然后在上菜前轻轻摔碎。

## 可颂甜甜圈®

多米尼克·安塞尔

多米尼克·安塞尔面包房

美国，2013年

第237页

甘纳许（见下页）

调味糖（见下页）

淋面

**可颂面团**

525克面包粉，再根据需要撒粉

6克粗盐

64克砂糖

11克快速干酵母

250克冷水

30克蛋清

112克无盐黄油（84%乳脂），软化的

15克高脂厚奶油

不粘烹饪喷剂，根据需要

**黄油块**

251克无盐黄油（84%乳脂），软化

葡萄籽油

淋面

装饰糖

**甘纳许**

准备一份甘纳许，冷藏起来，随用随取。

**可颂面团**

把面包粉、盐、糖、酵母、水、蛋清、黄油和奶油放入装有面团钩的立式搅拌器中混合。混合直到刚刚结合，大约3分钟。完成后，面团会很粗糙，而且面筋还没怎么发酵。

在一个中等大小的碗里喷上一层不粘烹饪喷剂。把面团放到碗里。用保鲜膜直接覆盖在面团的表面，以防止形成硬壳。在一个温暖的地方放置面团，直到面团醒发，体积加倍，需2～3小时。

取下保鲜膜，然后通过将面团边缘折叠到中心，再按压面团，以释放出尽可能多的气体。在一张烘焙纸上，将面团整形为边长25厘米的正方形，挪到铺有烘焙纸的薄板上，用保鲜膜覆盖。冷藏放置一夜。

**制作黄油块**

用一支铅笔在一张烘焙纸上画一个边长18厘米的正方形。把烘焙纸翻过来，让黄油不会接触到铅笔的痕迹。把黄油放在正方形的中心，并用抹刀将其均匀抹开，以填充正方形烘焙纸。冷藏放置一夜。

**层压板**

把黄油从冰箱里拿出来，它应该还是软的，可以轻微弯曲而不开裂。如果还是太硬，就在撒上面粉的工作台面上用擀面杖轻轻地敲打，直到它变得柔韧。一定要按压黄油，按压过后，使其恢复到原来的尺寸（18厘米）。

将面团从冰箱中取出，确保其完全冷却。把面团放在一个撒了面粉的工作台面上。用擀面杖把面团擀成边长25.5厘米，约2.5厘米厚的面皮。把黄油块放进面皮的中心。把面皮的角朝上拉，一直到黄油块的中心。把面皮的接缝捏（接合）在一起，把黄油密封在里面。此时会得到一个略大于黄油块的方块。

轻轻地在工作台面上撒上面粉，以确保面皮不会粘在台面上。使用稳定均匀的压力，用擀面杖把面团从中心擀开。完成后，你应得到边长50厘米，约6毫米厚的方块。

将面团水平对折，将边缘对齐，这样就可以得到一个长方形块。然后把面团垂直叠起来。此时会得到一个边长25.5厘米的四层正方形面团。用保鲜膜裹紧并冷藏1小时。

重复前两个步骤。用保鲜膜紧紧包裹，冷藏放置一夜。

### 切面团

在撒有少许面粉的台面上，把面团揉成边长40厘米，约1.3厘米厚的面饼。将面饼放入平底锅中，用保鲜膜覆盖，冷藏醒发1小时。

使用9厘米的环刀进行切割，将面团切割成12个圆块。用直径2.5厘米的环刀切去每个圆块的中心，用于制作成甜甜圈的形状。

在平底锅上铺上烘焙纸，在烘焙纸上轻轻撒上面粉。把可颂甜甜圈放在平底锅上，每个之间间隔约8厘米。将不粘烹饪喷剂轻轻地喷在保鲜膜上，用保鲜膜包好甜甜圈。在一个温暖的地方发酵，直到其膨胀为原来3倍的大小，大约2小时。

### 炸甜甜圈

在一口大锅里加热葡萄籽油。直到温度达到175℃。使用油炸温度计来验证油的温度是否合适。在浅盘上铺上几层用来吸油的纸巾。

把其中三个或四个甜甜圈面团放到热油里。炸大约每边90秒，翻转一次，直到炸成金黄色。用漏勺沥油，然后用吸油纸吸干油分。

检查油是否达到合适温度。如果没有，在炸下一批之前让它再达到油炸的温度。在填充之前，使其完全冷却。

### 上淋面

准备相应的淋面配合所选的甘纳许。

### 制作调味糖

准备装饰糖，以符合所选择的甘纳许。

### 组装

将甘纳许盛到配有搅拌器的立式搅拌机中。高速搅拌，直到甘纳许保持坚硬的小突峰（如果使用香槟巧克力甘纳许，简单地搅拌直到光滑，因为它已经很厚了）。

把裱花袋的尖端剪成紧贴喷嘴的形状。使用一把橡皮刮刀，将2大勺甘纳许装在裱花袋里，填至⅓满。把甘纳许挤到裱花袋的底部。

放置你选择的甘纳许的装饰糖。然后在碗里上釉。

把每个可颂甜甜圈较平的一面朝上。用裱花袋把甘纳许均匀地挤到甜甜圈上四个不同的地方。此时，你应该感觉到手里的甜甜圈变重了。

把甜甜圈侧放。滚上相应的调味糖，裹住外部边缘。

如果淋面已经冷却，用微波炉加热。加热几秒钟直到变软。剪一下裱花袋的底部，装上裱花嘴。使用橡皮刮刀，把淋面盛到袋子里，然后把它挤到袋子的底部。

在每个可颂甜甜圈的顶部淋上一圈淋面。请记住，让淋面继续轻微流动，直到它冷却。让淋面凝固大约15分钟。再上桌。

请在8小时内食用（剩余的甘纳许可储存在密闭的容器中，在冰箱里可以放2天。剩下的调味糖可以密闭保存，在容器中可存放数周，并可用于浸渍水果或使饮料变甜）。

### 香草玫瑰甘纳许

1片明胶，或2.3克明胶粉加15克水

406克高脂厚奶油

1根香草荚，纵向分开，刮去籽

90克白巧克力碎

50克玫瑰水

将明胶片浸泡在一碗冰水中，直到变软，大约20分钟。如果使用明胶粉，将明胶粉撒在小碗中的水中，搅拌，静置20分钟，使其溶化。

将高脂厚奶油和香草籽放在一个小锅里。用中火煮至沸腾。从火上移开。

如果使用明胶片，挤干水分。把明胶放到奶油里，直到明胶溶解。

将白巧克力放入一个小的耐热碗中。将热奶油倒在巧克力上，静置30秒。

搅打白巧克力和热奶油至光滑。加玫瑰水并搅拌直至完全混合。用保鲜膜盖好，以防止表皮形成。

冷藏放置一夜至凝固。

### 搅打柠檬甘纳许

2片明胶片，或5克明胶粉加30克水

188克高脂厚奶油

柠檬皮屑

51克砂糖

117克白巧克力碎

141克柠檬汁

将明胶片浸泡在一碗冰水中，直到变软，大约20分钟。如果使用明胶粉，在一个小碗里，把明胶粉撒在水里，搅拌，静置20分钟让它化开。

混合奶油、柠檬皮，把糖放在一个小锅里，然后用中火煮沸。关火。

如果使用明胶片，挤干水分。把明胶倒到奶油里，直到明胶溶解。

将白巧克力放入一个小的耐热碗里。将热奶油倒在巧克力上，静置30秒。

搅打白巧克力和热奶油至光滑。

让甘纳许冷却至室温。加入柠檬汁，搅拌。用保鲜膜直接封好，以防止表皮形成。冷藏放置一夜至凝固。

### 香槟巧克力甘纳许

26克水

102克香槟

9克不加糖的可可粉

115克高脂厚奶油

60克蛋黄

38克砂糖

165克黑巧克力碎（可可含量66%）

将水、26克香槟和可可粉放入一个小碗中。搅拌成均匀的糊状。

把奶油和剩下的76克香槟混合在一起，装在一个小锅中，用中火煮至沸腾。从火上移开。

将蛋黄和砂糖一起放在一个小碗里。留出1/3的热奶油混合到蛋黄中，不断地搅拌直到完全混合，使它们调和。将调和的蛋黄放入剩余的热奶油中搅拌。将火力调回中火。

继续搅拌。继续用中火加热奶油至85℃。奶油将变成浅黄色并变稠，

## 蚂蚁和菠萝

亚历克斯·阿塔拉

D.O.M.餐厅

巴西, 2013年

第238页

直到可以覆盖在勺子的背面。关火并搅拌可可粉。搅拌至完全混合。

把巧克力放在一个中等大小的耐热碗里。用一个小筛子将奶油过滤到巧克力中。静置30秒。

搅拌巧克力和奶油,直到光滑。完成后,甘纳许会有酸奶的稠度。留50克上淋面。用保鲜膜覆盖,防止甘纳许起皮,冷藏放置一夜至凝固。

### 香草糖

200克砂糖

1根香草荚,纵向切开,刮籽

### 枫糖

200克粒状枫糖

1个柠檬,将柠檬皮磨碎

### 橙子糖

200克砂糖

1个橙子,将皮磨碎

把糖和橙皮碎混合在一个小碗里,保留到需要时。

### 玫瑰淋面

200克用于淋面的方登糖

30克玫瑰水

### 柠檬淋面

200克用于淋面的方登糖

柠檬皮屑

### 香槟巧克力淋面

200克用于淋面的方登糖

50克香槟巧克力甘纳许

微波炉以10秒的间隔在小碗中加热方登糖,间隔搅拌。当方登糖微温,大约20秒,添加相应的调味料(加玫瑰水、柠檬皮)并搅拌至完全混合。

1个菠萝

4只索瓦蚂蚁

菠萝剥皮,切成四份相等的立方体。

把一片菠萝放在盘子上,顶部放上蚂蚁。立刻上菜。

421

# 牛油慢煮甜菜根配烟熏鳕鱼子和亚麻籽

汤米·班克斯

黑天鹅餐厅

英国，2013年

第239页

225毫升红甜菜根（甜菜）汁

赤霞珠红酒醋

2个大的甜菜根，去皮

100克牛油

20克烟熏用橡木屑（可选）

海盐

## 山葵山羊凝乳

100毫升搅打奶油

15克新鲜辣根，去皮细碎

75克山羊凝乳

海盐

## 烟熏鳕鱼子乳

烟熏鳕鱼子65克

30毫升水

15毫升柠檬汁

1茶匙第戎芥末

15克蛋黄（约1个蛋黄）

1茶匙海盐

125毫升葡萄籽油

## 亚麻籽饼干

60克棕色亚麻籽

100毫升沸水

一小撮海盐

植物油

## 腌制甜菜根

1个金甜菜根

1个红甜菜

150毫升标准酸浸液，冷却

把奶油煮至快沸腾，加入辣根，然后从移开火源。用保鲜膜紧紧盖住锅，并放置在冰箱浸泡放置一夜。第二天，用细筛和长柄勺把奶油过滤一下。用橡皮刮刀将过滤的奶油拌入山羊凝乳中，并用盐调味。把它放在冰箱里冷藏直到需要的时候。

为了制备鳕鱼子乳，把除了油以外所有的配料混合在一个小碗里，用手持搅拌器充分混合，直到混合物光滑，完全同质。开始逐渐加入葡萄籽油直到它全部用完。你会得到一种坚硬和有光泽的乳状物。将它盛到裱花袋中。把所有的亚麻籽饼干配料混合

在小容器中，放在一边20分钟。亚麻籽会吸收水并形成类似鱼子酱的凝胶。将烤箱预热至150℃。在硅胶烘焙垫上撒上薄薄的亚麻籽混合物。在烤盘上烤大约30分钟。亚麻籽混合物会膨胀形成饼干，冷却后将其打碎并储存在密封容器中。

制作腌制的甜菜根圆片：剥去甜菜根的皮，用曼陀林切菜器切成2毫米厚的薄片。使用2厘米的切割器，从两个甜菜根上压出甜菜圆片。将金色圆片放入一个真空袋子，红色圆片装在另一个袋子里。把酸浸液分成两袋并密封。如果你没有真空封口机，那么可以将酸浸液加热后倒出在圆片上。

将甜菜根汁煮开，调小火，然后小心地炖，时刻观察，直到得到厚厚的如糖浆般的淋面。用盐与醋调味。盖上并保持温度，直到准备上菜。

修剪甜菜根的顶部和尾部，并把它们切成平整的三角形，约1.5厘米厚。将牛油融化在一个大又重的平底煎锅里，加入甜菜根，慢慢煮。小火加热4～5小时，每20分钟翻炒一下，加盐调味。当甜菜根变软，萎缩到几

# 摩尔母亲酱

恩里克·奥尔维拉
普霍尔餐厅
墨西哥，2013年

第240页

乎像牛排时，把它们放在托盘里，用保鲜膜包裹。如果打算制作烟熏甜菜根，在保鲜膜上戳一个洞，用橡木片熏制，使用烟枪或类似的冷烟枪。熏好后把洞封起来保温，直到准备好上菜。

将每个熏制的甜菜根彻底上淋面并放置在四个盘子的中心。交叉挤上鳕鱼子乳，用山羊凝乳覆盖整个甜菜根表面。最后，将小块亚麻籽饼干和沥干的甜菜根圆片放置在顶部。

## 黑色摩尔酱

4个智利红辣椒

4个智利尼格罗黄辣椒

4智利阿马里洛黄辣椒

2个天然番茄

2个大蒜瓣

½个白洋葱

一整个丁香

1个多香果

1支百里香

1支马郁兰

1枝牛至

1根小肉桂棒

1汤匙姜粉

1个八角

2汤匙白芝麻

2个梅子

¼茶匙肉豆蔻

¼根车前草，去皮

2汤匙烤花生

1汤匙葡萄干

2汤匙整杏仁

3汤匙细磨的巧克力

2汤匙山核桃

3汤匙葡萄籽油

240毫升水

3汤匙粗盐

## 罗霍巧克力辣椒酱和努埃沃巧克力辣椒酱

15个巴西拉辣椒混合物

2个祖传番茄

2个大蒜瓣

½个白洋葱

1整瓣丁香

1个多香果

1枝百里香

1支马郁兰

1枝牛至

1根小肉桂段

1汤匙姜粉

1个八角

2汤匙白芝麻

2个梅子

¼茶匙肉豆蔻粉

¼根车前草，去皮

两汤匙烤花生（花生）

1汤匙葡萄干

2汤匙杏仁

3汤匙细磨的巧克力

## 摩尔母亲酱

2汤匙山核桃

3汤匙葡萄籽油

240毫升水

3汤匙粗盐

**玉米面团**

制作1千克

1茶匙氢氧化钙

510克干玉米

**芝麻玉米饼**

280克玉米面团

1茶匙粗盐

4茶匙水

3汤匙烤过的白芝麻

### 制作黑色摩尔酱

在烤盘里放入除水、油、盐以外的所有配料，将烤箱预热至230℃，烘烤8分钟，检查以查看它们是否烤煳。从烤箱中将食材取出并细磨。

在平底锅的油中炒一下磨碎的配料。用中火加热，不时搅拌，加热45～60分钟。

加入水熬煮25分钟，搅拌。加入盐调味。

每天重新加热摩尔酱，每两天添加新一批黑摩尔酱。

### 制作罗霍巧克力辣椒酱和努埃沃巧克力辣椒酱

放入除油、盐和水以外的所有配料，将烤箱预热至230℃，烘烤4分钟。从烤箱中将食材取出并细磨。

在平底锅油中炒一下磨碎的配料，用中火加热45～60分钟，不时搅拌。

加入水熬煮25分钟，不时搅拌。加入盐调味。

### 做玉米面团

将熟石灰溶解在1升水中，放入锅中煮沸。加入玉米煮45分钟。静置12小时。把其沥干放进筛子里，冲洗干净，直到水很清澈。此时将制成的玉米面团擀薄。

### 做芝麻饼

将所有材料放入碗中揉至光滑，分成12份，每份重量略少于25克，并将每个面团卷起来形成球状。使用圆饼机制作玉米饼。

在烤盘上用中火烹饪玉米饼，翻面3次，每面烹饪45秒，总共烹饪2分15秒。

### 装盘

重新加热两种巧克力辣椒酱。在每个板上，用勺子的背面将60毫升罗霍巧克力辣椒酱涂抹成一个圆圈。在每团黑巧克力辣椒酱的中间放入1汤匙努埃沃巧克力辣椒酱。配上玉米饼。

### 烤乳猪

徐维均

家全七福酒家

中国，2013年

第241页

### 韩式生牛肉蔬菜拌饭

金成一

罗宴餐厅

韩国，2014年

第242页

### 美国队长鸡

玛沙玛·贝利

灰色餐厅

美国，2014年

第243页

这个食谱是找不到的。如果你想做这道菜，首先需要找一头乳猪，然后码味。用木炭在炉子里高温烤制。为了忠于这道菜的起源，它应该分两道菜上菜，第一道菜是猪皮和面饼做的三明治，然后是带骨的烤乳猪。

将切成丝的蔬菜，如豆芽、桔梗、香菇、调味后再炒。

把调好味的蔬菜和米饭混合。

在切成丝的韩国牛肉丝上浇上酱油，搭配米饭食用。

2只整鸡，切成8块

2升洋葱丁

2升青椒丁

4个塞兰诺辣椒切丁

2杯蒜末

2茶匙咖喱粉

4杯整粒的梅子番茄

1½杯白葡萄酒

2升高汤

1杯无籽葡萄干

欧芹碎

黄油

橄榄油

盐和胡椒

# 美国队长鸡

在锅中加入2 ～ 3汤匙黄油和2汤匙橄榄油。

用中火将鸡肉炒至上色。取决于你的锅的尺寸，可能需要分批炒制。

撇去油脂，并在同一口锅中加入3汤匙黄油和1汤匙橄榄油。将洋葱、青椒和大蒜小火炒出水分，等到蔬菜炒出香味，食材变成半透明状，加盐和胡椒微微调味。添加咖喱粉，一起搅拌直到咖喱包裹着蔬菜。

把番茄切碎，加进去，然后继续慢慢煮，直到蔬菜开始焦糖化并变得非常柔软，它会焦糖化一直到锅的顶部。一旦其呈现金棕色，蔬菜不再有生青的气味，用葡萄酒稀释锅底结块，烧干汤汁。当酒挥发完，加点高汤再加3汤匙橄榄油。加入鸡肉，煮沸，小火慢炖，直到鸡肉很嫩。检查咸度并将其从火上移开。

食用前，加入无籽葡萄干，如果需要，可加入更多的高汤。最后撒上欧芹碎。

# 猪膀胱奶酪胡椒意面

里卡多·卡马尼尼

丽都84餐厅

意大利，2014年

第244页

1个脱水猪膀胱

300克通心粉，如菲利加蒂

135克佩克利诺干酪，磨碎

90克特级初榨橄榄油

3克黑胡椒

12克盐，如盖朗德盐

将脱水的猪膀胱浸泡在冷水中约10天，每天换水。

当膀胱充分水合，用漏斗加入其他配料。然后牢牢用厨房麻线固定膀胱开口。

在一口大锅里煮膀胱。一定要让猪膀胱淹没在水里，偶尔摇晃一下，使膀胱内的意大利面混合。煮30分钟。

用一把锋利的刀，在客人面前切开膀胱，把意面舀到盘子上。

# 超级汉堡

布鲁克斯·赫德利

超级汉堡餐厅

美国，2014年

第245页

1杯红藜麦

1个中等大小的黄色洋葱，切碎

2茶匙磨碎的烤茴香籽

1茶匙辣椒粉

1杯煮熟的鹰嘴豆，冲洗并沥干

1茶匙白葡萄酒醋

1杯小胡萝卜丁

½杯粗面包屑

¾杯核桃，烤制并切碎

1个柠檬的柠檬汁

1汤匙切碎的新鲜欧芹

1汤匙辣椒酱

2汤匙土豆淀粉

烤肉饼用的葡萄籽油

盐和黑胡椒

烤面包、生菜丝、烤红番茄、泡菜片、明斯特奶酪，酱汁（蜂蜜芥末，特制酱汁）等

第246页

将烤箱预热到215℃。将藜麦放入1½杯盐水中煮熟。直到蓬松，大约45分钟。冷却保留。在另一个平底锅中，将洋葱炒至半透明焦黄。用盐、黑胡椒、茴香籽和辣椒粉调味。加入鹰嘴豆，继续加热5～10分钟，不断搅拌。用白葡萄酒醋稀释锅底结块和粘在锅底的混合物。使用土豆碾磨器，把洋葱鹰嘴豆压碎，混合。将鹰嘴豆泥和冷却的藜麦混合。

把胡萝卜放在烤箱里烤到边缘变黑，周围柔软，大约25分钟。加入鹰嘴豆泥和藜麦的混合物。加入面包屑、核桃碎、柠檬汁、欧芹和辣椒酱，再用盐和胡椒调味，直到味道很冲。将土豆淀粉与1汤匙的水混合成水淀粉。用水淀粉给汉堡混合物增稠。将混合物制成8～10个小馅饼，放在加了葡萄籽油的锅中煎制，直到完全煎成棕色，每面煎约3分钟。食用时，把每块肉饼放在烤面包上，配上生菜丝、烤红番茄、泡菜片、明斯特奶酪和酱汁。

**烤红番茄**

大番茄，切成大片

2汤匙特级初榨橄榄油

1～2汤匙粗糖

2茶匙碎红辣椒（干辣椒）片

2茶匙茴香籽，烘烤并碾碎，再加上更多的装饰（可选）

2瓣大蒜，切成薄片

盐和黑胡椒

将烤箱预热到150℃。

把番茄、橄榄油、粗糖、红辣椒（干辣椒）片、茴香籽和大蒜放在浅烘中盘上。加点盐，加大量黑胡椒。搅拌混合并放进烤箱。烹饪时间有可能长达2小时，直到番茄破裂，番茄汁浓缩。

新鲜啤酒酵母

320克意大利面，最好是手工的

130克黄油

盐

胡椒粉

把酵母弄碎，放在烤盘上。然后在烘箱或脱水机中烘干。在70℃下烘烤约5小时。

用盐水煮熟意大利面8～12分钟，直到面有嚼劲。

在另一个平底锅中，软化黄油，加入煮熟的意大利面，加盐和胡椒调味。

将意大利面整齐地装盘，最后撒上酵母。

# 咖喱羊羔肉配红薯团子

尼娜·康普顿
兔子兄弟餐厅
美国，2015年

第247页

## 烹饪小山羊

4个洋葱，切成丝

1升生姜，粗略切碎

1升姜黄，粗略切碎

1头大蒜，对半切开

1杯葛拉姆马萨拉

1个香料袋（5根肉桂棒、¼杯八角、¼杯芫荽粉、1汤匙丁香、2杯咖喱叶）

8升棕色鸡高汤

2.3千克小山羊腿或肩（用盐水腌一夜）

在一口大汤锅中，炒洋葱、生姜、大蒜和姜黄。加入葛拉姆马萨拉和香料袋，在中火上加热5分钟。加入棕色的鸡高汤，慢炖。将混合物倒在山羊腿上，在150℃的温度下烘烤，在烹饪的同时给肉刷油，每隔30分钟翻动一次，直到肉变软。把所有的肉从骨头上剔下来，保留高汤。

## 制作肉酱

4个洋葱，切成丝

1杯姜末

1杯切碎的姜黄

1个哈瓦那辣椒，切碎

1杯葛拉姆马萨拉

8罐（罐装）椰奶

烤小山羊

高汤

1个香料袋（5根肉桂棒、¼杯八角、1汤匙丁香、2杯咖喱叶）

将洋葱、姜、姜黄和哈瓦那辣椒放入锅中，加入葛拉姆马萨拉，用小火煮5分钟。加入椰奶、切成2.5厘米块状的肉和备用的高汤，炖煮45分钟。

## 红薯团子

制作10～15份

5个大蛋黄

900克红薯，在175℃烤制，去皮

227克通用（普通）面粉

盐

在搅拌器中，将红薯、蛋黄和盐混合，然后慢慢地加入面粉。用裱花袋把混合物挤在菜板上，然后切成2.5厘米长的圆木形状的面团，放在撒有面粉的薄板托盘上，冷冻起来，随用随取。

## 装饰

15个樱桃番茄，对半切开，在150℃的温度下稍微干燥30分钟

85克芝麻菜

6汤匙烤腰果

1汤匙腌芫荽

将红薯团子放入煮沸的盐水中煮，一旦红薯团子漂浮在水面上，加入肉酱煮大约1分钟。加入樱桃番茄和芝麻菜。（火箭菜）。用腰果碎和腌芫荽装饰。

# 蔬菜泥汉堡

丹·巴伯和亚当·凯
蓝山餐厅
美国，2015年

第248页

---

## 汉堡

227克生蘑菇洗净，晒干，对半切开

北豆腐114克，切成3片

400克罐装芸豆

227克烤甜菜泥

227克烤胡萝卜泥

58克芹菜泥

100克烤制的天然杏仁，粗略切碎

30克日式面包屑

58克磨碎的帕尔玛干酪

3个鸡蛋，打散

86克蛋黄酱

30克蒜泥

114克豆豉，切碎

90克焦糖洋葱丁

85克熟大麦

25克哈里萨辣椒酱

25克味噌

15克伍斯特郡辣酱油

50克软化黄油

15克盐

烧烤油

磨碎的切达干酪，作为汉堡的配料

烤面包、甜菜根、番茄酱、泡菜、生菜、蜂蜜芥末蛋黄酱等。

将对流炉预热至190℃。

把蘑菇放在烤盘上并淋上少许植物油。烤15分钟，直到烤成微棕色。取出并冷却。

在烤盘上铺上烘焙纸并将豆腐切片排列在托盘上。烘烤15分钟，直到其呈金棕色。从烤箱中拿出并让其冷却。

把芸豆铺在放有烘焙纸的烤盘上，烤制10分钟，直到它们开始变干然后裂开。将其移开并让其冷却。

在一个大碗里，用手把所有的配料拌在一起，把大块的烤豆腐弄碎。

分批工作，把三分之一的混合物送到食品加工机中并切成中等细度。将混合物盛进干净的碗中。用手搅拌均匀混合物。

中高火加热烤盘，预热烤架。

将混合物制成约90克的圆粒。在汉堡包上刷上一点植物油，然后放在一个涂油的烤架上。烤两人份的肉饼，每一面2分钟，取出，将肉饼放置在烤盘中。把一些磨碎的切达干酪，放在烤炉下面，烤1分钟，直到奶酪融化并开始起泡。

取出，将奶酪放在烤面包上，配上甜菜、番茄酱、泡菜、生菜，还有蜂蜜芥末蛋黄酱。

## 甜菜番茄酱

2个网球大小的红色甜菜（甜菜根），烤至变软，去皮，切块

1杯红葡萄酒，减少到¼杯

1杯波特酒，减少到¼杯

一撮黄原胶

盐

覆盆子醋

把甜菜根、红葡萄酒和波特酒一起炖，不时搅拌，直到液体减少一半。

加入一小撮黄原胶，搅拌直到光滑为止。

过细筛，并加盐和覆盆子醋调味。

## 蜂蜜芥末蛋黄酱

1个蛋黄

1汤匙第戎芥末

2汤匙雪利酒醋

1½杯葡萄籽油

½杯芥末油

½杯蜂蜜

## 蔬菜泥汉堡

1杯芥末籽

2汤匙柠檬汁

1茶匙盐

在碗中，混合蛋黄、第戎芥末和雪利醋。

一滴一滴地滴入葡萄籽油，当混合物变稠时，搅拌，不断加入葡萄籽油和芥末油，形成浓稠的蛋黄酱。

加入蜂蜜、芥末籽、柠檬汁和盐。冷藏，盖上盖子，静置1小时，使其凝固，以获得最佳质地。

**制作小面包**

612克全麦面粉（建议使用新鲜碾磨的
　硬质红色春小麦）

500克牛奶

12克蜂蜜

7.5克酵母

25克糖

116克黄油，冷冻和切块

20克水

20克面包屑，深烘并粉碎

5克芝麻油

15克盐

在搅拌机的碗中放入面粉、牛奶、蜂蜜、酵母、盐和糖。以低速混合，直到成分混合在一起。

把黄油分成两份。继续混合，直到形成手套膜。把面团揉成球状，包起来，放在冰箱里放置一夜。

把水、面包屑和芝麻油混合。

将面团分成24份，塑造成圆形。压平，将面包屑的混合物抹在面团上。将面包放在一边，在室温下存放3小时。

在175℃的对流烤箱中烤制12～15分钟。

## 野猪肉馅饺子配李子肉汤

安东尼娅·克鲁格曼

拉金尼文科餐厅

意大利，2016年

第249页

400克野猪肉

特级初榨橄榄油，根据口味

黄油，按口味

1个洋葱

1根胡萝卜

1根芹菜

1瓣大蒜

黑胡椒，根据个人口味添加

迷迭香

用高脂厚奶油，根据个人口味添加

500克低筋面粉

120克鸡蛋

200克蛋黄

2千克李子

盐之花，根据个人口味添加

黑胡椒

# 神户牛排三明治

滨田寿人
和牛黑手党餐厅
日本，2016年

第250页

---

在铁锅中放几勺汤匙特级初榨橄榄油和一些黄油来烹饪野猪肉。

洋葱碎、胡萝卜、芹菜和大蒜。在另一个锅里，把蔬菜、特级初榨橄榄油和水炖成棕色。炖的时候，加入烤好的野猪肉和一些开水。继续炖几个小时。最后，加入少许黑胡椒和迷迭香调味。

减少混合物，直到它变厚，颜色变深。

将温热的混合物倒入食物料理机中，加几汤匙高脂厚奶油，搅拌至光滑细腻。

将鸡蛋、蛋黄拌面粉揉捏，直到得到整齐均匀的面团。把面团擀开，然后切成正方形。放1勺馅料在每个意大利面片上。将正方形折成三角形。从底端把三角形捏住以制成典型的意式饺子形状。

李子洗净榨汁，加盐调味。在沸盐水中煮意大利水饺，然后把它们放在温热的李子肉汤里。

1块神户牛排，去掉多余的脂肪并切片至1.8厘米厚，称重大约100～150克（牛排的尺寸应和吐司的宽度一致），如果没有神户牛肉，或可以用优质的雪花纹牛肉

2片日本牛奶面包，1.5厘米厚，如果无法找到日本面包可以用普尔曼面包或类似的致密蓬松的白面包

1个全蛋

通用（普通）面粉，足够蘸一块牛排

日式面包屑

日本炸猪排酱

约1升植物油，用于煎炸

在油炸锅里装满植物油，加热至190℃。

同时将面包片烤至熟浅棕色，放在一边。

准备处理牛肉。准备三个单独的浅盘或碗，一个装满打散的蛋液，用于给牛肉蘸蛋液，一个用于拍面粉，一个用于裹面包屑。

确保牛肉不是直接从冰箱拿出来，以避免炸的时候中心还是冷的。先在牛排上蘸上一层面粉，涂层要均

匀且薄。拍掉多余的面粉。将拍了面粉的牛排浸入搅拌好的蛋液中，然后蘸上一层厚厚的面包屑。一定要轻拍面包屑，以确保它们粘在牛排上。

当油达到一定温度时，把牛肉轻轻放进去，炸1分钟。1分钟后将其从油炸锅中取出，再放置1分钟。

在牛肉片静置的时候，准备好三明治。在吐司的所有面涂上稀薄且均匀的日式炸猪排酱，确保酱汁覆盖吐司的整个表面。

把牛肉片放在吐司上，放上另一片吐司，刷了酱的一面朝下。把四周的硬壳修剪掉，把三明治对半切开或四等分。最好立即食用。

## 烤全猪

罗德尼·斯科特
罗德尼·斯科特的烤全猪餐厅
美国，2016年

第251页

罗德尼·斯科特没有泄露关于这道菜的所有细节。先准备一头猪，在你后院挖一个坑。拿些橡木、山核桃硬木，用盐、黑胡椒和罗德尼的秘制酱汁（包括醋、胡椒和柑橘）腌制后烟熏。猪腹部分烤12小时，然后翻面，再烤一段时间，再调味。然后把肉切成粗块（如果你愿意的话，可以用甘蓝将烤乳猪卷起来）。

## 猪肉派

卡勒姆·富兰克林
霍尔伯恩餐厅
英国，2016年

第252页

为了做出美味的派，需要找到一些老旧的英国模具，然后决定吃猪肉、牛肉或蔬菜馅，最后制作精心的装饰。

## 鸭肉冻

克劳德·博西
克劳德·博西的必比登餐厅
英国，2017年

第253页

**鸡清汤**
20千克白条鸡
6个牛蹄，分开
45升水
调味蔬菜（6个洋葱，对半切开，在炉子上烤，8根胡萝卜，1整棵芹菜，1小枝百里香）

将鸡架和牛蹄浸入水中，煮沸，撇去浮沫。加入调味蔬菜并烹饪。它需要比普通的鸡汤煮得更久。将鸡汤过滤。

**棕色鸡高汤**
20千克白条鸡
6个牛蹄，分开
35升调味蔬菜（6个洋葱，对半切开在炉子上烤，8根胡萝卜，1整棵芹菜，1小枝百里香）
125克番茄酱

将白条鸡和牛蹄浸入水中，煮沸，撇去浮沫。添加调味蔬菜和番茄酱，然后煮。它需要比正常烹饪更长的时间。可以将鸡汤过滤。

## 鸭汤

40千克鸭骨

4个牛蹄，切成两半

红洋葱、胡萝卜

芹菜

百里香

马德拉酒

白葡萄酒

芫荽籽

2升棕色鸡高汤

35升白鸡汤

把骨头掰成小块。将鸭骨和牛蹄放入锅中烤制。把骨头取出来。撇除脂肪，把脂肪放在一边。

用鸭油把蔬菜炒熟。加入百里香。翻炒并烤熟。

加入⅓的鸭骨。用白葡萄酒稀释锅底结块。将汤汁熬煮，收至一半汁水。用马德拉酒稀释锅底结块，收至一半汁水。

加入碾碎的芫荽籽。加白鸡汤和棕色鸡汤。煮大约2.5小时。煮熟后，将其在过滤器中过滤，然后过滤。放入快速冷却装置，以确保油脂浮到表面。当油脂在顶部凝固时，去除油脂并丢弃。

把鸭汤放在冰箱里保存至少12小时。

## 澄清

1瓶马德拉葡萄酒

芹菜丁

青葱丁

胡萝卜丁

红甜菜丁

巴氏杀菌蛋清

欧芹茎，切成细丁

龙蒿茎，切成细丁

胡椒粉

烤芫荽籽，磨碎

盐

将一瓶马德拉葡萄酒熬煮，直至酒液减少至⅓。

将蔬菜丁放入碗中，与巴氏杀菌蛋清、浓缩鸭汤和浓缩马德拉葡萄酒混合。加盐。一起混合。

把鸭汤放进一个大的砂锅中（鸭汤应该是硬块或啫喱状），将鸭汤融化，但不要加热。加入混合物，搅拌，加热，煮沸后离火。

## 鸭肉冻

当杂质上升到顶部时，在顶部开一个窥视孔检查下面的液体是否足够干净。鸭汤应该达到沸点。煮最多10分钟。将汤过滤，只取液体，不取蔬菜。当所有的汤都过滤后，趁它还热，放入裹着细布的龙蒿茎。浸泡直到它冷却完全。当它冷却后，取出细布。将汤放入快速冷却装置中。用布滤去鸭汤顶部的脂肪凝块。

### 洋葱泥

剥洋葱。在切片机上将洋葱切成薄片。在平底锅里用带盐黄油将洋葱炒出水分，不要炒上颜色。重新盖上盖子。在炉子边上慢慢地煮，直到完全煮熟。快速蒸煮以制成浓汤。将其冷却。

### 巴伐露斯

6片明胶叶

100克牛奶

800克洋葱泥

400克搅打奶油

浸泡明胶。把牛奶加热一下。把明胶溶解在牛奶中。在洋葱泥中加入牛奶和明胶。混合在一起，然后放进搅打奶油。

### 莳萝蛋黄酱

采摘的莳萝叶（无茎）

15克日式蛋黄酱

把莳萝叶子放在咸水里焯一下水，然后放在冰水中冷却。将叶子挤压放入沸水中煮。将莳萝放回到冰水中。让其冷却下来。

把莳萝叶挤干水分，放入破壁机中，保留一部分液体，因为我们需要它来制作叶绿素。快速制作液体浓汤。在炉子上放一个大砂锅，将混合物煮开。一旦混合物开始分离（水和叶绿素分开），将其用滤布过滤到带洞的盘子里，这个想法是把水排出，叶绿素留在布上。将其放入快速冷却装置中冷却。

取5克莳萝叶绿素与日式蛋黄酱，放入裱花袋内。

### 鲟鱼慕斯

50克烟熏鲟鱼

15克出汁

将鲟鱼切成小块，快速制作出汁，直到顺滑。

### 千层酥网

澄清黄油

千层酥面团

把酥皮面团切成圈状，在温热的澄清黄油里浸泡，以吸收黄油。用一根金属棒，将酥皮缠绕在金属棒上，烤至金黄，取出金属棒，重复操作制成千层酥网。

### 洋葱苏比斯调味汁

90克蛋黄

110克打发奶油

60克牛奶

# 整烤比目鱼

托马斯·帕里
布拉特餐厅
英国，2018年

第254页

将所有的东西都放进水浴锅中，煮到干为止。加入60克洋葱泥。快速煮至顺滑。

**装饰**

将巴伐露斯放入配有裱花嘴的裱花袋中。水平连接托盘。快速冷冻。当其冻结，用刀具做一个圆。

拿一个中心凹陷的圆盘。中心的周长要比盘子的其他部分小。将盘子放入快速冷却装置中，直到盘子被冷冻到板上。

把鸭清汤热一下。从快速冷却装置中拿出盘子。轻轻地倒直到它覆盖了水果牛奶巧克力。不要动盘子，直到巴伐露斯凝固。一旦凝固，放置鱼子酱在上面。

在鱼子酱上点上洋葱苏比斯调味汁，然后涂上莳萝蛋黄酱。在洋葱苏比斯调味汁上放上莳萝叶来装饰。

将鲟鱼慕斯填满千层酥网，放在顶部装饰。可用鲜鱼子放在四周作为装饰。

1整条野生比目鱼
一种淡醋汁（由大约50%的鱼汤、20%的淡酒醋、10%的柠檬和20%菜籽油制作）
精盐

把木炭烧成灰烬，确保它们能提供温和的热量。

将比目鱼的鱼鳃去掉，在头部内抹上盐。将大比目鱼放入用来夹住大鱼的鱼夹里，洒上大量的淡醋汁，放在烤架上。

每隔8～10分钟转动一次，烹饪30～40分钟，不断涂抹醋汁。为了释放鱼肉中美味的天然胶原蛋白，在烹饪过程中保持鱼的理想温度为55℃。

鱼烤熟后，切掉鱼的脊骨，用更多盐调味，然后放在一个白色的大盘子里，加更多的醋汁。

轻轻移动盘子以释放鱼身上的明胶，这会形成独特风格的酱汁，用来搭配鱼食用。

# 参考书目

## A

Acurio, Gastón, *500 Anos De Fusion* (El Comercio, 2008)

Adrià, Ferran, *elBulli 2005–2011* (Phaidon Press, 2014)

Adrià, Ferran, *A Day at elBulli* (Phaidon Press, 2012)

Aduriz, Andoni Luis, *Mugaritz* (Phaidon Press, 2012)

Ansel, Dominique, *Dominique Ansel: The Secret Recipes* (Simon & Schuster, 2014)

Alajmo, Massimiliano, *Ingredienti* (Turnaround, 2009)

Arregi, Aitor, and Cardenal, Juan Pablo, *Elkano: Paisaje culinario* (Planeta Gastro, 2016)

Arzark, Juan Mari, *Arzak: Recetas* (Bainet Editorial, 2012)

Atala, Alex, *Alex Atala: D.O.M* (Phaidon Press, 2013)

## B

Bang, Esben Holmboe, *Maaemo* (Matthaes Verlag, 2018)

Banks, Tommy, *Roots: Recipes Celebrating Nature, Seasons and the Land* (Orion Publishing, 2018)

Barber, Daniel, *The Third Plate: Field Notes on the Future of Food* (Penguin, 2014)

Blanc, Raymond, *Le Manoir aux Quat'Saisons* (Bloomsbury, 2016)

Bloch, Barbara, *A Little New York Cookbook* (Appletree Press, 1993)

Bloomfield, April, *A Girl and Her Pig* (Ecco, 2012)

Blumenthal, Heston, *Historic Heston*, Bloomsbury (2013)

Blumenthal, Heston, *The Big Fat Duck Cookbook* (Bloomsbury, 2008)

Blumenthal, Heston, *The Fat Duck Cookbook* (Bloomsbury, 2009)

Bocuse, Paul, *The Complete Bocuse* (Flammarion, 2012)

Bocuse, Paul, *My Classic Cuisine* (Pyramid, 1989)

Bocuse, Paul, *Paul Bocuse's Regional French Cooking* (Flammarion, 1997)

Bocuse, Paul, *Cuisine de France* (Flammarion, 1990)

Bocuse, Paul, *Paul Bocuse: The Complete Recipes*, (Flammarion, 2012)

Bocuse, Paul, *Paul Bocuse's French Cooking* (Pantheon Books, 1977)

Bottura, Massimo, *Massimo Bottura: Never Trust a Skinny Italian Chef* (Phaidon Press, 2014)

Boulud, Daniel, *Daniel's Dish: Entertaining at Home With a Four-Star Chef* (Filipacchi, 2003)

Bras, Michel, *Essential cuisine Michel Bras: Laguiole, Aubrac, France* (Editions Rouergue, 2008)

Brazier, Eugeńie, *La Mere Brazier: The Mother of Modern French Cooking* (Modern Books, 2015)

Brennan, Ella and Martin, Ti Adelaide, *Miss Ella of Commander's Palace* (Gibbs M. Smith, 2016)

## C

Cámara, Gabriela and Watrous, Malena, *My Mexico City Kitchen: Recipes and Convictions* (Lorena Jones Books, 2019)

Cardenal, Juan Pablo, and Sarabia, Jon, *Etxebarri* (Grub Street, 2017)

Carême, Marie-Antoine, *Le Cuisinier Parisien* (Chapitre, 1828)

Carême, Marie-Antoine, *The Royal Parisian Pastrycook and Confectioner, From the Original of Carême*, edited by John Porter (F.J. Mason, 1834)

Carrier, Robert, *New Great Dishes of the World* (Boxtree, 1999)

Chang, David, *Momofuku* (Clarkson Potter, 2009)

Chapel, Alain, *La cuisine c'est beaucoup plus que des recettes* (Robert Laffont, 2009)

Charpentier, Henri, *Life à la Henri: Being the Memories of Henri Charpentier* (Simon and Schuster, 1934)

Chase, Leah, *The Dooky Chase Cookbook* (Pelican, 1990)

Chiang, Cecilia, *The Mandarin Way* (Little, Brown and Company, 1974)

Chiang, Cecilia, *The Seventh Daughter: My Culinary Journey from Beijing to San Francisco* (Ten Speed Press, 2007)

Choi, Roi, Nguyen, Tien and Phan, Natasha, *L.A. Son: My Life, My City, My Food* (Ecco, 2013)

Cipriani, Arrigo, *The Harry's Bar Cookbook* (Smith Gryphon, 1996)

Clifford, Michael, *Cooking with Clifford: New Irish Cooking* (Mercier Press, 1993)

Clifton, Denise E., *Tables from the Rubble: How the Restaurants That Arose After the Great Quake Still Feed San Francisco Today* (Tandemvines Publishing, 2017)

*Coco: 10 World-Leading Masters Choose 100 Contemporary Chefs* (Phaidon Press, 2010)

Cobb, Robert, *The Brown Derby Cookbook* (Original Hollywood Brown Derby, 2009)

Conran, Terrence, Harris, Matthew, and Hopkinson, Simon, *The Bibendum Cookbook* (Conran, 2008)

Corrigan, Richard, *The Clatter of Forks and Spoons: Honest, Happy Food* (Fourth Estate, 2008)

Crippa, Enrico, *Best of Enrico Crippa* (Giunti Editore, 2016)

## D

David, Elizabeth, *French Provincial Cooking* (Penguin, 1960)

Diat, Louis, *Gourmet's Basic French Cookbook: Techniques of French Cuisine* (Gourmet/Hamish Hamilton, 1961)

Ducasse, Alain, *Grand Livre De Cuisine: Alain Ducasse's Desserts and Pastries* (Ducasse Books, 2006)

Dufresne, Wylie and Meehan, Peter, *wd~50: The Cookbook* (Anthony Bourdain/Ecco, 2017)

Dunlop, Fuchsia, *The Revolutionary Chinese Cookbook* (Ebury, 2006)

Dowding, Ian, *Secrets of the Hungry Monk* (Hungry Monk publications, 1971)

## E

Escoffier, Auguste, *Ma Cuisine* (Paul Hamlyn, 1965)

Escoffier, Auguste, *The Escoffier Guide to Modern Cookery* (Heinemann, 1903)

## F

Fidanza, Caroline, Dunn, Anna, Collerton, Rebecca, and Schula, Elizabeth, *Saltie: A Cookbook* (Chronicle Books, 2012)

Filippini, Alexander, *The Delmonico Cook Book* (Brentano's, 1893)

Fleming, Claudia, *The Last Course* (Random House, 2001)

Flores, Carlotta, *El Charro Cafe: The Tastes and Traditions of Tucson* (Fisher Books, 1998)

Fox, Jeremy, *On Vegetables: Modern Recipes for the Home Kitchen* (Phaidon Press, 2017)

## G

Gagnaire, Pierre, *Pierre Gagnaire: Reinventing French Cuisine* (Stewart, Tabori & Chang, 2007)

Gagnaire, Pierre, *The Five Seasons Kitchen* (Grub Street, 2016)

Galvin, Gerry, *Drimcong Food Affair* (McDonald Publishing, 1992)

Gill, A. A., *The Ivy: The Restaurant and Its Recipes* (Hodder & Stoughton, 1997)

Gilmore, Peter, *Quay* (Murdoch Books, 2010)

Goodwin, Betty, *Hollywood du Jour: Lost Recipes of Legendary Hollywood Haunts* (Angel City Press, 1993)

Granger, Bill, *Bills Sydney Food* (Murdoch, 2008)

Gray, Rose and Rodgers, Ruth, *The River Cafe Cook Book* (Ebury Press, 1996)

Gutierrez, Sandra A., *Latin American Street Food: The Best Flavors of Markets, Beaches, and Roadside Stands from Mexico to Argentina* (The University of North Carolina Press, 2013)

## H

Hamilton, Gabrielle, *Prune* (Random House, 2014)

Headley, Brooks, *Superiority Burger Cookbook: The Vegetarian Hamburger Is Now Delicious* (W. W. Norton & Company, 2018)

Hermé, Pierre, *Macarons: The Ultimate Recipes from the Master Pâtissier* (Stewart, Tabori & Chang, 2015)

Henderson, Fergus, *The Complete Nose to Tail* (Bloomsbury, 2012)

Hesser, Amanda, *The Essential* New York Times *Cookbook: Classic Recipes for a New Century* (W. W. Norton, 2010)

Hix, Mark, *Mark Hix: The Collection* (Quadrille, 2013)

Ho, Elizabeth, Liew, Cheong and John, Timothy, *My Food* (Allen & Unwin, 1996)

Howard, Philip, *The Square: Savoury: 1* (Absolute Press, 2012)

Humm, Daniel, *Nomad Cookbook* (Ten Speed Press, 2015)

**I**

i Fontané, Jordi Roca, *El Celler de Can Roca* (Grub Street, 2013)

**K**

Keller, Thomas, *The French Laundry Cookbook* (Workman Publishing, 1999)

Kennedy, Diana, *Cuisines of Mexico* (Harper & Row, 1973)

Khong, Rachel, *Lucky Peach: All About Eggs* (Clarkson Potter, 2017)

Kinch, David and Muhlke, Christine, *Manresa: An Edible Reflection* (Ten Speed Press, 2013)

Kitchin, Tom, *From Nature To Plate: Seasonal Recipes from The Kitchin* (W&N, 2009)

Klugmann, Antonia, *Di cuore e di coraggio* (Giunti Editore, 2018)

Koffmann, Pierre, *Classic Koffmann: 50 Years a Chef* (Jacqui Small, 2016)

Koslow, Jessica, *Everything I Want to Eat: Sqirl and the New California Cooking* (Abrams, 2016)

**L**

Ladner, Mark, *The Del Posto Cookbook* (Grand Central Life & Style, 2016)

Lee, Corey, *Benu* (Phaidon Press, 2015)

Lewis, Edna, Goodbody, Mary and Bailey, Mashama, *In Pursuit of Flavor* (University of Virginia Press, 2000)

Lutkins, Sheila and Rosso, Julee, *The New Basics Cookbook* (Workman, 1989)

**M**

Mackenzie, Nigel & Susan, *The Deeper Secrets of the Hungry Monk* (Hungry Monk Publications, 1988)

MacKenzie Hill, Janet, *Salads, Sandwiches and Chafing-Dish Dainties* (Little, Brown, 1899)

Marchesi, Gualtiero, *La cucina Italiana: Il grande ricettario* (De Agostini, 2017)

Masson, Charles, *Flowers of La Grenouille* (Crown, 1994)

Matsuhisa, Nobuyuki, *Nobu: the Cookbook* (Quadrille, 2001)

Maximin, Jacques, *The Cuisine of Jacques Maximin* (Severn House, 1986)

McDermott, Nancie, *Southern Soups & Stews: More Than 75 Recipes from Burgoo and Gumbo to Etouffée and Fricassee* (Chronicle Books, 2015)

McFadden, Joshua and Holmberg, Martha, *Six Seasons: A New Way with Vegetables* (Artisan, 2017)

**N**

Nilsson, Magnus, *Fäviken* (Phaidon Press, 2012)

**O**

Oliver, Raymond, *La Cuisine: Secrets of Modern French Cooking* (Tudor, 1969)

Olvera, Enrique, *Mexico from the Inside Out* (Phaidon Press, 2015)

Ono, Jiro, *Sushi: Jiro Gastronomy* (Viz LLC, 2016)

Ottolenghi, Yotam, *Plenty* (Ebury, 2010)

**P**

Passard, Alain, *The Art of Cooking with Vegetables* (Frances Lincoln, 2012)

Patterson, Daniel, *Coi: Stories and Recipes* (Phaidon Press, 2013)

Pic, Anne-Sophie, *Le livre blanc* (Jacqui Small, 2012)

Pic, Anne-Sophie, *Scook: The Complete Cookery Guide* (Jacqui Small, 2015)

Picard, Martin, *Au Pied de Cochon: The Album* (Douglas & McIntyre, 2008)

Pierangelini, Fulvio and Prandi, Raffaella, *Fulvio Pierangelini. Il grande solista della cucina italiana* (Gambero Rosso, 2005)

Point, Fernand, *Ma Gastronomie* (Overlook/Rookery, 2009)

Prudhomme, Paul, *Chef Paul Prudhomme's Louisiana Kitchen* (William Morrow, 1993)

Puck, Wolfgang, *The Wolfgang Puck Cookbook* (Random House, 1986)

Puglisi, Christian, *Relae: A Book of Ideas* (Ten Speed Press, 2014)

**R**

Ranhofer, Charles, *The Epicurean* (Charles Ranhofer, 1894)

Redzepi, René, *Noma: Time and Place in Nordic Cuisine* (Phaidon Press, 2010)

Ripert, Eric, *Avec Eric* (Houghton Mifflin Harcourt, 2010)

Robuchon Joël, *Tout Robuchon* (Perrin, 2010)

Robuchon, Joël, *The Complete Robuchon* (Grub Street, 2008)

Roca, Joan, *El Celler de Can Roca,* Grub Street (2016)

Rodgers, Judy, *The Zuni Cafe Cookbook* (W. W. Norton & Company, 2002)

Roellinger, Olivier, *Olivier Roellinger's Contemporary French Cuisine: 50 Recipes Inspired by the Sea* (Flammarion-Pere Castor, 2012)

Rogan, Simon, *Rogan* (Harper Collins, 2018)

Romito, Niko, *10 lezioni di cucina,* (Giunti, 2015)

Rosenzweig, Anne, *The Arcadia Seasonal Mural and Cookbook* (Harry N. Abrams, 1986)

**S**

Sailhac, Alain et al., *The French Culinary Institute's Salute to Healthy Cooking, From America's Foremost French Chefs* (Rodale, 1998)

Savoy, Guy, *Best of Guy Savoy* (Les Editions Culinaires, 2013)

Seal, Rebecca, *Cook: A Year in the Kitchen with Britain's Favourite Chefs* (Guardian Books, 2010)

Senderens, Alain, *The Cuisine of Alain Senderens* (Papermac, 1987)

Shewry, Ben, *Origin: The Food of Ben Shewry* (Murdoch Books, 2016)

*The Silver Spoon* (Phaidon Press, 2005)

Soyer, Alexis, *The Gastronomic Regenerator: A Simplified and Entirely New System of Cookery with Nearly Two Thousand Practical Receipts Suited to the Income of All Classes* (Simpkin, Marshall and Co., 1846)

Stein, Rick, *Rick Stein's Taste of the Sea: Over 160 Fabulous Fish Recipes* (BBC Books, 2002)

Stitt, Frank, *Frank Stitt's Bottega Favorita: A Southern Chef's Love Affair with Italian Food* (Artisan, 2008)

**T**

Tosi, Christina, *Momofuku Milk Bar* (Absolute Press, 2012)

Troisgros, Pierre, *Les petits plats des Troisgros* (Laffont, 1985)

Tschirky, Oscar, *The Cook Book by Oscar of the Waldorf* (Dover Publications, 1973)

**V**

Veyrat, Marc, *Fou de Saveurs* (Hachette, 1999)

**W**

Wakuda, Tetsuya, *Tetsuya* (HarperCollins, 2000)

Waters, Alice, *Chez Panisse Cafe Cookbook* (William Morrow, 1999)

Waters, Alice, *Chez Panisse Menu Cookbook* (Random House, 1982)

**Y**

Yimura, Rosita, *Rosita Yimura's Mouth-Watering Recipes: Japanese-Peruvian Cooking and Other Specialties* (Peru Reporting, 1995)

Ying, Chris and Bowien, Danny, *The Mission Chinese Food Cookbook* (Ecco, 2015)

# 索引

443

444

445

**图书在版编目（CIP）数据**

主厨的餐桌：影响烹饪历史的237道招牌菜／（英）苏珊·荣格（Susan Jung）等编著；（德）阿德里亚诺·兰帕佐（Adriano Rampazzo）绘；余溟烨，国万顷，李家玉译.—武汉：华中科技大学出版社，2022.4
ISBN 978-7-5680-7631-9

Ⅰ.①主… Ⅱ.①苏… ②阿… ③余… ④国… ⑤李… Ⅲ.①菜谱－世界 Ⅳ.①TS972.18

中国版本图书馆CIP数据核字（2021）第264564号

湖北省版权局著作权合同登记 图字：17-2021-133号

**主厨的餐桌：**
**影响烹饪历史的237道招牌菜**
Zhuchu de Canzhuo:
Yingxiang Pengren Lishi de 237 Dao Zhaopaicai

[英] 苏珊·荣格（Susan Jung）
[英] 豪伊·卡恩（Howie Kahn）
[德] 克里斯蒂娜·穆尔克（Christine Muhlke）
[澳] 帕特·努斯（Pat Nourse） 编著
[法] 安德烈·佩特里尼（Andrea Petrini）
[秘] 迭戈·萨拉扎 （Diego Salazar）
[英] 理查德·维恩斯（Richard Vines）
[德] 阿德里亚诺·兰帕佐（Adriano Rampazzo） 绘
余溟烨 国万顷 李家玉 译

出版发行：华中科技大学出版社（中国·武汉） 电话：（027）81321913
华中科技大学出版社有限责任公司艺术分公司 （010）67326910-6023
出 版 人：阮海洪

责任编辑：莽 昱 谭晰月
责任监印：赵 月 郑红红 封面设计：邱 宏

制 作：北京博逸文化传播有限公司
印 刷：广东省博罗县园洲勤达印务有限公司
开 本：889mm×1194mm 1/16
印 张：28
字 数：288千字
版 次：2022年4月第1版第1次印刷
定 价：368.00元

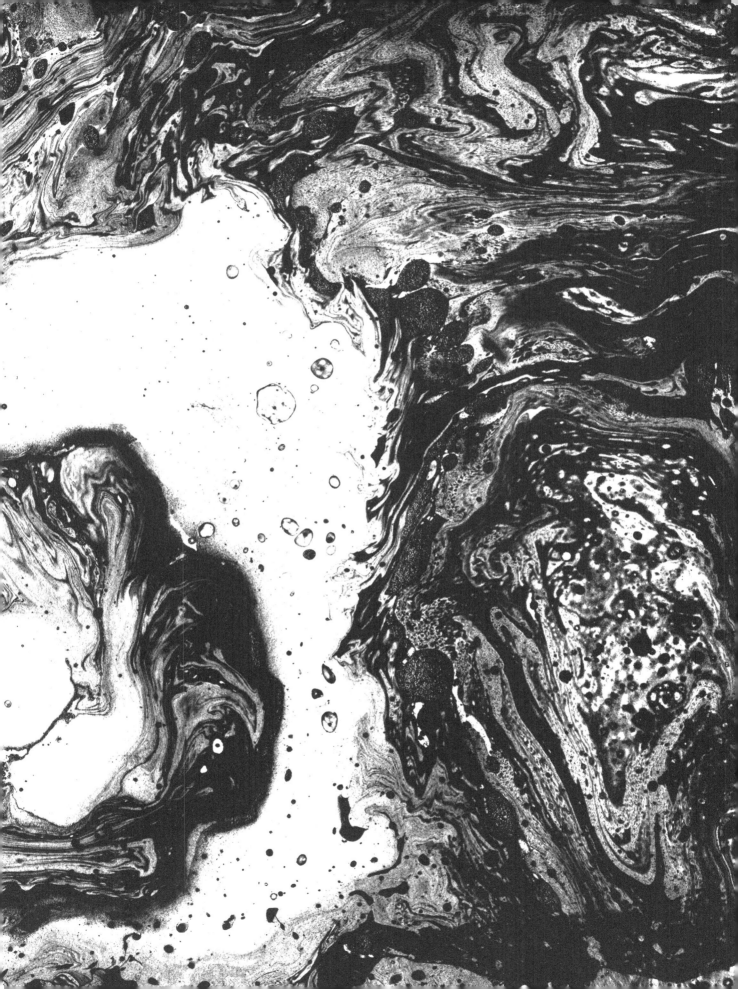

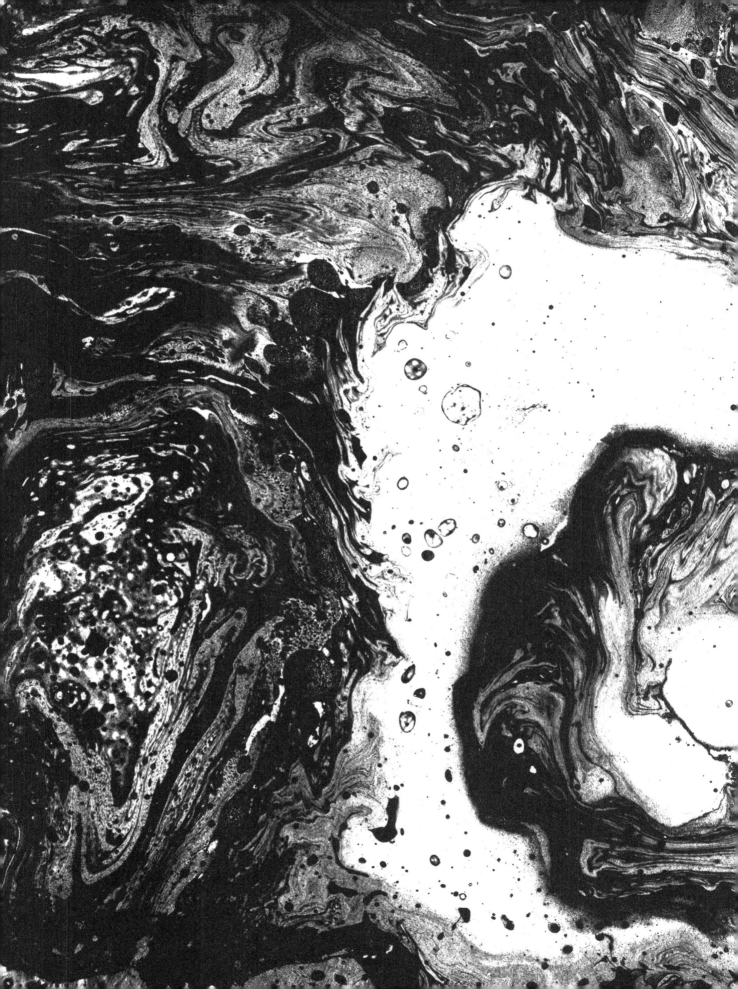